# Deutsche Soldaten

Uniforms, Equipment & Personal Items of the German Soldier 1939-45

# ドイツ軍装備大図鑑

## 制服・兵器から日用品まで

アグスティン・サイス
Agustin Saiz
村上和久訳

原書房

装幀
岡 孝治

# index

『雪と氷のなかの兵士』と題された 24 点収録の画集より、フリッツ・
ブラウナー伍長勤務上等兵（第 101 対空連隊）筆の水彩画。

「戦争とは手段を変えた政治の延長にほかならない」

# プロローグ

有名なプロイセンの将軍であり、1930 年までベルリンの士官学校の校長を務めたカール・フォン・クラウゼヴィッツは、長年戦争にかんするもっとも重要な論文のひとつと目されてきた著書『戦争論』のなかで、この有名な戦争の定義を生みだした。

この概念は、この軍事戦略にかんする必須の書を構成する 8 篇のうちの第 1 篇でおもに説明されている。同書はナチズム勃興までのドイツの軍事思想をささえ、1939 年秋、ドイツのポーランド侵攻を受けてイギリスとフランスが宣戦布告したときも依然として影響力をたもっていた。

ドイツ軍はヴェルサイユ条約で認められた 10 万人の兵員数からじょじょに拡大し、1935 年のワイマール共和国の崩壊時には 30 万人の兵力になっていた。第三帝国の首相に任命されていたアドルフ・ヒトラーは、1934 年 8 月 1 日のヒンデンブルク大統領の死後 1 年たらずで、忠実な有権者の賛同を得て、うかうかしていたヨーロッパの鼻先でドイツの軍事力を 3 倍に増強したのである。

クラウゼヴィッツが 19 世紀のドイツ統合の激動の坩堝のなかで予見できなかったであろうことは、100 年後の第二次世界大戦で使われる手段だった。その手段のひとつが、歩兵隊と――もっと具体的にいえば――この研究書のテーマである歩兵隊員自身である。

ドイツ人は誰もあの 1939 年 9 月 1 日に解き放たれることになった悪夢と、それが以後六年間にわたって 1500 万人以上の同胞におよぼす影響に気づきようがなかった。

わずか 18 日間ほどで対峙するポーランド軍 38 個師団を敗北させたドイツ軍 46 個師団は、じつにすばらしい装備を持っていた。彼らは高度に職業化された軍隊で、ワイマール共和国の暗い歳月に古い考えかたから卒業して、新しい電撃戦のコンセプトを学んだ将校団に率いられていた。各連隊は 1935 年 3 月の法律のもとで徴兵された若々しい徴募兵で編制されていた。これはヴェルサイユ条約のさだめる制限にあきらかに違反していたが、世界の各国は消極的な態度で傍観していた。

この新しい法律は、ヴェルサイユ条約がさだめていた 12 年間の志願兵役制度から離れ、成人男性全員に 1 年間の兵役を義務づけるものだった。その目的は予備役兵の数を減らし、軍がもっと訓練のととのったより多くの人的資源基盤を活用できるようにすることだった。それは、1919 年 7 月 28 日の勝者たちによって課せられた戦争賠償のつらい歳月の報復をするために創設され、訓練された軍隊だった。経済不況や失業、第一次世界大戦の敗北の結果はじきに、圧倒的な破壊力に結実することになった。

驚くべき迅速な勝利にくわえ、それにつづくゲッベルスの新しい宣伝省と国防軍最高司令部（OKW）による巧妙な喧伝によって、多くの感化されやすい若者たちが陸海空からなる国防軍に入隊し、より公平な新しいヨーロッパを作り上げ、ヒトラーの「生活圏（レーベンスラウム）」政策にしたがって、首相であり自称総統が約束した大ドイツ再建の過程を完了させようとした。この政策はダンツィヒ回廊の返還要求にはじまり、最終的にはドイツ語を話す 8000 万人以上が住んでいる地域が部分的に破壊されたり、住む祖国を失ったり、分断されたりする結果をまねいた。

以上のことはすべて、本書の第一の目的にじゅうぶんな根拠をあたえるものだ。その目的とは、人類史上第二の規模と呼ばれる戦いに望むと望まざるとにかかわらず巻きこまれた、こうした何百万もの歩兵のひとりの小さくて広い世界へ読者をいざなうことである。

歩兵の日常生活に位置をしめたあらゆる軍装品や装備を目で見て、理解することで、激動の時代を追体験していただきたいというのが、本書の主旨である。それは、細部まで精巧に作られた最新鋭の武器や装備が、三十年戦争から 1933 年のヒトラーの権力掌握まで進化してきた軍隊の伝統とみごとに調和した世界だ。

このドイツ史の魅力的だが破滅的な時代は、とくに第二次世界大戦（1939 - 1945）期に的を絞って、戦闘や戦略、軍事組織、徽章、勲章、制服、武器といったものを論じる数多くの権威ある出版物で長年、仔細に研究されてきた。にもかかわらず、この膨大な書物や出版物のなかには、兵士を集合体ではなく個人としてとらえ、兵士のごく個人的な細部をふくめ、徹底的に研究したものはほとんどないと、わたしはあえて申し上げたい。

したがって、本書の最終的な目的は、第三帝国の普通の兵士が携行していたこれらのアイテムや身の回り品を集めたり、くわしく調べたりすることに関心をいだくコレクターや歴史家のために、わかりやすくしっかりとした参考文献を作り上げることである。われわれはこれほど多数の道具や装備に日々接していた兵士たちのあいだに存在する人間関係に注目しながら、個々の生活環境や、それを形づくるあらゆる装具を見ていくことになる。こうした身の回り品は戦闘や炊事洗濯、身仕度、治療や娯楽のために、あるいは個人と数多くの同僚たちのあいだの絆を強めるために、入念に考案され、製造されたものだ。

この激動の時代をめぐる「旅路」をより楽に思い描けるように、われわれはあるひとりの兵士といっしょに旅することになる――自分だけの主人公のようなものだ。ナチ時代に成長したのち、ドイツの軍事体制に不可欠の一部となった何百万もの兵士のひとりである。

本書を執筆するにあたり、わたしはごく普通のアイテムを提示することを目指したが、それぞれの典拠を詳細な脚注でいちいち明示しようとはしていない。その目的にかなう著作はほかにたくさん存在することをよく知っているからだ。それとは反対に、わたしの第一の狙いは、軍隊暮しにおける所持品や日常生活におけるその使いかたを図版で生き生きと興味深く観察することで、戦闘員の生活をちがったかたちで身近に理解してもらうことにある。

最後になったが、わたしはさまざまな蒐集分野からなるこの学際的なとらえかたが、あの時代のドイツ兵の生活を理解する一助となることを切に希望する。

アグスティン・サイス

アントン・イムグルント

# 序章

数百万のなかのひとり……

アントン・イムグルントは1906年5月23日、ドイツ南部のオッフェンバッハから40キロほど離れた小さな町ヘスバッハで誕生した。アントンと姉のヘルガは労働階級の一家の愛情を受けて暮らした。母は専業主婦で、家事と子供の世話に専念し、父は煉瓦工場の熟練工だった。

一家は町の郊外の小さな一軒家に住み、ヨーロッパを席巻していた「ベル・エポック」の流行とは無縁だった。美的価値が道義的倫理的価値にまさった一時代である。しかし、この享楽的な無気力は富裕階級だけの特権だった。平和と豊かさ、産業の発展の時代に繁栄した新興の中産階級だけの。そう遠くない時代の革命へのあこがれは醒め、長続きできない不安定な繁栄に取って代わられていた。

ヨーロッパはつねにさまざまな人種や民族の集団の完全なるスペクトルであり、ヨーロッパの歴史は不変の時限爆弾としてのみ理解できる。政治的影響力と国際的な覇権をめぐってつねに争っているためだ。イムグルントのドイツは、民族の統一とアイデンティティに気づいたヨーロッパ最後の国のひとつとして、正真正銘のヨーロッパの伝統にのっとり、この域内の国々への覇権を切望することから逃れられなかった。

ドイツは偉大な思想家の坩堝である。マルティン・ルターのドイツ化されたキリスト教信仰からカントと犠牲の思想、ヘーゲルとそのもっと実際的な一番弟子による人間の否定性からニーチェと「超人思想」まで、この坩堝が揺籃期のナチズムの礎を築いた。ナチズムは、これらのあらゆる思想を誤解した、表面的な解釈を根拠にしていた。危険な世界観がゆっくりとだが着実に形づくられ、最初は皇帝ヴィルヘルム二世の国家として姿を現わした。スパイク付きヘルメットをかぶった制服姿の国民である。商人や産業資本家、科学者や技術者にささえられた巨大な軍事集団。この国家は半分がスラブ人との混血のゲルマン人で、奇妙な影響力とノスタルジア、矛盾とたえず堕落する思想を持っていて、それがついにはナチズムの勃興によって破壊的な偶像崇拝へと発展することになる。

1914年6月28日、アントンが8歳のとき、一家はハプスブルク家のフランツ・フェルディナント大公と大公妃（オーストリア・ハンガリー帝国の跡継ぎ）の暗殺を目撃した。しかし、一家も、ヨーロッパのほかの住民も、セルビア人学生の狂気という以上にこの行為の結果を予見することはできなかった。当時の政治情勢という観点から見れば、実際にはこれはドミノ現象の結果として第一次世界大戦につながる一連の危機の最後のエピソードにすぎなかった。最初の世界大戦に開始の合図を送る口実にすぎなかったのである。

それから25年後、歴史はつぎの口実――ダンツィヒ回廊――

典型的な日曜日の田舎の風景で家族に囲まれた少年時代のアントン（リュートを演奏している少年）。

戦前のヘスバッハ教会

と第二次世界大戦という新たな恐るべき結果をもってくりかえされることになる。

1914 年、野心的だが不十分な教育しか受けておらず、芸術的才能もほとんどないオーストリアの若き画家がドイツ軍に入隊し、フリードリッヒ・フォン・ベルンハルディ将軍（1849-1930）が詳細に説いた汎ドイツ主義という思想に個人的に貢献し、結果的にハプスブルク王朝の長い治世に幕を引くことになった。こうしてヒトラーはつぎの絵画のキャンバスを用意したのだが、今回は絵筆を第 16 バイエルン予備連隊（初代連隊長の名前からリスト連隊と呼ばれていた）の伝令兵の制服に持ちかえていた。

25 歳になると、ヒトラーは負傷して上等兵に昇進し、羨望の的の一級鉄十字章を授与された。しかし、そこで彼の軍歴は頂点を迎えた。

一方、アントン少年は、親族や友人、隣人が消耗戦でしだいに消えていくこの戦時の風景のなかで成長しつづけた。

1915 年、イギリスの客船 RMS ルシタニア号がアイルランドの沿岸でシュヴィーガー大尉が艦長を務める潜水艦 U-20 の魚雷を食らって沈没した。アメリカはすぐさまヨーロッパの連合国に全力で財政および経済支援をあたえることを決定。ついに 1917 年、再選されたウィルソン大統領は平和の仲介者を務めるというドイツの提案を無視して、フランスに遠征軍を送った。この年には、いくつもの反乱が前線で発生し、最終的に戦争を邪道にみちびき、いにしえの騎士道精神の遺風を消し去ってしまった。スタンリー・キューブリックが大作映画〈突撃〉でみごとに再現したように、フランス軍の反乱はとくに重大だった。7 月には、バルト海で戦艦プリンツレゲント・ルイトポルト号の水兵が蜂起し、ドイツ皇帝の軍隊でも反乱が記録された。この暴動は手荒く鎮圧され、軍の士気に壊滅的な結果をもたらして、1918 年の一斉蜂起の前触れとなった。ソヴィエト革命は戦争に倦んでいたドイツの労働者の心をとらえ、ブレーメンやベルリン、ハンブルク、エッセンで労働ストライキが急増した。

熟練工だったアントンの父は徴兵されなかったが、前線の将兵と同じように、戦争の悲惨さは彼に社会革命運動への共感をもたらした。家で食卓をかこむとき、話題はつねに十月革命と国民主権に集中した。一家にとって、1918 年 11 月 9 日は祝いの日だった。ドイツ国民の受難の終わりがはじまった日である。皇帝が退位し、国外へ逃れたあと、ホーエンツォレルン王朝は終焉し、共和国が宣言された。ローザ・ルクセンブルクのプロレタリアの「スパルタクス団」は崩壊し、主要な指導者は拷問され、処刑された。休戦協定が署名されると、第一次世界大戦は終わり、何百万という人間がこの惨劇の打ちひしがれた目撃者として残された。それと同時に、消滅した皇帝の帝国が宣言した平和とは完全な敗北にほかならないことが判明すると、衝突の種が播かれた。

戦争を終わらせたヴェルサイユ条約は、ひどい悪条件を背負って執政をはじめた新生ワイマール共和国に社会的、政治的、経済的問題をつぎつぎに引き起こした。破綻したドイツ経済は一方的な「合意」の横暴な条件や、国内の大変動につけこむ自称勝利者たちが押しつけた以後 30 年間で 1300 億金マルクの支払いに応じることができなかった。報復の固い核がむき出しになった。

1920 年の選挙で、社会民主党は敗北し、それに比例して、新たに結成された NSDAP（民族社会主義ドイツ労働者党、ナチ党）のようなもっと過激な党に運がまわってきた。じきに、不満を持つ元兵士のさまざまな集団――おもに義勇軍の出身者からなる――が、選挙で選ばれた民主主義体制をいつでも抑えるために突撃隊（SA）に参加するようになる。彼らによれば、この体制こそ、人々がこれほどつらい思いをして苦しんでいる根

ナチ党員が襟につけていた小さなバッジ。銀とエナメル仕上げで、裏側には 30 年代の代表的なメーカーの名前が印されている。

ナチ党婦人部のスカーフ用バッジ。銀とエナメル仕上げ。
男性用と同じように高品質で、ミュンヘンで製造されている。

本的な原因だというのである。

われわれの将来の主人公であるアントンは、このころにはすでに青年期に入っている。家には金がなく、勉強は贅沢だったので、アントンは学校をやめて、地元の小さなソーセージ工場で年季奉公に出なければならなかった。雇い主はヘスバッハの有力者で、日刊紙の《フェルキッシャー・ベオバハター》を講読していた。その新聞の見出しはしばしばヒトラーとその党員仲間（ヘスやローゼンベルク）を派手に取り上げているようだった。ナチ党の計画は、強要された高価な講和条件のせいで針路をやや見失い、恨みを抱いている若者たちの心をとらえつつあった。彼らは、20 年代後半の厳しい時代に説得力のあるイデオロギーによって勢力を拡大した新しい政党が生みだす、大衆的な熱狂に簡単に左右された。

第一次世界大戦の英雄フォン・ヒンデンブルク元帥が 1925 年の選挙で大統領に迎えられた。汎ドイツ主義のウイルスは、分裂した議会と貧弱な政府の不安定さを促進し扇動する社会および産業のかなりの部門の支持を受け、急激に広がっていった。左翼の社会主義者と共産主義者は和解できず、しだいに力を増す右翼にたいして共同戦線を張ることができなかった。

じきに危機は抑えきれなくなり、マルクの価値は容赦なく下落をつづけた（1914 年には 1 ドルの価値が 5 マルク弱だったものが、1922 年には 1 万 7970 マルクになった）。困窮と失業が、いちばん影響を受けた地方やプロレタリア階級だけでなく、都市の中産階級にも広まった。フランスはかたくなに譲歩をこばみ、賠償金の期限どおりの支払いを要求した。1922 年の賠償金の返済の遅れは、さらなる恥辱をもたらし、報復にルール地方とラインラント－プファルツ地方がただちに占領された。このフランスの新たな動きが引き起こした怒りによる愛国主義の風潮のなかで、ヒトラーはイタリアの統領ムッソリーニの向こ

入営後まもなく戦友たちと並んだアントン。

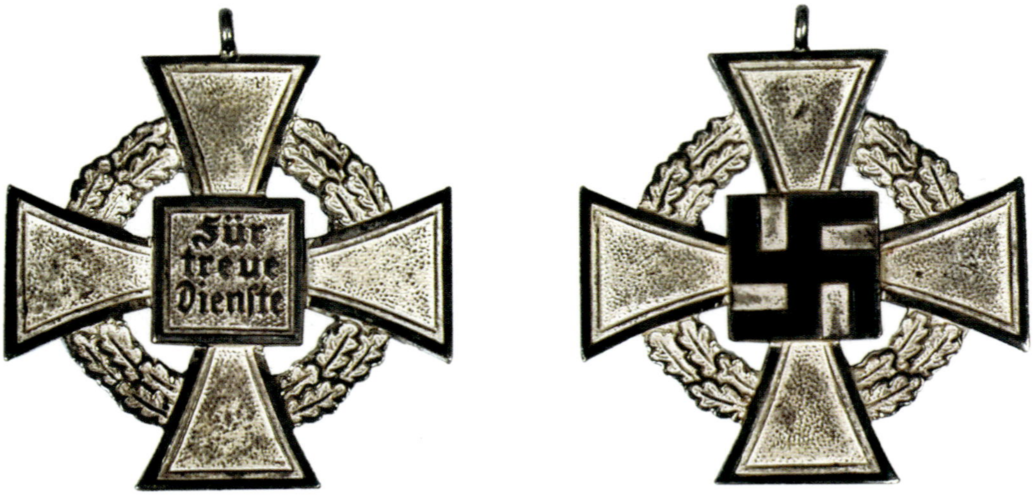


国家に 25 年忠実に奉仕した公僕に授与される褒章。
濃紺の絹の綬で吊り下げる、40 年勤続用の金の褒章もあった。

うを張ることを決心し、脆弱な共和国を転覆させるためにミュンヘンへ進軍した。この「ビアホール一揆」は保守派に支持されず、壮大な夢の実現に必要な力を欠いていたヒトラーは投獄された。最初は懲役 5 年を宣告されたが、ヒトラーは 1 年も収監されていなかった。ナチのイデオロギーの基本原則と計画を詳説し、自身の聖遷をくわしく説いた自著『我が闘争』を執筆するのにじゅうぶんな時間である。

1926 年、ドイツが国際連盟に加盟すると、絶望的な経済状況もやっと一段落ついた。その結果、ソ連と経済協定が結ばれると、フランスは経済的な安定の障害と見なされるようになっていく。

いまやインフレもおさまり、アントンはトラックでソーセージ製品を配達する役目に昇進した。それにくわえて、ボスの薦めもあって、彼はナチ党の会合に顔を出すようになっていた。また、昇進のおかげで、やっと生活の負担をやわらげることができるようになり、はじめて人生を少し楽しみはじめた。実際、彼は女友だちとフランクフルトやミュンヘンへよく旅行に出かけはじめた。そこで彼は日々人気を増しているアドルフ・ヒトラーの会合に支持者として参加した。そうはいっても、アントンはじつのところおもに時流に乗ることにしか興味がなかった。それにたいし、彼の父は社会民主主義の堅実な保守主義を支持するようになっていた。家にはすでにラジオがあり、一家は日曜日の夕べの音楽番組を楽しんでいた……すぐに彼は争いあう各政党の長い選挙演説にも耳をかたむけることになる。このころ、長い停滞期のあとでドイツの文化がふたたび発展をはじめていた。ヴァルター・グロピウスのバウハウスは、機能性を前提に置いて、産業と建築様式に革命をもたらした。芸術面ではシュレンマーやカンディンスキー、ラング、オフュルス、ムルナウがなかでも突出している。なにもかもがずっと楽に進んでいるように思え、技術革新と工業の規格化のおかげで、暮らしの快適さへと社会が進化していくことが可能になった。しかし、1929 年、ニューヨーク証券取引所で株価が暴落し、それとともにこの新生の社会の希望はすべて潰えた。このときドイツ経済は、繁栄する北米市場の資本主義的および経済的発展に、ほぼ完全に依存していた。北米には前世紀に多くのドイツ人が移民していた。アントンの父は煉瓦工場の仕事を解雇され、母と姉は、最低賃金を払うビール工場のために、野良仕事をしなければならなかった。

一方のアントンは家族を第一に考えなければならないので結婚をやむなく延期し、一家総出で食べていくだけのものを稼ぐため働かねばならなかった。ナチズムの原理への表面的な関心は、20 年代後半、比較的高まったり薄れたりしたのち、ふたたびよみがえった。休日や映画、娯楽といったものはいまやすべて過去の記憶となり、彼の心はふたたび変化の理想で満たされた。1930 年から 1933 年にかけて、保守勢力とヒトラーの党のあいだで民主主義体制をお払い箱にするための非公式な話し合いがもたれた。退廃したワイマール共和国は手のほどこしようのないほど弱体化していた。このナチ党を嵐の力として利用する目論みはドイツ右翼勢力のとんでもない誤算であり、じきに自身がナチの台風に破壊されることになる。

1933 年 1 月 30 日、年老いたフォン・ヒンデンブルクはヒトラーに政府をひきいるよう命じた。これが第二次世界大戦の懐胎である。新首相はすぐさまあきらかにマスコミを統制し、配下におさめるために、「ドイツ国民保護令」を発布し、あらゆる権力を掌握する挙に出た。国会議事堂の怪しげな放火事件により彼は共産主義者の弾圧をはじめられるようになった。新しい総統は約束を守り、カール大帝の第一帝国の真の継承者として大ドイツを再興したいと切望していた――第三帝国を。軍は口説かれ、一方、産業資本家たちも経済危機を終わらせたいので、諸手を挙げて彼を支持した。

地方でのナチズムの成功は、ヒンデンブルクと地主たちの良好な関係と結びついており、ヒトラーは 1934 年の大統領の死までこうした条件をたくみに扱っていた。円はいまや閉じられ、機械は動きはじめ、ドイツ国民はあきらかな進歩に満足した。車でさえ、誰もが買えるようになったのだ！　にもかかわらず、原料の不足のせいで問題が起きた。危機を切り抜けるために召集された貪欲な産業に供給するために、原料の需要がどんどん増えていたのである。どこで新しい資源と動機を探せばいいかは、過去の伝説的な大ドイツがインスピレーションをあたえてくれる。最初の軍事演習は 1936 年、スペイン内戦のフランコ軍への支援とフランス統治下のラインラント－プファルツ地方の再軍備と時を同じくしておこなわれた。

しかし、イムグルント家はドイツ全体に広がる喜びをいまや分かち合うことができなかった。アントンの母は大恐慌のとき畑で重労働をしたせいで結核にかかり他界していた。アントン自身は恵まれない状態で暮らし、現在の悲惨な状況から脱する方法を必死で探していた。彼は勃興する軍国主義と新しい政治体制が発する力に魅了されていた。自己防衛や世界最強の軍隊にくわわるという考えのとりこになり、きたるべき歴史的事件にぜひ一役買いたいと思っていた。

第三帝国は世界が指をくわえて見守るなかで力を増し、1938年に第二の行動に出て、オーストリアを併合した。ヨーロッパは無言のままだった。つぎは最終的にベーメン・メーレン保護領となった地域の番だった。ドイツはチェコスロヴァキアからこの地域を奪い取った。イギリスとフランスはチェコ政府を説得してこれらの領土の喪失を受け入れさせ、貪欲なドイツをなだめて、領土要求を終わりにさせようとした。しかし、この宥和策は失敗した。じきにドイツは同国全域に侵攻したからである。

狡猾だが巧妙なプロパガンダと、ドイツ国防軍の驚くべき勝利、そして熱狂的な志願者たちが、ついにアントンの心を動かした。入隊は平凡で退屈な日常からの脱出になる。毎日、友人知人が入隊していて、彼は栄光と冒険の機会を逃したくなかった。4月14日、彼はアシャッフェンブルクの国防軍募集事務所で入隊した。

そのころヒトラーはさらに大胆な行動に出ていた。そのころには、このあからさまな侵略政策を前にしてヨーロッパの大国がいつまでも黙ってはいないことがかなり明白になっていた。総統がポーランド国境ぞいでまた賭けをはじめると、イギリスとフランスはポーランドにたいするいかなる侵略行為も戦争を引き起こす結果を招くとドイツに警告した——そして、実際そうなったのである。ポーランド侵攻から3日後、第二次世界大戦がはじまった。何百万という人命が失われる戦いの導火線に火がついたのだ。

われわれの「主人公」は、コットブス（ベルリンの130キロほど南のシュプレーヴァルト地方にある）のレンス兵営に出頭

個人のデータと軍歴がわかるアントン・イムグルントのヴェーアパスつまり兵籍手帳。

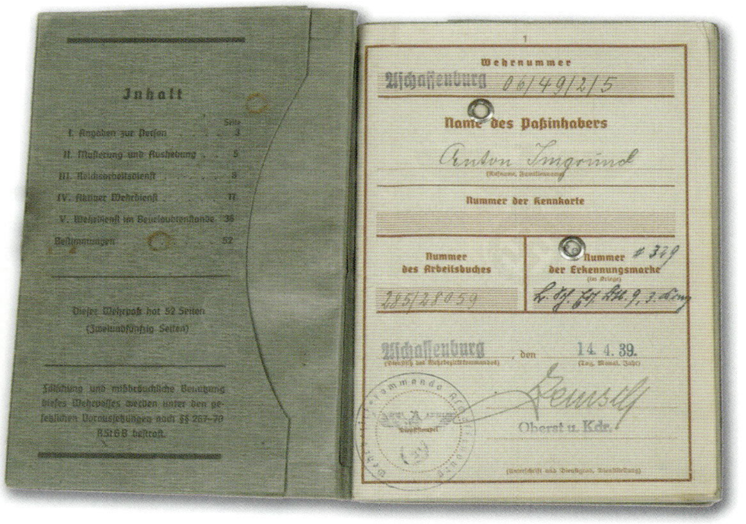


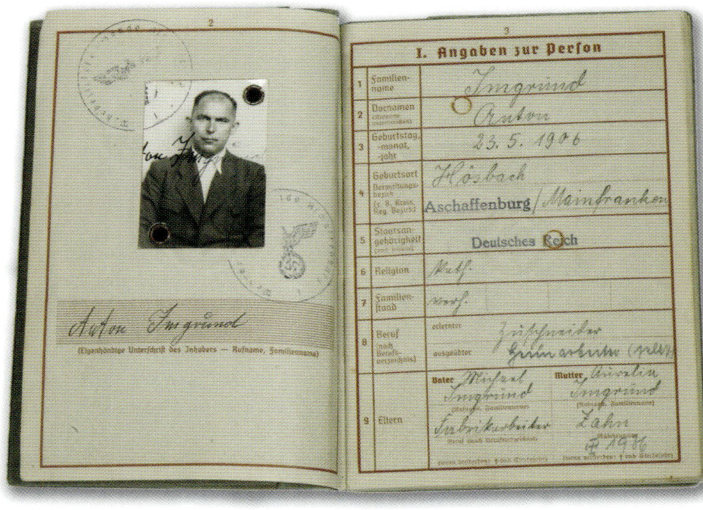


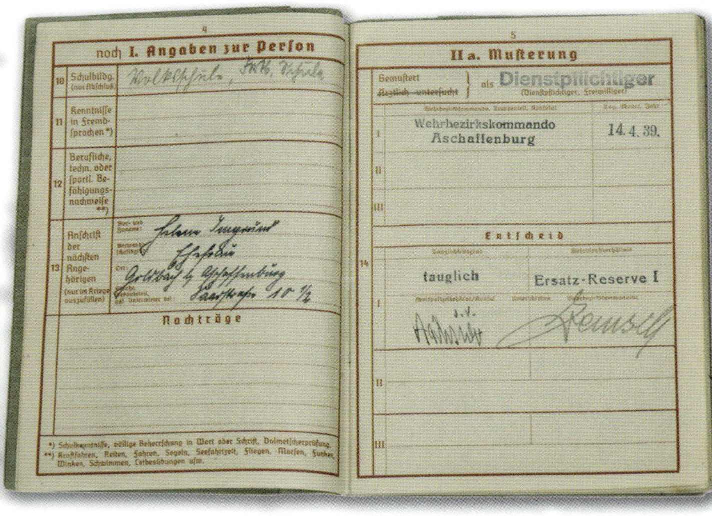

1日の激しい教練のあと、兵営で仲間とすごすアントン。
何杯かのビールとシュナップスを楽しむのが軍隊生活の数少ない楽しみのひとつだった。

家族や友人に送るためにアントンの
肖像写真がついた絵はがき。

せよという入営命令がとどいたとき、キリストの亡くなった年齢だった。そこで彼はそれから3カ月、民間人から陸軍の一員へと変貌するための厳しいプロイセン式教練の規律を叩きこまれることになる。彼はあらゆる種類の歩兵兵器の使用法や、全天候下での36時間休みない強行軍の訓練を受け、体と心は想像を超えた極限状態に追いやられる。しかし、こんなことは彼がこれから遭遇する恐ろしい戦争の過程で待ち受けている苦しみや不自由にくらべればなんでもない。一方で、戦友愛とドイツ全域から集まった人々との集団生活は、相互信頼と生存をささえるのに必要な真の友情を育むことになる。

第一次世界大戦の遺産にいらだち、復讐を求める気持ちでいっぱいのアントンは、新しいドイツを心待ちにしていた。彼をはじめとする何百万という催眠術にかけられた若者たちは、死を招くヒトラーの誘惑に乗せられた。彼らはみな、よりよいなにかを心から信じていたが、前途に横たわる破滅的な恐ろしい結果を予見できなかった。第三帝国は彼らの救済にも、栄光にもなることはない。圧倒的な完膚なきまでの破壊をもたらすだけで……

前線への長い行軍中に一休みして食事休憩。
通常、兵士は、快適にすごす設備といえばストーブと敷き藁しかない貨車で輸送された。
こうした旅は前線の状況や列車の優先順位によって何週間もつづくことがあった。

015

# 鉄ヘルメット

近代的な鉄ヘルメットは、第一次世界大戦中に、塹壕戦でもっとも露出する体の一部である兵士の頭部を保護するために開発、採用された。

歴史を通じ、戦士たちは、現在「ヘルメット」と呼ばれるものの無数のバリエーションで頭蓋骨を守ってきた。ときにこの防御アイテムは、保護を目的とするだけでなく、社会的軍事的地位のちがいを表わすためや、たんに敵を恐がらせるための装飾的な役割をになうこともあった。

古代ではヘルメットの目的は、矢や投げ槍のような飛翔体ではなく、剣や石や棍棒の打撃から着用者を守ることにあった。最初の小火器が出現すると、ヘルメットは通常、銃弾や弾の破片にたいしてさほど保護をあたえられなかった。この欠点の明白な一例が、20 世紀はじめに発表され、20 年にわたって世界中の多くの軍隊に大量に輸出されたフランスのアドリアン型ヘルメットかもしれない。本質的に、アドリアン型ヘルメットは消防士のヘルメットと同程度の防御能力しか持たなかった。

ある意味では、最初の「近代的なヘルメット」は 1916 年に第一次世界大戦のドイツ兵の装備の一部として誕生したといっていい。より伝統的なヴィルヘルム皇帝の軍隊が、美しく様式化された「スパイクつきヘルメット」の代用品として、最初のかさばる――しかし防弾の――鉄ヘルメットを受け入れるには、ある程度の強制が必要だったことはたしかだ。この M1916 鉄ヘルメットは耳の高さより下の頭蓋骨を保護するだけでなく、目も守る洗練されたデザインだった。このいちばんはじめのモデルはじきに M1918 ヘルメットに進化する。より進歩して、製造の手間も少なくなったが、もとのモデルと同じようにいかめしく、少しグロテスクだった。にもかかわらず、どちらのヘルメットも進化をつづける第一次世界大戦の殺傷兵器にたいしては真に有効とはまだほど遠かった。

後年、精悍で引き締まった典型的な兵士を軍に募集することに熱心だったヒトラーのナチ体制は、一目でドイツ軍とわかるヘルメットの外見を改良した。その結果誕生したのが、こんにちまでナチ兵士のトレードマークとして生きつづける、新しく伝統的で力強い象徴である。1934 年、旧ドイツ国防軍（ライヒスヴェーア）は M1918 をもとにした新しい鉄ヘルメットのデザインを試験しはじめた。ターレのアイゼンヒュッテンヴェルケ社が最初のプロトタイプを開発し、最終的に 1935 年 6 月 25 日、新生国防軍（ヴェーアマハト）の公式の発足と同時に採用された。これは当時としてはじつに高性能のヘルメットで、他国の軍隊に支給されていたものにくらべ、高価で手間のかかる製造工程を要した。たぶんそうした理由で、1936 年に入って、スペインや中国のような国々から注文を受けるまでは、大規模に支給されることはなかった。当時スペインは流血の内戦に、中国は大日本帝国との非情な戦いに巻きこまれていた。ドイツがこれらの国々の注文に応じたのは、主として自国軍に支給する前に実戦でテストして、その有効性を確認し、製造工程を完璧なものにしたかったためとも推測できる。M35 ヘルメットはそれから 1940 年まで外見にかんしては大きな変化もなく製造されたが、1940 年以降は、大量生産の要求にこたえるため、製造工程を簡略化しなければならなかった。こうした要求の結果が、M42 ヘルメットで、少なくとも前のモデルの完璧な仕上げの一部は省略されていた。

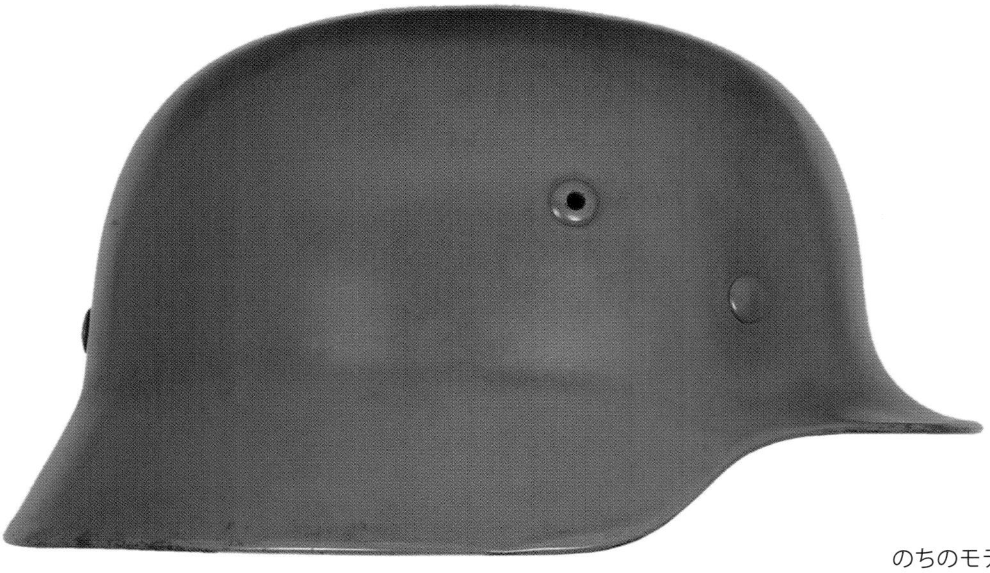

第二次世界大戦開始時にドイツ兵に
支給されていた M35 ヘルメット。
のちのモデルは品質が目に見えて落ちていた。

**01.** 第二次世界大戦では、2500 万個以上の鉄ヘルメットが 1935 年から 1945 年にかけて製造されたが、戦争が進むにつれて、簡略化のためにいくつかのバリエーションが生まれた。左から右へ、M35、M40、M42 の各モデルをいちばん一般的な塗装例でしめす。これらは順次採用され、各モデルは終戦まで併用された。

**01**

**02**

**02.** 内装のデザインは実際にはそれほど変化していないが、品質は目に見えて低下している。左から右へ、M40、M42、M35 の各モデルをしめす。

**03**

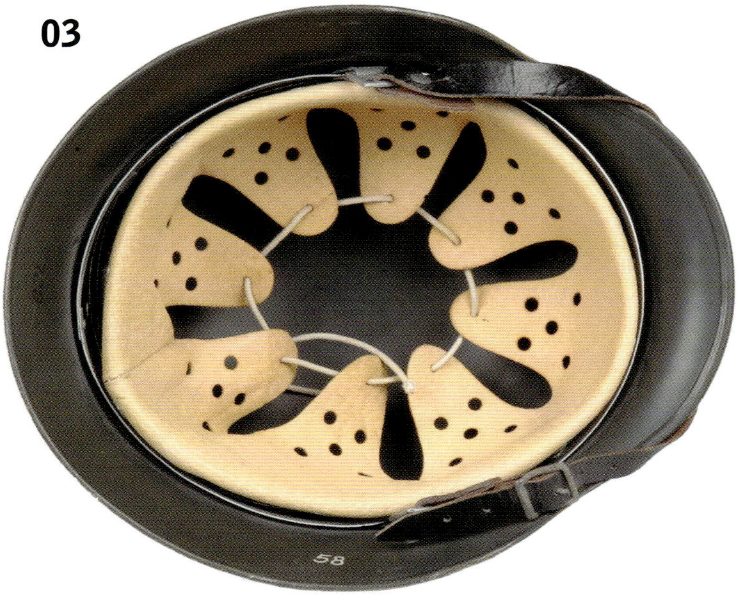

**03.** ヘルメットの内装はじつに精巧で高価な部品だった。このデザインは着用感の悪かった M1918 ヘルメットの内装を改正するため、1931 年に採用された。内装は頭部を一周して後部で結合されるアルミの帯で構成され、これが調節と衝撃吸収用の二重になった板バネをささえている。この板バネには、内側に第二のアルミ帯が 5 箇所で結合される。この第二のアルミ帯には革の内張りが 12 個の割りピンで固定され、内側にはさらにウール・フェルトのクッションが縫いつけられていた。外側のアルミ帯には顎紐用のリングがピンで留められていた。内装は（ヘルメット本体と同様）5 つのサイズで製造された。アルミ帯にはメーカーによって製造年と頭のサイズが刻印された。たとえば 64n.A.57 という刻印はヘルメット本体のサイズが 64 で、頭のサイズが 57 センチであることを表わしている。n.A. は「ノイエ・アルト」つまり新型を表わす。

**04.**　外側のアルミ帯の結合部。

**05.**　略号の ET と数字の 64 は製造メーカー（最初で最大のメーカーであるターレのアイゼンヒュッテンヴェルケ）とヘルメット本体のサイズを表わす。前方の庇部分の縁が手仕事で仕上げられているのがここで見て取れる。M35 ヘルメット。

**06.**　この写真では内張りの革とフェルトの縫い目と、内側のアルミ帯に固定する割りピンの頭がはっきりとわかる。M35 ヘルメット。

05

07

08

04

**07.**　M35 の通気穴は本体に通したハトメをかしめて作られている。内装を固定する割りピンの頭がここに見えている。この場合、割りピンは錫メッキをした真鍮で製造され、組み立て前に塗装されている。

**08.**　1936 年にベルリンのベルリン・コッファーファブリーク所有者マックス・デンゾーで製造された最初のシリーズのヘルメットの典型的な内装。顎紐のバックルはマグネシウム製で、固定リング同様、艶消し仕上げである。

**09.**　顎紐を取り付けるために外側のアルミ帯に割りピンで留められた四角いリング。M35 ヘルメット。

09

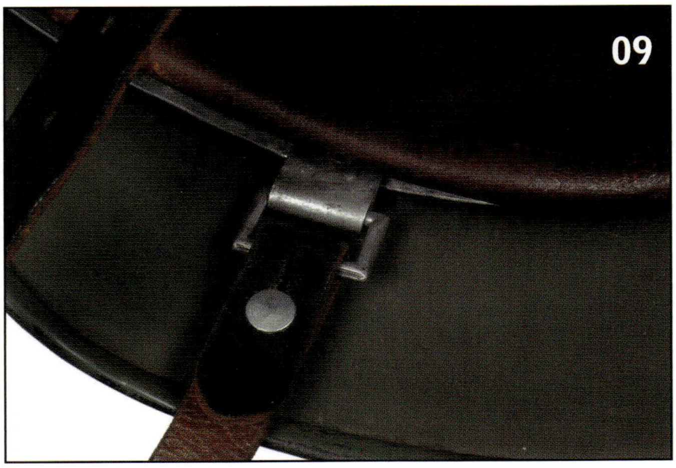

10

**10.**　ヘルメット本体のうなじの高さに打刻されたシリアルナンバー。若い数字はこのヘルメットが 1936 年から 1937 年のあいだに製造されたことをしめしている。

**11.**　最初の内装はアルミニウム製の四角い顎紐リングを持っていたが、これは時間がたつにつれて、使い心地が悪く、もろくなった。M35 ヘルメット。

11

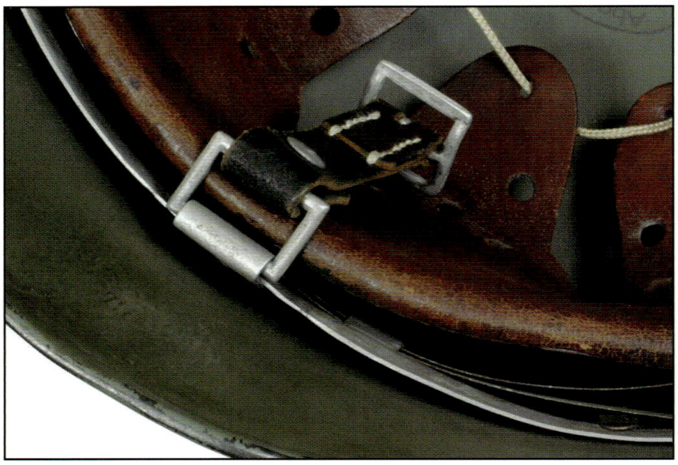

12

**12.**　1941 年に製造がはじまった M40 ヘルメットは金具に亜鉛メッキした鉄を使い、高価な牛革はもっと安価で低品質の豚革に代えられた。
　写真のヘルメットは 1943 年にブラウンシュヴァイクのシューベルト・ヴェルクで製造された。型押しされた D.R.P. の文字はドイツ帝国特許を表わす。

**13.**　この M40 ヘルメットにペイントされた 58 の数字は内装のサイズを表わし、初期の製造品に典型的な細部の水準をしめしている。
　Q66 の刻印からこのヘルメットが高品質のメーカーのひとつ、この場合にはエスリンゲンのクヴィストで製造されたことがわかる。同社は重量が 1300 グラムに達することもある大きめのサイズの重いヘルメットを製造していた。
　M40 ヘルメットでは、製造を楽にするため、ケイ酸とマンガンの合金をふくむ新種の鋼が採用された。

**14.**　手書きの数字からは兵士の所属部隊がわかる。

**15.**　1943 年以降製造されたヘルメットに典型的な豚革の内張り。この場合には M40 ヘルメットに取り付けられている。

13

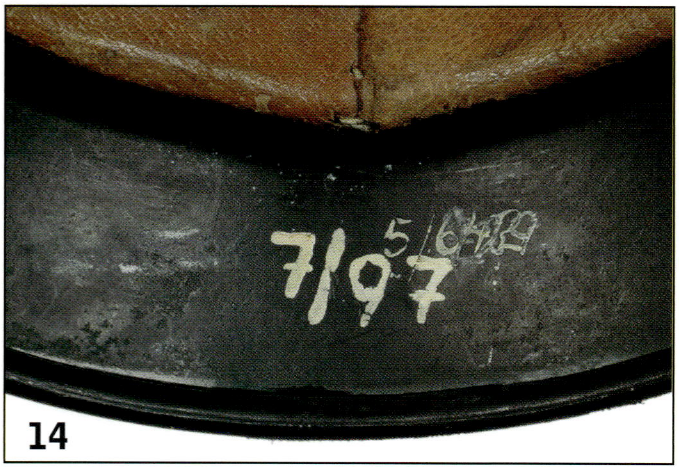


14

15

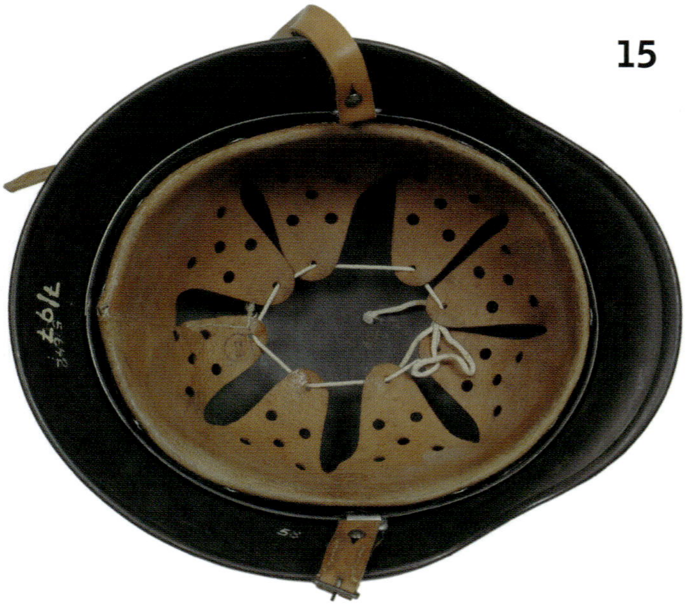

16

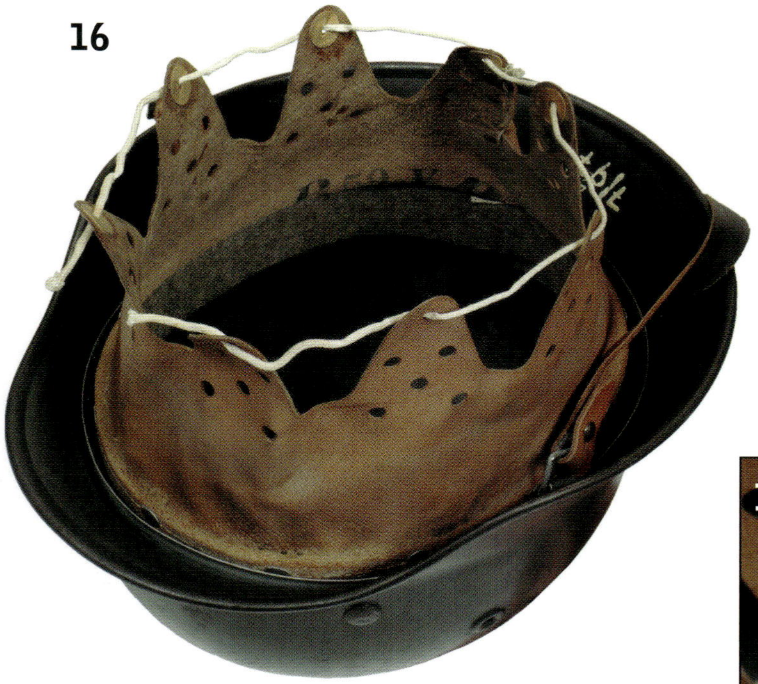

**16.** 内張りの内側には、ウールフェルトのクッションが革に縫い付けられている。メーカーのマークがはっきりと見て取れる。M40 ヘルメット。

**17.** 鋼を打ち抜いただけで無塗装の簡単なバックル。前のタイプより安価なことはまちがいない。M40 ヘルメット。

**18.** スタンプが内装のサイズをしめす。この例ではサイズ 58 とある。M40 ヘルメット。

17

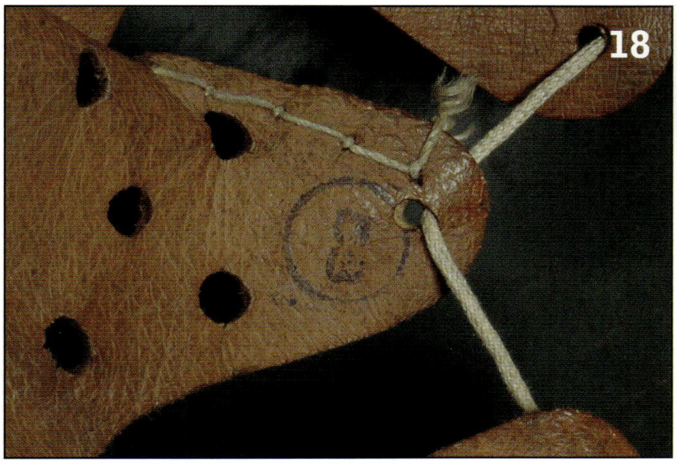

18

**19.** この M42 ヘルメットの内装の写真では、革の内張りを内側のアルミ帯に固定する 12 個の割りピンのひとつがわかる。また、外側のアルミ帯と結合するための板バネと、内装全体をヘルメット本体に固定する割りピンのひとつも見える。

**20.** M40 ヘルメットでは、以前のモデルより革の内張りの品質があきらかに落ちている。この例ではあまった部品が製造に使われている。産業の大規模な規格化によって、メーカー個々のマークもなくなり、この内装がそうであるように、番号コード RBNr（帝国企業番号）が使われはじめた。

19

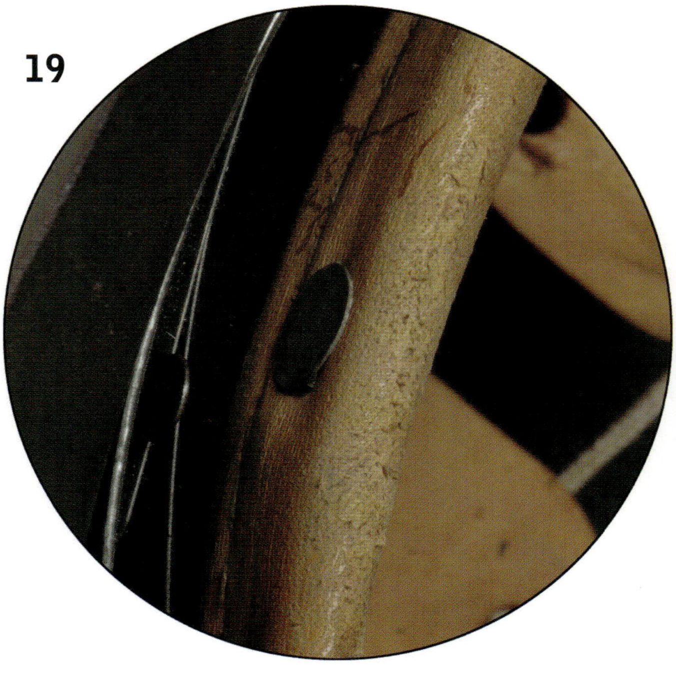

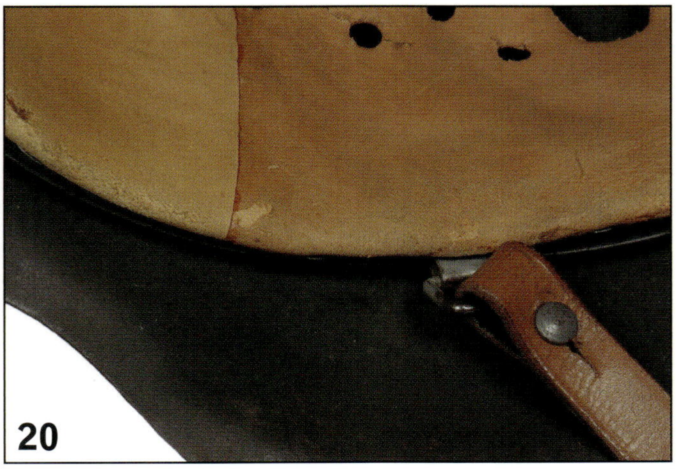

20

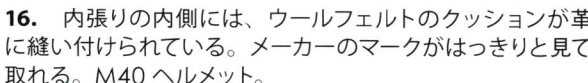

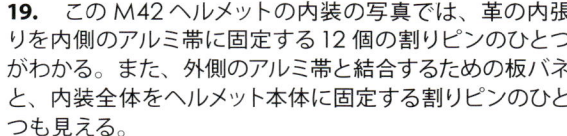

21

**21.** 鋼を打ち抜いたバックルは工業用グレーに塗られている。

**22.** サイズ 58 をしめす内張りのスタンプと、生成り色の綿あるいは繊維製の紐。

**23.** 内張りの細部には、M42 ヘルメットのサイズが見えている。

**24.** 戦争後期のモデル（1944 年製）に典型的なヘルメット本体のマーク。ckl または ET はターレのアイゼンヒュッテンヴェルケ製。数字 4077 は製造番号。

22

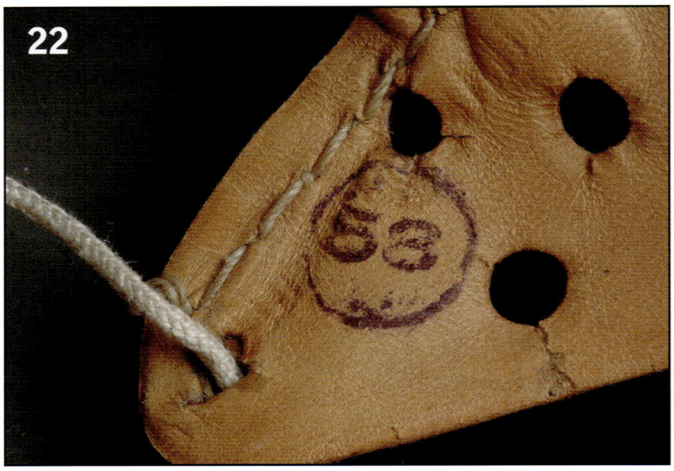

23

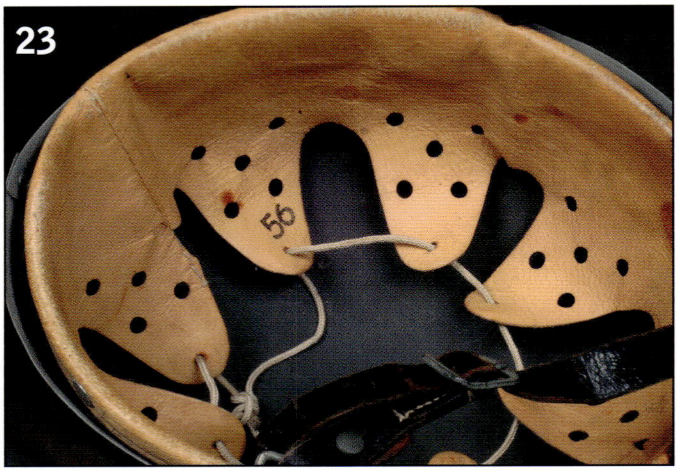


24

**25.** 帝国国防省（ライヒスクリークスミニステリウム）、のちの戦時生産省は、調達数や品質、価格などを管理する責任を負っていた。検査官は各工場の完成品のなかから一定数（100 個ほど）のヘルメットを選びだし、「検定スタンプ」というゴムスタンプを押す。承認と品質管理の証明のようなものである。

以下の写真では、「ヘーア」（陸軍）および「マリーネ」（海軍）用のヘルメットのスタンプのいくつかの例も見て取れる。製造年などのデータはいまでもはっきりとわかる。

**26.** 1944 年に製造された M42 ヘルメットの検定スタンプ。

25

26

**27.** 顎紐は内装のアルミ帯に金具で取り付けられ、革製で、なめした側を表にして、一般的に黒く染められている。バックルは長さ約 10 センチ、幅 1.5 センチの左側の顎紐に縫い付けられている。右側の顎紐は長さ 44 センチで、調節穴が 13 個開けられている。あきらかに第三帝国は迷信深くなかったわけだ。

**28.** 左側の顎紐の細部。

27

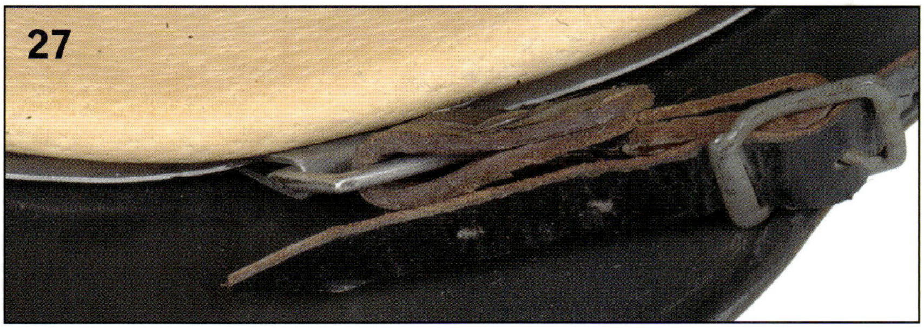

28

**29.** 旧ドイツ国防軍（ライヒスヴェーア）のヘルメットはすでに 1920 年代、地方ごとに配色を変えた楯形章で装飾されていたが、ナチ党が勃興すると、以降は新しい国家色である黒と白と赤をあしらった新型の楯形章にすべて取って代わられた。1 年後、ブロンベルク元帥はナチ党の鷲章をあらゆる衣類や装飾品につけるよう命じた。ヘルメットもこの規則から逃れることはできず、その時点から、国家色の楯形章が右側に、黒地に翼をたたんだ国防軍の銀色の鷲が描かれた新しい楯形章が反対側に着用された。1935 年に誕生した新型の軍用ヘルメットには、サイズ 40 × 33 ミリの両方の楯形章の転写シールがつけられていた。このシールには水転写式と、ある種のニスか溶剤を使って転写するもののふたつのタイプがあった。転写作業は製造過程でおこなわれ、耐久性を高めるために加熱したり焼かれたりすることもあった。

国家色の楯形章は 1940 年にあきらかに迷彩の目的で廃止され、国家鷲章も 1943 年についに廃止された。

写真は国家色の楯章と国防軍の国家鷲章をしめす。

**30.** 有名なニュルンベルクのメーカーのニス転写シールの表と裏。

**31.** 左側に国家鷲章の転写シールがついたヘルメットのアップ。

29

30

31

## M35 鉄ヘルメット

**32.** M35 鉄ヘルメットは 1935 年 6 月 25 日にドイツ軍に採用された。それからわずか 2 年でほぼ 150 万個が製造されている。

製造には時間と手間が要求された。最初は 1.1 ミリ厚か 1.2 ミリ厚のモリブデン鋼の板で、これに何度かのプレスと焼戻しの過程がおこなわれ、有名な形態がじょじょにできてくる。ヘルメットの縁は内側に折り曲げられ、最後の焼戻し前にハンマーで仕上げられる。

それから通気穴のハトメ用のふたつと内装固定用の 3 つの合計 5 つの穴がドリルで開けられる。下塗りと塗装のあと、ヘルメットは加熱される。ヘルメット本体の最終的な重量は内装抜きで 810 グラムから 1170 グラムのあいだで、以前のモデルにくらべて 150 グラムほど軽い。内装はたいてい下請けに出され、手作業で組み立てられ仕上げられる。完成品の全体価格は 7.26 ライヒスマルクである。

32

## M40 鉄ヘルメット

**33.** 1940 年、製造過程が熱間型鍛造技術の利用によって簡略化された。塗装は荒く、どんどんグレーがかっていった。

33

## M42 鉄ヘルメット

**34.** 1942 年 4 月 20 日に制定されたモデルはその年の戦況をまさに反映していた。ドイツの工業生産体制は総力戦の要求に直面して再編成された。アルベルト・シュペーア軍需相はその目的をかなえるために、第三帝国の生産力と経済を改編した。M42 ヘルメットは 8 月に生産に入ったが、わずか 4 回の熱間型鍛造過程しか必要としなかった。縁の折り返しは廃止され、その結果もっと縁がとがった粗雑な仕上がりになった。塗装は金属粉が混ぜられたためにざらざらで、ひどいグレーをしている。この時点から、ドイツの鉄ヘルメットは終戦まで大量生産体制に入った。

34

**35.** ヘルメットがざらざらの艶消し塗料で仕上げられていても、磨耗のせいで光って見えることはあるし、塗装がはげ落ちることもよくあった。もちろんそうした状態だと、着用者が敵に見つかりやすくなる可能性があり、さらなる危険が生じる。歩兵は、現地で手に入るありとあらゆる資材を利用するだけでなく、ヘルメットに泥を塗ったり、金網をかけて木の葉や小さな枝などを差したりと、さまざまな工夫でヘルメットを偽装した。雪の上でヘルメットのグレーの色を隠すために歯磨き粉が使われたことさえある。その一方で、当然ながら、陸軍はすぐに完全な規定と専用の装備を配布した。ブレッドバッグ（雑嚢）のストラップは写真のように器用にヘルメットに固定され、木の葉を差すのに利用することができた。

**35**

**36.**　砂を混ぜた車輛用の塗料を使って現地で塗装されたヘルメットの一例。ざらざらの表面に注意。

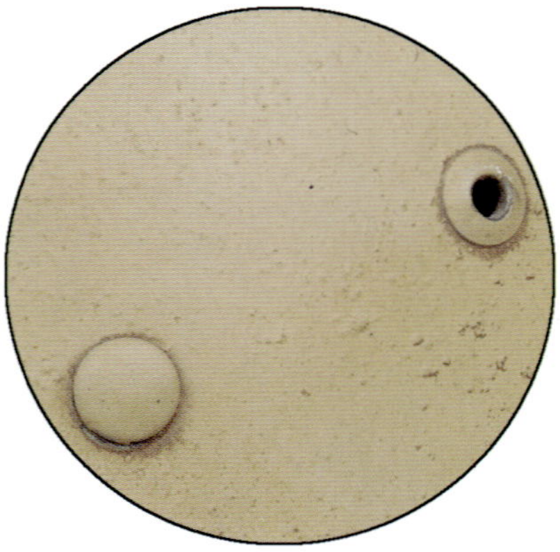

**36**

**37.** 陸軍はさらにさまざまな会社が製造した偽装網や、リバーシブル（白面と迷彩面）あるいは片面だけの迷彩カバーなど、命を脅かす反射をさけるためにあらゆるものを支給した。迷彩カバーには偽装用のループが縫い付けられたものもあった。しかし、こうした装備は標準支給ではなかったため、前線部隊や精鋭部隊、さらには特定の機会にしか支給されなかった。

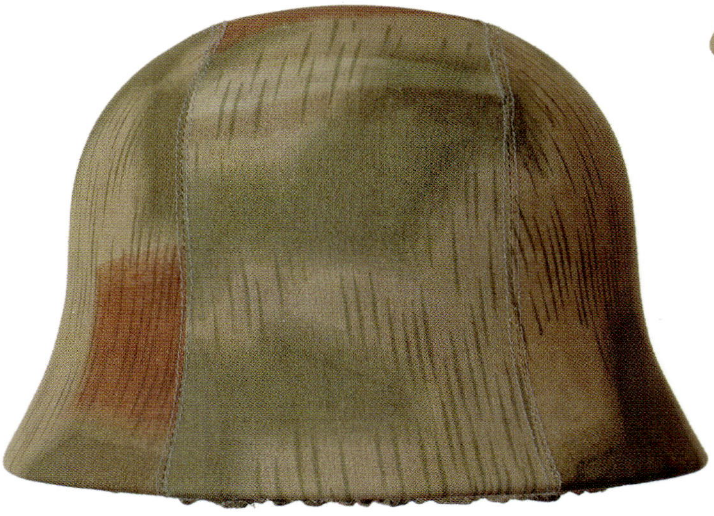

37

**38.** 片面だけの迷彩カバーの裏側。

38

# 制服

開戦時、ほとんどの国が動員した軍隊は、スタイルや造りが各国の歴史や天然資源、政治、気候、さらには気質までをある程度反映した特徴的な制服を着用していた。

第二次世界大戦時のドイツの制服は本質的には、17 世紀にブランデンブルクのフリードリッヒ・ヴィルヘルムがプロイセン軍のために定めた簡素さと機能性の原則にもとづいて開発されたものである。起源は古めかしいが、これはおそらく 20 世紀前半でもっとも進化した制服であり、ほかの交戦国に大きな影響をあたえる真に画期的なものだった。

普仏戦争の終結後、1871 年に統一されて以来、ドイツは大森林地帯におおわれた広大な領土と豊富な天然資源がたよりの強力な国家だったが、1930 年代に誕生した新秩序の構築の大きな要求を満たすにはじゅうぶんでなかった。ドイツにとって幸運だったのは、帝国の化学者たちが合成繊維を大量生産する方法を知っていたことである。英国海軍がアメリカやエジプト、インドという主要生産国からの物資を海上封鎖していたせいで、綿の不足が起きていたからだ。

1894 年、チャールズ・フレデリック・クロスとエドワード・ジョン・ビヴァンとクレイトン・ビードルが最初の人絹の特許を取った。これは製造に使われる糊状の溶液からビスコースと呼ばれる。最初の試みの結果できあがった製品はかなり燃えやすく、1912 年にドイツでも禁止された。大西洋の反対側では、アメリカを拠点とするアヴテックス繊維会社がすでに 1910 年にビスコースを製造していたが、1924 年には、それにかわって、レーヨンというもっとじょうぶな繊維が登場した。ただしヨーロッパでは「ビスコース」という名称がひきつづき使用された。

ビスコースは糸として製造されただけだったが、1930 年代にその織物としての特性が発見され、工業織物の製造がやっと確立された。概していえば、これは着用感において天然繊維に匹敵するきわめて使い道の多い繊維だった。絹や綿、リネンの触感と肌合いをほぼ完璧に真似ることができ、さまざまな色に染められ、なめらかで美しく、吸湿性があった。しかし、体温を逃がさず、濡れると形崩れするきらいがあった。

セルロースを原料とする織物産業は 1899 年、ドイツのオーバーブルッフのグラウツシュトッフ合同工場株式会社（のちに第一次世界大戦中、合成繊維製造の先駆者となる）によって創始された。

セルロース繊維は豊富な木材のおかげでめざましい進歩をとげた。ナチ党はほぼあらゆる天然繊維の代わりとなる新素材のとほうもない可能性にちゃんと気づいていて、それゆえこの新技術が大きな戦略的重要性を持つことを理解していた。製造過程は木材をセルロース・パルプになるまでプレスするところからはじまる。そのあとこれを化学反応を起こす腐食液で溶かす。パルプはそれから「シャワーヘッド」のようなものから押しだされ、開いた穴の直径に応じてさまざまな太さの単繊維が出来上がる。処理のあと、出来上がった糸はしかるべく織られ、各種の織物をかなり安価で模造することができるのである。

開戦時、ドイツは世界全体のビスコースつまりレーヨンの 88 パーセントを製造していた。心配な天然繊維の不足をすばらしい方法で解決したのである。合成繊維はやがて機能を高め、不足を最小限度にする目的で天然繊維にくわえられた。戦いが当初の予想を超えてつづくと、アントンと戦友たちは制服の質の低下を目のあたりにする。彼らの上衣は合成繊維が多すぎるせいで断熱性を失い、皮革の供給は減少し、将兵はついには丈の高いスマートな「ジャックブーツ」を、戦争初期に確立されたドイツ軍兵士の力強いプロパガンダ的イメージとはまちがいなくかけ離れた、さえない格好になるまで短くしなければならなかった。多くの面で、第三帝国のシンボルのほとんどは森といっしょに消えていくように思えた……。

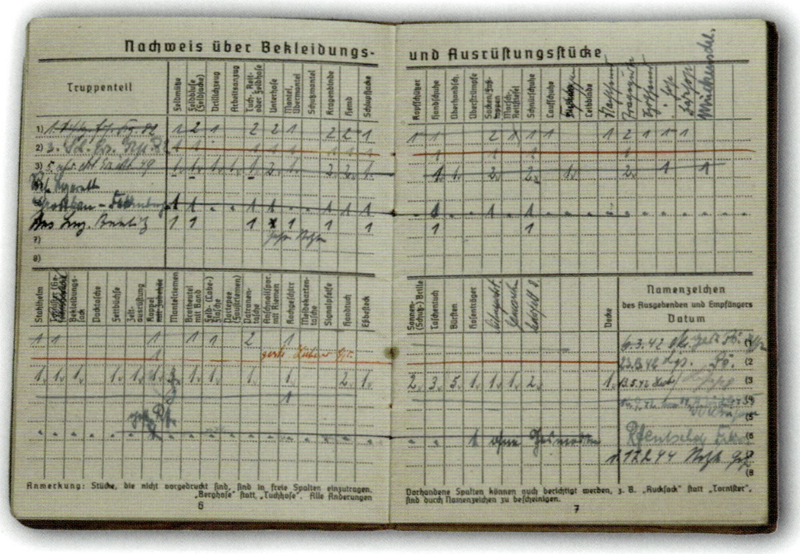


被服や装備とその受領日を記入した
ゾルトブーフ（給与手帳）の 6 ページと 7 ページ。

第三帝国の制服をすべて解説する小冊子。

# 野戦帽

## M35 野戦帽（1935 - 1942 年）

1938 年 2 月のオーストリア併合時、ドイツ軍将兵は考えぬかれた制服の一部としてしゃれた略帽をかぶっていた。これはヘルメットの着用が規定されていないときに使うもので、じつのところ、実用的なデザインの一例とはいえない。「野戦帽（フェルトミュッツェ）」と呼ばれた略帽は 1934 年に新しく軍に登場したものだが、1935 年にはその独特の形に進化していた。

野戦服に使われているのと同じ、基本のウールとセルロース繊維混紡の布地で製造され、前面には三色の国家帽章と国家鷲章がついている。国家鷲章は当初、グレー地に白だったが、のちにオリーブグリーン地にグレーになった。この国家鷲章はすべて人絹で製造され、べつべつに縫い付けられた。スータッシェと呼ばれる兵科色の山形章も縫い付けられている。1942 年にこの山形章を廃止する通達が出たが、これはしばしば無視された。

野戦帽には折り返しがあり、寒いときに下ろして耳を覆うようになっていた。さらに両側面の中央にはフィールドグレー（灰緑色）のハトメの通気穴がもうけられている。最後に、野戦帽の形はヘルメットの下にかぶって、頭をさらに保護し、かぶり心地をよくするように考えられていた。

01

02

**01.** 規定にしたがった正しい野戦帽のかぶりかた。

**02.** 合成綿の裏地がついた初期の製品（1939 - 1940 年）。

**03.** 国家鷲章、国家帽章、兵科色（この場合は歩兵）の山形章がわかる前面のクローズアップ。

**04.** メーカーのマーキング。

**05.** ハトメの通気穴のアップ。

03

04

05

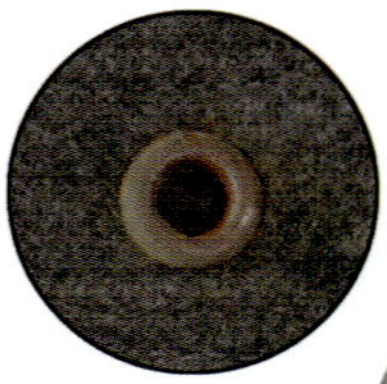

**06.** 人絹の裏地がある後期の製品（1943 年）。レーヨンの添加のせいで布地が粗く見える。略帽は 2 年ごとに支給された。

06

## M42 野戦帽（1942 年）

初期の野戦帽は寒冷な気候では防寒性が不足していたため、新型の野戦帽が採用された。前面にはボタンが 2 個もうけられ、これをはずすことで、山岳帽と同じように、折り返しを下ろして、耳あてにすることができた。一方で、造りと布地は 1943 年末まで製造がつづけられた以前の M35 と同じだった。

07

**07.** 1942 年に製造された野戦帽。このタイプはこの年しか製造されなかった。

**08.** 人絹の裏地にはメーカーの名前と住所のほかに、補給処のマーキング F.42 56（フランクフルト、1942 年、サイズ 56）が入っている。

**09.** 布地の組成に化学繊維の割合が増えたせいで、粗い仕上がりになった。写真ではそれがはっきりとわかる。

# 規格野戦帽

## M43 規格野戦帽（1943 - 1945 年）

これはたぶんもっとも人気のあった野戦帽だろう。すぐに将兵の標準的な帽子となり、1945 年の終戦まで使われた。

デザインは基本的には山岳帽（ベルクミュッツェ）と同じだった。この山岳帽自体は第一次世界大戦前に開発されたオーストリア軍のモデルから発展したものだ。原型となった山岳帽からの変更点は、鍔が長くなったことと、革製のビン革（スウェットバンド）が廃止されたことである。一部のメーカーは通気穴を残したが、資源節約のために省略されることも多かった。布地はセルロース繊維が 70 - 90 パーセントの割合で入った混紡である。国家鷲章と国家帽章は灰緑色の台形の台布にグレーの人絹糸で刺繍されている。

M42 野戦帽と同じように、折り返しを下ろし、2 個のボタンを使って正面で留め、一種の目出し帽のようにすることができた。ボタンは無塗装あるいは艶消しの灰緑色で塗られた石目柄のアルミニウム製のほか、ポンチョに使われる合成樹脂やガラス、ベークライト、紙、木のボタンが使われることもあった。

鍔の芯は概してボール紙や合成素材で製造されたため、濡れたり、ヘルメットをかぶるときにたたんでポケットにしまったりするせいで、曲がったり、折れたりしがちだった。

10

**10.** 標準的な製品の代表例で、より一般的な特徴ときれいな仕上がりがわかる。おそらく 1943 年か 1944 年に製造されたもの。

**11.**　M43 規格野戦帽の側面と上面。

**12.**　正面から見たところ。帽章と 2 個のボタンがわかる。

11

12

**13.**　人絹の裏地にはサイズ（56）だけがスタンプされている。

**14.**　内側の補強と、耳あてをおさえるための小さなストラップ。

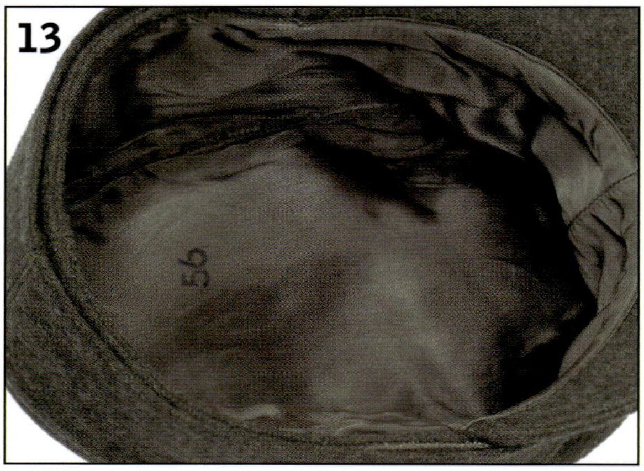


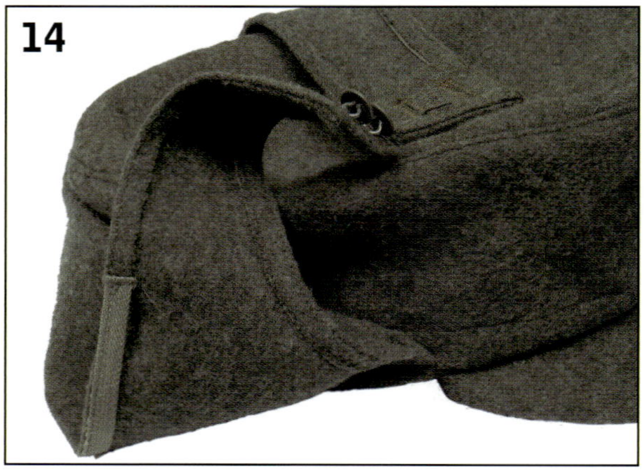


**15.**　高級帽子メーカーが製造した 1944 年の製品。

**16.**　上質な山岳帽スタイルの T 字型の国家鷲章と国家帽章が縫い付けられ、艶消し銀で塗装されたアルミニウム製ボタンがついている。

15

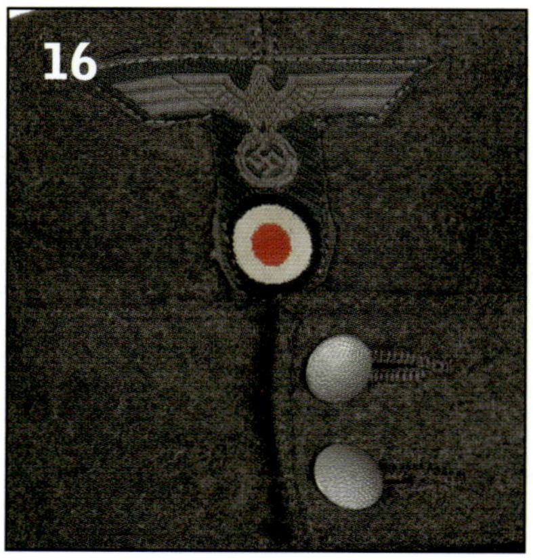


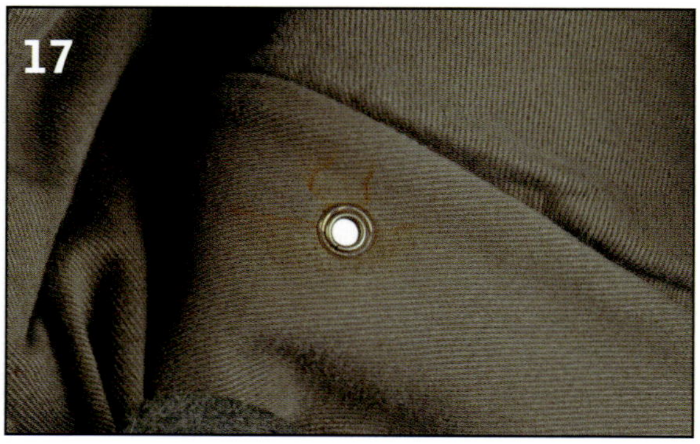


**17.**　合成綿の裏地と通気穴のアップ。このモデルではめずらしい。

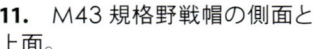

**18.** 後期の製品の例。

**19.** ズボンに使われるタイプの金属ボタン。

**20.** 内側の RBNr とサイズ（58）のマーキング。

18

19

20

**21.** 折り返しを下ろして目出し帽として使用される M43 規格野戦帽。帽子に耳あてを取り付けるためのストラップも見える。

21

29

22

**22.** 陸軍全体に規格野戦帽が採用されると、猟兵（イェーガー）連隊はこの帽子の独占権を失った。写真では、左側に典型的な山岳猟兵のエーデルワイスの徽章をつけたM43 規格野戦帽をしめす。

**23.** 帽子の側面に縫い付けられた亜鉛製のエーデルワイス章のアップ。

23

30

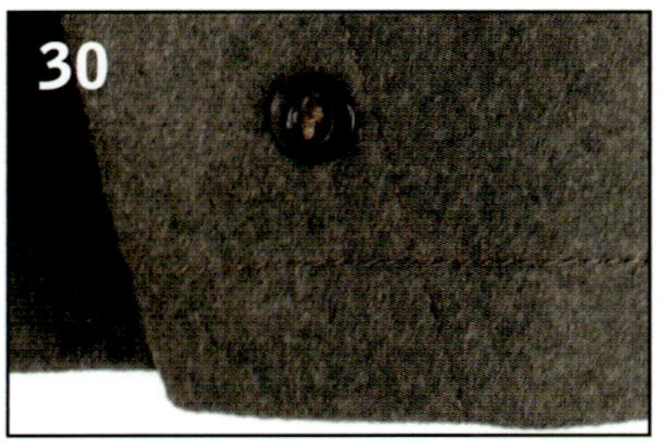

31

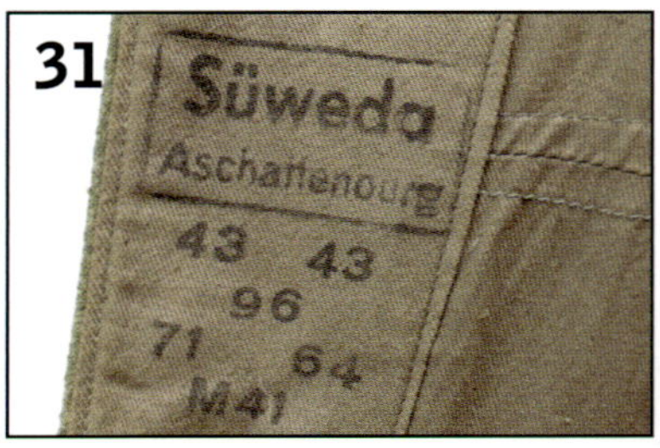


32

**30.** 合成樹脂のボタンがついた袖口

**31.** 典型的な初期のマーキング。左上の数字（43）は背中の長さを表わし、右上の数字（43）は襟まわりを表わす。中央（96）は胸囲で、下段の数字（71 と 64）はそれぞれ着丈と袖丈。いちばん下（M41）はこの検定品が納入された補給処（B= ベルリン、M= ミュンヘン）と年度をしめす。

**32.** 背面から見たところ。

33

34

**33.** この写真では改造されていない M36 上衣の内側と外側がわかる。

**34.** 第 2 ボタンホールに勲章の綬を縫い付ける場合の正しい方法。

## M40 野戦服上衣

**35.** 1941 年タイプの M40 上衣。このころには布地の質が低下していて、濡れると形崩れする傾向があったので、見苦しくならないように前あわせにボタンが追加された。写真の上衣は営内で下士官用に改造されたもので、もとの襟は M36 上衣のようなもっと尖った形をしたフェルト製の襟に仕立て直されている。これはかなり一般的な慣行だった。実際、改造されていない初期の製品を見つけるのはひじょうにむずかしい。

35

36

37

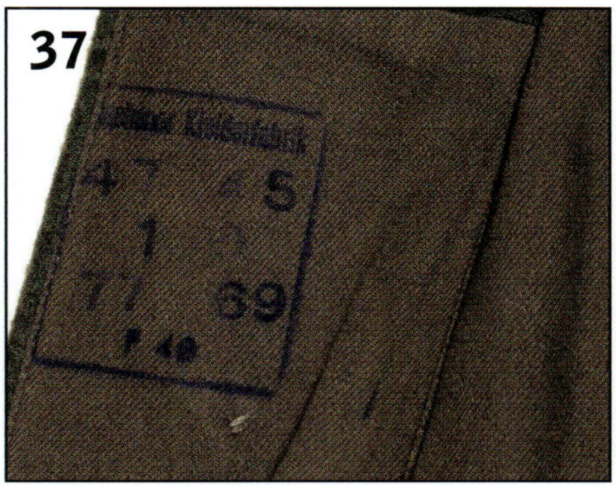

38

39

**36.** 合成樹脂のボタンがついた袖口のアップ。

**37.** 検定とサイズのスタンプ。

**38.** M36 と M40 のポケットの比較。腰ポケット周囲のプリーツが簡略化されていることに注意。当時の改造では、腰ポケットのプリーツが取りのぞかれたものもある。

**39.** M36 上衣と同様の、ベルト・フック支持ストラップを通す裏地の大きな開口部が内側にはっきりと見える。

M40 上衣を着た兄弟が写った当時の写真。

## M43 野戦服上衣

**40.** M43 野戦服上衣の後面と前面。

40

**41.** 裏地はすべて人絹で製造されている。簡略化された M43 上衣の支持ストラップ代わりの 4 つのループに注意。

**42.** 襟は形崩れをふせぐため、リネンがジグザグのステッチで縫い付けられ、補強されている。

**43.** 襟と襟章、肩章のアップ。国家鷲章が胸に縫い付けられている。

**44.** 内側の支持ループ。この形は簡略化された代用品として 1943 年に取り入れられた。以前の M36 上衣と M40 上衣の支持システムは、内側に取り付けられる 2 本のショルダーストラップで構成され、その両端には M43 上衣のループのように、調節用の穴が開いていた。

**45.** 3 つの調節穴のひとつから突き出したフックの外側の部分。

**46.** 正しいフックの取り付けかた。

**47.** フックの定位置。

41

42

43

44

**48.** アルミ製と異なる色調のグレーでエナメル加工された鉄製の 3 種類のフック。ニッケルやパーカライジング仕上げされた製品もあった。

**49.** ドイツ軍の軍服上衣の多くは、襟元をホックで留めるようになっていた。昔の名残りである。

**50.** セルロースと樹脂ペーストを型押しして製造されたボタンは見栄えがあまりよくなく、濡れると形崩れする傾向があった。写真ではひとつが染色され、もうひとつは生成り色をしている。

45

46

47

48

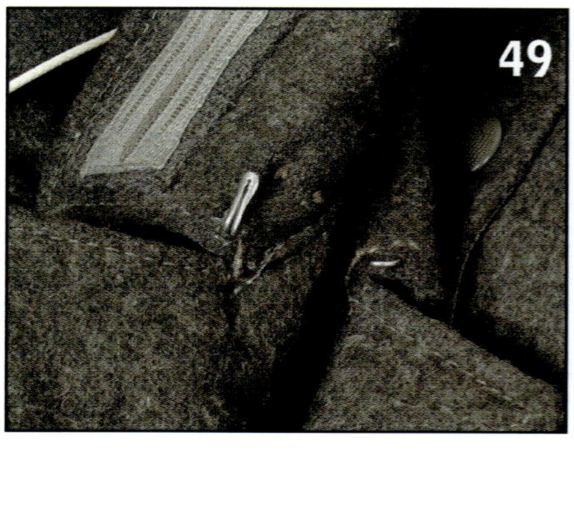
49

50

**51.** この小さなポケットのなかには、銃創の応急手当に使う包帯がおさめられる。小さいほうの包帯は銃弾が入った傷口をふさぐのに使われ、もう一方は通常もっと傷がひどい銃弾の出口をおおうためのものだった。各戦闘員は自分のを使う前に負傷兵の包帯を使うよう教育されていた。

**52.** 1943 年以降でメーカーの社名が押された被服を見つけるのはむずかしい。省略されるか、メーカーと政府契約を表わす番号コード RBNr.0/0000/0000（帝国企業番号）によって取って代わられたからだろう。

51

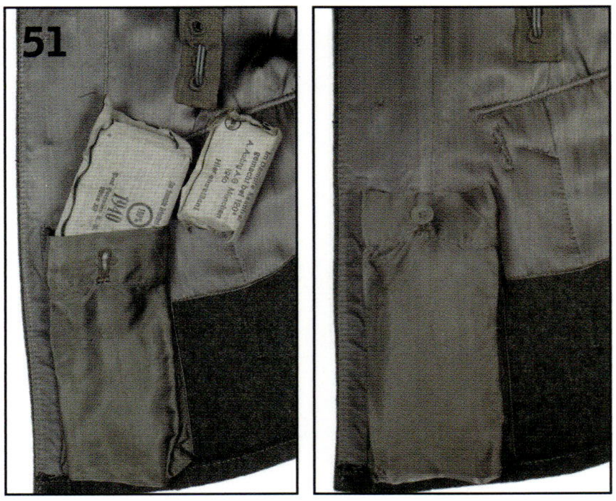

52

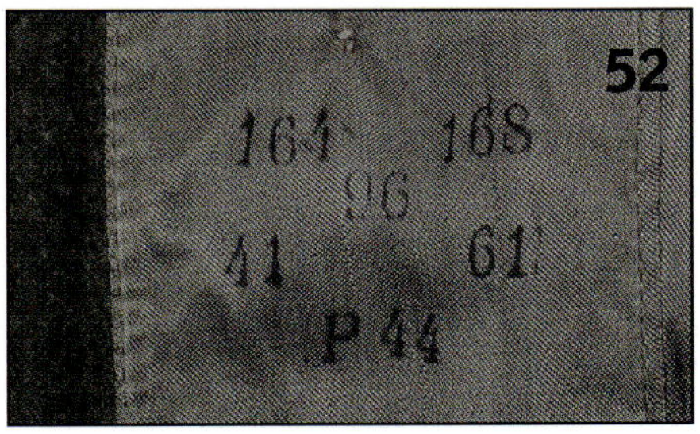


**53.** 上衣の正しいフィッティングと中隊の仕立屋による最終調整の方法。陸軍の教練にかんする教範より。

53

54

# 胸の国家鷲章

**54.** 野戦服の国家鷲章の変化。

いちばん上は、ヒトラーの権力掌握と陸軍の再編成につづく 1934 年に支給されたモデル。2 番目は M36 上衣に典型的な白いレーヨン糸で製造され、1935 年 6 月 19 日の通達にしたがった戦前のモデル（機械織り）。

つぎは 1939 年 5 月 5 日の通達にしたがってシルバーグレーの糸で製造された国家鷲章の 2 番目のモデル。これは 1939 年以降の M36 上衣でいちばん一般的な徽章である。

4 番目のモデルは機械織りでもっとも多く製造されたもので、全部レーヨンで製造されている（1940 年）。

5 番目は前と同じように機械織りで製造されているが、よりグレーがかった 1943 年のタイプ。

6 番目のバリエーションは M44 野戦服のために 1944 年に特別に作られたタイプで、あきらかに縫い付けの簡略化を目的としている。同型の鷲章はほかのモデルの上衣にも縫い付けられた例が見られる。

戦争後期に製造された最後のモデルは合成綿の台布に全部レーヨン糸で刺繍されている。

**55.** 国家鷲章の縫い付けに典型的なジグザグのステッチが見える裏地と、国家鷲章が織りだされたいくつかの布製徽章。これらは上衣の持ち主が縫い付けなければならなかった。

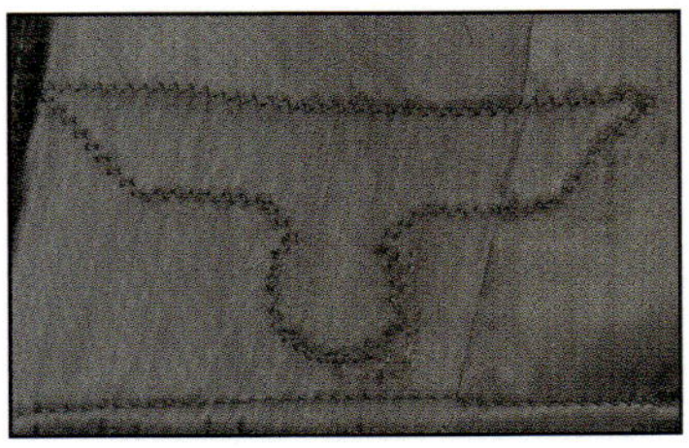

55

# 襟章

**56.** 典型的な襟章。初期型の襟章には兵科色が配され、襟のタイプによってグリーンの縁ありのものと縁なしのものがあった。

**57.** グリーンの縁ありの初期型襟章の裏側。

**58.** グリーンの縁ありの歩兵の襟章（兵科色は白）。

**59.** 兵科色がない３種類の仕上げの最終モデル。これらの襟章はレーヨンの機械織りで製造された。右端はグリーンの縁ありの初期型襟章。

**60.** 酒保で購入した状態の襟章（兵科色は輸送部隊の青）。この製品はウィーンの工場から出たもの。

**61.** 砲兵下士官の襟章と肩章。

56

57

58

59
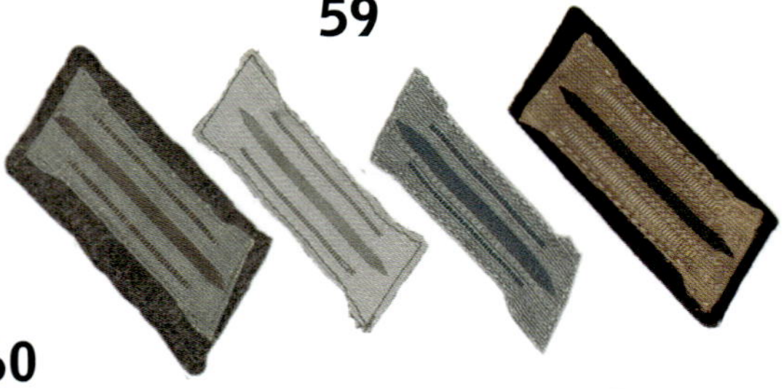

60

61

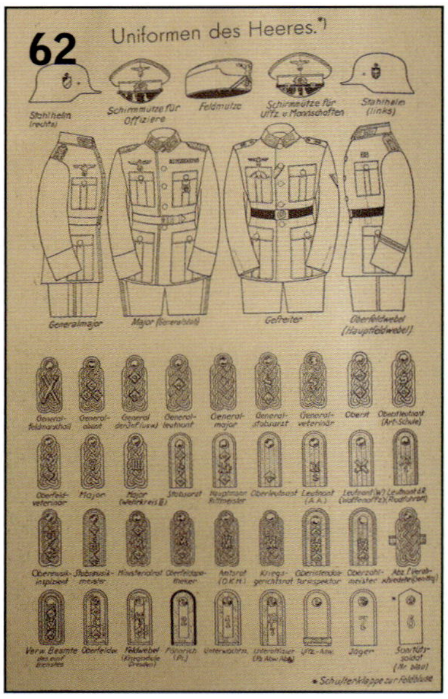


# 肩章

　肩章は野戦服と同時に開発され、あらゆる種類の被服で共通して使われた。肩章は兵士の階級と、パイピングの色によって所属兵科を表わした。バリエーションや仕上げの数はほぼ無限にあるので、さまざまな時期に登場したもっとも普通の例だけを取り上げることにする。肩章はそれぞれ取り外すことができ、その目的のために縫い付けられた短いストラップとボタンによって調節する。通常は上衣と同じ材質を使い、最初はエメラルドグリーンの布で製造され、上衣と同じ素材かレーヨン製の糸で兵科色のパイピングがほどこされた。

**62.** 陸軍の下士官兵と将校の制服のちがい（兵士向けの教範より）。

**63.** 肩章と、短いストラップとボタンがついた上衣のアップ。

**64.** いくつかの肩章の内側と、戦車兵の上衣の肩章のアップ。

**65.** 肩章の取り付けかた。

**66.** 左袖に着用する兵士の階級章（兵士向けの教範より）。

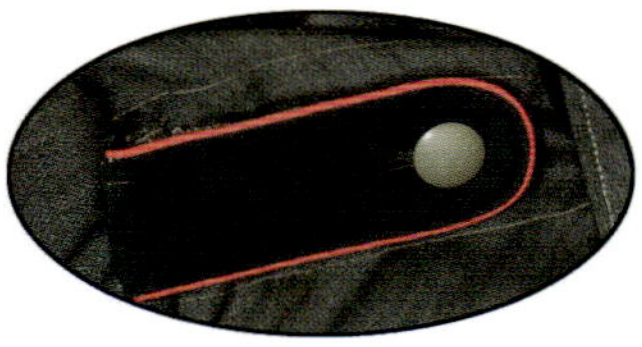

64

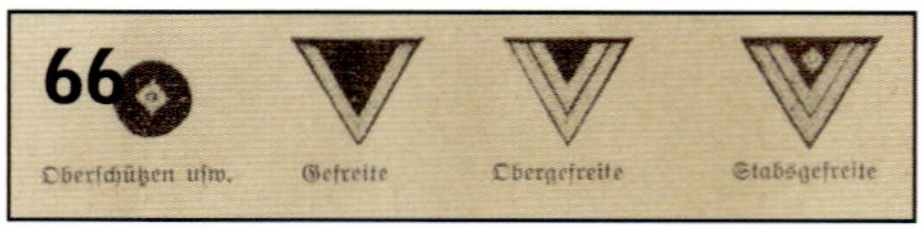

# カラー

　カラー（クラーゲンビンデ）は戦闘服上衣に欠かせないものだった。その機能は襟が擦り切れるのをふせぐか、少なくとも軽減することと、首を上衣の荒い布地から離して多少とも着心地をよくすることにあった。カラーは襟なしで支給されるシャツを一種おぎなうものとして1933年6月に採用された。にもかかわらず、のちに襟つきのシャツが登場しても、カラーを残すことに支障はなく、1944年まで支給がつづいた。

　2枚の綿あるいはレーヨンの布切れで製造され、内側は白またはライトグレー、外側はグリーンあるいはグレーで、5つのボタンホールと紙か合成樹脂かガラス製のボタンひとつがついていた。M44上衣にはカラー用のボタンはついていなかった。

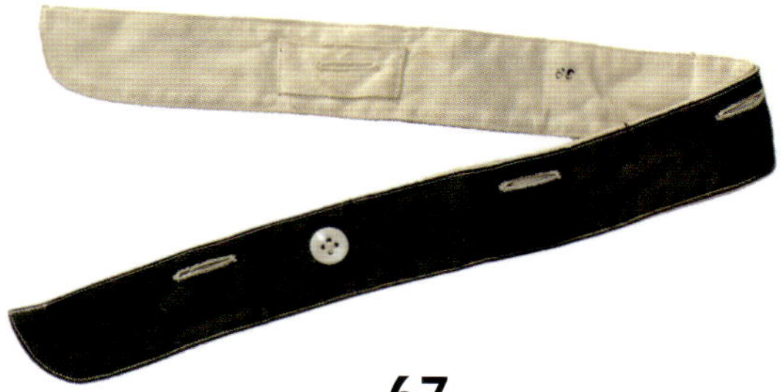

67

68

69

**67.** M36上衣の襟にマッチするダークグリーンのごく初期の製品。

**68.** カラーの取り付けかた。

**69.** 3種類の製品の外側と内側。いちばん上は初期のタイプで、3つ目は大戦末期ごろの製造。

**70.** 襟を開いた上衣の襟にカラーを取り付け、襟を閉じる。ボタンで留めるのは、とくに端のほうでは、やや面倒な作業になる。

**71.** 夏期用上衣に取り付けられたカラー。

70

71

# 野戦ズボン

上衣とちがって、ズボンは戦争中ずっとデザインと機能性の面で進歩しつづけた（質は低下したが）。アントンは19世紀スタイルの股上がひじょうに深く、サスペンダーがついた、ストレート・タイプのズボンをはいて戦場へ行進していった。このズボンのせいで彼はどことなく「民間人」風に見えた。1940年にもともとスレートグレーだったズボンの色が、野戦服上衣と同じ灰緑色に代わったが、完全な更新は1943年まで行なわれなかった。この年、アフリカ軍団の戦訓と山岳ズボンの実証ずみの機能性を組み合わせて、新しいルントブントホーゼ、別名M43ズボンが登場した。これはもっと近代的なズボンで、一部のバージョンではリネンか綿製のベルトが内蔵され、通常は留め針が2本ついた四角いバックルがついていた。より安価なバージョンでは、夏期などで野戦服上衣なしで着用するときに革ベルトを通すための広いベルト通しがついていた。すべてのモデルとバージョンは終戦までサスペンダーをつけて着用できた。

## ウール長ズボン（1936-1943年）

**72.** ズボンの最初のモデル（ストレート・タイプ）の前面と後面。股上がひじょうに深く、腰の後側に調節用のストラップがあり、それ以外にはポケット蓋も足首を絞るためのストラップもない。つねにジャックブーツといっしょに着用するようにデザインされていた。

**73.** このモデルには外側にしかサスペンダー用のボタンがない。ズボンに縫い付けられたリングはその下の小さなポケットにしまった懐中時計の鎖を留めるためのもの。

**74.** 製造年もメーカー名もない初期のマーキング。最初の数字は股下の長さ（82）、ふたつ目は腰まわりのサイズ（92）、3つ目は全体の長さ、そして最後は尻まわりのサイズ（110）である。これらのマーキングは年代やモデルによって変化した。

**75.** 白い綿の裏地

72

74

73

75

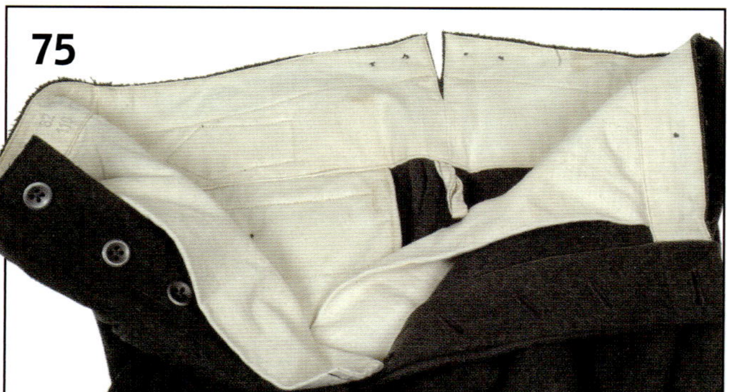

# ルントブントホーゼ、別名カイルホーゼ（1943 年）

**76.** ルントブントホーゼと名付けられた 1943 年支給のズボンの前面と後面。股の部分が補強されていることに注意。

**77.** このズボンは股上がより浅く、野戦服上衣なしで着用するときベルトを通すための大きなベルト通しが 4 つついている。さらに、デザインは当時のファッションの流れにより合ったものになっていた。時計隠しには蓋がつけられ、サスペンダーはまだ取り付けられたものの、取り付けボタンは内側に隠れていた。

**78.** 調節ストラップが腰の後ろのひとつの代わりにサイドにふたつもうけられたことで、調節が楽になった。

**79.** サイドのストラップとポケットのアップ。

**80.** くるぶし丈のブーツが導入されたため、山岳ズボンのようにズボンの裾をくるぶしのところで絞るための紐を取り付けねばならなかった。

76

77

78

79

80

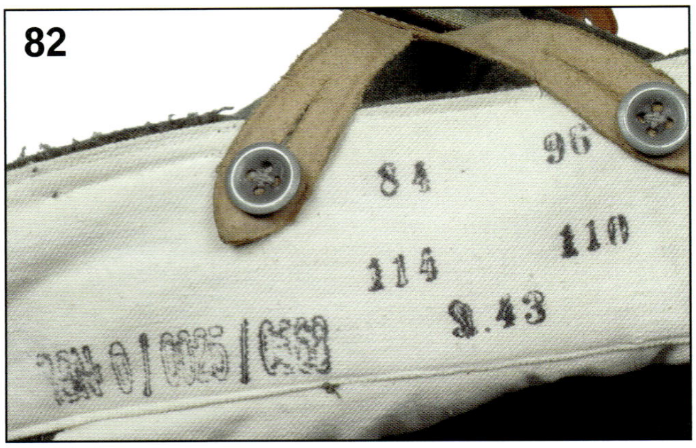


81. サスペンダー用の後ろのボタンとストラップがついた生成り色の合成綿の裏地。

82. 1943 年に製造され、同年にフランクフルトで納入されたズボン。
最初の 4 つの数字は前のモデルと同じことを意味している。最後の数字は納入場所のコードと年度を表わす。

83. 最初のうちは摩擦でズボンが擦り切れるのをふせぐために、兵士向けの教範のイラストでしめされたように、ゲートルの巻きかたにかんする規定があった。

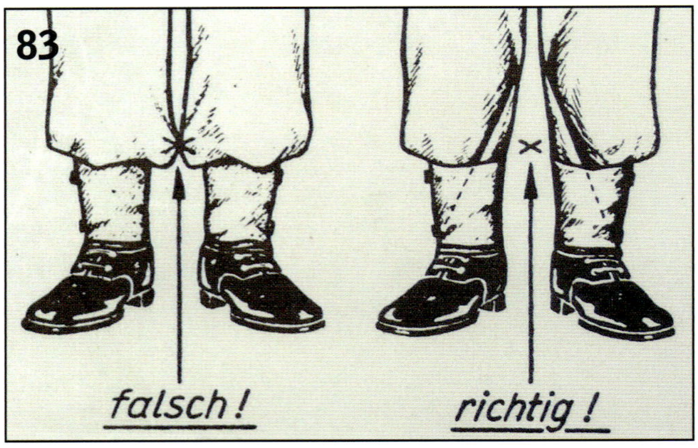


# サスペンダー

通常サスペンダーは前側に調節用金具がついた伸縮性の綿で製造されている。表側は灰緑色、裏側は白で、生成りまたはクリーム色に染められた革の補強とボタン留めがついている。民間用のサスペンダーと同じように、この基本デザインには多くのバリエーションがある。すでに述べたように、ズボンには全部、サスペンダー用のボタンがついていた。

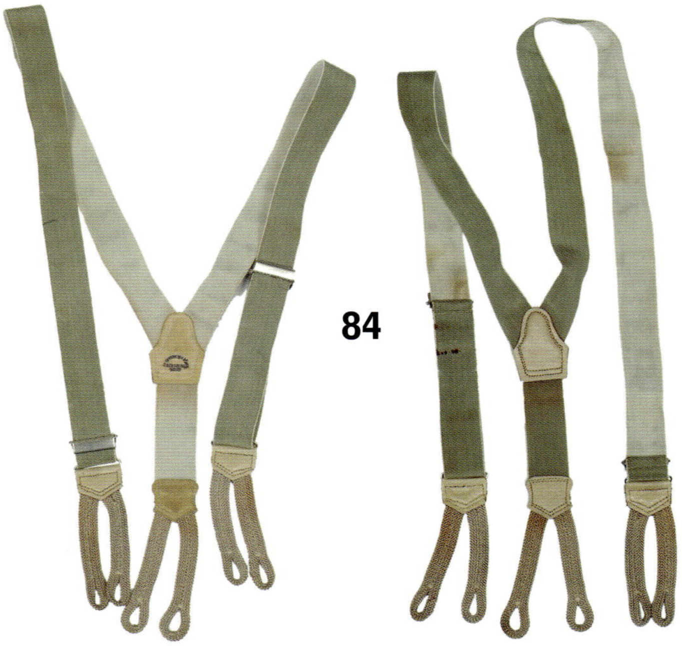

84. 綿糸を編んだボタン留めが前と後ろについた最初の支給モデル。

85. 戦争初期（1940 年）の典型的なマーキング。

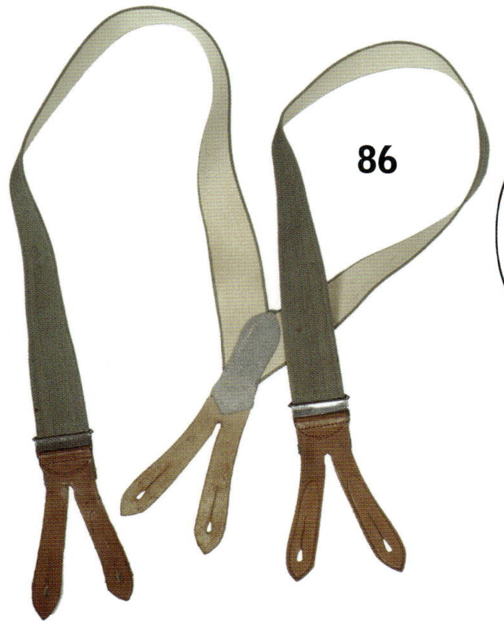

86

87

88

**86.** 戦争中期ごろの支給品サスペンダー。

**87.** ニッケル製の調節用金具と裏側の D.R.P. のマーキングのアップ。

**88.** 革製のボタン留めがついた典型的な支給品。

# M44 野戦服

1943 年夏にグロースドイッチュラント師団などの歩兵師団で実用テストされ、最終的に 1944 年 7 月 8 日にヒトラーに承認されたこの制服は、ドイツ軍にとって第二次世界大戦最後の制服改正となった。この改正の理由はあきらかに戦時省力化によるもので、イギリス軍のバトルドレスと同じように、プロイセンの伝統からの逸脱を意味していたが、その結果、時代により適した最新の制服が完成した。

この新しい被服はずっと実用的なデザインで、より楽に大量生産ができ（前のモデルを数量的に超えることはできなかったが）、新しいオリーブグリーンをはじめて採用して、1944 年 9 月 25 日に実用化された。理論的には手に入るあらゆる布地で製造され、実際、ロシア製やイタリア製などの布地を使ったバリエーションがある。いくつかのケースでは、前の M43 野戦服上衣のマウスグレーの色調を使っても製造された。

89

90

## M44 野戦服上衣

**89.** 6 つボタンがついた M44 野戦服上衣を前から見たところ。

**90.** 幅広のウエストバンドとプリーツつきの背面。

102

最終モデルのズボンの前面と後面。ストレート・タイプで、裾を絞るための紐と蓋付きのポケット、ベルト通しがついている。股上は古いモデルと比較するとかなり浅い。

**91.** 上衣の内側にはふたつの内ポケットが見える。省資源のため裏地は完全になくなり、後身頃も 1 枚の布になっている。

**92.** 肩章を装着するためのボタンとループ。

**93.** 襟はボタンとタブで閉じることができる。

**94.** 裏地がなくなって完全に簡略化された袖口。ボタンはセルロイド合成樹脂。



**103.** 民間用のベルトに似た最後期型の合成綿製ベルト。初期型のズボンの一部には熱帯用ズボンのようにリネンのベルトが内蔵されていた。ボタンはセルロース製と亜鉛メッキ金属製の 2 種類が使われている。

**104.** ほかのモデルと同じように、このズボンもサスペンダーをつけられる。裏地は合成リネン。

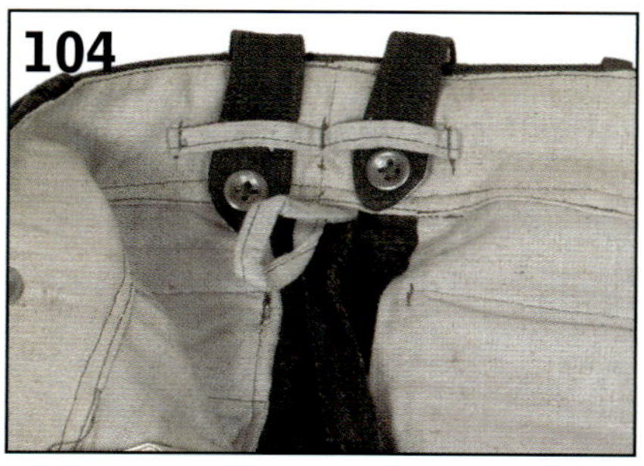

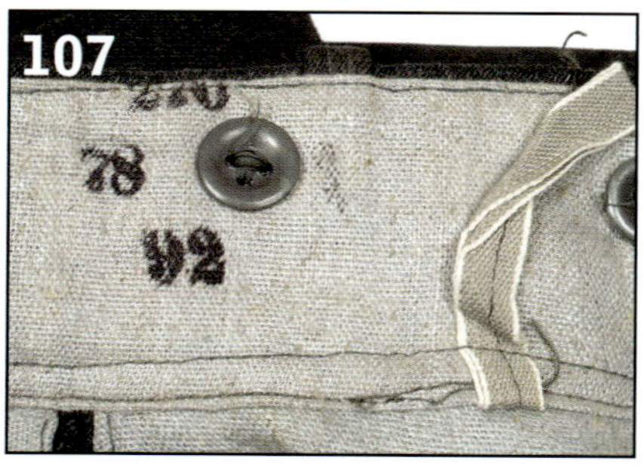


**105.** 腕時計を持っていた兵士たちは、M44 野戦ズボンの時計隠しを予備の包帯を入れるのに使っていた。

**106.** 足首を絞るのに使うズボンの裾内側のストラップ。合成綿のストラップにガラス成形のボタン。

**107.** かろうじて読み取れる後期のマーキング。ズボン全体の長さは省略されている。上の数字はほとんど読み取れないが、股下の可能性がある。中央の数字（78）は腰まわりのサイズで、下の数字（92）は尻まわりのサイズ。
　番号コードの横はハンガーループ。

# ドリル地作業服

　1933 年 4 月の軍の再編成で、新しいグレーのドリル地被服（ドリリッヒアンツーク）が導入された。これはワイマール共和国陸軍時代のモールスキン製被服の直系の子孫である。新型被服は生成り色、あるいはときにグレーがかったリネンの上衣（ドリリッヒヤッケ）とズボン（ドリリッヒホーゼ）で構成され、階級章しか着用されなかった。兵営では全新兵に使われ、もっぱら作業服や野戦服として兵士に使用された。

　上衣には 5 つのボタンがつき、平折り襟と蓋なしの腰ポケットがふたつついている。腰は内側の紐で絞ることができる。

　ズボンは初期のストレート・タイプのズボンとほぼ同じデザインで、しばしばウールの野戦服上衣とともに着用された。

　多くの戦線の環境と、大ドイツの広大な土地の大半で戦火が一気に燃え上がったせいで、この作業服の色は新たな迷彩の概念にあまりそぐわなくなった。そのため 1941 年 2 月に入るとすぐ、これらの被服はオリーブグリーンで製造すべしとの通達が出された。

　これらのドリル地作業服は夏期には、あきらかに規則に反して、戦闘服上衣に使われるのと同じ徽章をつけて着用されるようになった。その実用性の高さに陸軍省も動き、1942 年前半、野戦服上衣のデザインにならった新しい夏用の戦闘および通常勤務服の要求が出された。ズボンはのちに改良されることになり、新しい M43 制服の「ルントブントホーゼ」と同じデザインにならったズボンが導入された。

　新しい M44 制服の出現が「ドリル服」に影響をあたえたのはあきらかだが、その結果この戦争末期の制服の夏バージョンが開発されたという記録は残っていない。

**108.** 1933 - 1942 年のドリル地上衣の前面。
　この被服は冬期の迷彩服として戦闘服上衣の上に着用された。

109

110

**109.** 上衣の後面と内側。腰の調節部分がはっきりとわかる。戦闘服と同じように、襟にはカラーを取り付けるためのボタンが縫い付けられている。

**110.** 1940年2月12日の通達で「ドリリッヒヤッケ」はグリーンで製造されることになった。この新しいバージョンは夏期には涼しいので、戦闘服上衣の代用品として、また作業用オーバーオールとして、前線でひじょうに人気があった。

111

**111.** 野戦服上衣に見られるような内側のマーキング。グリーンの上衣のスタンプでは、1940 年 2 月の通達にしたがい、製造年がややぼやけて見える。

**112.** 洗濯のため、ボタンは S 字の特殊なリングではずすことができる。マーキングは布地のメーカーのもの。

**113.** このタイプの被服に着用される一等兵の階級章。表側と裏側。

**114.** 陸軍の教練教範の 1 ページ。各種の制服とその用法がくわしく説明されている。

112

113

114

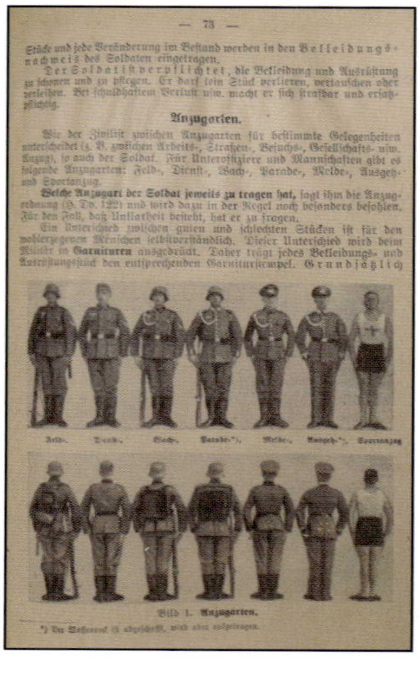

— 73 —

Stücke und jede Veränderung im Bestand werden in den Bekleidungsnachweis des Soldaten eingetragen.

Der Soldat ist verpflichtet, die Bekleidung und Ausrüstung zu schonen und zu pflegen. Er darf kein Stück verlieren, vertauschen oder verleihen. Bei schuldhaftem Verlust usw. macht er sich strafbar und ersatzpflichtig.

**Anzugarten.**

Wie der Zivilist zwischen Anzugarten für bestimmte Gelegenheiten unterscheidet (z. B. zwischen Arbeits-, Straßen-, Besuchs-, Gesellschafts- usw. Anzug), so auch der Soldat. Für Unteroffiziere und Mannschaften gibt es folgende Anzugarten: Feld-, Dienst-, Wach-, Parade-, Melde-, Ausgeh- und Sportanzug.

**Welche Anzugart der Soldat jeweils zu tragen hat,** sagt ihm die Anzugordnung (H. Dv. 122) und wird dazu in der Regel noch besonders befohlen. Für den Fall, daß Unklarheit besteht, hat er zu fragen.

Ein Unterschied zwischen guten und schlechten Stücken ist für den wohlerzogenen Menschen selbstverständlich. Dieser Unterschied wird beim Militär in **Garnituren** ausgedrückt. Daher trägt jedes Bekleidungs- und Ausrüstungsstück den entsprechenden Garniturstempel. Grundsätzlich

Feld-, Dienst-, Wach-, Parade-*), Melde-, Ausgeh-*), Sportanzug

Bild 1. **Anzugarten.**

*) Der Waffenrock ist abgeschafft, wird aber aufgetragen.

# ドリル地上衣（1型）

1942 - 1943 年型の「ドリリッヒヤッケ」は、戦闘と通常勤務の両方で使われた夏期用上衣の最初のモデルだった。そのデザインと造りは野戦服上衣と同じだったが、熱帯用上衣のように、ベルトフックはふたつしかなかった。

115

116

**115.** この最初のモデルは天然のリネンで製造されている。リネンの原料となる亜麻はドイツでは成長の速い植物だったが、労働力不足から 1943 年には貴重になっていた。それ以降は、セルロースの合成繊維が一般的に合成リネンの製造に使われた。

**116.** かなりていねいに製造された最初のモデルのドリリッヒヤッケの内側。

冬期用の上衣の 4 つにたいして、ふたつしかない大きなベルトフックに注意。

117

118

**117.** 夏期用上衣のふたつのフックの片方のアップ。

**118.** ダークグリーン地（初期型）に装甲部隊の兵科色（ピンク）の肩章がついた上衣。ウールの上衣ではごく一般的で、1943 年前半のこの被服についていても奇妙ではない。のちに特別なリネンツイード製の肩章がこの制服のために採用されることになる。

**119.** 夏期用上衣に着用されるグリーンのフェルト地の初期型上等兵用階級章（1936 - 1940 年）。

**120.** 折り返し内側のマーキングは野戦服上衣と同様で、青か黒の消えないインクでプリントされている。これらのスタンプは被服の納入時に軍補給処で押された。

**121.** ボタンの留めかたは以前のモデルと同じだ。マーキングは布地のメーカーのもの。セルロースのボタンがついた包帯ポケットのアップ。

**122.** 布地メーカーのマーキング。

**123.** 袖口はオープンカフスになっていて、簡単にまくり上げられる。

119

120

121

122

123

# ドリル地上衣（2 型）

**124.** すでに合成リネンで製造されている「ドリリッヒヤッケ」2 型は、全体的に安っぽい外観で、色ももっとグレーがかっている。

**125.** 後期型の襟章と国家鷲章は機械織り製で、レーヨン糸で製造されている。肩章はフェルト製。

124

125

126

127

128

**126.**　ベルトフックを支える内側の人絹の補強布。

**127.**　ドリル地上衣のために製造された戦争末期の伍長勤務上等兵（勤続 6 年未満）の階級章。

**128.**　夏期用上衣の 2 番目のモデル（最終型）の袖口は人絹（ビスコース）で補強され、亜鉛メッキされた鉄製のボタンがついている。

**129.**　内側の補強はレーヨンつまり人絹製。野戦服上衣とちがって、ドリル地上衣には、楽に洗濯できて、夏には涼しいように裏地がなかった。

129

130

# ドリル地作業ズボン（1 型）

**130.**　ドリル地ズボンはストレート・タイプのウール製ズボンと同じデザインだったが、裏地がなく、天然のリネンで製造された。この被服は 1940 年にはグリーンに染色されることになる。

**131.**　メーカーのスタンプとサイズが印された 1943 年以前の内側のマーキング。1940 年に納入された補給処はミュンヘンである。

131

132

**132.** 取り外しのできるニッケル製バックルがついた腰の後ろ側の調節ストラップ。

# ドリル地夏期用ズボン（2 型）

**133.** 1942 年以降の夏期制服ズボンは、M43 野戦服のズボンつまりルントブントホーゼをもとにした最後の改良型だった。唯一のちがいはズボンの裾を足首で絞る方法で、この場合には、ボタン留めのストラップで絞るようになっている。すべて合成リネンあるいは合成綿で製造され、内側の縫い目と股倉が内部から補強されている。

**134.** データが記入されたメーカーの紙ラベル。

**135.** ドリル地ズボン 2 型の裾のアップ。

**136.** 軍補給処で押されたズボンのウエスト内側の後期のマーキング。

**137.** ズボンの内側を見ると裏地がないのがわかる。奇妙なことに、この製品にはサスペンダー用のボタンが後ろ側にはあるのに、前側には見当らない。たぶん忘れただけなのか、あるいはメーカーの節約手段だろう。

**138.** ウールの M43 ズボンと同様のサイドの調節ストラップ。

**139.** ボタンは亜鉛メッキの金属製や、プレスされたセルロースと樹脂製のものがあり、色も生成り色、グレー、茶色があった。

133

134

135

136

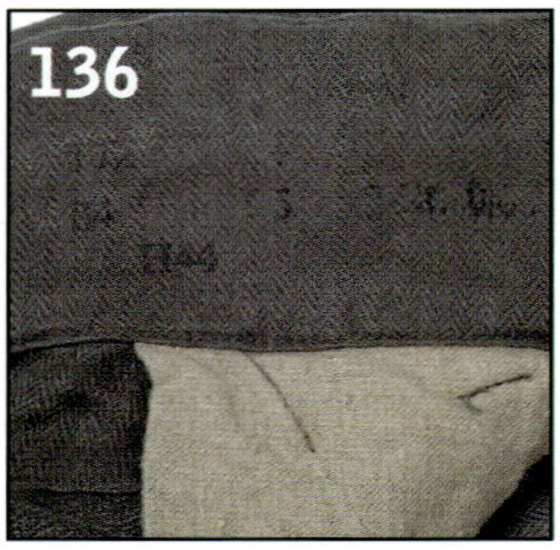

137

138

139

# シャツ

M43シャツが登場するまで、第二次世界大戦中のドイツ軍歩兵は2種類のシャツを着ていた。戦前のモデルは1933年5月に採用され、レーヨン混紡の綿ニット素材で製造された。色は生成り色で、襟はなく、布で補強された前立てと、合成樹脂か紙製のボタン4つがついていた。以後の全モデルと同様、ジャージーニットの素材を使い、布の補強があった。野戦服上衣の下に着る被服だったが、迷彩の観点から見ると、熱帯地で上衣なしで着るのには不向きであることがすぐにあきらかになったため、多くはのちにグリーンに染色された。1941年、もっと実用的な新しい灰緑色のバージョンが登場する。この灰緑色のバージョンは同様のデザインだったが、襟がつき、レーヨンの含有率が高い「エアテックス」という新しい素材で製造されていた。この素材は数回洗濯すると腰がなくなり、まるでチューブのようになって、見てくれが悪かった。夏期には上衣なしで着られるこの新型シャツは、実際には、より下着に近いその前のモデルと同じ「陸軍用シャツ」といっていい。

この改良の集大成がM43シャツで、オリジナルのデザインを残しつつ、胸にプリーツつきのポケットが追加され、肩章をつけることもできた。色はよりグレーがかり、合成繊維の含有率も増えていた。

140

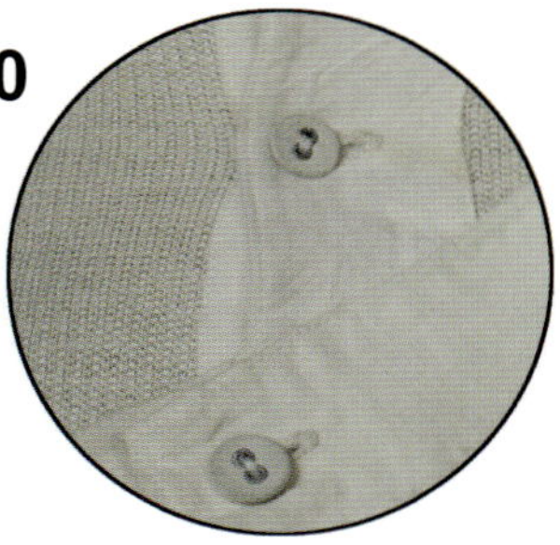

**140.** M33シャツの一例。布で補強された前立てと袖口、そして紙製のボタンのアップ。このシャツにはカラーの使用が必須だった。

**141.** M41シャツの前側と後面。

141

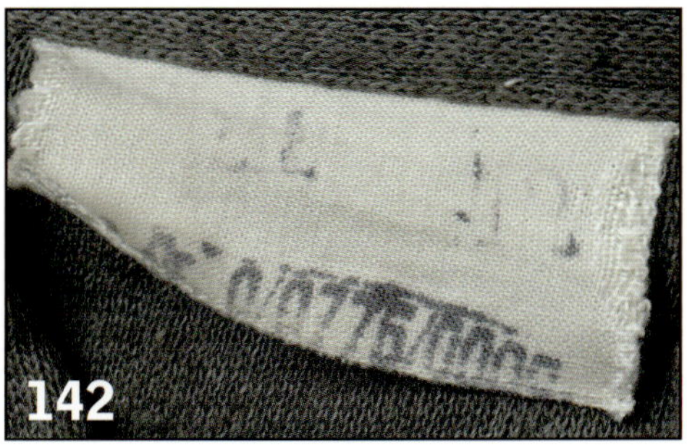

142

143

**142.** 襟に縫い込まれたラベルにはサイズ（Ⅱ）と製造年（1942）、そしてメーカーの番号コード（RBNr.）が見える。

**143.** 紙をプレスしたボタンと、ニット布地のアップ。

144. M43シャツはレーヨン・ウールで製造され、肩章と上衣タイプのボタンがついた蓋付きポケットがあった。このシャツには国家鷲章とV字型階級章が縫い付けられることもあった。

145. M43シャツのボタンのアップ。

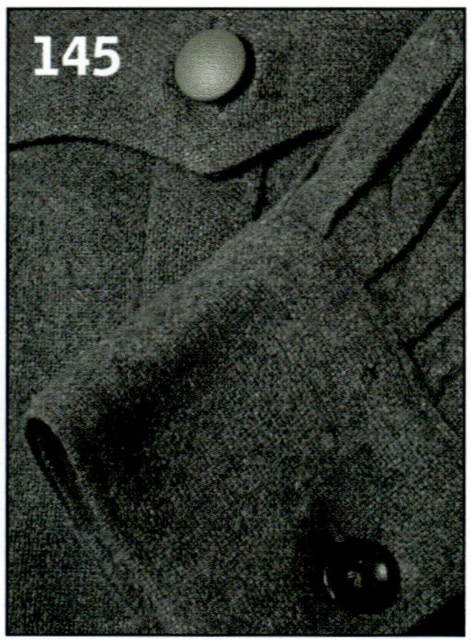

145

144

146

146. アルミニウムのボタンがついた、ダークグレーの「エアテックス」素材製の一般的なM43シャツ。

147. アルミニウム製ボタンのアップ。

148. 全モデルに共通する脇の切り込み。

147

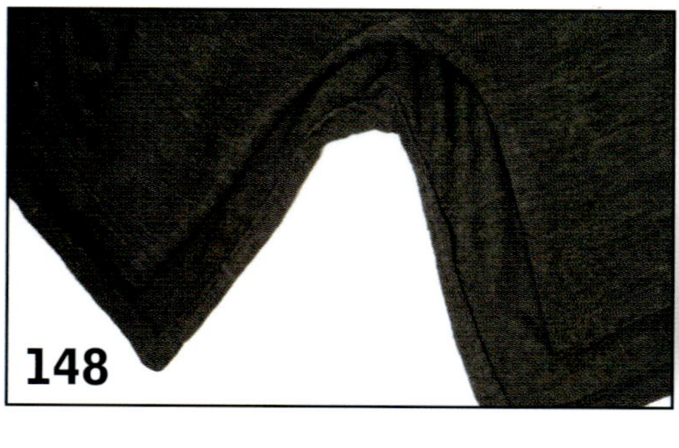

148

# 下着

**149.** 暖かい地域や熱帯で使われた夏用肌着とパンツ。メッシュ・タイプの素材は綿とレーヨンの混紡。

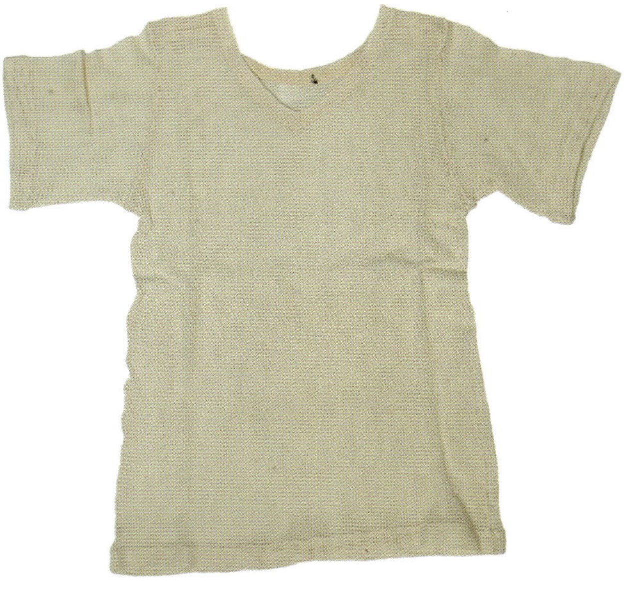

149

150

151

**150.** 正規の長い冬用ズボン下。レーヨンが 50 パーセント混じったコットン・ニット素材を使い、腰の部分が補強されている。前あわせは布で裏打ちされた合成樹脂か紙製のボタン 3 つで閉じる。吊り下げ用の紐がつき、サイズ（1-3）は小さなラベルに赤で刺繍されている。

**151.** 戦争が進むにつれて、ズボン下は、もともとのデザインを残しながらも、グレーの色調に染められて製造された。

# セーター

ドイツ陸軍はセーターの試作とテスト（アメリカ軍のデザインをコピーしたボタンつきのものもあった）をへて、1936 年にいわゆる M36 シュルップフヤッケ（プルオーバー）を採用した。最初のセーターはＶネックだったが、のちに高いタートルネックで製造された。グレーと白のウールが 90 パーセントにセルロース繊維が 10 パーセント入った素材で製造されたが、この混紡率は時とともに変更された。色もまた多少変化して、暗いダークグレーになった。初期の製品は首まわりと袖口が濃いグレーかグリーンのストライプで装飾されていたが、製造を簡略化するために、まず袖口、つぎに首まわりと、だんだん廃止されていった。虫除けに薬品で処理されている。暖かいタートルネックがついた製品は広くは支給されなかった。このセーターは野戦服上衣の下に着用されるため、あまり写真に登場しないが、軽くて、寒さを防いでくれたので、将兵にはひじょうに愛用された。

首まわりの内側に縫い付けられた小さなラベルにアラビア数字またはローマ数字で表示される 3 つのサイズで支給され、2 年ごとに将兵に支給された。

152

153

154

155

**152.** これらのセーターは全体的にじょうぶで、同じようなデザインだったが、色と品質にはかなりのちがいがある。黒っぽいほうが後期の製品。

**153.** ふたつのモデルの首まわりの造りからは、サイズ（1、2、3）のついた小さなふたつのラベルがわかる。

**154.** 寒い天気にはより適したこのクルーネックのモデルはVネックのモデルに取って代わった。首まわりと、製品によっては袖口には、グリーンかダークグレーのストライプが入っていた。写真の製品には首まわりにしかない。

156

157

158

**155.** 簡略化された製品。後期のセーターは暗い色で製造された。

**156.** 袖口はどんなサイズにも合うようにかなり長く、単純にまくりあげて長さを調節した。

**157.** 肩の内側の補強の比較。一方は布で改良がくわえられ、戦争後期の製造で、典型的な大量生産のウールの製品である。

**158.** 戦争後期の一般的なセーター（1944年）

**159.** サイズ（1）と製造年（1944）がついた、首まわりの内側に縫い付けられたラベル。一部のセーターは所有者の名前を書き込むための第2のラベルをつけて支給された。

159

# スカーフ、頭巾、耳あて、ハンカチ

160

161

162

164

163

**160.** 支給品のスカーフはリサイクルされた化繊と天然ウール混紡で製造され、色はグレーで、ダークグリーンかエメラルドグリーンのストライプが入っていた。

**161.** ドイツ軍の伝統的被服品目である頭巾（トーク）。実際にはただの伸縮性のあるウールのチューブで、頭にかぶると、目だし帽のように使えた。戦争が進むにつれ、最終的にはレーヨン糸100パーセントで製造されるようになった。色はグレーからグリーンまである。

**162.** 耳あてには多くのバリエーションがあった。写真はごく一般的なもので、古い制服のリサイクル素材でできていた。

**163.** 支給品のハンカチ。ストライプ柄には多少のちがいがあったが、すべてブルーがかった色で、綿製だった。

**164.** 支給品のハンカチに押されたヴェーアマハツアイゲントゥーム（国防軍所有物）のスタンプ。

# 手袋

手袋は特別な極寒の気象条件でしか将兵に支給されなかった。二重のウール素材で製造され、サイズによって手首の内側に、まくったとき見える白またはグリーンのストライプが入っていた（1本が小さいサイズで、4本が大きなサイズ）。デザインは戦争中ほとんど変わらず、色はグレーからグリーンまで幅があった。さらに、上衣やオーバーコートと同じ素材で製造された各種のミトンがあり、だいたいが擦り切れた被服を原料としていた。化繊やリサイクルされたウールで製造されたフランネルの裏地がつき、紛失防止のループがふたつついていた。

165

166

**165.** さまざまなメーカーが製造した支給品の手袋。すべて手首内側の白またはグレーのストライプでサイズを表わしている。

**166.** 手首の内側には所有者の名前入りのラベルが見える。

**167.** インナーのミトンは、保温性を高めるために冬期用被服のリバーシブルのカバーとともに着用される。

167

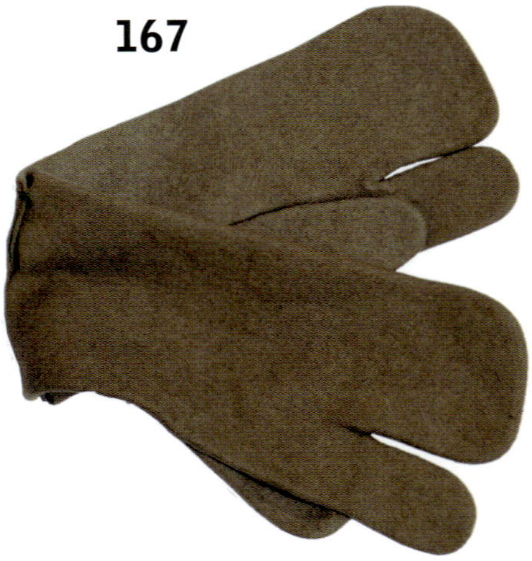

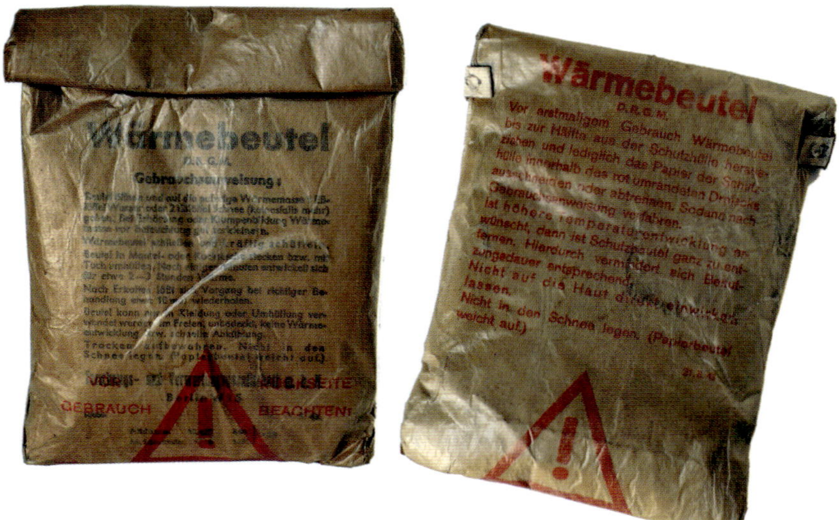


168

**168.** 手は写真でしめしたような化学反応を利用したカイロで暖めることができた。よく歩哨勤務や塹壕で利用された。水をくわえるだけで2時間から3時間、発熱する。ミトンやポケットにおさまるようにできていた。製造年月日（21/08/43）がはっきりと見える。

169

# 靴下

いい靴は歩兵の心のやすらぎにとってもっとも重要なアイテムであり、靴下はこの目的を達成するのにまちがいなく重要な役割を演じる。いちばん一般的なモデルはウールとレーヨン素材を編んだものだった。色はグレーで、手袋と同じように、上端に編み込まれた水平の白またはエメラルドグリーンのストライプでしめされる4つのサイズで製造された。1944年には、簡略化されたフリーサイズのバージョンが支給されたが、これは下端を縫っただけの単なるチューブだった。靴下はすべて寄生虫防止剤で事前に処理されていた。靴下の代わりに、40 × 40センチのフランネルの足布（フースラッペン）を巻くロシア風のやりかたもかなり一般的だったが、いくらかの練習が必要だった。

170

**169.** さまざまなサイズの靴下の例。後期の製品では右に見えるもののように、サイズがローマ数字のインク・スタンプで押されているものもあった。

**170.** 縮まず、発汗を防止する特徴を持っていることを説明するオリジナルのラベルがついた民間用の靴下。酒保や軍装品店で売られていた。

# スポーツおよび水泳用トランクス

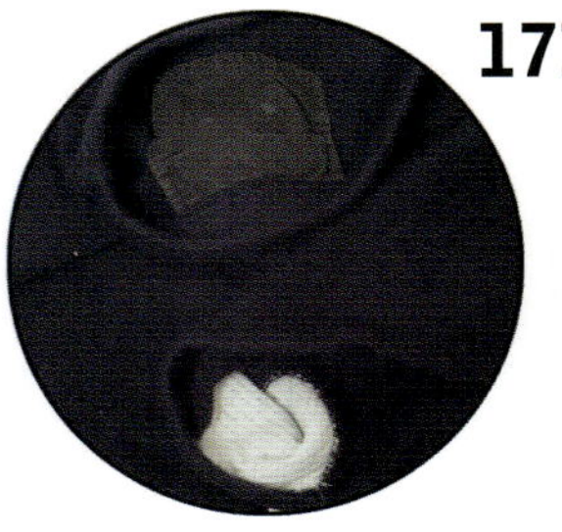

171

**171.** シュポルトホーゼ（M33）。

綿製のスポーツ・トランクスは訓練着（トレーニングアンツーク）の一部で、ほかに刺繍されたレーヨンの国家鷲章が胸に縫い付けられた白いランニング・シャツや、茶革のトレーニング・シューズがふくまれていた。これらの被服は兵営での最初の12週間の基礎訓練中、歩兵とは切っても切り離せないものだった。トランクスは通常、ロッカーの鍵をしまう小さなポケットつきで製造された。これらの被服は1940年、経済が戦時体制に入るのにしたがって支給が中止された。

**172.** 1934年に採用された支給品の水泳用トランクス。合成綿を使って、3つのサイズで製造された。所有者の名前が白いラベルに書かれている。

**173.** 訓練着の一部である白いランニング・シャツの胸に縫い付けられるパッチ。シャツがどういう格好なのかよく想像できる。

172

173

# オーバーコート

東部戦線の戦闘地域には不向きな被服しか持っていなかったドイツ陸軍は、気温がマイナス 30 度以下に下がるのが日常の冬に圧倒された。モスクワの入口やレニングラードの塹壕で凍り付いている若い兵士たちにあらゆる種類の防寒具を支給するため、ただちに一般市民が動員された。ドイツ国民が見せた温かい心遣いにくわえて、もっと情け容赦ない徴発もおこなわれた。1941 年 12 月の命令により、ポーランドのゲットーに暮らす男女は全員、防寒衣料を供出しなければ死刑に処せられることになったのである。

しかし、ユダヤ人の貢献はそれで終わらず、もっと多くの貢献を求められた。第三帝国の規則にしたがい、国防軍に被服を供給するため、強制収容所とゲットーに製造工場が設立された。こうした供給源から年間に 600 万着が供給されたこともある。

オーバーコートはとりわけ極寒地では近代戦にまったく不十分な被服であることがわかった。動きづらく、濡れると極端に重くなり、凍るとかちかちになる。M39 オーバーコートはまさに 19 世紀のコンセプトの一例だった。戦争中ずっと消えることなく進化をつづけた古めかしいプロイセンの遺産である。

174

**174.** 1940 年から 1942 年のあいだに製造されたオーバーコートの一例。ダークグリーンの小さめの襟と、同じ素材と色の肩章といった M39 オーバーコートのいくつかの細部は廃止された。肩章は取り外すことができる。

**175.** オーバーコートの後面。

**176.** 襟は開いて着用することも、立てて着用することもできた。

176

175

177
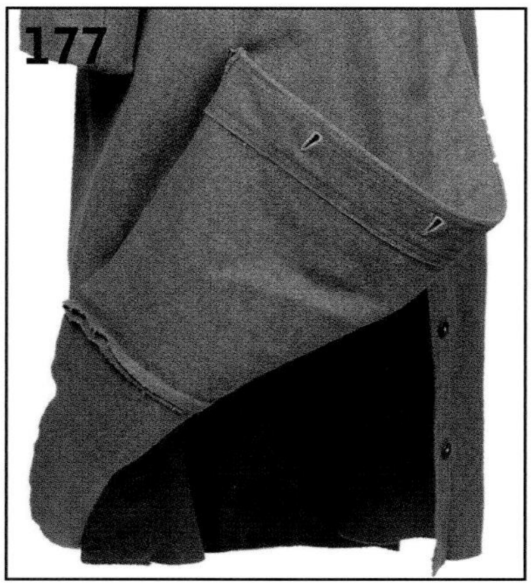

**177.**　オーバーコートの裾は泥跳ねをふせぐため、両サイドのホックで留めることができた。

178

**178.**　厚手の合成綿の裏地と、背面にベルト支持フックを押さえるための補強布が 2 箇所ついた、初期型のオーバーコートの内側。大きな内ポケットひとつと、切り込みポケットふたつ、そしてひとつだけの調節用ボタンが見える。1944 年までに一部のメーカーは背面のプリーツを首のところで補強し、大きくしていた。
　布地の質は野戦服と同じ変化をたどった。

179
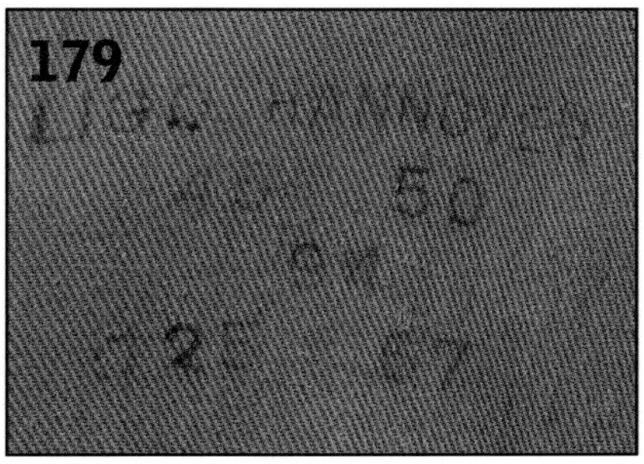

**179.**　サイズ表示は上衣と同じだった。

**180.**　オーバーコートは戦闘の条件が苛酷になっても大きな改良もなく使いつづけられた。1943 年ごろには、襟が大きくなり、背面のベルトフックが廃止されている。遅ればせながら胸の両サイドにポケットをふたつと、毛布タイプの再生ウールでできた厚手のフードを追加して、防寒性能を高めようとしたにもかかわらず、布地の品質もその年のあいだに低下した。多くのオーバーコートにはさらにこの再生ウールか、あらゆる種類の動物の毛皮の裏地がついていた。

180

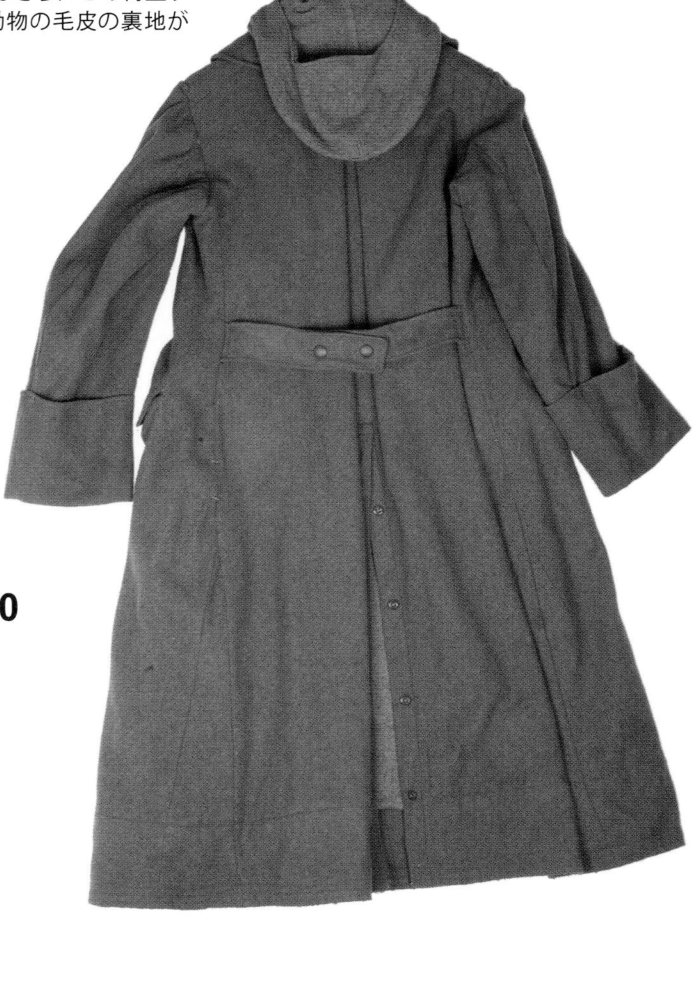

**181.** 毛布タイプ素材の総裏地がついたオーバーコートの裏側。

**182.** フードは背中の内側にたたんで、ボタン 1 個で留めることができる。

**183.** 兵士の鼻まで隠せる大きな襟のアップ。ここのボタンはガラス成形製で、胸のボタンは戦争末期にはかなり一般的だったダークグレーに塗装された金属製である。

181

182

183

184
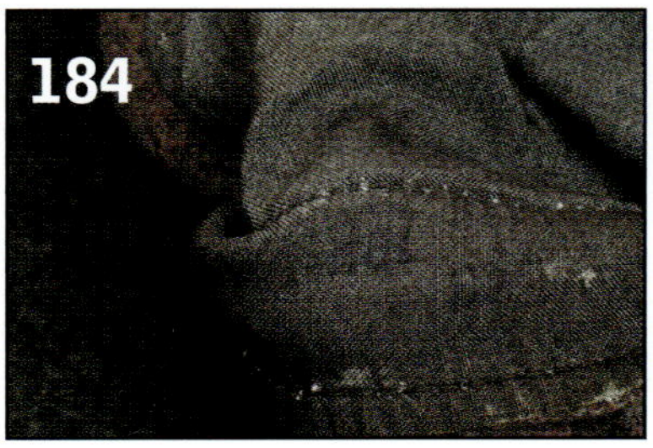

185
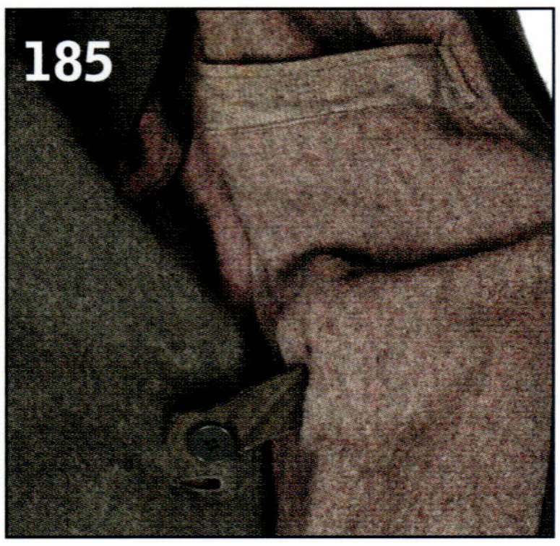

**184.** 内ポケットのサイズ表示とメーカーのマーキング（RBNr）。

**185.** 調節ストラップと内ポケットのアップ。

# 兎毛皮のジャケット

**186.** 将兵には極寒の天候でも暖かく過ごせるように、あらゆる衣類が支給された。その一例がこの兎毛皮のジャケットで、野戦服上衣やオーバーコートの下に着るようデザインされていた（そのため体にぴったりとフィットして見える）。このジャケットはありとあらゆる種類の毛皮を使って製造され、無数のバリエーションがある。

**187.** 写真のジャケットは 1943 年に製造されたので、RBNr コードもついている。大きな数字の 2 は M サイズを表わし（サイズは 3 つあった）、これが国防軍の所有物（Wehrmachtseigentum）であることも表示されている。ボタンは通常セルロース製だったが、それ以外のタイプもたくさんあった。

**188.** 毛皮裏のアップ。

186

187
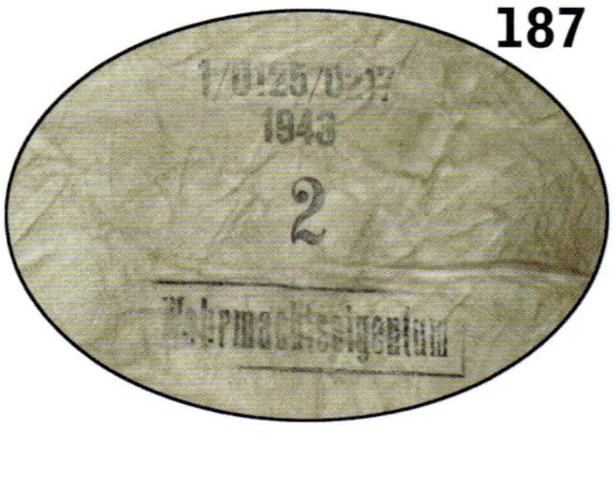


188
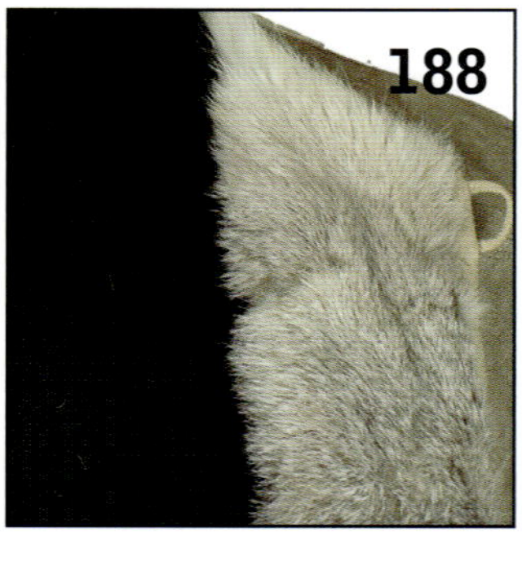

# 迷彩服

この奇抜な外観の被服をはじめて目にしたとき、アントンはある種の驚きと、いくらかの恥じらいをおぼえずにはいられなかった。迷彩服を着た兵士は道化か、ぼやけた現代絵画のように見えると思ったからだ。しかし、それはまったくの誤りだった。戦争と芸術は迷彩のデザインでかつてない協力を見せたからである。

19 世紀の軍隊は戦場で簡単に見分けられるように、金ぴかのボタンとごてごてとした飾りがついたあざやかな制服を着用し、通信は太鼓やラッパ、よくて早馬の伝令にたよっていた。一方で、負傷者は現代戦にくらべれば微々たるものだった。

1857 年、インド駐留のイギリス軍がはじめて、新しい褐色のアースカラー（カーキ色）の被服を採用した。熱帯用の制服はベージュがかった色で製造されるようになり、ついに第二次ブール戦争中の 1902 年、全軍で褐色が採用された。その 8 年後、ドイツ皇帝の軍勢もフェルトグラウ（灰緑色）を取り入れて、将兵がヨーロッパ戦線の色彩に溶け込めるようにした。

その一方で、アメリカの自然誌研究家で画家のアボット・セイヤーは 19 世紀の末に、多くの動物がその環境全体の色調に毛皮の色をじょじょに溶け込ませ、それによって肉食動物から隠れるのに成功していることをあきらかにする画期的な研究を行なった。この研究はやがて現代のカモフラージュの基本となる。

カモフラージュという言葉はフランス語の「カムフレ」からきている。パリっ子の語彙では「隠す」という意味で、これに相当するイタリア語の「カムッファレ」と同じように、見つからないようにする行動のことと理解された。このふたつの国は 20 世紀を通じて、カモフラージュのデザインで先進的な役割を演じることになる。セヴォラのリュシアン - ヴィクトル・ギュイランは 1915 年、フランスで軍事史上初のカモフラージュ部門を設立した。ジャン - ルイ・フォラン、ジャック・ビロン、アンドレ・デュノワイエほか多くの有名な画家やデザイナーたちが彼のカモフラージュ・チームを構成していた。彼らは迷彩服を一着一着手で描き、前線に送った。戦争はのちに彼らのキャンバスへと移り、抽象的な再構成によって物体を視覚的に分解するという発想をもたらした。この動きは戦間期にイタリアで実を結んだ。1929 年ごろ、はじめて軍専用に工場で大量製造された迷彩布地がお目見得し、「テロ・ミメティコ（迷彩布地）」と命名された。

ドイツもすでに 1916 年にはグリーンと褐色と黄土色の幾何学模様に塗装された鉄ヘルメットを登場させていた。航空隊用のプリントされた布地も製造され、終戦ごろには「ブントファルベンアンシュトリッヒ（多色塗装）」というリバーシブルのヘルメット・カバーも導入されていた。イタリアの研究成果は 1931 年に取り入れられ、戦争中も進化をつづけて、ヨハン・ゲオルク・オットー・シック教授の武装親衛隊用迷彩服のような高度に洗練されたデザインを生みだした。

国防軍、とりわけ陸軍の迷彩服をすべて完全に網羅するのはたやすいことではない。戦争中にはじつに多くのバリエーションやメーカーが存在したからだ。その数の多さを考えると、ドイツ第三帝国の軍隊はあらゆる交戦国のなかでこの種の装備をいちばん多く受け取ったといえるだろう。国防軍最高司令部の調査によれば、迷彩被服は 15 パーセント以上の人命を救ったという。

## リバーシブルの防寒アノラック

189

**189.** 国防軍はロシア戦線の骨まで凍るような寒さに驚いた。そのため補給部隊はできるだけ早く将兵に適切な衣類を支給する必要に迫られた。その解決策がもたらされたのは 1942 年秋のことである。春のあいだに徹底的な試用テストが行なわれ、きたるべきロシアの厳冬に立ち向かうのに間に合った。革新的なツーピースの被服（上衣とズボン）で、断熱能力によって、3 種類の厚さで製造された。初期型（白とマウスグレー）は高品質の製品だった。1942 年後半、グレーはもっと実用的な「スプリンター」迷彩と、そのさらに近代的なバリエーションである「ウォーターパターン」迷彩に取って代わられた。

レーヨン製で、ガチョウのダウンが詰められた、いちばん断熱性の高い初期型の製品の前面。断熱タイプの大半はダイヤモンド模様のキルティング加工になっていて、喉元にフラップがあり、腰の調節が平紐ではなく丸紐になっているところが標準的なモデルとはちがう。

**190.** 同じ上衣の後面。

**191.** 同じ上衣の白い面を表にしたところ。この色はあまりうまく機能しなかった。戦場ではすぐに汚れて、雪上で望んだような迷彩効果を上げられなかったからである。当然ながら、洗濯はきわめてむずかしく、歩兵が上衣なしではとても耐えられないような極寒の気象条件のなかで乾かすことは事実上不可能だった。

190

191

**192.** この被服は完全にセルロース製品（レーヨンや合成ウール、あるいはリサイクル素材がまじった合成綿）で製造され、天然織物とちがって体温を保持することができず、防水もむずかしかった。
写真は襟を開いた上衣の前面をしめす。

192

193

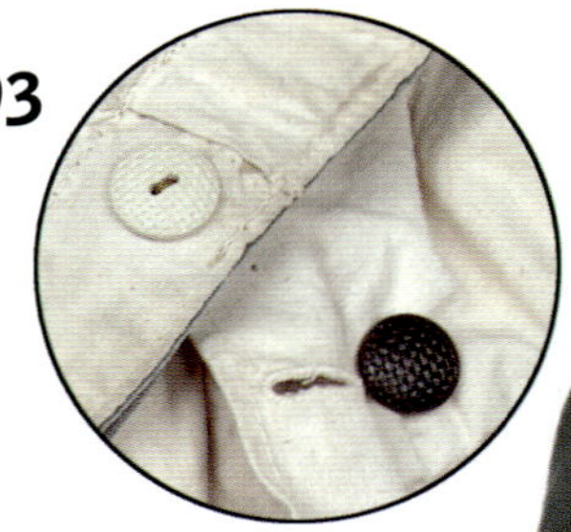

**193.** 褐色と白で成型されたスマートなベークライト製のボタン。

**194.** 喉元を保護するストラップのアップ。

194

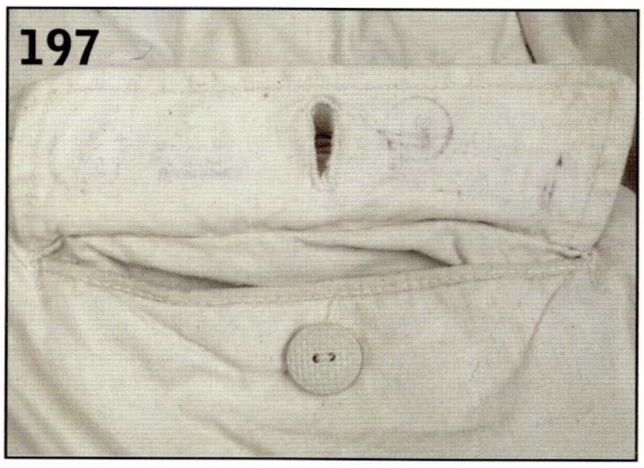


**195.** 2 点で調節できる袖口と、弾薬をしまうカーゴポケット。

**196.** 調節紐が通る穴は、ポンチョのものに似ているがもっと小さな、亜鉛メッキをしたハトメで補強されている。

**197.** メーカーのマークとサイズがインクでスタンプされたポケット蓋内側のアップ。

**198.** リバーシブルのグレーのタイプに代わって支給された、もっと実用的なリバーシブルの迷彩タイプ。雪上の迷彩にはシンプルな白のスモックがはるかに実用的で、経済的であることが判明していた。どちらのタイプも基本的には同じデザインだが、戦争が進むにつれて、両方の迷彩タイプが支給され、敵味方識別不能の混乱状態を招いたため、本当の意味での迷彩効果は失われた。

この被服には同様のリバーシブルの、一種の大きな目出し帽のような別体のフード（コップフベデックング）とミトン（ヴィンターハントシューエ）が付属していた。ミトンは紛失防止用に平紐でつながれていた。

写真でしめしたリバーシブルの製品は、のちに支給されたものより一般的なタイプで、スプリンター迷彩の後期のバリエーションであるウォーターパターン迷彩を使って 1943 年以降に製造された。

198

199

200

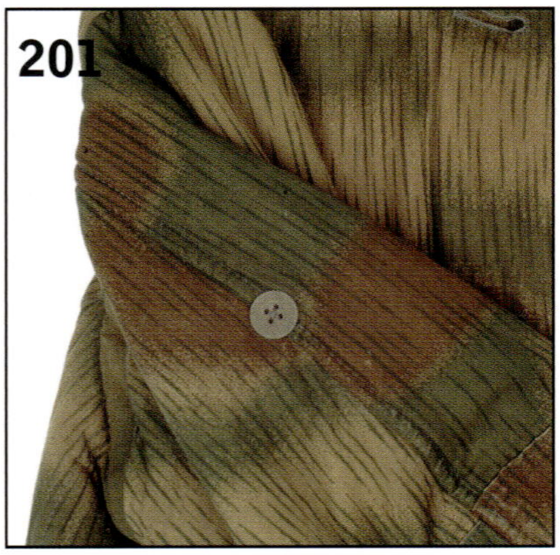
201

202

**199.** サイズ（1）とメーカー名と RBNr のマーキング。

**200.** 腰の周囲に入っているリバーシブルのレーヨン製平紐

**201.** この樹脂と紙製のボタンは、戦闘中に敵味方を識別するための着色したリボンをつけるためのものである。色は毎日変更されたが、この方式はしだいに使われなくなった。全体的な混乱状態と、通信状況が不安定だったため、あまり効果が上がらなかったからである。

**202.** 袖口の調節部。亜鉛メッキした鉄製のボタンはダークグレーか白に塗られている。

## ミトン

**203.** スプリンター迷彩を使った戦争後期のリバーシブルのミトン。

**204.** 人差し指が独立して、引き金を引けるようになっている。

**205.** メーカーのマーキングは 1943 年以降の RBNr コード。

203

204

205

# リバーシブルではない防寒アノラック

206

**206.** ウォーターパターン（シュンプフムスター）迷彩のリバーシブルではない防寒アノラック。

**207.** 合成樹脂のボタンによる前あわせのアップ。

**208.** グレーのレーヨン・シルク製の裏地と内蔵された腰帯がわかる裏側の写真。

**209.** ポケットと調節できる袖口。

208

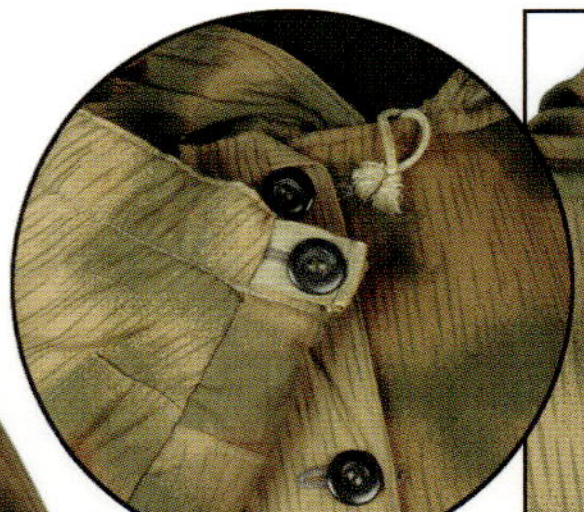

207

209

**210.** ズボンと、リバーシブルではないサスペンダー。サスペンダーはリバーシブルのものと同じデザインで製造されている。

**211.** サスペンダーの後ろ側の取り付け部と、調節用の紐。

**212.** 人絹製の裏地。

**213.** 前あきに押されたRBNrとサイズのローマ数字（Ⅱ）のマーキング。

**214.** ズボンの裾を絞って、フェルト製のブーツにフィットさせるための平紐。

210

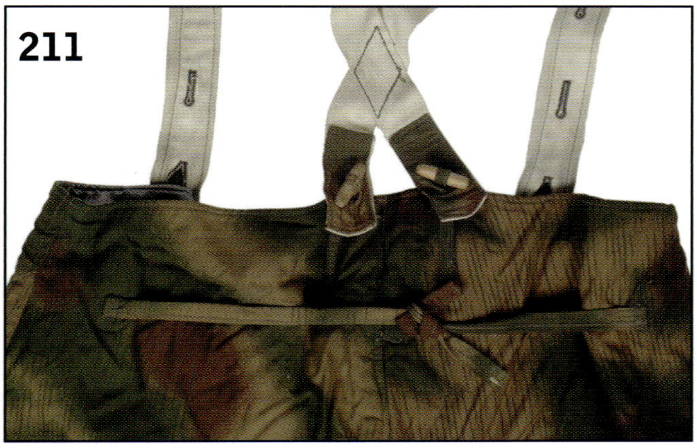

211

213

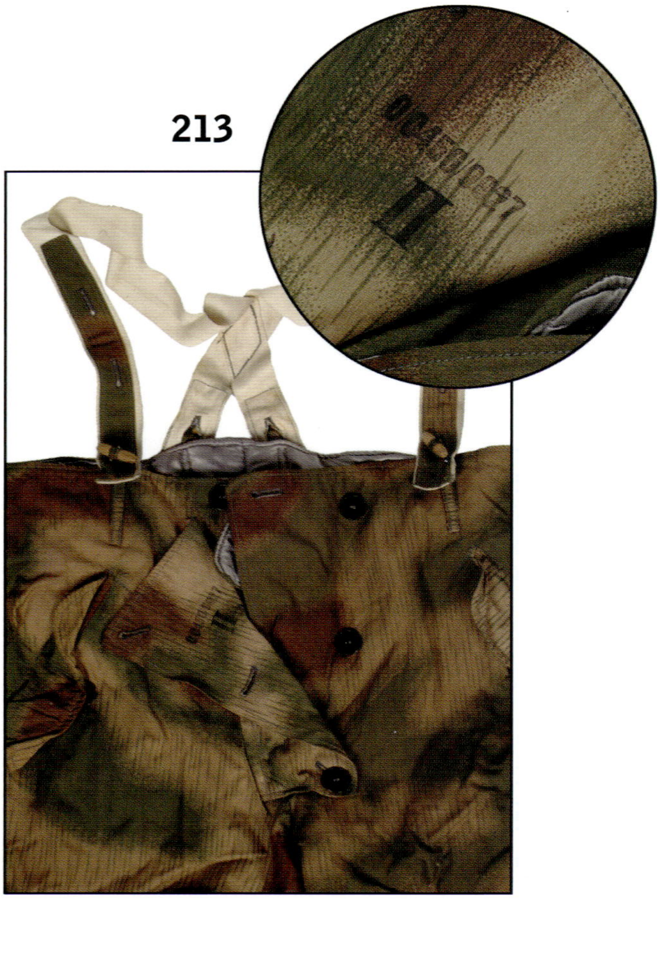



212

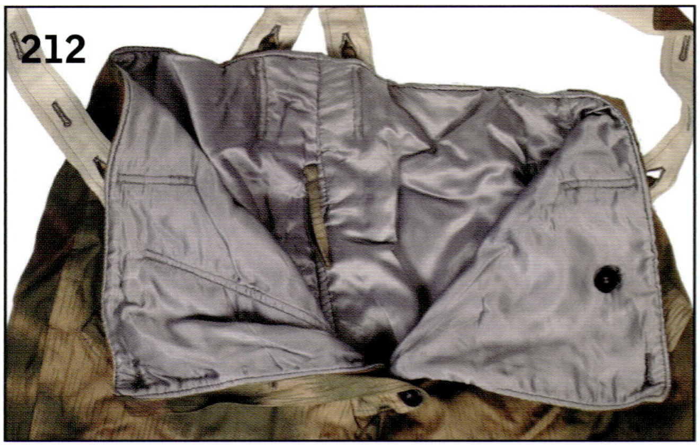

214

# 軍靴

行軍用ブーツ（マルシュシュティーフェル）は起源をビスマルクの帝国（あるいはもっと昔）の時代までさかのぼる制服のアイテムである。1866 年以来、兵士から一般に「クノーベルベッヒャー」（サイコロをふる壺）と呼ばれたこの有名なブーツと鉄ヘルメットはたぶん、第三帝国の戦争をもっとも象徴するものであり、あきらかに兵士の力強さの源だった。

ブーツは兵士のほかの装備と同じように戦争の趨勢によって大きな影響を受けた。戦時中にブーツの質があきらかに低下したことは、ナチの戦意を象徴的に反映し、将兵の士気の崩壊を示唆していた。スマートで勇ましい黒のハイブーツをはいて戦場へいった兵士たちは、最後には個性のない粗末なくるぶし丈のブーツで長い退却の道をとぼとぼ歩むことになったのである。

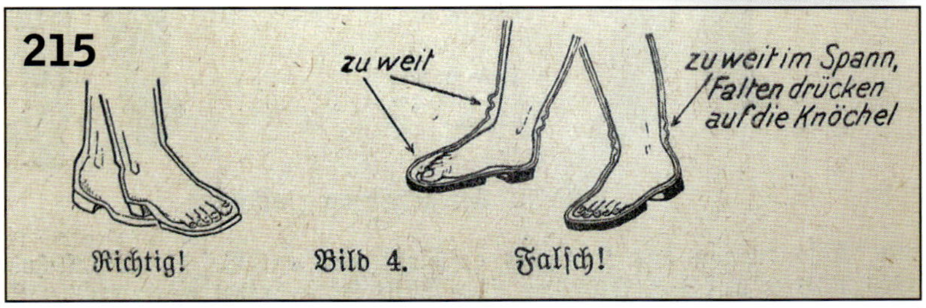


**215.** 1943 年の教練教範によるブーツの正しいサイズの見つけかた。

## 行軍用ブーツ

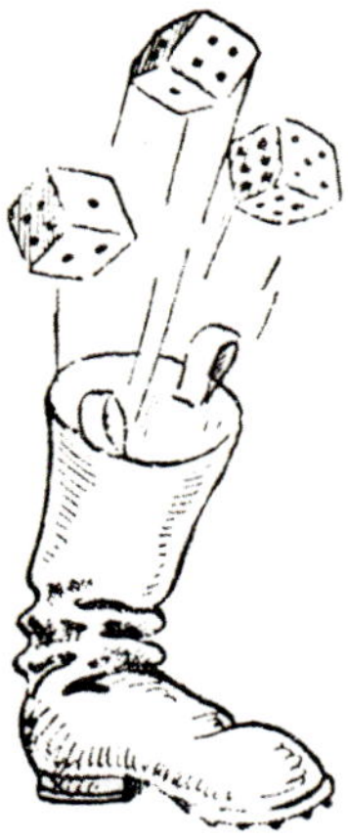

**216.** 行軍用ブーツはドイツ陸軍のつかのまの大勝利のすべてで着用された。上等な黒染めの牛革で製造され、ふくらはぎの部分の丈は 35 センチから 41 センチあり、二重の靴底は 35 - 45 個の鋲で補強されていた。踵は周囲を鉄の金具で補強されている。歩兵が野戦で仕上げ、国防軍の全員に広く支給された。

**217.** このM41モデルのブーツには初期型の合計44個の鋲が打たれている。爪先に金具がついたMサイズの足にしては少し多すぎる数だ。ハーフソールは見えない木釘で固定されている。

**218.** メーカーのマーキングとサイズがついた、つまみ革のアップ。

**219.** 初期の製品には——この1939年製の製品のように——爪先に金具がついていた。

**220.** 靴底が菱形断面のぶな材の木釘で固定されているのがよくわかるアップ。戦前戦中に製造されたあらゆるブーツに見られる典型的なドイツの製法。木釘はブーツが濡れるとふくらんで、強度が増し、簡単に腐るのをふせいだ。

217

218

219

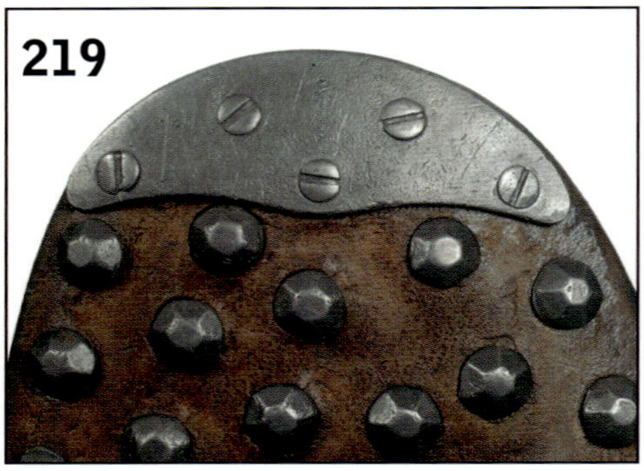

220

**221.** 1939年11月9日の通達で最初の制約が課せられた。革を節約するために、ふくらはぎの部分の丈が35センチから29センチに短縮されたのである。ただしこの対策が実際に効力を持ったのは1940年春だった。

標準支給のブーツは未仕上げで、ぬめ革の状態で支給され、その後、兵士が自分で染色した。

全軍支給の行軍用ブーツの大きな変化は1941年7月におとずれた。これ以降、このブーツは歩兵やオートバイ兵、自転車兵、そして架橋兵や鉄道兵のような特技兵のみに支給された。

規定によれば、兵士は平時には1年半ごとに2足を受領することになっていた。

221

222

223

**222.** 最初の数字（26½）はサイズ（センチ）で、2 番目（7）は足の幅を表わす。43 は製造年で、229 はメーカーのコードである。

**223.** のちのモデルでも、ハーフソールは木釘で固定されていた（ただしこの場合は見えている）。鋲の数は靴によってちがう。この場合には、右足が 40 個なのに、左足は 38 個である。

**224.** 靴底にはサイズと幅が印されている。メーカー名が刻印されている場合もあった。

**225.** 1939 年 11 月、幅 2.5 センチの革帯が補強のため内側に追加された。写真では、この補強革が両サイドの 4 × 13 ミリの綿製のつまみ革と同様、手作業で縫い付けられているのがわかる。

224

225

**226.** ふたつのモデルをくらべると、文中で言及した経済的な制約がはっきりとわかる。

226

# M37 編上靴

1937 年 3 月、くるぶし丈の編上靴は外出着用に指定され、通常は鋲が打たれなかった。戦争初期には、兵営で作業や教練時に使用されたが、1941 年中期まで戦場では着用されなかった。1944 年初め、古い行軍用ブーツはその長い覇権を後進に譲ることになった。この靴は 1901 年のプロイセンのモデルをもとにし、1914 年に帝国機関銃中隊に支給するため改良されたものである。その 25 年後の戦争でも、同じような経緯で、行軍用ブーツに取って代わることになる。

**227.** 1937 年以降の初期型。すでに黒く染められ、5 組のハトメ穴と 4 組のフックがあり、いずれも腐食防止のためセルロースでおおわれている。きわめて高品質の仕上げがほどこされている。縫製はすべて天然のリネンで行なわれ、踵の内側には補強がある。丈はさまざまだが、おおむね 14 センチから 16 センチのあいだである。舌革は強度を増すためにフックの高さまで縫い付けられている。靴紐は長さ 95 センチ程度で、革製が多いが、金属のチップがついた黒いレーヨン製のものもあった。踵と爪先の金具は錆止めのため工場でワックスが塗られていた。

227

228

**228.** 靴底の規定のマーキング。この製品は偉大な皮革職人の生地であるウィーンで製造されたものだ。

**229.** 靴底は行軍用ブーツとまったく同じ造りで、鋲の数が左右でちがう（35 個と 38 個）。

**230.** この写真では外側の、ヌメ革の補強がわかる。

229

230

**231.** ハーフソールのアップ。サイズとメーカーの管理記号がわかる。

**232.** この製品の爪先には内側に芯が入っていない。

**233.** 牛のヌメ革の腰革と、けば立ったスウェードの甲革で製造された後期のモデル。

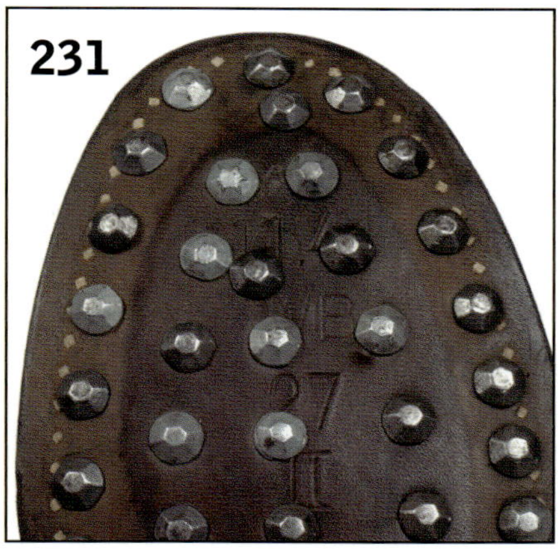

231

**234.** 戦争後期（1944-1945年）に製造された過渡期のモデル。踵が内側で補強されたM37モデルと同じ特徴を持っているが、黒塗装された5個から6個のハトメ穴を持ち、ナチュラルカラーのM44モデルのスタイルにより近くなっている。

232

233

234

**235.** この製品のハーフソールは中底と本底のあいだに革がもう一枚はさまれて、靴底がさらに分厚くなり、後期型の鋲を打てるようになっている。この場合も鋲の数は左右でちがう（32個と36個）。

**236.** この製品ではサイズ表示がヨーロッパ式になっている。足の幅は8½で、メーカーのコードは313である。

235

236

**237.** 靴紐の通しかたは規定の方式にのっとっている。緊急時にすばやく切断できるように水平に通す必要があった。

237

# 踵の金具

**238.** 踵用の金具は鍛鉄製だった。寸法は靴のサイズに合わせて標準化されていた。右足（R= 右）と左足（L= 左）に合うように製造され、写真ではっきりと見えるコードで分類されていた。L19 と R19 はサイズ 27 用である。
金具は 5 本の釘と何層もの天然皮革あるいは「ブナ」と呼ばれる合成ゴム（ブタジエンスチレンゴムの頭文字を取って SBR とも呼ばれる）で踵に固定される。この製品の広告が載った当時の新聞切り抜きを参照のこと。

238

451 1940 — Militär-Wochenblatt — Nr. 11 452

Friedrich Jacobs
Wuppertal-Kohlfurterbrücke
Gesenkschmiede
Gegründet 1870
Spezialfabrik für Stiefeleisen

GEBR. VOGEL
SOLINGEN
Gesenkschmiede
und Metallwarenfabrik
Hersteller von Absatzeisen
und Tischbestecken

Vorschriftsmäßige
Säbel mit Koppel
Dolche, Portepees usw.
liefert sehr preiswert
Fabrik blanker Waffen
Paul Weyersberg & Co.
Solingen
Zahlung nach Wunsch
Änderungen und Reparaturen billigst
Preisliste sofort frei!

Sie müssen dauernd auf dem laufenden sein um den Anforderungen des Dienstes genügen zu können. Die zweckmäßigen und zuverlässigen Bücher des Verlages E. S. Mittler & Sohn, Berlin SW 68, helfen Ihnen. Verlangen Sie Kataloge und Prospekte von Ihrem Buchhändler oder direkt vom Verlag

Gesenkschmiedeteile
für alle Industriezweige
und in allen Qualitäten liefert
BUDDE & STEINBECK
GESENKSCHMIEDE
PLETTENBERG i. Westf.

Ihr Umsatz steigt
durch eine Anzeige im „Militär-Wochenblatt"!

Oskar Treiber
Zieh-, Stanz- und Preßwerk
SOLINGEN
Gegründet 1914
Spezialfabrik für Absatzeisen

Daniel Kayser
Gegründet 1824
Solingen-Kohlfurth
Stiefeleisen

# 鋲

**239.** 軍用の鋲は基本的に初期型（7 面）と後期型（6 面でずっと簡単に製造できる）のふたつのタイプがあった。
釘の部分の長さは靴底の厚さによる。
国防軍認定ではない非制式のモデルやサイズもあった。

**240.** 後期の熱間鍛造された鋲の内側と外側のアップ。

**241.** 二種類の鋲を比較した写真。右が 6 面のタイプで、左が 7 面のタイプ。

**242.** 鋲を打っていない靴底。二重に固定された靴底の造りがよくわかる。たぶん軍装品店で売られていた非制式の靴だろう。

**243.** 靴底の中央にはメーカーの印章が見える。〈ザラマンダー〉は現在でも高級靴のメーカーである。

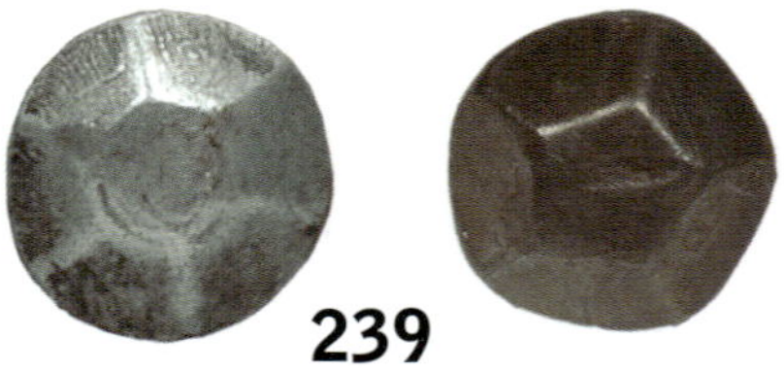

239

240

241

243

242

# ゲートル

244

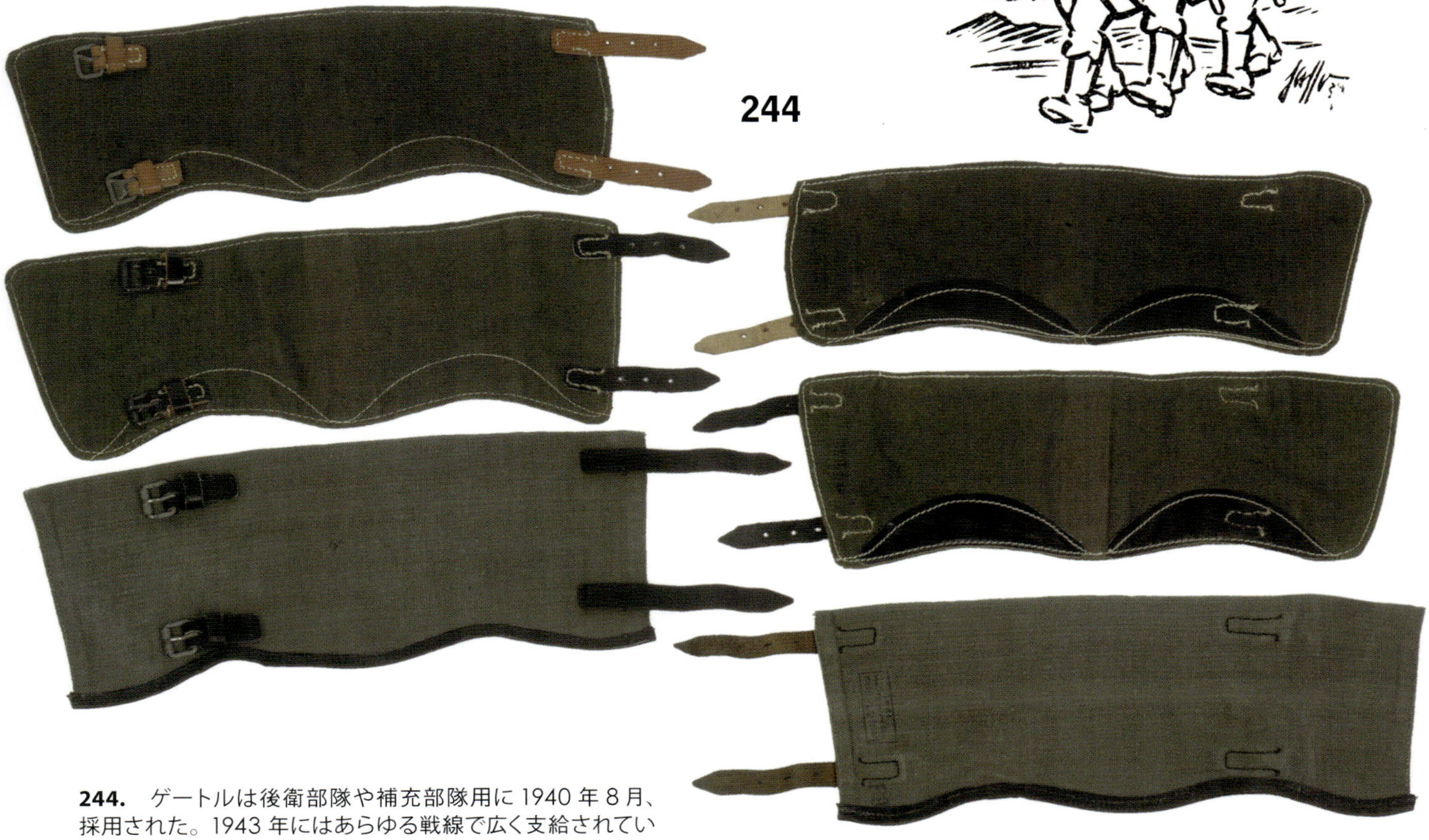

**244.** ゲートルは後衛部隊や補充部隊用に 1940 年 8 月、採用された。1943 年にはあらゆる戦線で広く支給されている。ゲートルとベルトといっしょに着用するようデザインされた M43 ズボンが採用されたことから考えるに、これは兵士たちから嫌われたアイテムではなかった。兵士たちはズボンの裾を絞って、靴下にたくし込んだ。将校からは禁止されたやりかただったが、いいつけにしたがうものはめったにいなかった。二重のキャンバスで製造され、2 箇所の補強革と 2 本のバックルつきベルトが縫い付けられていた。初期型は防水で、一本の革帯が下端を縁取っていた。のちの製品では半月型の革パッチが内側に 2 箇所縫い付けられ、傷がつくのをふせぎ、踵まわりにぴったりフィットするようになっていた。

**245.** さまざまなメーカーのマーキングが入ったゲートル。

**246.** ローラーつきバックルはミディアムグレーや黒、グリーンで塗装されたもののほか、ニッケルメッキのものもあった。写真のような後期の製品は、ヌメ革のベルトがつき、簡略化されたバックルには仕上げ加工がほどこされていなかった。

245

246

# M44 編上靴

**247.**　1944 年に採用された標準モデルのめずらしいバリエーション。1944 年製造にもかかわらず、品質は群を抜いている。「ベルクシューエ」（山岳靴）のように上端の内側にフェルトの帯が縫い付けられ、はき心地をよくしている。

**248.**　このモデルに典型的な踵部分の補強。

**249.**　この爪先の飾り革（当時の写真では目にするのがむずかしい）はブーツの強度と耐久性を高めるのにきわめて有益だった。

**250.**　あらゆるモデルに共通する靴底からは、典型的な鋲の不揃い（39 個と 42 個）がわかる。

**251.**　踵の金具のマーキング（R-21）はドイツのサイズ（29½= ヨーロッパのサイズ 43）に対応している。

**252.**　サイズと足幅のスタンプ。初期の 7 面の鋲。

**253.**　ふくらはぎ外側の標準的な番号コード。より一般的な革紐ではない黒いレーヨンの靴紐に注意。

**254.**　内側のグレーのウール製帯のアップ。

247

248

249

250

251

252

253

254

255

**255.** 靴底と鋲の品質の変化。下から上へ。ハーフソールと 44 個の鋲がつき、爪先が補強された M39 編上靴。つぎはハーフソールと 39 個の鋲がついた 1940 - 1941 年のモデル。その上は 38 個の鋲とハーフソールがついた M43 モデル。最後は 32 個しか鋲（6 面）がなく、ハーフソールが中底と本底のあいだにはさまれた 1944 - 1945 年のモデル。

## 山岳靴

256

**256.** 標準の山岳靴は「ベルクシューエ」と一般的に呼ばれた。造りは一部の民間のモデルと同様で、民間のモデルもすぐれた機能性と品質によって軍から使用を許可されていた。靴底が全体的に二重になった堅牢な靴で、金具と菱形に打たれた鋲がついている。なめらかな革の内張りが全体につき、爪先は内側に補強の芯が入っている。初期型は靴紐のハトメ穴とフックがあったが、フックは 1943 年中期ごろ、歩兵の編上靴のような変化をたどって廃止された。

山岳部隊「ゲビルクスイェーガー」はこの靴をスキーや雪上行軍のときにはいただけでなく、実際には常時、保温のため巻きゲートル（ゲレンクビンデン）や標準の布製ゲートル、ふくらはぎの上で折り返した靴下などといっしょに着用した。写真の製品はハトメ穴が 7 組で、ナチュラルカラーの後期の製造である。

257

**257.** 踵のスキー用の溝がわかる側面と後面。

**258.** 糸で縫い付けられた靴底は、木釘で固定され、鋲が打たれて、全体的に補強されている。

**259.** この靴は靴底に 25 から 30 の鋲が打たれ、踵にもさらに 12 個が円錐形に配されている。

**260.** サイズと足幅（28 - 4）。

**261.** 鋲と金具のアップ。

**262.** 上端には断熱性を高めるためにフェルトの帯が縫い付けられている。規定のサイズと製造年（M - 44）とメーカー（383）のマーキングに注意。

258

259

260

261

262

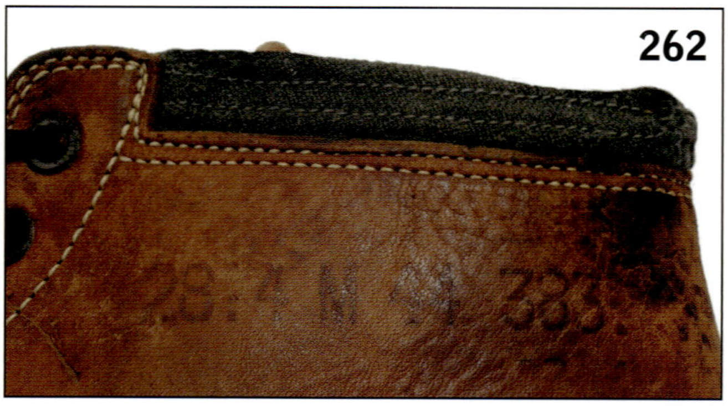

# フェルト製ブーツ

ロシアの厳しい冬に直面したドイツ軍は、多くの凍傷患者が出ないようにするため、ちゃんとした防寒靴をすぐに開発する必要に迫られた。敵が選んだのは有名な「ワレンキ」ブーツで、ドイツ軍が防寒性と耐久性をかねそなえたブーツを作りだすための発想の源となった。ドイツの靴メーカーは、寒さと雪から守ってくれるように考えられた、フェルト製のブーツというソ連のもともとのアイディアに、なめらかな革の内張りと、鋲を打った丈夫な靴底を追加して、改良した。

色や補強革、靴底などには多くのバリエーションがあったが、そのすべてが共通の革とフェルトを使用していた。

263

**263.** ドイツ軍の防寒ブーツは基本的にはロシアの「ワレンキ」に補強と革の靴底をつけたものだった。フェルトはリサイクルしたウールを混ぜて動物の毛を圧縮したもので、その結果、色はグレーあるいは褐色がかっていた。染色した例も見受けられる。

**264.** ローラーつきバックルのおかげで上部を締めるのが楽になり、熱が逃げたり雪が入ったりすることがなくなって、断熱性がさらに高まった。

写真では、補強の細部と、丸しぼを型押し仕上げしたタイプの革を見ることができる。

**265.** ドイツ式の靴底には革の鋲が打たれ、雪上や凍結した地面での移動を楽にしている。

264

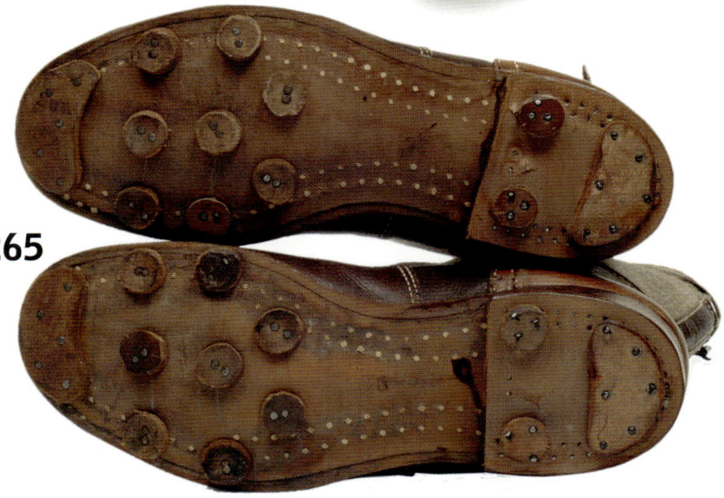

265

266

**266.** この場合には、つまみ革はレーヨン製で、メーカーのコード（RBNr）、サイズと足幅（28-8）、そして製造番号（4812）がスタンプされている。

267

**267.** ボール紙とフェルトでできた中敷きの表と裏。

268

269

**268.** 踵の補強と製造管理のスタンプのアップ。

**269.** サイズの刻印（28センチ）と鋲のアップ。

# フェルトのオーバーブーツ（「歩哨ブーツ」）

**270.**　このタイプのオーバーブーツはフェルト製ブーツと同じコンセプトにしたがって考案された。あまり動かなくていい任務用のブーツである。木製の靴底がつき、断熱性と耐久性を高めるために合成ゴム「ブナ」のハーフソールが付け加えられた。おもに歩哨や荷馬車の御者が使用している。いくつものメーカーがあり、おもに革の色がちがった。また、その機能ではなくワルシャワ・ゲットーという出所のほうで有名な麻を編んだタイプもあった。

270

**271.**　ラベルにはメーカー名（3 文字のコード）と製造年（1943）、通常センチで表わされるサイズ（30）がついている。

**272.**　「ブナ」の補強とサイズ表示のアップ。

271

272

# 手入れとクリーニング

273

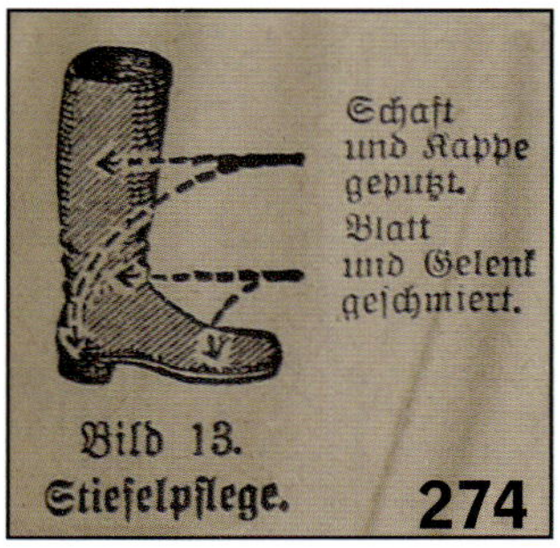


274

**273.** 支給品の靴の付属品。

**274.** 兵士向けの教範が教える、ブーツを閲兵式の完璧な状態に保つ方法。

275

**275.** 中敷き。これは支給品だったが、酒保で入手することもできた。寒さをふせぎ、はき心地をよくして、靴を長持ちさせる、じつに便利なアイテムだった。

**276.** 1943 年までの黒く染められた支給品の靴墨。それ以降は無色のグリースが支給され、染色していない靴の着用が許可された。兵士はこの種の靴の手入れ維持用品をしばしば自費で購入した。

**277.** 三種類のブランドの靴墨と、後期の無色の靴墨が入っていた、プレスしたボール紙製の箱。

276

277

278

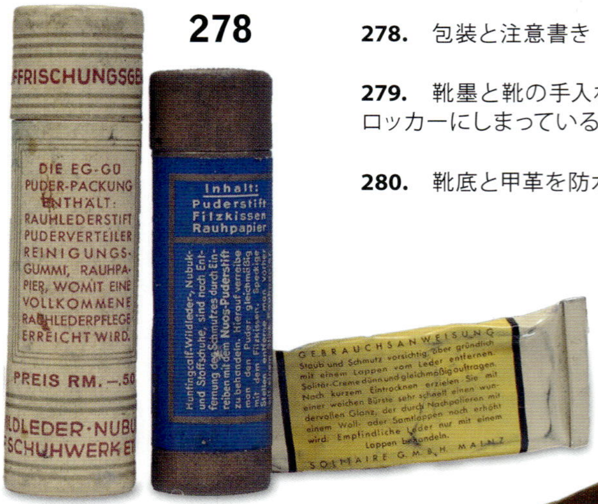


**278.** 包装と注意書き

**279.** 靴墨と靴の手入れ用品の入れ物として兵士がロッカーにしまっている小さなボール紙の箱。

**280.** 靴底と甲革を防水するためのワックスの塊。

279

280

**281.** 有名なブーツのブランド〈ルボ〉の広告がついた小さな鏡。この種のアイテムは兵士にとって身繕いのためよりも合図を送るためにひじょうに役に立った。写真の横には〈ルボ〉をふくむ靴メーカーの広告がいくつか見える。

281

# 教範類

**282.** 『陸軍勤務慣例教範』。500 枚の図版が載った歩兵中隊専用の版。1943 年改訂版。

**283.** 兵士のもっとも一般的な制服が載った冊子。

282

283

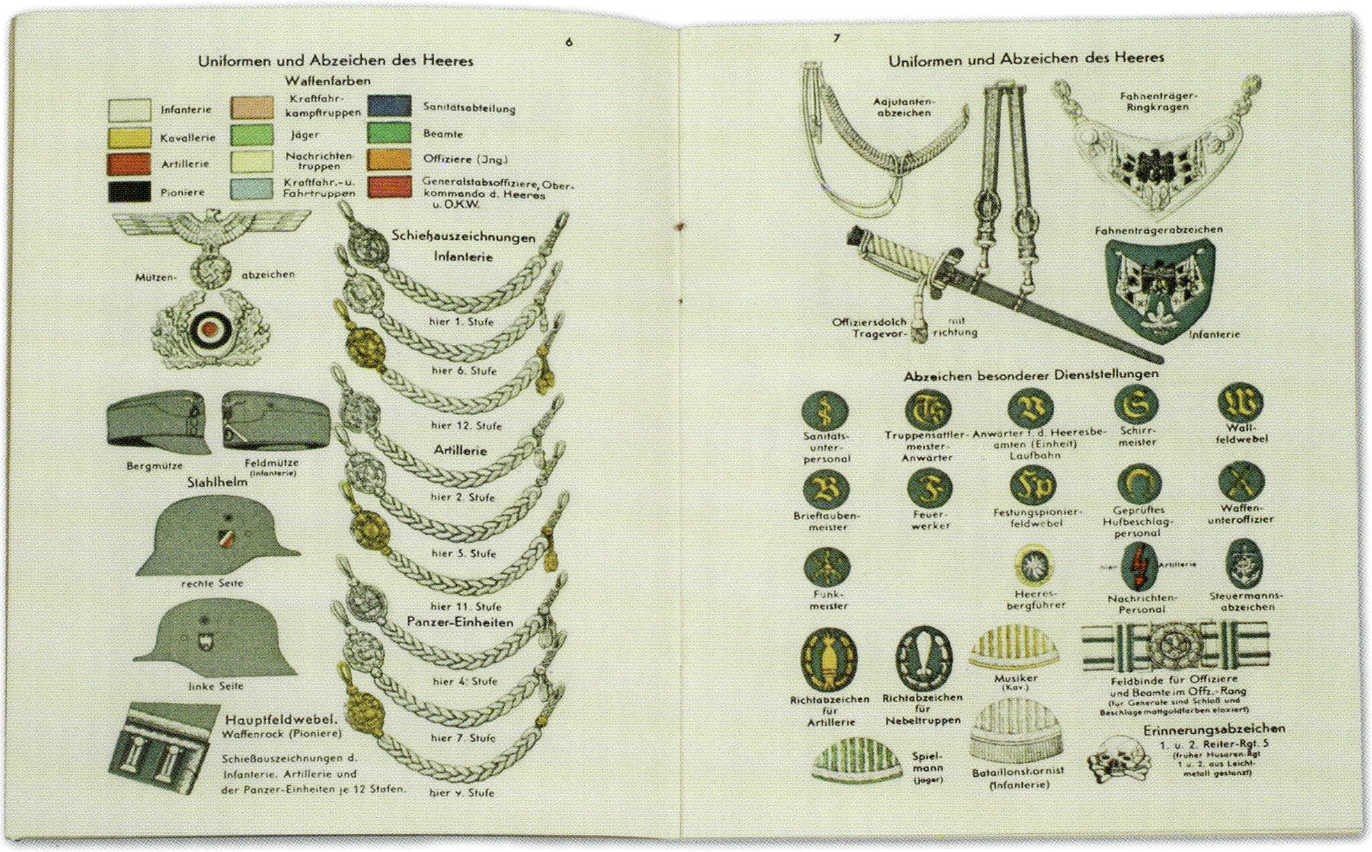

# 裁縫道具

**284.**　ドイツ軍では装備の維持管理の規則がきわめて厳格だった。兵士は自分であらゆる被服を、破れや取れたボタンひとつない完璧な状態にたもつ責任があった。

　当時、〈ドラホマ〉や〈ドスコ〉といった多くの民間会社が「カメラーデンヒルフェ」（戦友のお手伝い）をモットーに兵士専用にデザインされた裁縫セットを販売していた。これらの小さなケースには従軍中のどんな問題も解決できる各種のボタンや針、糸、安全ピンなどが入っていた。

**284**

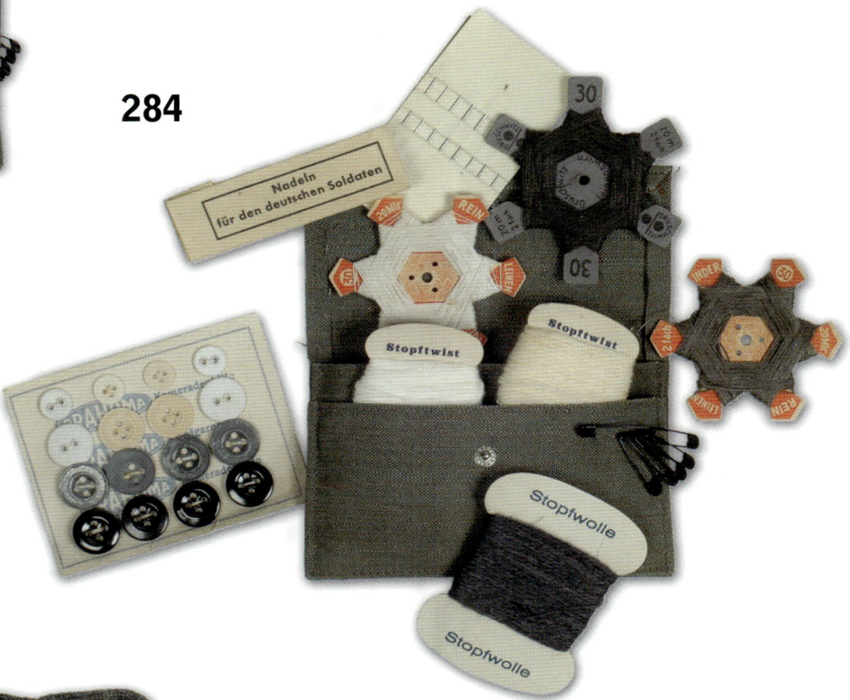


**285.**　この小さな裁縫セットがあれば靴下を繕うのに必要なものがすべて手に入る。

**286.**　べつの野戦裁縫セット。基本的な裁縫道具は入っているが、この場合にはモットーが入っていない。

**285**

**286**

287

**287.** 通常、酒保で兵士が購入する針の包み２種。小さなほうは有名な〈プリム〉社の製品。大きなほうには「ドイツ軍兵士用の針」と書いてある。この種の物品は紛失をふせぐために通常、金属かプラスチックの容器にしまわれた。

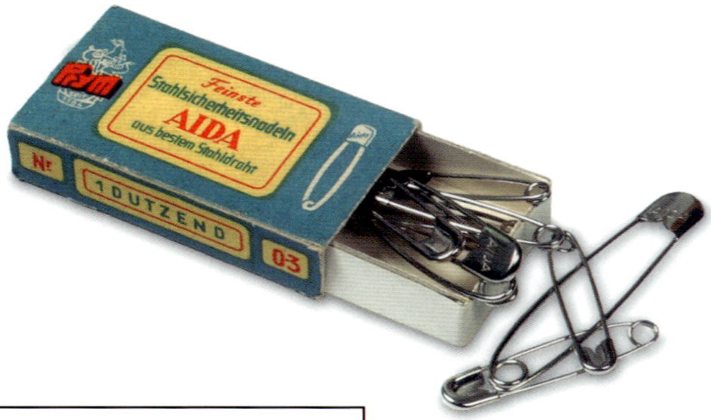

288

**288.** 野戦での応急補修には大いに役立つ安全ピンの箱。

289

**289.** 衣類、とくに下着には、洗濯場で混乱しないように持ち主のイニシャルが記入された。もともとラベルがついていない場合には、この小さな刺繍のイニシャルが縫い付けられた。この習慣は前線より兵営のほうが一般的だった。前線では兵士が自分で洗濯をするために、洗濯場で紛失することは少なかったからである——洗濯できればだが！

290

**290.** リネン、綿、ウールなど各種の糸の糸巻きとボビン。

291

**291.** たとえば洗濯場で紛失するのをふせぐため、衣類に印をつけるのはかなり一般的な習慣だった。名前や所属中隊、所属連隊といった兵士のデータをスタンプするために、特製のラベルを軍装品店や酒保で購入することができた。この綿製のラベルは衣類に縫い付けたり、ベルトやサスペンダーのような装備の構成品に糊付けしたりした。戦争が進むにつれて、このスマートな慣習はじょじょに、鉛筆や万年筆、さらにはナイフまで使った、もっと雑なマーキング方式に取って代わられた。

**292.** 陸軍用の粗末な灰緑色の糸の糸巻き２種類。ラベルでわかるように、手縫いにもミシン掛けにも使うことができた。

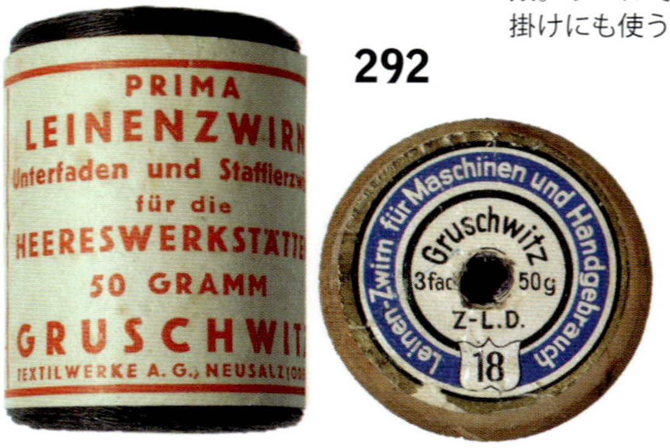

292

**293.** 使いきった糸巻きには、写真のようにメーカー名などのデータが書かれていることもあった。

293

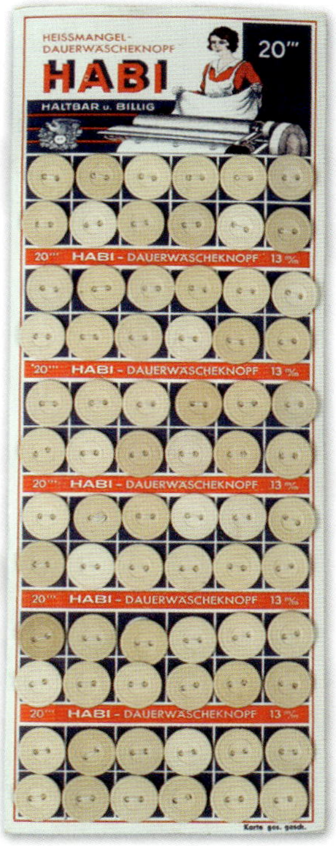


294

**294.** 当時一般的だったボタンの体裁。この場合は、型押ししたセルロースの合成樹脂製で、フェノール製品で強化されている。この種のボタンは上衣のカラーや袖口のほか、シャツや下着によく見られる。もっと大きなタイプは一般にドリル地ズボンに縫い付けられていた。ほかにグレーや褐色などの色の製品もあった。

**295.** メーカーの注意書きが内側に入ったボタン・セット。兵士の裁縫セットに納まるように、12 個セットで販売された。

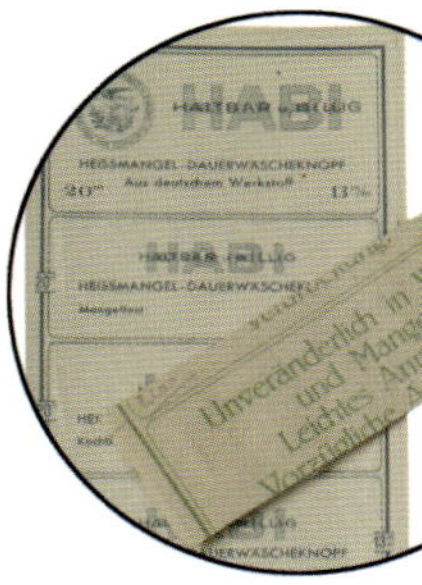


295

**296.** 上衣やオーバーコートなどのボタンは、塗装のさいに固定する役目もはたすボール紙の板についたまま洋服店に納品された。

**297.** ボタンは光ったり反射したりしないように、小石を敷き詰めたような模様が型押しされたり、鋳造されたりしていた。戦闘服用のボタンは時期によって灰緑色あるいは青みがかったマウスグレーに塗装されていたが、外出着や正装、あるいは将校用はナチュラル仕上げの金属のままか、艶消し銀で塗装された。

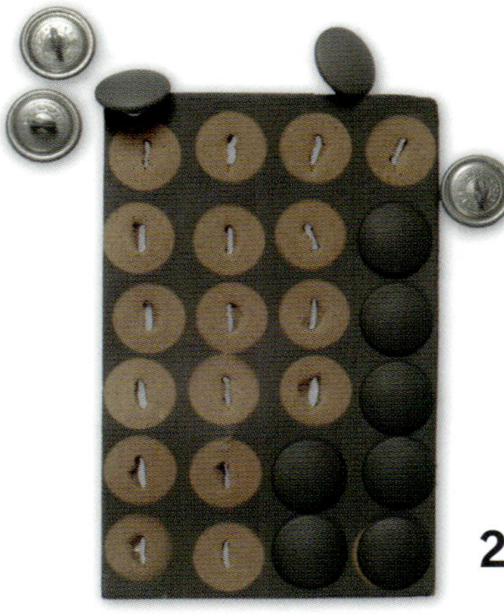

296

297

**298.** アルミニウムや亜鉛、鉄などの合金でできたさまざまなメーカーのボタンの裏側。品質はかならずしも経済的な制約にしたがったものではなく、衣類の種類と用途によっていた。

**299.** 洋服店はベークライト製、骨製、ガラス製、陶製、セルロイド製、金属製、木製など、あらゆる形や材質のボタンを使用した。写真では制服工場の名前が入った合成樹脂（ベークライト・タイプ）のボタンの箱が数種類見える。

298

299

300

**300.** 工場や店に納品されるボタンにはこのような包装もあった。初期の高品質の製品で、のちのものより明るい灰緑色で仕上げられている。

# ベルトとバックル

ドイツ陸軍の野戦用ベルト・バックル（コッペルシュロス）は、第二次世界大戦の軍用装備のなかでも有数のパラドックスである。

ナチ・ドイツのような公然と聖職者の権力に反対する国家にしては驚くべきことに、もともと苛酷な戦闘のなかで神の名前を引き合いに出して加護を祈るために考えられたプロイセンのモットー、GOTT MIT UNS（神は我らとともにあり）が使われていたのである。

この文句は鉤十字に止まる鷲の国家章とともに国防軍のバックルにはっきりと打ち出されていた。ただし空軍や親衛隊のバックルにはこの文句はなかった。このバックルはワイマール共和国の軍隊ライヒスヴェーアが使っていたものから受け継いだ凝ったデザインのアイテムだった。1920 年代には銅と亜鉛とニッケルの合金である洋銀で製造された。

1935 年 10 月 30 日の行政命令で、新帝国の公務員の制服に新しい徽章が制定された。鉤十字をつかんだ鷲の徽章（ホーハイツアプツァイヒェン）である。しかし、この命令は 1936 年 1 月 24 日までバックルに影響をおよぼさなかった。この日以降、ワイマール共和国の鷲がやっと新しい国家鷲章に取って代わられた。

ワイマール時代のバックルはニッケルと真鍮の合金で製造された。このバックルの在庫はほとんど1930 年代末まで使用された。細部を見ると 1939 年の製造年がはっきりとわかる。

01

02

**01.**　バックルは第二次世界大戦中に変化した。いちばん下のサンド色に塗られたものは、めずらしい戦争後期の製品である。また一部のバックルは赤みがかった褐色のベークライト素材の成型で製造されたことが知られている。

**02.**　バックルのプレス加工と製造にはプレス、ハンダ付け、塗装、研磨の４種類の技術がかかわる８つの工程が必要だった。

**03.**　メーカーの刻印と製造年のデータが押される通常の場所。鉄製のバックルの場合は、フック受け金具が溶接されていた。

**04.**　バックルをベルトに固定するタブの側面。

03

04

05

06

**05.**　バックルの裏面には、ベルトのフック受け金具が見えている。

**06.**　初期型のバックルへのベルトの取り付け。

**07.**　アルミニウム製の下士官兵用バックル。これらのバックルは塗装されて支給されたが、ことに休暇で帰省するときなどには、もっと優雅でスマートに見えるように塗装をはがすのが普通だった（この慣習は規則外だったが大目に見られていた）。ふたつのプレス部品で製造されたアルミニウム製バックルもあり、自費で購入できた。

07

08

**08.**　もっとも普通のモデルである、グレーに塗装されたプレス製造の鉄製バックル。1940年にリューデンシャイトのC・T・ディッケで製造されたもの。

**09.**　調節用のタブがない、艶消しグレーに塗装された戦争後期の製品。タブは1942年に廃止された。ロドというメーカー名が見える。

09

**10.** 調節用のタブにもバックルのようにメーカーの社名と製造年が印されている。この慣習は初期（1935 - 1942 年）の製品だけに見られる。

**11.** 厚さ最大 5 ミリ、幅 4.5 センチの高品質の革で製造された初期型のベルト。内側にしぼがあり、外側は黒く染められている。

プレスしたボール紙で製造された製品も一部あった。これは革の不足によって戦争末期に登場した。

暖かい気候で使用されるベルトには最初、編んだ綿あるいは植物繊維が使われた。革をこうした代用素材でじょじょに置き換えることが考えられたが、代用素材は中欧ではなかなか手に入らなかった。

10

**12.** ベルトは通常、5 センチおきのサイズ（90、95、100、105……）で表示されていた。

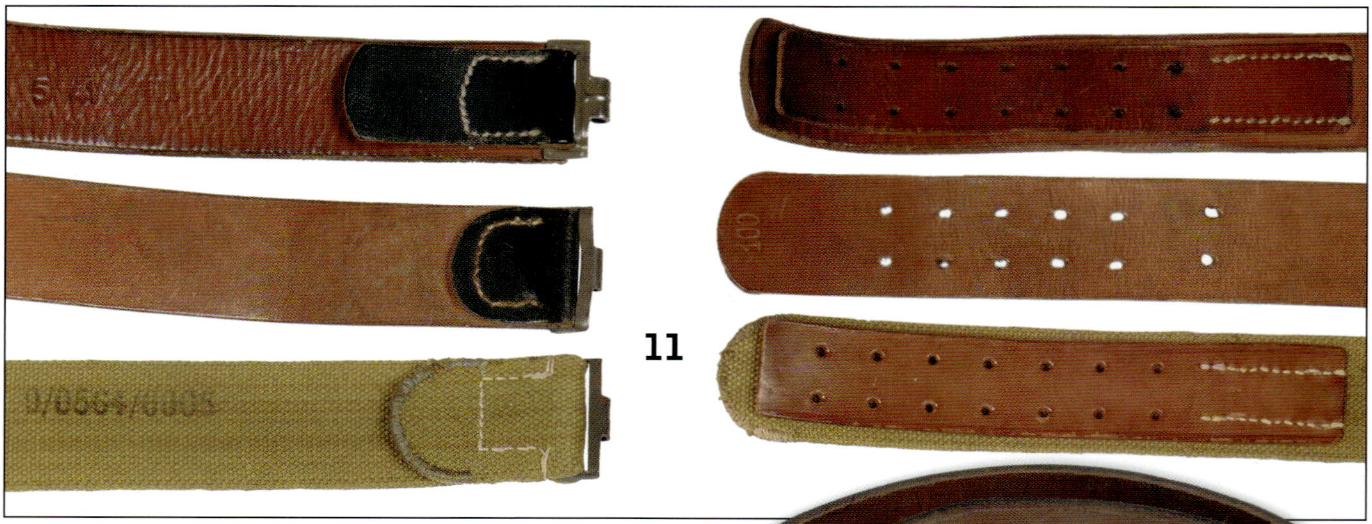

11

12

**13.** 通常は温暖な環境で使用された、戦争末期の一般的なベルトとバックル。

13

14

15

16

17

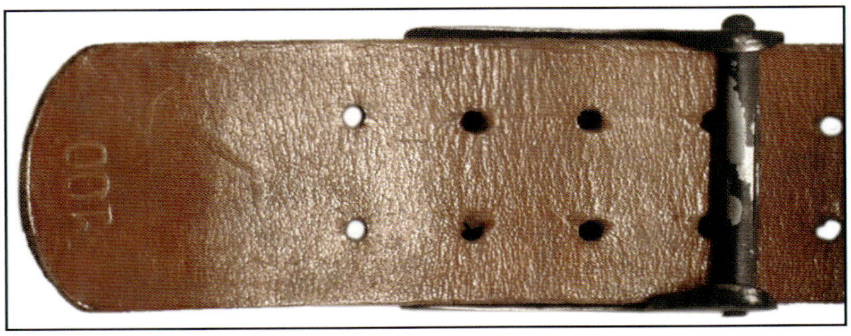

**14.** メーカーと製造年のマーキングが押される通常の位置。ベルトのフック金具がある端の内側。
　3 種類のマーキングの例が見える。左から右へ、「BMC 41」と押された製品、裏面の革の中央にメーカー名と製造年コード（1941）があるべつの製品（ややめずらしい）、そして最後は RBNr コードが押された後期の製品。

**15.** キャンバス製ベルトの縫い目。

**16.** 後期型では調節用ベルトが廃止され、ベルトに直接穴が開けられた。

**17.** 後期型のベルトへのバックルの取り付けかた。

**18.** 個人装備の大半にはベルトを通すためのストラップがついていた。

**19.** この写真では初期型のベルトに典型的な左右の縫い目がわかる。一方はバックルを固定する調節ベルトの縫い目で、向かって右はフック金具の縫い目である。

18

19

# ガスマスク

アントンをいちばん驚かせた装備のひとつが、恐ろしげな格好をしたガスマスクをおさめる奇妙な金属製の円筒だった。町の長老たちは第一次世界大戦の毒ガスの破壊的な効果についてたくさんの思い出話をしていて、その話がすぐ頭に浮かんできた。毒ガスは全戦死傷者の4パーセントを引き起こしたにすぎなかったが、第一次世界大戦で屈指の革新的な兵器と見なすことができる。フランスは一種の刺激性のガスを撒いた最初の国だが、すぐにドイツがそれに触発されて、1915年にT液、つまり催涙ガスのようなもっと複雑で殺傷力の高いガスを撒いた。このガスは濃縮した塩素から製造され、肺の組織を破壊することができた。

フランスはすぐに主導権を取り戻し、塩素の代わりにホスゲンを使った。これはさらに手のこんだ化合物で、彼らはじきにイープルの戦いでその破壊的な効果をみずから経験することになる。ドイツはお返しにホスゲンと塩素を混合して、1万人の戦死傷者を出したのである。そのうち7000人が致命傷だった。

毒ガスはまちがいなく恐るべき兵器だった。しかし、実際に効果を発揮したのは、イペリット――一般には「マスタード・ガス」として知られている――のような糜爛性の化合物が登場してからである。このガスはドイツの発明で、イギリス軍はその容器に押された印から「黄色い星」と命名した。「通常の」比率で使われると致死性はなかった。どろりとした褐色がかった混合物は、ガスの状態で何時間も効果を発揮し、目や皮膚を焼き、一種の薄い皮膜となって、何週間も有効性を持続した。これはあらゆる交戦国で使われた最終的な毒ガスの製法となり、合計で1万2000トンが製造され、刺激性ガスのようなほかのガスはもっと大量に製造された（13万3000トン）にもかかわらず、いちばん危険なガスの座をゆずらなかった。

この兵器はおそろしい結果をもたらしたが、1920年代末まで使用され、ロシア人やイラク人、アラブ人、エチオピア人もその破壊的な効果を経験した。毒ガスを当然恐れる世論の圧力を受け、1925年のジュネーヴ議定書で主要国は毒ガス使用禁止の合意に達した。しかし、アメリカと日本は署名を拒否した。議定書はこうして批准されず、脅威は残った。第二次世界大戦の開戦までに、参戦した主要国は大量のマスタード・ガスを貯蔵していた（イギリス4万トン、ソ連7万7000トン、アメリカ8万7000トン、ドイツ2万7000トン以上）。こうした貯蔵量は少なくとも原則では抑止力として働いた。イギリスはもしドイツの英本土上陸作戦が実施されたら毒ガスを使う気だった。

あきらかに、第二次世界大戦で記録に残る唯一の毒ガス使用は、ワルシャワ蜂起時のドイツ軍によるもので、ドイツ軍はすぐに世界に向かってこれは不幸な誤りだったと謝罪した。一方で日本は中国で容赦なく毒ガスを使用した。

この恐るべき兵器にたいする論理的な対抗手段はガスマスクで、ジュネーヴ議定書が最終的にやぶられるのをふせぐため、軍人や民間人に何百万と配布された。

プロイセンの技師A・フォン・フンボルトは1799年に炭鉱で使うマスクを発明したが、正規の軍用マスクはロシア人ニコライ・ディミトリエヴィチ・ゼリンスキーの発明である。彼は1915年、ロシア皇帝の軍隊を守るため、フィルターつきのマスクを開発した。戦間期には、毒ガス製造にかかわるいくつもの企業が名乗りを上げ、じきに使い捨ての装備が手に入るようになった。これは現代の製品とさほどちがっていない。

第三帝国のドイツ軍はまちがいなく当時もっとも効果的で洗練されたガスマスクを持っていた。ライヒスヴェーアの基本的な2種類のモデルは、1924年以降開発され、1930年に支給されたガスマスク30と、Sマスケという名前のほうがよく知られた、1938年から製造されたガスマスク38である。両方とも波形のプレス線が入った円筒形の金属容器におさめて携行された。

リューベックのドレーガー社が製造した民間防衛I（防空）用の対ガス装備には、火事専用に設計されたフィルターがついていて、工場に配属された消防隊員が使用した。この場合は化学工場である。

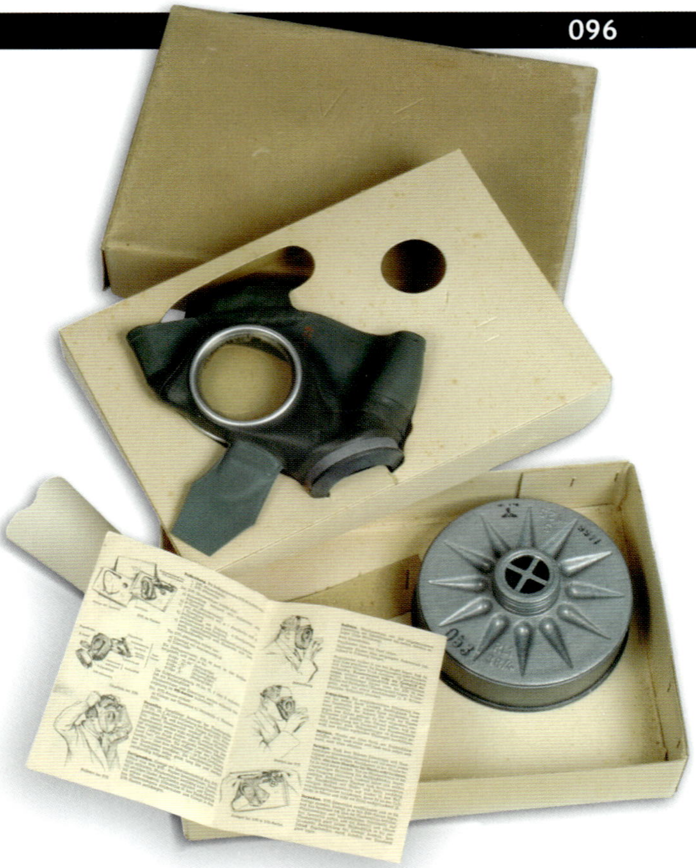

01

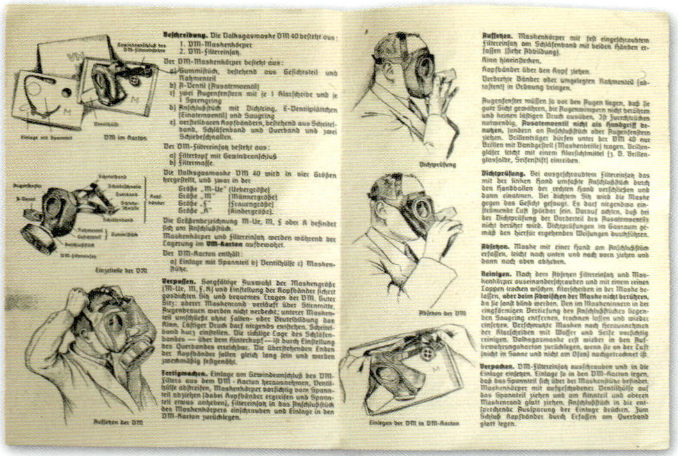

02

03

04

05

**01.** フォルクスワーゲンをはじめとするナチ時代に発表された多くのアイテムと同じように、これも「ドイツ国民ガスマスク」（ディ・ドイッチェ・フォルクスガスマスケ）と命名されている。男女や子供など市民に何百万と配布された。

写真はキットが市民にとどいた状態をしめしている。このマスクは 1943 年にアウアー社が製造したもので、マリアンネ・ヴァイスという女性の所有だった。箱の蓋に浮き出した F の文字はこれが女性用のマスクであることをしめしている。

**02.** 国民ガスマスクの取り扱い説明書。

**03.** デゲアと名付けられたガスマスクの特徴を訴える広告。

**04.** 国民に毒ガスの効果や対策のための装備、街での使いかたを訴える印刷物。

**05.** べつの広告。対毒ガス装備のメーカー、アウアー社のもの。

06

07

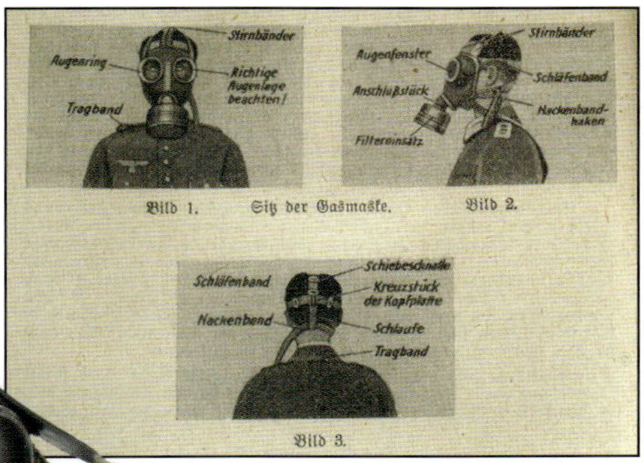


**06.** 兵士が携行する状態の対毒ガス装備と、付属品の一部。

**07.** さまざまな部品の名称と正しい着用法。1943 年の兵士用教範。

08

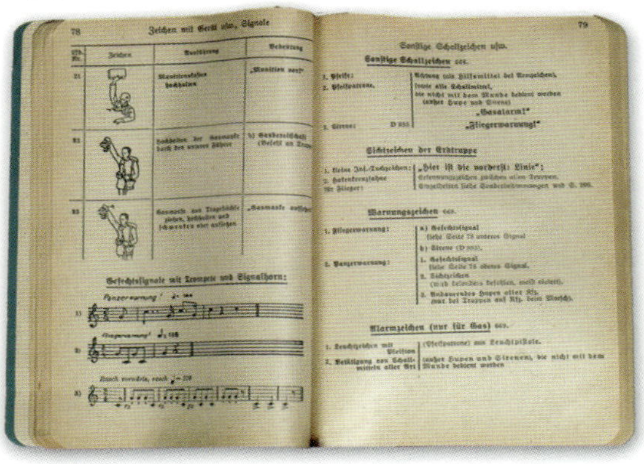


**08.** 野戦で毒ガス警報が出た場合の合図をしめす教範のページ。

**09.** ガス装備の支給とサイズ、マスクの番号を記入するゾルトブーフのページ。

**10.** 1941 - 1942 年の兵士の個人装備。

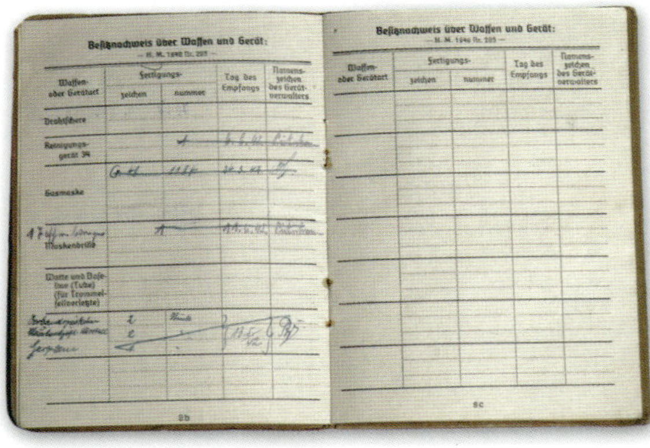


09

10

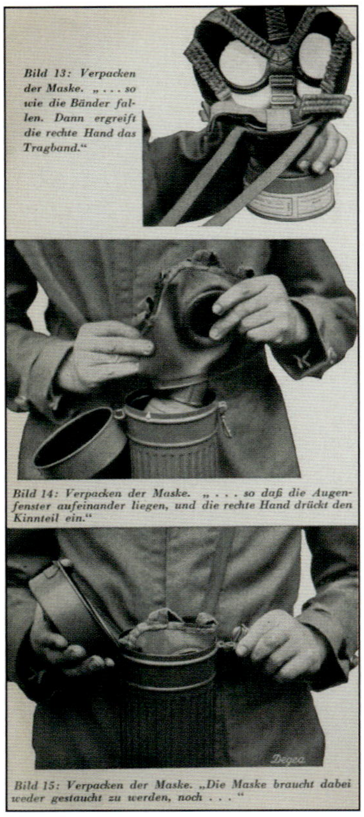
Degea

Bild 13: Verpacken der Maske. „. . . so wie die Bänder fallen. Dann ergreift die rechte Hand das Tragband.“

Bild 14: Verpacken der Maske. „. . . so daß die Augenfenster aufeinander liegen, und die rechte Hand drückt den Kinnteil ein.“

Bild 15: Verpacken der Maske. „Die Maske braucht dabei weder gestaucht zu werden, noch . . . “

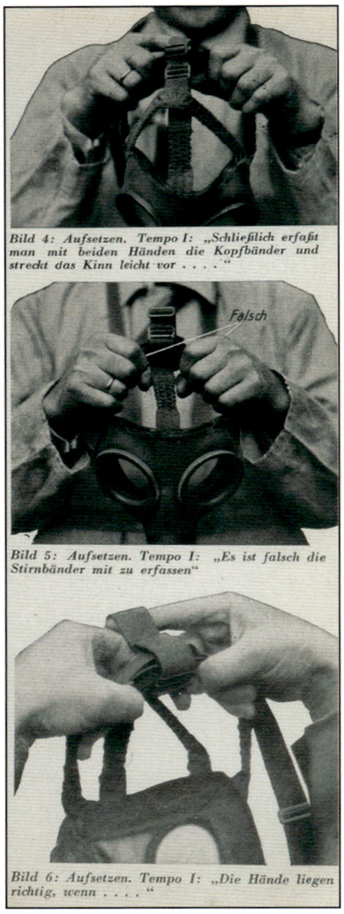
Falsch

Bild 4: Aufsetzen. Tempo I: „Schließlich erfaßt man mit beiden Händen die Kopfbänder und streckt das Kinn leicht vor . . . . “

Bild 5: Aufsetzen. Tempo I: „Es ist falsch die Stirnbänder mit zu erfassen“

Bild 6: Aufsetzen. Tempo I: „Die Hände liegen richtig, wenn . . . . “

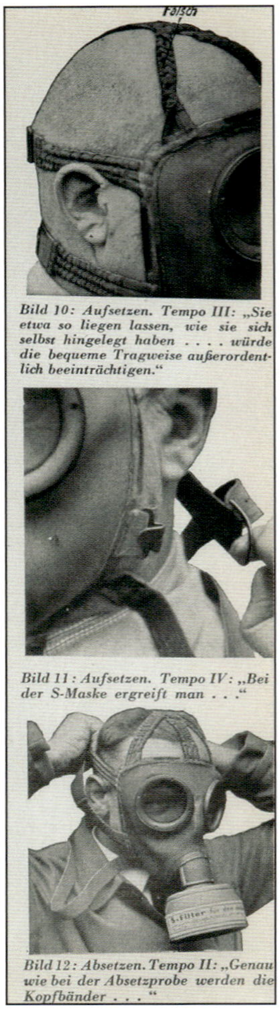
Falsch

Bild 10: Aufsetzen. Tempo III: „Sie etwa so liegen lassen, wie sie sich selbst hingelegt haben . . . . würde die bequeme Tragweise außerordentlich beeinträchtigen.“

Bild 11: Aufsetzen. Tempo IV: „Bei der S-Maske ergreift man . . .“

Bild 12: Absetzen. Tempo II: „Genau wie bei der Absetzprobe werden die Kopfbänder . . . “

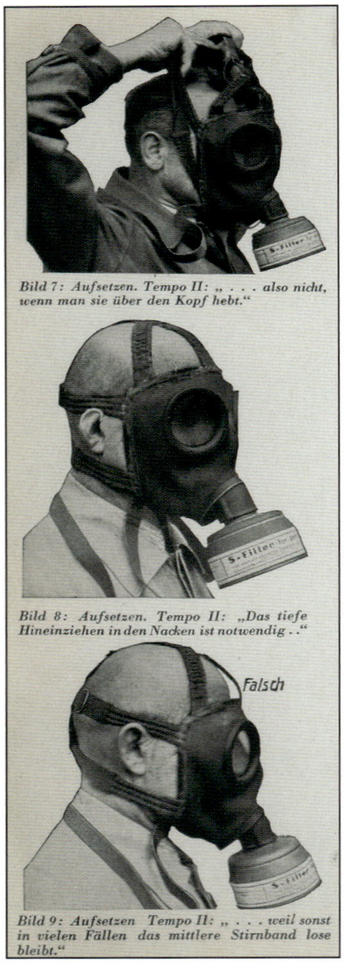
Falsch

Bild 7: Aufsetzen. Tempo II: „ . . . also nicht, wenn man sie über den Kopf hebt.“

Bild 8: Aufsetzen. Tempo II: „Das tiefe Hineinziehen in den Nacken ist notwendig . .“

Bild 9: Aufsetzen Tempo II: „ . . . weil sonst in vielen Fällen das mittlere Stirnband lose bleibt.“

11

12

6
Die S-Maske
Gebrauchsanweisung
Achtung!
S-Maske nur zur Bereitschaft in der Tragbüchse aufheben, sonst grundsätzlich staubfrei, auf Maskenspanner gezogen oder aufgehängt aufbewahren

**Einzelteile der S-Maske**

**Zur S-Masken-Ausrüstung** gehören der Maskenkörper mit eingelegten Klarscheiben, das S-Filter, ein Paar Ersatzklarscheiben, eine Tragbüchse mit Knopfband mit Doppelknopf und ein Maskenspanner. Der Maskenkörper besteht aus dem Gesichtsteil, den Kopfbändern und dem Tragband.

3

**Tragbüchse**

**Die Tragbüchse** bietet Platz für Maskenkörper und Filter. Sie darf nicht zur Aufbewahrung der S-Maske verwendet werden, sondern nur zum Tragen derselben in Bereitschaft. Für das Einlegen in die Tragbüchse legt man die Augenfenster mit den Innenseiten aufeinander, wickelt die Bänder um den Maskenkörper und drückt die S-Maske - das eingeschraubte Filter nach unten - in die Tragbüchse, worauf der Deckel mit leichtem Druck geschlossen wird. In einem Sonderbehälter an der Innenseite des Deckels befinden sich die Ersatzklarscheiben.

Anlegen der S-Maske

Tragbüchse, geöffnet

**Gebrauch der S-Maske**

**Anlegen:** Tragband um den Hals legen. Mit beiden Händen die Kopfbänder fassen. Kinn in den Maskeninnenraum gegen

10

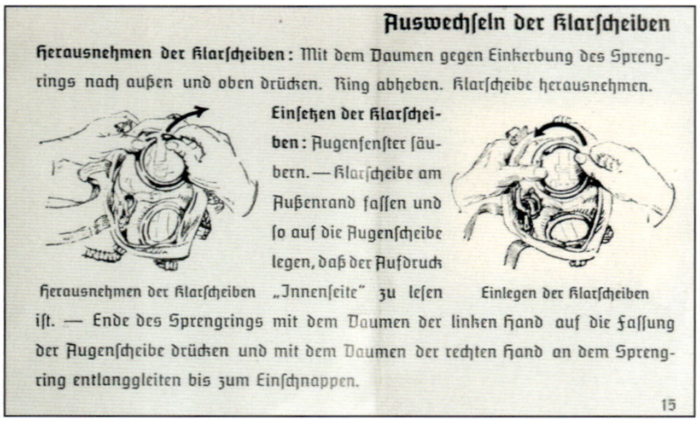

**Auswechseln der Klarscheiben**

**Herausnehmen der Klarscheiben:** Mit dem Daumen gegen Einkerbung des Sprengrings nach außen und oben drücken. Ring abheben. Klarscheibe herausnehmen.

**Einsetzen der Klarscheiben:** Augenfenster säubern. — Klarscheibe am Außenrand fassen und so auf die Augenscheibe legen, daß der Aufdruck „Innenseite“ zu lesen ist. — Ende des Sprengrings mit dem Daumen der linken Hand auf die Fassung der Augenscheibe drücken und mit dem Daumen der rechten Hand an dem Sprengring entlanggleiten bis zum Einschnappen.

Herausnehmen der Klarscheiben

Einlegen der Klarscheiben

15

13

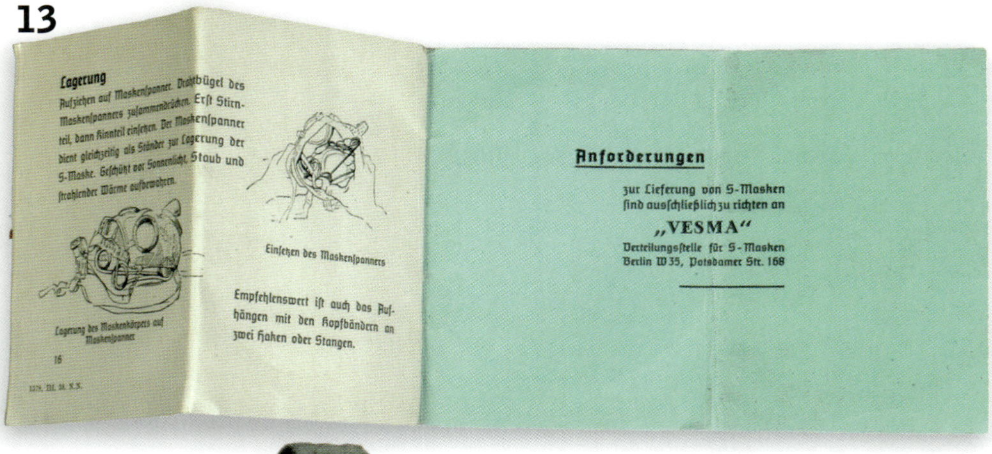
Lagerung
Aufziehen auf Maskenspanner. Drahtbügel des Maskenspanners zusammendrücken. Erst Stirnteil, dann Kinnteil einsetzen. Der Maskenspanner dient gleichzeitig als Ständer zur Lagerung der S-Maske. Geschützt vor Sonnenlicht, Staub und strahlender Wärme aufbewahren.
Lagerung des Maskenkörpers auf Maskenspanner
16
Einsetzen des Maskenspanners
Empfehlenswert ist auch das Aufhängen mit den Kopfbändern an zwei Haken oder Stangen.
Anforderungen
zur Lieferung von S-Masken sind ausschließlich zu richten an
„VESMA"
Verteilungsstelle für S-Masken
Berlin W 35, Potsdamer Str. 168

**11.** ステップ順の正しいマスクのかぶりかた。当時の教範より。

**12.** 〈フェスマ〉が製造し、ガスマスクといっしょに支給された、正しい使用法と維持管理法を説明する小さな教範の表紙となかのページ。

**13.** メーカーの問い合わせの住所が入った教範の裏表紙。

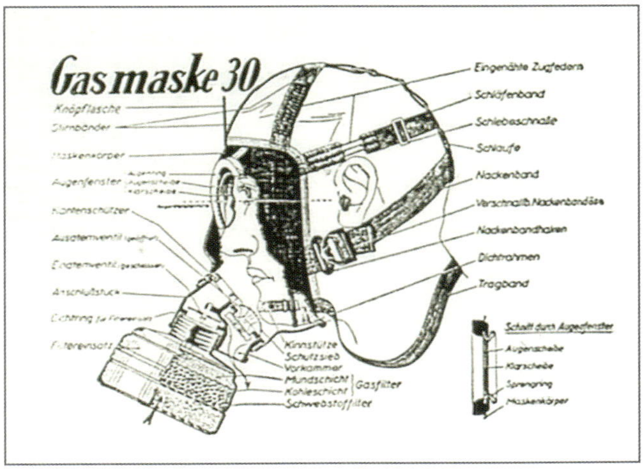
Gasmaske 30
Knöpflasche
Stirnbänder
Augenfenster
Eingenähte Zugfedern
Schläfenband
Schiebeschnalle
Schlaufe
Nackenband
Nackenbandhaken
Dichtrahmen
Tragband
Anschlußstück
Filtereinsatz
Kinnstütze
Schutzsieb
Vorkammer
Mundschicht
Kohleschicht
Gasfilter
Schwebstoffilter
Schnitt durch Augenfenster
Augenscheibe
Klarscheibe
Sprengring
Maskenkörper

14

15

**14.** M30 ガスマスクの構成。

**15.** M30 モデルはドイツ国防軍に個人装備として支給された最初の S マスケだった。ゴム引きのキャンバスと羊革の枠で製造され、簡単に見分けられる。四角い補強金具が全体に頑丈で高品質の印象をあたえている。セルロイドのレンズにはネジが切られ、取り外すことができた。初期型は真鍮の枠がつき、後期型ではグレーに塗装されていた。

面体のストラップはキャンバスを張った弾性ゴムの一種で、すべて綿に包まれ、革の補強がついていた。マスクはすぐ使えるように首からぶら下げて携行することもできた。

16

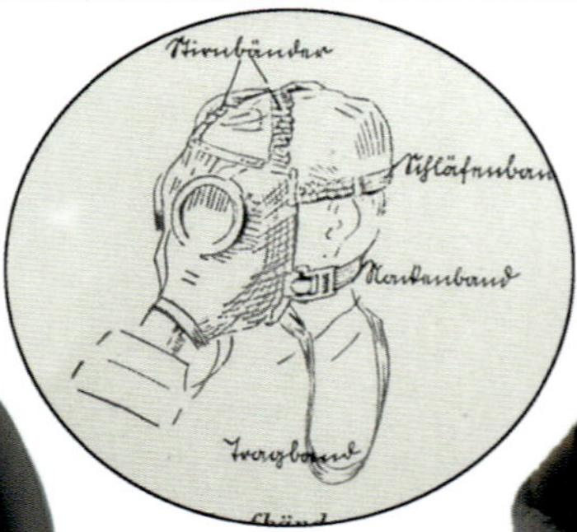


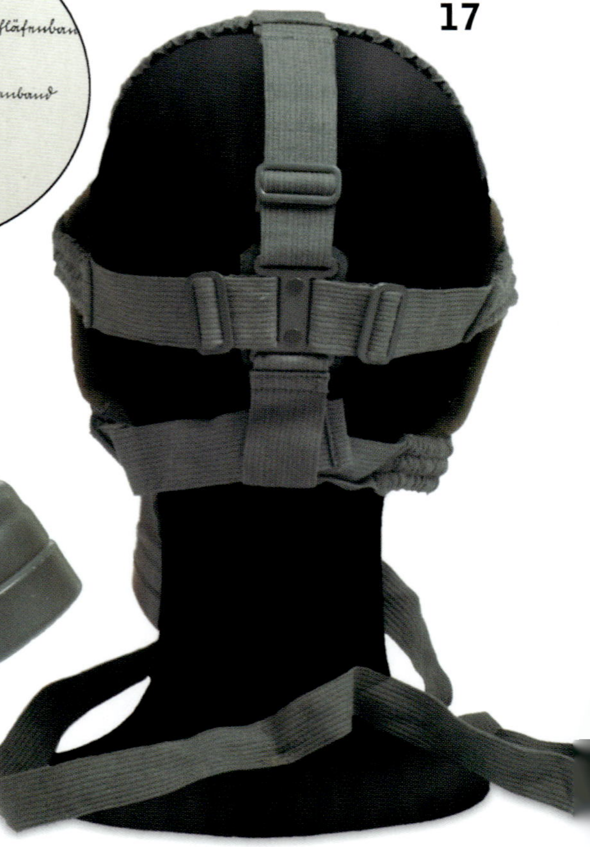

17

18

19

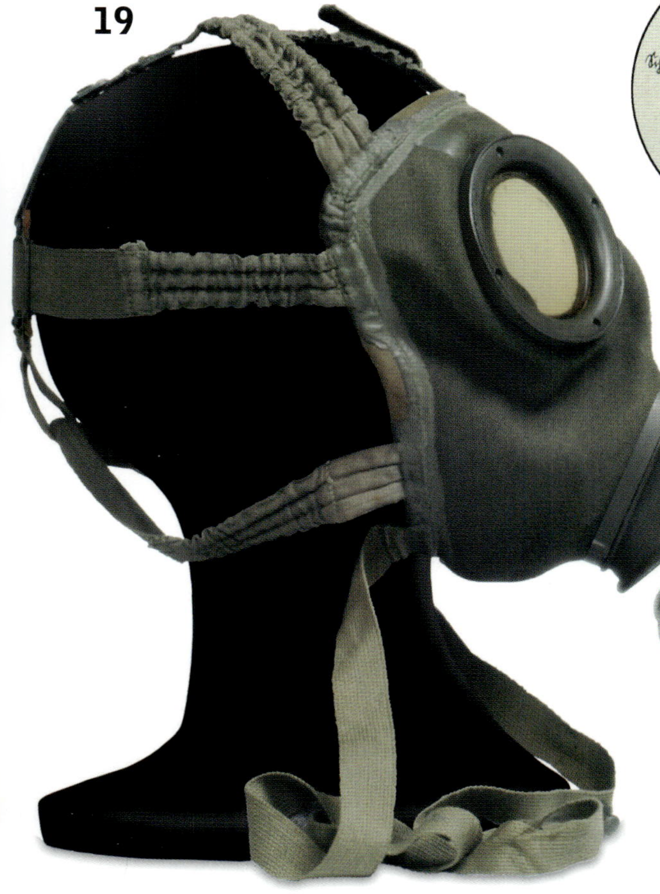

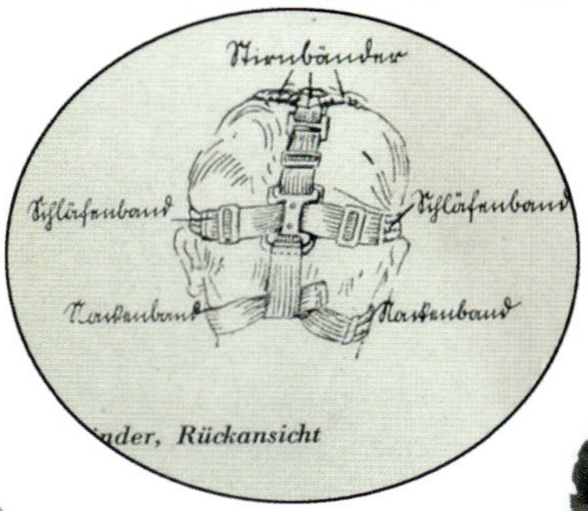


20

21

**16.** 写真ではTE FE37フィルターがねじこまれたM30初期型のバルブ部がはっきり見て取れる。

**17.** M30初期型の装着ストラップと携行用ベルト。

**18.** M30マスクにヘルメットをかぶった状態。

**19.** M30マスク後期型。よりグリーンがかった色と前方の短い携行ストラップ、大きく見えるバルブ部で初期型と簡単に区別できる。これは1941年のアウアー製マスク。

**20.** M30後期型のストラップのアップ。

**21.** FE41フィルターがついたM30後期型。

22

**22.** M30 マスクの内側。吸気用の半月型の開口部と、黒塗装された保護金網でおおわれた排気用の開口部が見える。顎紐と革製の枠もはっきりと見て取れる。

**23.** 軍の受領コードがついた兵器局のスタンプ。

**24.** 枠の折り目に押されたメーカーのコードと品質管理番号（M30 マスク）。この場合は、bwz（オラニエンブルクのアウアー・ゲゼルシャフト AG ヴェルク）である。

23

**25.** マスクには 3 つのサイズがあった。3 が S サイズである。レンズのあいだに押された 2 のインクスタンプはこのマスクが M サイズであることをしめしている。ボタン穴が開いた短い携行ストラップはマスクを垂直に保持し、体に密着させるために使われ、M30 マスクの初期型にはなかった。

24

25

26

27

28

**26.** 正面の携行ストラップを携行ベルトに固定して、M30 マスクを体に垂直に保持する方法のアップ。

**27.** M30 用のレンズ。工具を 4 つの穴に差し込んでねじり、レンズを交換することができた。

**28.** S マスケのもっとも革命的な装置がフィルターで濾過された空気を呼吸できるバルブである。空気が通過するようになっている M30 マスクの天然ゴム製の薄い膜に注意。

**29.** M30 マスク後期型の上からヘルメットを着用したところ。

29

30

31

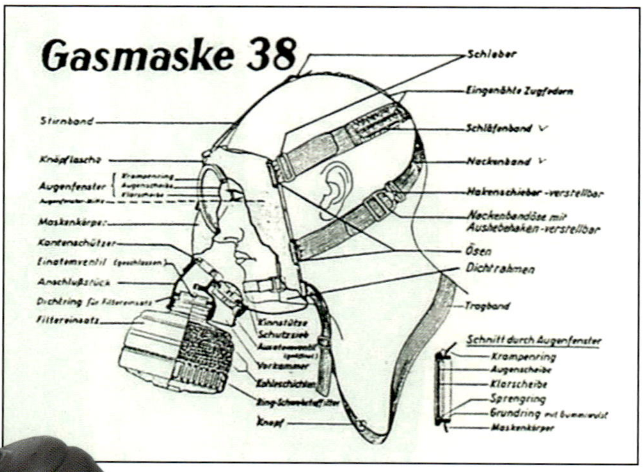
Gasmaske 38
Stirnband
Knopflasche
Augenfenster
Maskenkörper
Kantenschützer
Einatemventil (geschlossen)
Anschlußstück
Dichtring für Filtereinsatz
Filtereinsatz
Kinnstütze
Schutzsieb
Vorkammer
Kohleschichten
Ring-Schwebstoffilter
Knopf
Schieber
Eingenähte Zugfedern
Schläfenband
Nackenband
Hakenschieber - verstellbar
Nackenbandöse mit Aushebehaken - verstellbar
Ösen
Dichtrahmen
Tragband
Schnitt durch Augenfenster
Krampenring
Augenscheibe
Klarscheibe
Sprengring
Grundring mit Gummiwulst
Maskenkörper

32

33

34

**30.** S マスケ M38 と M30 の基本的なちがいは、初期型が合成ゴムで一体成型されていることだった。初期型は明るいグリーンだったが、のちに黒で統一された。固定ストラップはこのころには縫い付けたり接着したりするかわりにアルミのバックルで接続されていた。そのためバックルを固定するゴムがしばしば切れる結果をまねいた。この欠点は M38 後期型で解決された。
　写真は M38 初期型の側面をしめす。

**31.** M38 ガスマスクの構成部品。

**32.** 前方の携行ストラップを固定して、マスクをいつでも使えるように垂直に保持し、胸に密着させる方法。フックは成型ゴム製。写真でわかるようにレンズはしっかりと固定され、工場でしか交換できなかった。2 というサイズ表示が浮き出しているのに注意。

**33.** 簡略化された M38 マスクの頭部固定ストラップのアップ。

**34.** ヘルメットといっしょに着用した M38 マスク。

**35.** FE41 フィルターがついた M38 初期型。

**36.** M38 後期型のサイズ表示のアップ。

**37.** M38 後期型は黒の合成ゴムで製造されていた。

**38.** M38 後期型の頭部固定ストラップのアップ。

35

36

37

38

39

40

**39.** M38 の内側。前のモデルの革枠がなくなっているのがわかる。

**40.** ヘルメットといっしょに着用した M38 後期型。

**41.** M38 後期型の短縮バージョン。濃い青の塗料は民間防衛用を意味するものではない。これは金属部品が無線機やレーダーに干渉するのをふせぐための特殊な耐磁性塗料である。このプライマーは M30 でも使われた。

41

42

**42.**　M38 のストラップ。

**43.**　ここでは初期型とのちがいがはっきりとわかる。ストラップは金具と無塗装のバックルで調節できる。

**44.**　レンズのアップ。赤みがかっているのは歳月の経過でセルロイドが酸化したせいである。

**45.**　M38 の排気バルブ保護網のアップ。この製品は aqd（ケルンのラディウム・グミヴェルケ mbH）によって 1942 年に製造された。

**46.**　円のなかのHの刻印は「ヘーレス」（陸軍用）を表わす。

**47.**　M38 初期型のバルブのアップ。

**48.**　M38 初期型の内側フラップの兵器局（WaA）と管理コードのスタンプ。

43

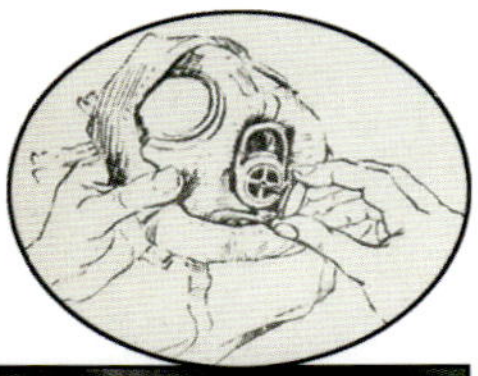

44

45

46

47

48

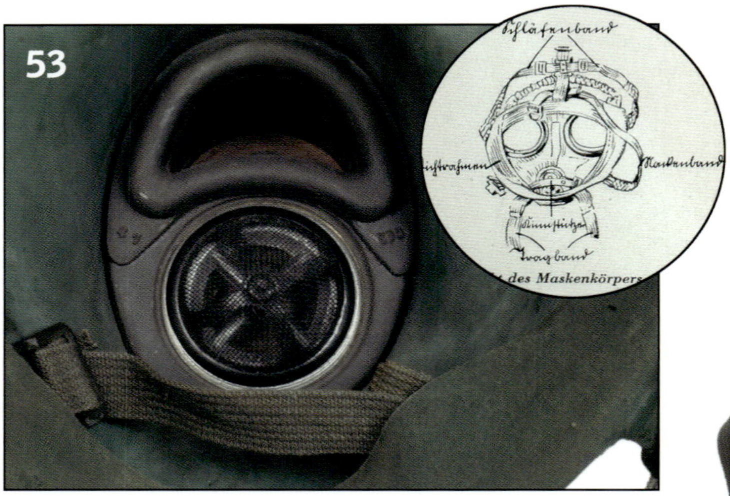


**49.** マスク内側に印されたメーカーのコード。

**50.** マスク内側のバルブ下には htj（メーカー名不祥）のコードが成型されている。

**51.** byd（リューベックのドレーガーヴェルケ、ハイン & ベルニー・ドレーガー）。

**52.** 1941 年製の M38 マスクのバルブ部分の金属部品に見えるメーカーのコード bxv（ベルリンの AEG アルゲマイネ）。

**53.** 新型の簡略化された顎紐がついた M38 初期型の内側。

**54.** あらゆるマスクは内側で呼気が結露して、レンズが曇る傾向があったので、レンズの内枠に固定するための、曇り止め剤があらかじめ塗布されたアセテートのレンズ（クラールシャイベン）が装備といっしょに支給された。

**55.** さまざまなメーカーが作った各種のロウ紙の袋には、裏に「クラールシャイベン。湿気から守り、拭いてはならない。縁のみを持つこと」という注意書きがある。また裏側には「文字がマスクの内側から読めるように挿入せよ」とも書いてある。

Klarscheiben
vor Feuchtigkeit schützen,
nicht wischen,
nur am Rand anfassen.
Klarscheiben
vor Feuchtigkeit
schützen,
nicht wischen,
nur am Rande
anfassen.
2 Klarscheiben DIN 3184
vor Feuchtigkeit schützen
nicht wischen
nur am Rand anfassen
Klarscheiben
vor Feuchtigkeit schützen,
nicht wischen,
Rand anfassen.

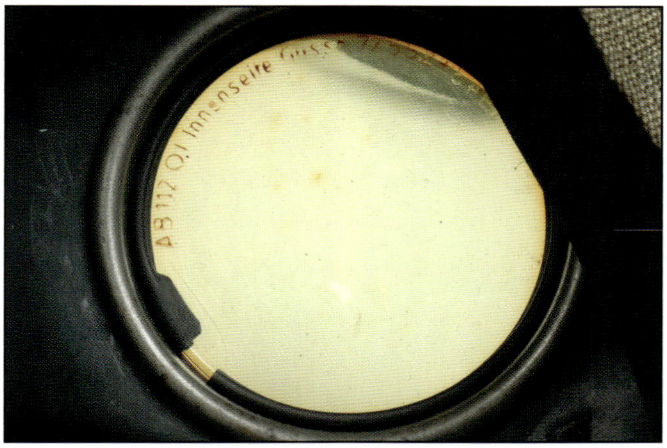

55

AUER
Klarscheiben so einlegen,
daß der Aufdruck „Innen-
seite" vom Innern der Maske
aus lesbar ist.

56

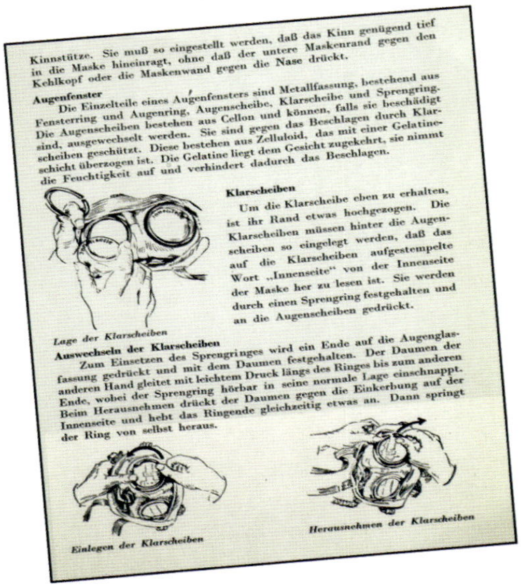
Kinnstütze. Sie muß so eingestellt werden, daß das Kinn genügend tief in die Maske hineinragt, ohne daß der untere Maskenrand gegen den Kehlkopf oder die Maskenwand gegen die Nase drückt.

**Augenfenster**

Die Einzelteile eines Augenfensters sind Metallfassung, bestehend aus Fensterring und Augenring, Augenscheibe, Klarscheibe und Sprengring. Die Augenscheiben bestehen aus Cellon und können, falls sie beschädigt sind, ausgewechselt werden. Sie sind gegen das Beschlagen durch Klarscheiben geschützt. Diese bestehen aus Zelluloid, das mit einer Gelatineschicht überzogen ist. Die Gelatine liegt dem Gesicht zugekehrt, sie nimmt die Feuchtigkeit auf und verhindert dadurch das Beschlagen.

**Klarscheiben**

Um die Klarscheibe eben zu erhalten, ist ihr Rand etwas hochgezogen. Die Klarscheiben müssen hinter die Augenscheiben so eingelegt werden, daß das auf die Klarscheiben aufgestempelte Wort „Innenseite" von der Innenseite der Maske her zu lesen ist. Sie werden durch einen Sprengring festgehalten und an die Augenscheiben gedrückt.

*Lage der Klarscheiben*

**Auswechseln der Klarscheiben**

Zum Einsetzen des Sprengringes wird ein Ende auf die Augenglasfassung gedrückt und mit dem Daumen festgehalten. Der Daumen der anderen Hand gleitet mit leichtem Druck längs des Ringes bis zum anderen Ende, wobei der Sprengring hörbar in seine normale Lage einschnappt. Beim Herausnehmen drückt der Daumen gegen die Einkerbung auf der Innenseite und hebt das Ringende gleichzeitig etwas an. Dann springt der Ring von selbst heraus.

*Einlegen der Klarscheiben*

*Herausnehmen der Klarscheiben*

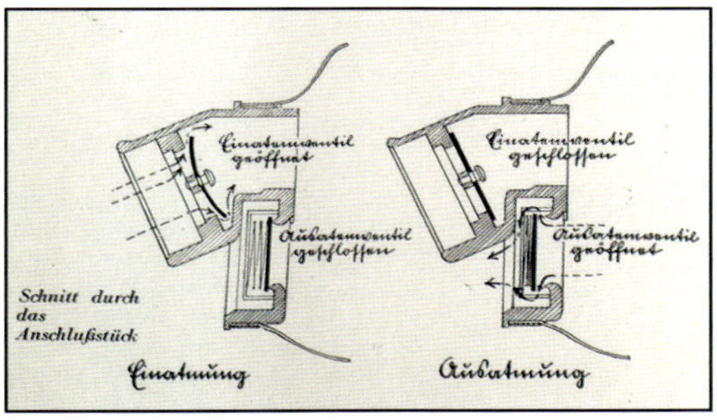
Einatemventil
geöffnet
Ausatemventil
geschlossen
Einatemventil
geschlossen
Ausatemventil
geöffnet
Schnitt durch
das
Anschlußstück
Einatmung
Ausatmung

57

**56.** M38の曇り止めレンズ交換の説明書。

**57.** M30のバルブの働きを説明する当時の図版。

**58.** 濾過した空気を排出するためのバルブとその構成部品。M38マスク。

58

59

60

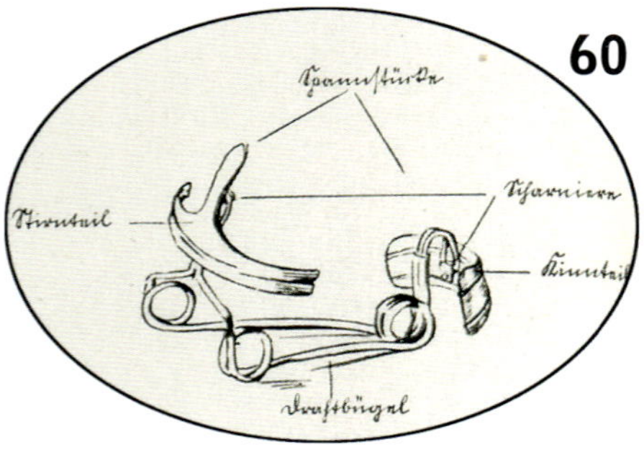


61

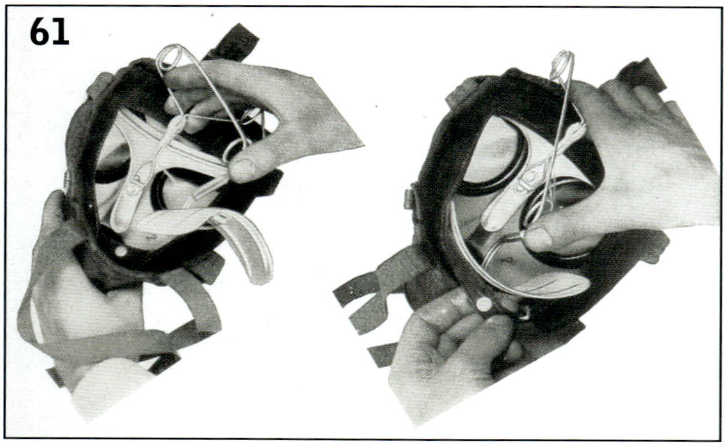

62

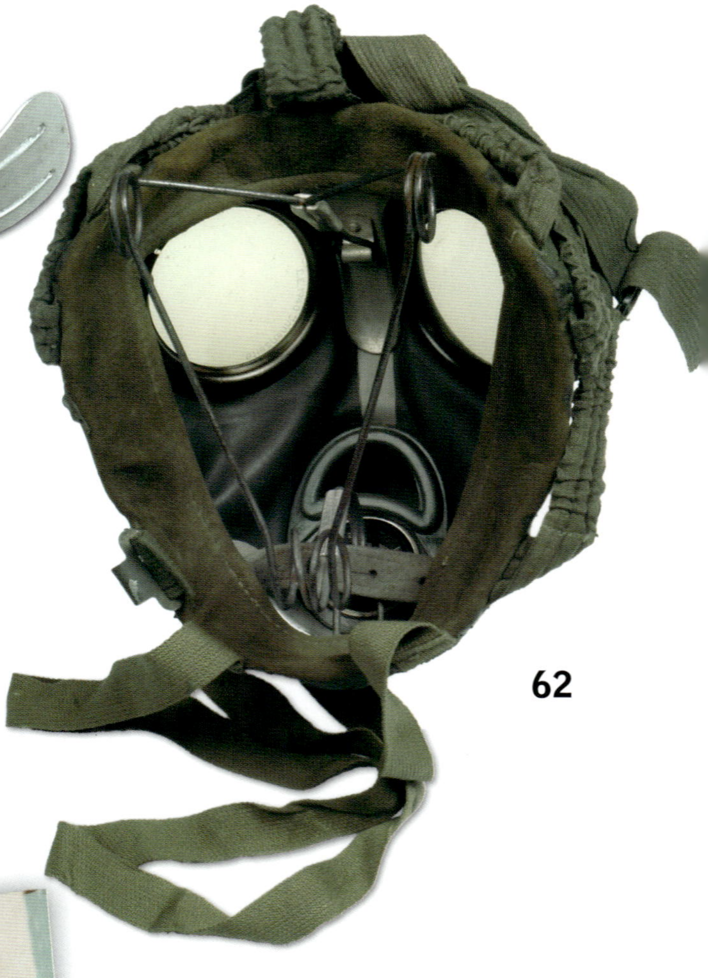

63

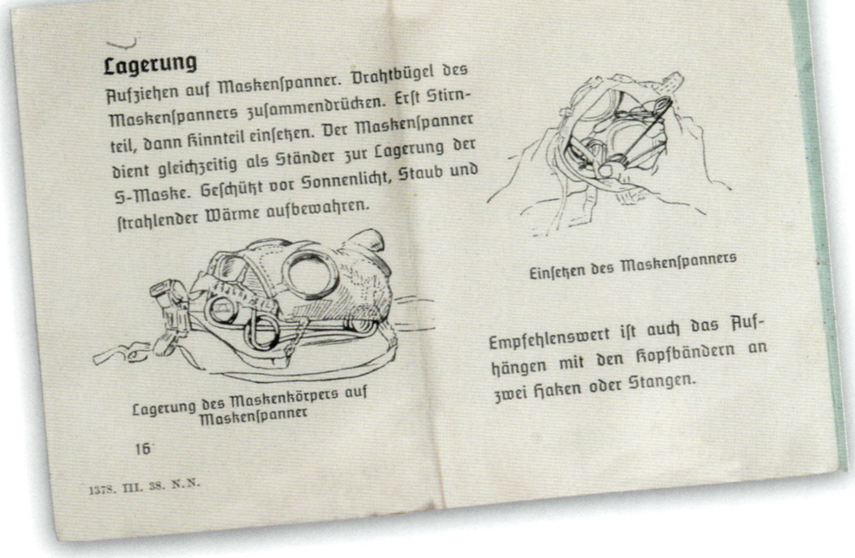

**Lagerung**

Aufziehen auf Maskenſpanner. Drahtbügel des Maskenſpanners zuſammendrücken. Erſt Stirnteil, dann Kinnteil einſetzen. Der Maskenſpanner dient gleichzeitig als Ständer zur Lagerung der S-Maske. Geſchützt vor Sonnenlicht, Staub und ſtrahlender Wärme aufbewahren.

Lagerung des Maskenkörpers auf Maskenſpanner

16

1378. III. 38. N.N.

Einſetzen des Maskenſpanners

Empfehlenswert iſt auch das Aufhängen mit den Kopfbändern an zwei Haken oder Stangen.

**59.**　兵営では、マスクは容器から出された。それから形崩れをふせぐため、鉄のバネがついたアルミの枠がはめられる。

**60.**　当時の出版物に見る、アルミ枠とさまざまな構成部品の説明。

**61.**　前の写真と同じ出版物より、正しい枠のはめかた。

**62.**　保管の準備がととのった状態のマスク。

**63.**　枠の正しい位置決めの説明。

64

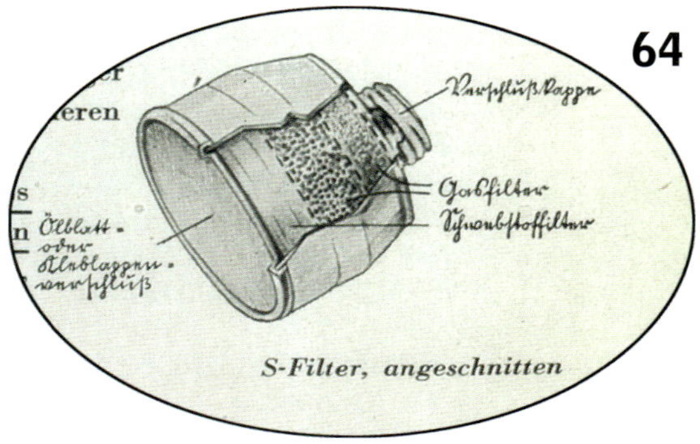


65

66

67

**64.** オリジナルのフィルターの梱包。このあと大きな箱で軍に納入される。

**65.** フィルターのデザインと能力のちがい。左から右へ、モデルFE37、41、42。すべてネジ込み式のキャップがついている。モデル 42 のキャップはベークライト製である。

**66.** EF37 フィルターは苛酷な戦闘状況では、のちの FE41 や FE42 フィルターほど効果的ではなかった。のちのふたつのモデルでは金属製あるいはゴム製のキャップを使った密閉シールがつけられ、ほこりや水が入って使いものにならなくなるのをふせいでいた。

**67.** モデル FE41 フィルターのゴム製密封シールのアップ。この製品はアウアー製である。

**68.**　モデル FE42 フィルターを上から見たところ。グレーの仕上げは後期型であることをしめしている。

**69.**　フィルターに押されたさまざまなインクスタンプには製造年や有効期限、メーカー名、タイプ、兵器局のマークが見える。

**70.**　モデル FE41 の登場まで使われた過渡期のモデル FE39。兵器局のマークがはっきりとインクで印されている。

**71.**　byd（リューベックのドレーガーヴェルク）製のモデル FE41。

**68**

**69**

**70**

**71**

**72**

**72.**　FE の頭文字は「フィルター・アインザッツ（モデル）」を意味する。ときどきメーカーのコードのあとに見られる Fe の文字と混同してはならない。これはフェルトフィルターアインザッツ（野戦フィルター）を意味している。

73

74

**73.** とくに空気ベントつきモデル FE37 フィルターの内部に湿気が溜まったり、ほこりがフィルターに入るのをふせぐため、セルロースで加工された袋とその内側のアップ。

**74.** 予備フィルターの携行バッグ。

**75.** ガスマスクの容器（トラーゲブッシェ）は上質な鉄板で製造され、一種の防音のためにアルミニウムの内張りがあった。グレーからグリーンまでいくつかの色調で塗装され、迷彩パターンが描かれたものもあった。戦時中いちばん一般的だったのは高さ 27.7 センチのモデルで、その前のモデルは高さが 25 センチだった。

写真では後期から初期のいくつかのモデルを比較してしめしている。

75

76

77

78

79

80

**76.** 上下のストラップの位置。

**77.** 電気溶接された蝶番とストラップの取り付け金具のアップ。容器の鉄板が側面の上から下まで接合されていることに注意。

81

**78.** スプリング式の留め金。双眼鏡ケースなどの軍の装備によく見られるものだ。

**79.** 戦前の留め金。1937 年。

**80.** 戦前の留め金。1938 年。

**81.** 携行ストラップの正しい取り付けかた。

**82.** 戦争末期に典型的なキャンバスとゴムで製造された下側のベルト・ストラップ。

**83.** 前のものよりもっと一般的なモデルで、ゴムや革の補強がない。

**84.** 携行ストラップの取り付け部のアップ。この場合には、先端はゴムで成型され、ebd（ファトラ AG）の製品である。この処置はストラップの磨耗をふせぐためのもので、戦争後期（1943、1944 年）に典型的だった。

**85.** 革で補強されたストラップの取り付け部。1942 年。

**86.** ストラップの磨耗をふせぐための戦前の革製の調節具。取り付けがむずかしいのでそれほど便利ではなかった。

**87.** さまざまな造りの胸ストラップ（シュルターグルト）。通常は黄麻や植物繊維で製造され、真鍮かアルミか鉄のバックルがついていた。バックルは材質に関係なく塗装されることもあった。だいたいの長さは 160 センチ。

88

89

90

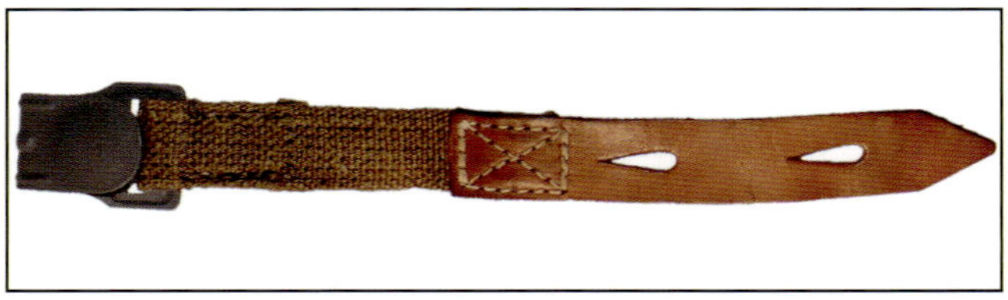

91

92

93

**88.** 先端が縫い付けられた革製の、戦争初期と中期に典型的なストラップ。bmo（ハンブルクのハンス・ドイター）製。

**89.** メーカー名がコードではない戦争初期のストラップ。

**90.** 携行ストラップの取り付け部のアップ。メーカーのコード ebd がはっきりと見える。

**91.** ベルトに固定される下側のストラップ。長さは 18 - 20 センチで、通常、胸ストラップとマッチしていた。

**92.** 真鍮、アルミ、亜鉛メッキした鉄とそれぞれちがう仕上げの 3 種類のベルト・ストラップ。しばしばさまざまな色調のグリーンあるいはグレーで塗装されていた。

94

95
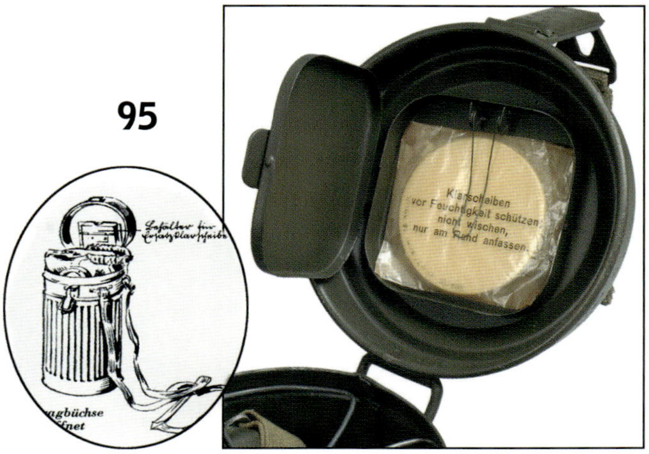
Klarscheiben
vor Feuchtigkeit schützen
nicht wischen,
nur am Rand anfassen.

96

**93.** 蓋には「クラールシャイベン」用の区画がある。この蓋には通常、メーカー名と製造年、兵器局のマークが印されていた。ゴムのパッキンがついた防水モデルもあった。これらの容器には下の蓋に D（ディヒト = 密閉）の文字が印されていた。

**94.** 1940 年に GL & Co. が納入した容器。兵器局のインクスタンプも見える。

**95.** 曇り止めレンズや予備ガラスをおさめる蓋の小さな区画の内側のアップ。

**96.** 容器内におさめた付属品をすべてしっかりと固定して、音をたてないようにするバネ。とくに戦闘時には兵士の居場所が知られないようにするうえで役立った。

**97.** 対イペリット・ガス用ケープ（ガスプラーネ）の一般的なモデル 2 種。右のものはゴム引きの植物繊維で製造されている。左のものは戦争後期に製造された防水加工していない製品。

97

**98.** ガスマスク容器の携行ストラップ用のベルト・ループがふたつついた両モデルの裏面。

**99.** 1940 年の規定によれば、ケープはずっと容器から離してはならず、携行ストラップを使って、兵士の胸に携行することになっていたが、これはきわめてじゃまだった。

98

99

**100.** 対イペリット・ガス用ケープとバッグ。イペリットは重いガスで、ゆっくりと地表面に降りてくる。ケープはガスの影響から着用者を守る働きをした。使うのは一回だけで、毒ガス警報が過ぎたら捨てるように考えられていた。

**101.** この製品はワックスか樹脂を染み込ませたセルロースで製造されている。ほかにもビスコースやゴム引きの植物繊維で製造されたモデルが何種類もある。色も黒からグリーン、ヒヨコマメ色、さらには暗褐色までさまざまだった。

**102.** 製造年とメーカー名だけでなく、ガスへの被曝度まで印した白いラベル。

**103.** バッグのドットボタンは通常、この種のボタンの第一の供給源であるプリムが製造していた。

**104.** バッグの製造年（1942）、メーカーのコード gea と、インクで書き込まれた持ち主の名前がわかるアップ。

**105.** 1942 年 12 月に通達された、対イペリット・ガス用ケープを携行するもっと通常の方法。対ガス装備全体をしっかりと固定するために、使用者によってポンチョの革ストラップが追加された。

100

101

102

103

104

105

106

Hautentgiftungsmittel!
Nur äußerlich anzuwenden!
Darf in Augen und Mund nicht gebracht werden!
Hautentgiftungsmittel!
Begleitzettel für
Kampfstoffverletzte
Sonstige Hilfeleistung:
(Art, Zeit)
Wird (sitzend, liegend) entsendet nach:
zu
Verbandplatz
Lazarett Nr.
Uhr
vorm.
nachm.

107

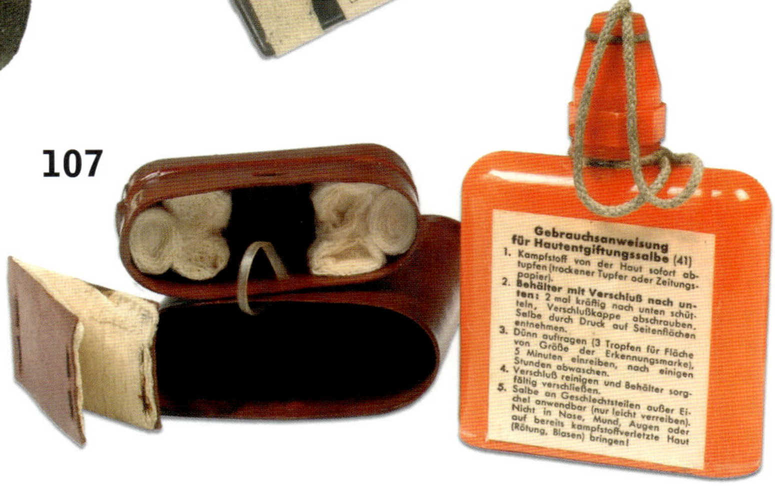
Gebrauchsanweisung
für Hautentgiftungssalbe (41)
1. Kampfstoff von der Haut sofort abtupfen (trockener Tupfer oder Zeitungspapier).
2. Behälter mit Verschluß nach unten: 2 mal kräftig nach unten schütteln, Verschlußkappe abschrauben, Salbe durch Druck auf Seitenflächen entnehmen.
3. Dünn auftragen (3 Tropfen für Fläche von Größe der Erkennungsmarke), 5 Minuten einreiben, nach einigen Stunden abwaschen.
4. Verschluß reinigen und Behälter sorgfältig verschließen.
5. Salbe an Geschlechtsteilen außer Eichel anwendbar (nur leicht verreiben). Nicht in Nase, Mund, Augen oder auf bereits kampfstoffverletzte Haut (Rötung, Blasen) bringen!

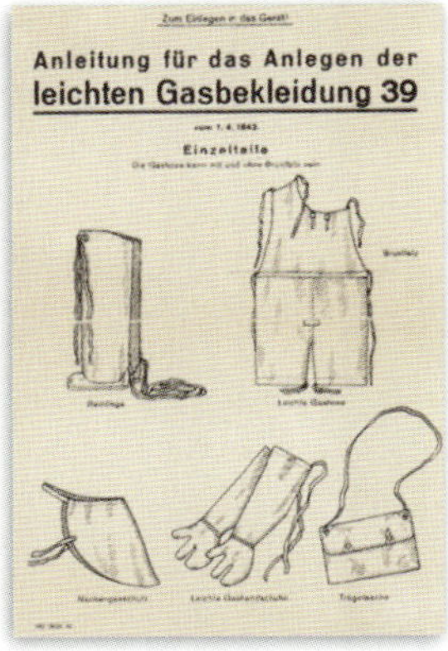
Zum Einlegen in das Gerät!
Anleitung für das Anlegen der
leichten Gasbekleidung 39
Einzelteile

108

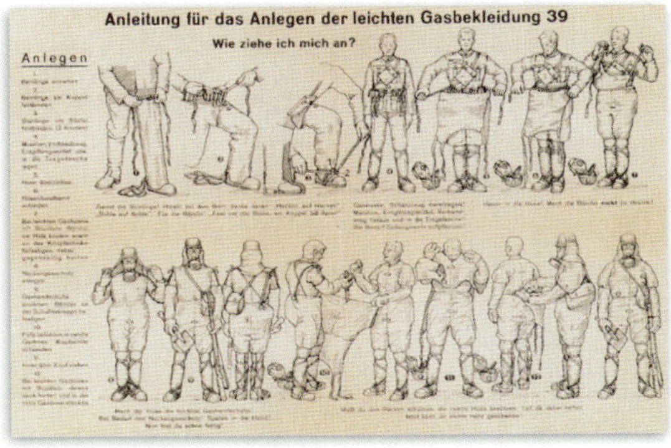
Anleitung für das Anlegen der leichten Gasbekleidung 39
Wie ziehe ich mich an?
Anlegen

Wie ziehe ich mich aus?
13. Filtereinsatz ausschrauben
14. Stahlhelm absetzen, Gasmaske ablegen, dabei gegenseitig helfen
15. Bänderung der Beinlinge zerschneiden
16. Hosenbundband der zweiten leichten Gashose zerschneiden
17. Falls zweite leichte Gashose verwendet wurde, diese vorsichtig abstreifen
18. Brustlatz (sofern vorhanden) herunterreißen und Hosenbundband öffnen (durch Helfer)
19. Gashandschuhe abstreifen, leichte Gashose und Beinlinge abschütteln
Vorsicht! Stahlhelminneres nicht vergiften!
Filtereinsatz abschrauben!
Gasmaske ab: „Gegenseitige Hilfe!"
Vorsicht beim Ausziehen!
Außenseite vergiftet!
Keine vergifteten Teile berühren!

**106.** 毒ガスの効果をやわらげる３つのアイテム。写真下端のふたつのベークライト製容器にはロザンティン（次亜塩素酸カルシウム）の錠剤が10錠入っていて、水と混ぜると、毒ガスの除染と中和に役立った。さまざまな色の帯封は製造年を表わす（1940年までが赤、1941年が黒、1942年がグリーン、1943年が黄色）。1943年に除染キットが大規模に導入され、以前の錠剤を使ったシステムは終わりを迎えた。樹脂加工のボール紙のケース（写真上側）と、すばやく簡単に使うためのオレンジ色の壜で支給された。

個人用除染キットの右の医療後送用カードは、前線から毒ガスの負傷者を後送するとき使われた。

**107.** 塗布用の綿布とガスの存在を検知するための小さな紙片が入った、除染キットの中身。上衣の胸ポケットに携行された。

**108.** 陸軍の対毒ガス装備には、特殊な一体型のスーツ（ライヒテン・ガスベクライドゥング）もふくまれていた。糜爛性毒ガスに対して使用されるこのスーツは、1937年に考案され、1939年に軽量化されて制式採用されたが、軍への導入は1941年まで実現しなかった。その使用は後衛部隊にかぎられていた。このかさばる衣類を身につける時間がより多くあると期待されたからである。前線部隊は対イペリット・ガス用ケープが提供する急場の解決策で満足するしかなかった。

写真ではスーツといっしょに支給された使用説明書が見える。スーツは植物繊維で製造され、M30マスクと同様のグリーンがかったゴム液が下塗りされていた。ほかに迷彩された製品も製造された。一式はショルダー・バッグで携行され、使用後は廃棄された。

# 野戦装備

カエサルの軍団員たちの装備は、胸あてにヘルメット、シャベル、剣闘士の盾、ワインを入れる革袋、いくらかの食料がほとんどそのすべてだった。彼らは25キロ以上の装備を身につけて、5時間で30キロ以上進むことができた。20世紀のドイツ兵の装備は、デザインと素材が当然進歩していたが、稀な例外をのぞけば、古代ローマ兵の装備にくらべて、さほど変化していなかった。

アントン・イムグルントは、自分の身を犠牲にする歩兵が陸軍のほかの兵科と対照的に、25キロ近い装備を背負って、石や泥だらけの道を、ほこりの雲に巻かれながら、1日平均で60キロ進まねばならないことに不満を漏らした。その装備に携帯糧食や予備弾薬、各種の分隊支援火器の重さがくわわる。2000年たっても「マリウスの驢馬」たちとヒトラー麾下の歩兵はそれほどちがわなかった。

ヨーロッパの小道や道路を東に向かって進軍した200万のドイツ軍歩兵は古代ローマの兵士たちと同じように、自分の装備一式に補給品と予備の衣類をすべて携行した。しかし、同様の例を探すには歴史をそれほど遠くさかのぼる必要はない。わずか20年前にアントンの叔父はヴェルダンの泥だらけの塹壕で同様の経験をしていた。

第二次世界大戦中のドイツ軍歩兵の装備は「トルニスター」（行軍装備）と「シュトゥルムゲペック」（戦闘装備）に分かれていた。前者は戦闘中、後方に残される一方、後者は戦闘に不可欠なあらゆるもの（それにくわえて非常用の糧食など）で構成されていた。

水筒は兵士の装備のなかでも一、二を争う重要なアイテムだった。ここでは戦時中に製造されたさまざまなモデルを見ることができる。

# 突撃用装具（シュトゥルムゲペック、A フレーム）

**01.** 1939 年に採用されたこの野戦装備はシンプルな構造で、じょうぶな人造綿と 6 本の革または綿製のストラップで構成されていた。そのうち 2 本は台形の A フレームに固定されている。

**02.** A フレームは四隅の D リングで装着される。写真は D リングで Y 字型サスペンダーに結合した状態。

**03.** 突撃用装具を組み立てるにはまず M31 飯盒（コッホゲシル）を特定のストラップ（リーメン）に装着する。

**04.** それから個人の必需品をおさめる小さな長方形のバッグ（タッシェ・フュア・ペルゼーンリッヒェ・ベダルフスゲーゲンシュテンデ）をストラップで装着する。

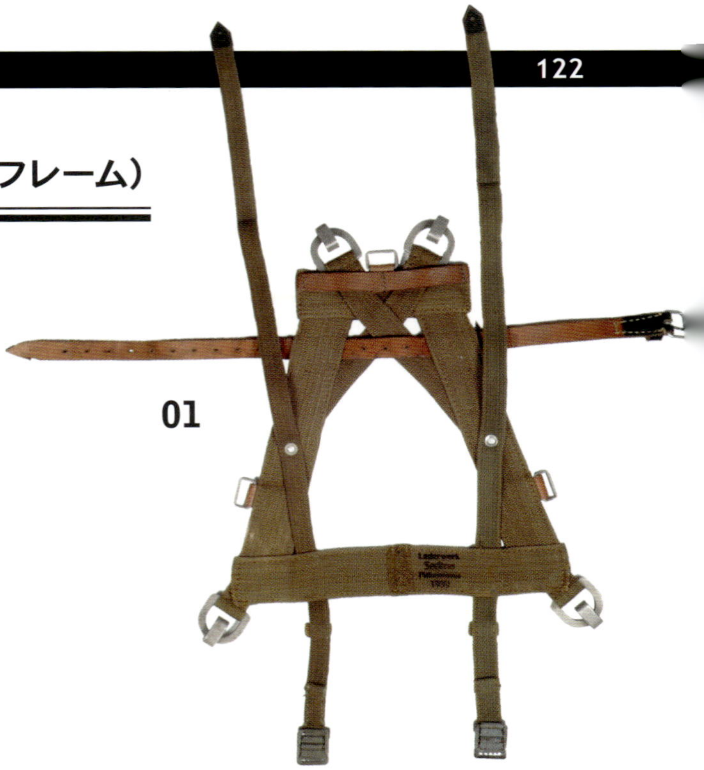

01

02

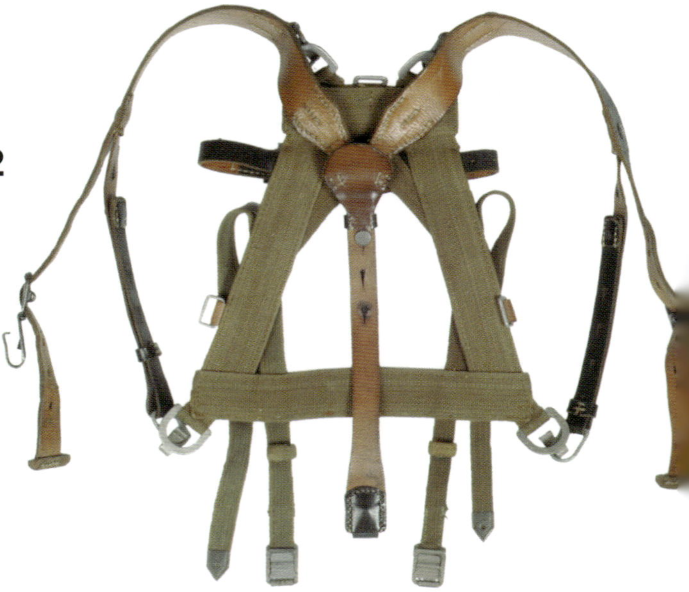

**05.** 必需品用バッグの上に、巻いたポンチョが置かれる。ポンチョのなかには分解したテントのポールと杭がおさめられている。この組み合わせは「ツェルトバーンロレ」と呼ばれる（ポンチョは組み合わせると 2 名または 4 名用のテントになる）。

03

04

**06.** 巻いた毛布（デックロレ）を馬蹄形に曲げ、A フレームの上と側面に装着した残る 3 本のストラップで取り付けて装具は完成する。必要な場合には、オーバーコートもなかに巻き込まれた。

05

06

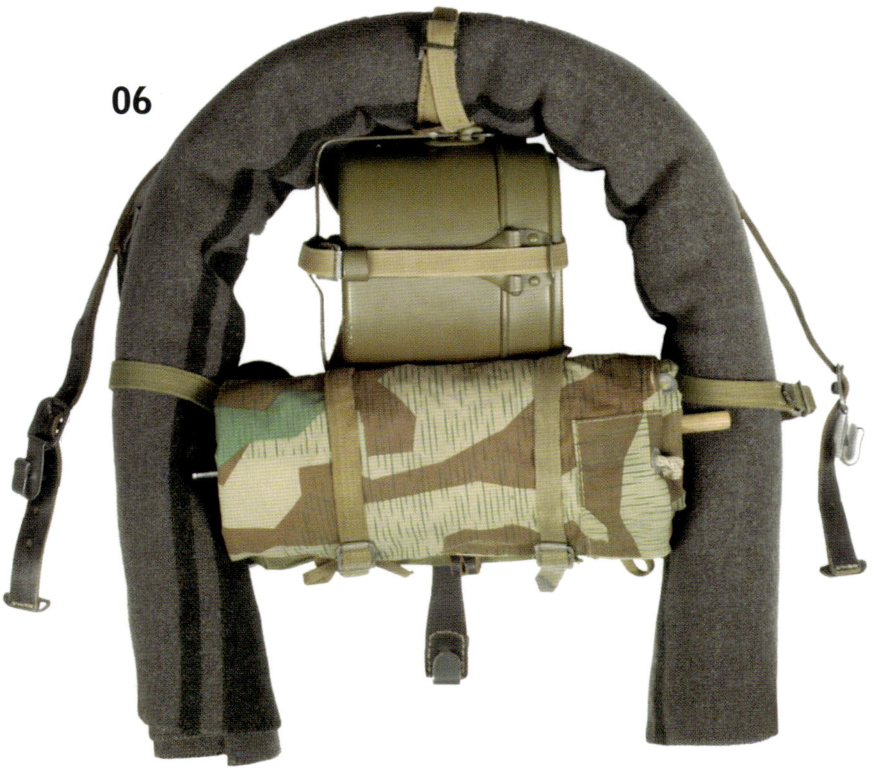

# 行軍用装具（マルシュゲペック）

**07.** 軽いがかなり手のこんだ戦闘装備とちがって、行軍中の兵士はあらゆる種類のアイテムを背負わねばならなかった。行軍のさいに装備をまとめるのに使われた手段は、1885 年のプロイセン軍の遺産だった。中心となる要素は牛革の背嚢で、1934 年に改良され（M34 背嚢〔トルニスター〕）、1939 年に新型の Y サスペンダーが装着された（M39 背嚢）。戦争が進むにつれて、背嚢は簡素化され、経済的あるいは実用的な理由から、牛革の蓋が廃止された。取り外しができる 3 本のストラップを使って、毛布やオーバーコート、ポンチョを馬蹄形に固定できる。通常、湿度の高い状況では、ポンチョでほかのふたつのアイテムを巻き込んで濡れるのをふせいだ。ストラップと金属製バックルのおかげで、固定は簡単だった。製造は 1944 年までつづいたが、もっと実用的なアイテムとしてリュックサックが採用されたために、「トルニスター」は二線級の地位に追いやられることになった。

07

**08.** M39 背嚢の中身と、教範でしめされているような、規則どおりの装備のつめかた。蓋の内ポケットには洗面道具やタオル、裁縫セット、シャツがおさめられる。メインの区画の中央には、なかに配給のパンと食器をおさめた飯盒が置かれ、その両側には靴磨きの道具が入った編上靴がおさまる。隙間には数足の靴下がつめられた。背嚢本体と蓋のあいだには、あれば作業用ズボンやハイブーツを入れることもできた。

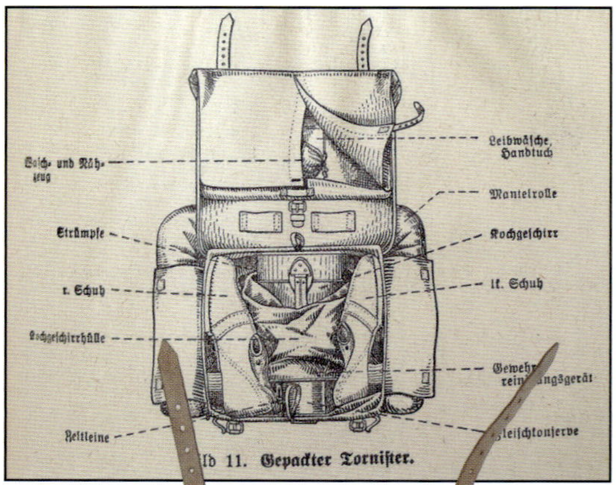

08

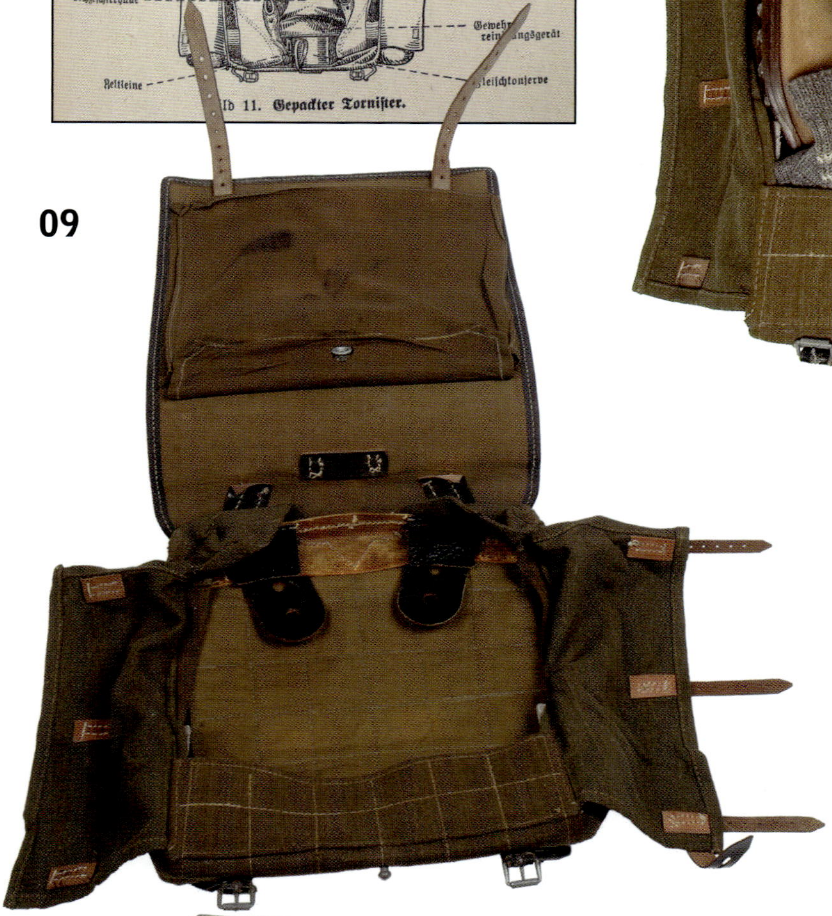

09

**09.** 背嚢内側の区画。分厚い革のタブは全体の高さを調節するのに使われた。

**10.** いまや牛革がなくなった後期型のM39 背嚢。小さなベルトは A フレームを装着するのに使われる。

**11.** 携行用の Y サスペンダーの取り付けかた。戦前のモデルは肩紐が背嚢に作り付けになっていた。

10

11

12. M39 背嚢の取り付けには D リングが使われる。

13. 背嚢を携行するため Y サスペンダーを装着した状態。

14. 裏側にはメーカーのマークと製造年が見える。

12

13

14

## 必需品用バッグ（戦闘装具用バッグ）

15. 追加のアイテムは必需品用バッグで携行された。採用は突撃用装具と同じく 1939 年 4 月である。ポンチョの下になっているので、当時の写真で目にするのは通常むずかしい。規定ではテント用のロープ、ポンチョ、Kar98K 小銃のクリーニングキット、セーター、非常携帯口糧（肉の缶詰や乾パンなど）をおさめるのに使われるとあるが、食器や野戦調理用具などのブレッドバッグにおさまらないアイテムをしまうこともできた。

16. 蓋を閉じる前のバッグ。

17. 平紐は蓋を閉じるのに使われる。バッグの内側には、金属製のボタンがついたキャンバスまたは革製のストラップが 2 本ついていた。

15

16

17

18

18. 固定には側面の短いふたつのタブとボタンを使い、A フレームに装着した。裏面のふたつの革製ベルト・ループには Y サスペンダーの後ろのストラップが通された。

# M44 リュックサック

**19.**　山岳部隊が使用する M31 リュックサックを原型とするこのリュックサックは、熱帯地域で M39 背嚢に取って代わった。その疑いない実用性と現代性のおかげで、1944 年には行軍装備の一部となって、終戦まで使われている。リュックサックには飯盒と洗面道具や裁縫セットなどの小物をおさめる内ポケットがあった。写真は革製のストラップがついたもっとも一般的なタイプをしめす。

**20.**　M39 背嚢と同じように Y サスペンダーを装着する。

**21.**　Y サスペンダーの装着方法。

19

20

**22.**　移動用に A フレームを装着する方法。

21

22

23

23. 内側にはポケットと締め紐が見える。

24. キャンバス製のストラップがついた後期型のリュックサック。てっぺんからつきだした太いリングは輸送車輌にぶら下げるときに使う。

25. 大戦末期のキャンバス製 Y サスペンダーの装着方法。

24

25

# 砲兵用リュックサック

26. それまで支給されていた歩兵用の M39 突撃用装具（A フレーム）に代わって、1940 年 2 月に砲兵隊員用に採用された。全体的にもっとコンパクトで、多くの種類があった。このリュックサックを突撃用装具の大戦後期の後継と解釈する書物もあるが、突撃用装具は大戦末期にはほとんど使われていなかった。

26

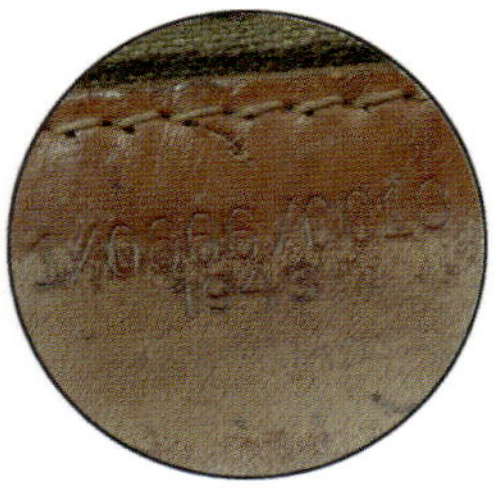

27

28

27. メーカーと製造年のマーキング。

28. 外側のストラップはポンチョを装着するために使われる。

29

# 衣嚢

**29.** 背嚢（トルニスター）でも M44 リュックサックでも、それを補助するものとして衣嚢が使われた。衣嚢は後方用のアイテムで、一般的に連隊の輸送手段（列車やトラックなど）といっしょに残され、通常は移動時にリュックサックにしまう必要のないものがすべておさめられた。

30

**30.** 衣嚢の通常の中身。とくに作業服や着替え（靴下をふくむ）、ネッカチーフなどがおさめられた。

**31.** RBNr. コードのアップ。写真の衣嚢は後期の製品である。

31

# M31 ツェルトバーン（ポンチョ）

**32.** 1931 年に開発され、〈マコシュトッフ〉と名付けられた防水性の人造綿布で製造されたツェルトバーン 31 は、両面にべつべつの陸軍迷彩模様（陸軍スプリンター迷彩 31 とも呼ばれる）がプリントされた革新的なアイテムだった。250 × 200 × 200 センチの三角形をしていて、斜辺には 11 個の亜鉛かアルミニウムか鉄製のボタンが 2 列にならび、底辺にはさらに 6 個がならんでいる。

　長方形をしたグレーのライヒスヴェーア型ポンチョに代わって採用されたこのポンチョは、雨風をしのぐだけでなく、迷彩効果も期待されていた。さらに、このポンチョを 4 枚使って、4 人用のピラミッド型テントを作ることができた（2 枚をつなぎ合わせるとふたり用の小型シェルターになった）。また、馬や自転車に乗っていても着用できるサイズになっている。

　ここにご紹介する写真は、ポンチョの説明書の冊子から複写したものである。ご覧になれば、衣類としての着用や、悪天候をしのぐ方法、さらには負傷者の運搬まで、さまざまな使いかたができるのがおわかりだろう。

Bild 10. Bild 11.

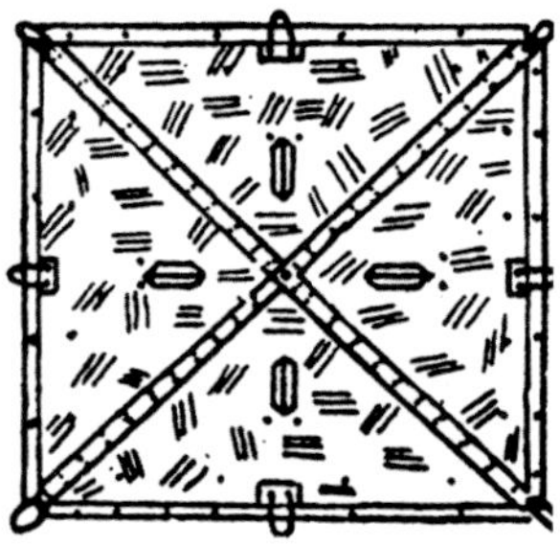

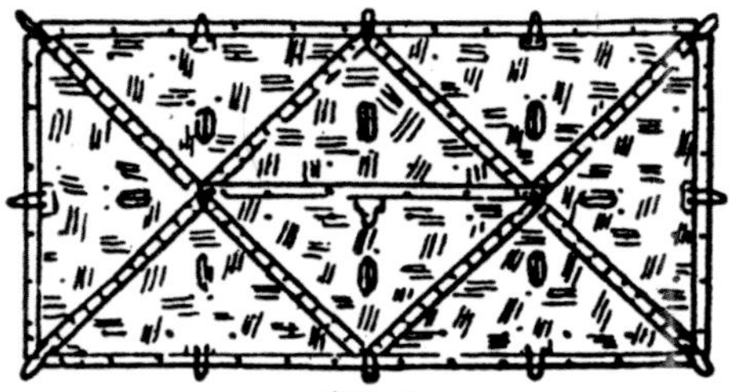

Bild 5.

Durch Aufknöpfen einer mittleren Zeltbahn und A
ßen mittels eines 4teiligen Zeltstockes und einer Zeltlei

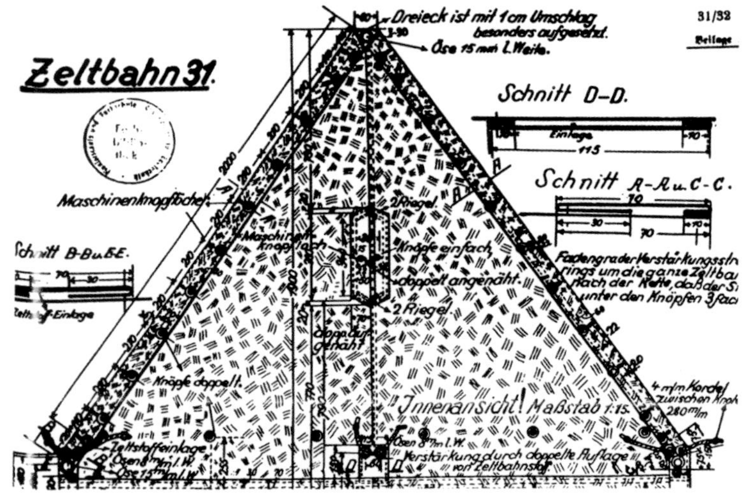


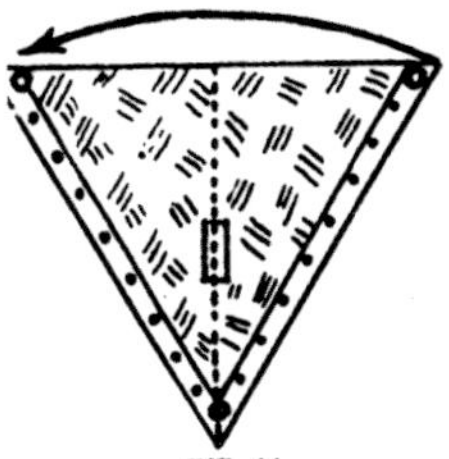

Bild 14.

Bild 15.

Bild 16.

Bild 17.

werden über die Stange gleichfalls miteinander verknotet. (Bild 17.)

c) Doppelzeltbahntrage mit zwei Holmen.

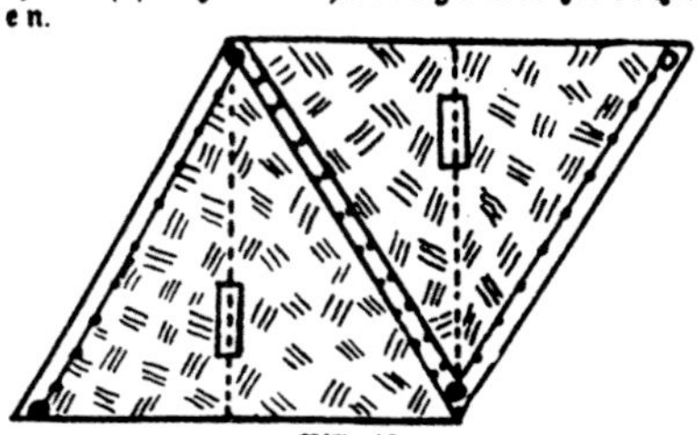

Bild 18.

gegen Grundlinie steht (Bild 18). In der Mittelnaht werden die Bahnen nunmehr gefaltet, die Zipfel zurückgeschlagen und die dabei aneinanderfallenden zweiten Schenkelseiten gleichfalls geknöpft. Dadurch entsteht ein Rechteck aus zwei Lagen Zeltbahn, dessen Längsseiten die Mittelnähte sind. Hier werden die Tragholme durchgesteckt (Bild 19 u. 20).

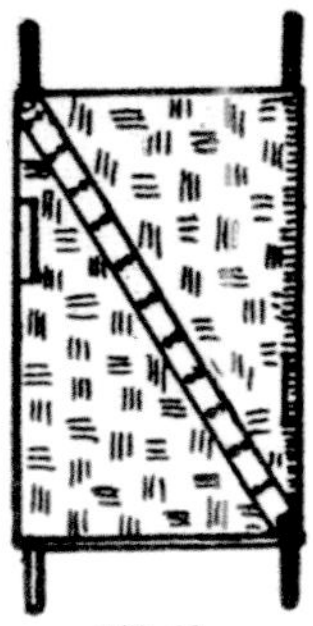

Bild 19.

Bild 20.

**33.** 金属部品はもともと亜鉛かアルミニウム製だった。のちに亜鉛メッキ製になっている。

**34.** 頭を通すための開口部。

**35.** スプリンター迷彩のさまざまな色調の比較。

**36.** 野戦装備に欠かせないのが、テント用ロープ（M1892）と組み立て式のポール（M1901）、そして２本の杭である。杭はもともとマグネシウム製だったが、のちに合成樹脂製になった。これらはすべて専用の携行バッグにおさめられる。

**37.** レニングラード戦線のような沼沢地帯で野営するのに必要不可欠なもうひとつのアイテムは蚊帳である。蚊帳はツェルトバーンのテント・ポールか木の枝２本で張った。

# 毛布

38

38. 毛布は兵士に欠かせないもうひとつのアイテムで、ポンチョといっしょに寝袋として使われた。デザインもさまざまで、グレーや灰緑色、褐色、象牙色と、無数のバリエーションがあったが、一般的に毛布全体の色とはっきり異なる色の水平のストライプが入っていた。また一部のモデルでは、「ヘーレスアイゲントゥーム」（陸軍所有物）あるいは「ヴェーアマハトアイゲントゥーム」（国防軍所有物）という文字が入っていた。ここにしめした毛布はたぶんもっとも象徴的なもので、陸軍の兵営由来の H.U.（ヘーレス・ウンタークンフトつまり陸軍宿舎）のマーキングと戦前の鷲章がついたライヒスヴェーアの遺産である。簡単には判読できないが、インクで押された四角のなかには、翼を広げた第三帝国の鷲章と、もうひとつ H.U. のイニシャルがある。このように以前の軍の装備を再利用することはごくあたりまえだった。ストライプの色は国家色章の色と同じである。

39. 陸軍所有物（ヘーレスアイゲントゥーム）のマーキング。

39

# Y サスペンダー

40. 新型の Y サスペンダー（コッペルトラークゲシュテル・ミット・ヒルフストラーゲリーメン）は 1939 年 4 月、突撃用装具と同時に採用された。前のライヒスヴェーア型サスペンダーをさらに完成させたもので、調節できるストラップ 2 本と補助ストラップ 2 本、そして背面のストラップ 1 本で構成されていた。ただし、乗馬兵や輸送隊の下士官兵は旧ライヒスヴェーア型を使っている。

このサスペンダーはあらゆる行軍装備や突撃用装具、弾薬ベルトの中心となる部分で、全装備の重量を分散させる働きをする。この型のサスペンダーが採用されるまでは、上衣が装備をささえていたのである。Y サスペンダーのデザインは戦争中もほとんど変わらなかったが、製造に使われる素材はもとの革から人造綿に、最終的には人造皮革（シュトッフ）へと変化した。ただし、初期型の Y サスペンダーの製造が中止され、品質の劣るものに取って代わられたわけではない。多くの場合、初期型の Y サスペンダーも終戦まで製造がつづけられた。

写真は開戦時の Y サスペンダーである。

41. 初期型の製造年の若い製品の上質な仕上げをアップで見る。1941 という製造年とメーカー名、ビーレフェルト（現在のノルトライン・ヴェストファーレン州）の〈ローマン・ヴェルケ〉が見て取れる。同社では各種類のバックルやストラップやベルトが量産された。

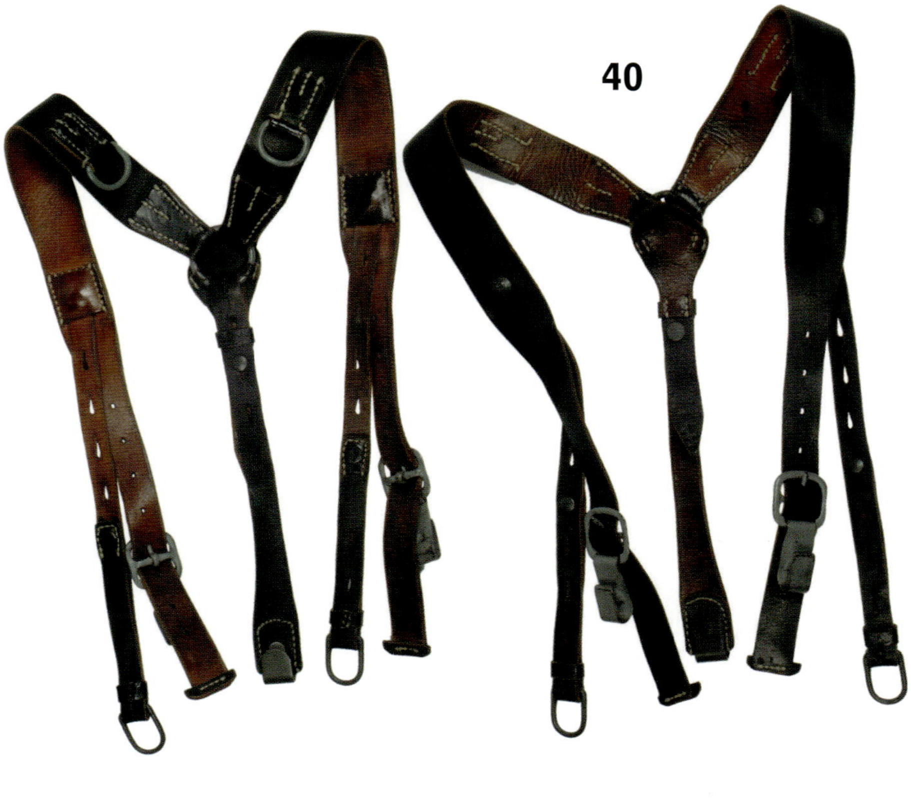

40

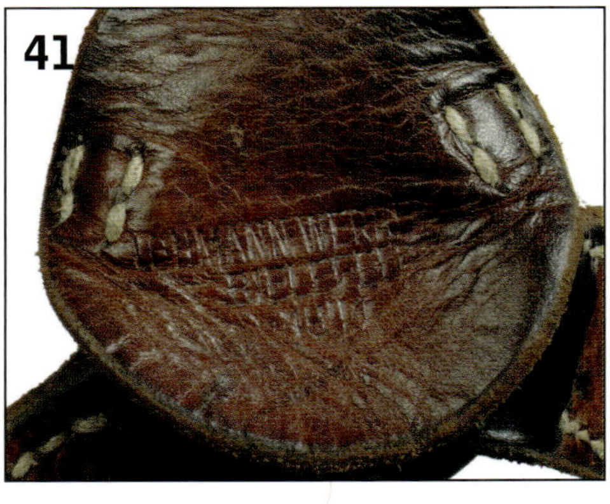

41

42

**42.** 使用されている革は全体的に上等の牛革で、金属部品はすべてグレーに塗装されている。弾薬ベルトをささえる主ストラップには 8 つの穴が開けられ、番号が振られたものもあった。補助ストラップは背嚢や突撃用装具の下の D リングに接続するために使われ、12 個のボタン穴が開けられていて、この製品では塗装された金具で調節できる。

**43.** この簡略型では、主ストラップと補助ストラップの接続部と、(無塗装の)リベットの保護革がずっと簡単な方法で縫い付けられている(Oリングを縫い付けるなめし革の部品も染色されていない)。メーカーのマークはいまやインクでスタンプされた数字に簡素化されている。この製品の製造年は 1943 年ごろと推定される。

**44.** 1940 年に全体がキャンバスで製造されたモデルが登場したが、もともとは熱帯地方で使用するためのものだった。しかし、その実用性と、革製のサスペンダーにくらべて安価だったことから、すぐに全軍に支給されはじめる。製造に使われる素材をのぞけば、大きなちがいは留め針つきのバックルのかわりに摩擦式の調節用バックルを使っていることである。

**45.** 3 本のストラップをOリングでつないでいる部分のアップ。リングはニッケルメッキ、塗装仕上げ、パーカライジング仕上げ、あるいは軟鋼など、いろいろなタイプがある。メーカー名と製造年(1941)にも注意。

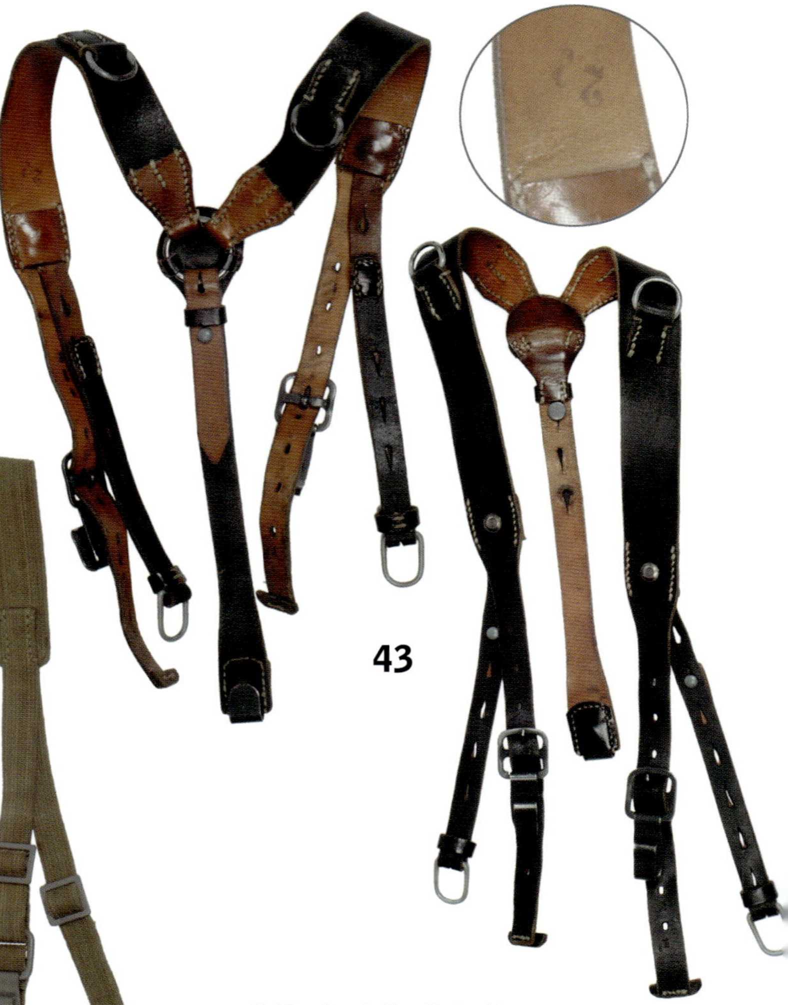

43

44

**46.** 軟鋼でもっと雑に仕上げられた最終モデルには、さらに簡略化された補助ストラップがついている。穴は 14 個で、留め針つきのバックルは簡単に調節できる。

45

46

47

**47.** 後期製造のモデルに見られるメーカーのコード。

**48.** さまざまなモデルや製品を比較した写真。

48

**49.** 突撃用装具（Aフレーム）や背嚢へのストラップの結合法。

**50.** マーキングや会社のロゴが刻印されたさまざまなメーカーのバックル。

**51.** バックルなどの金具のメーカーによる当時の広告。

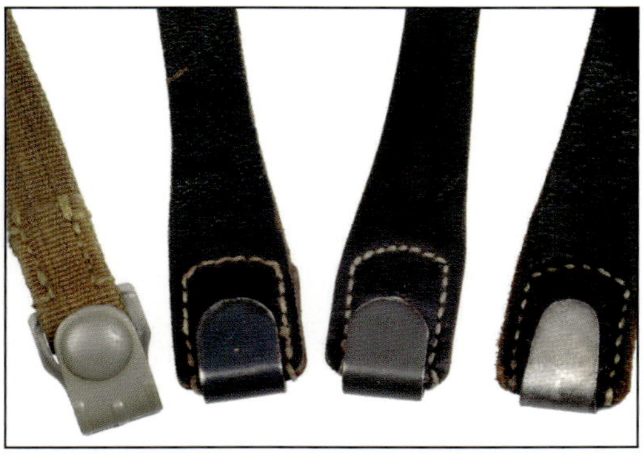

49

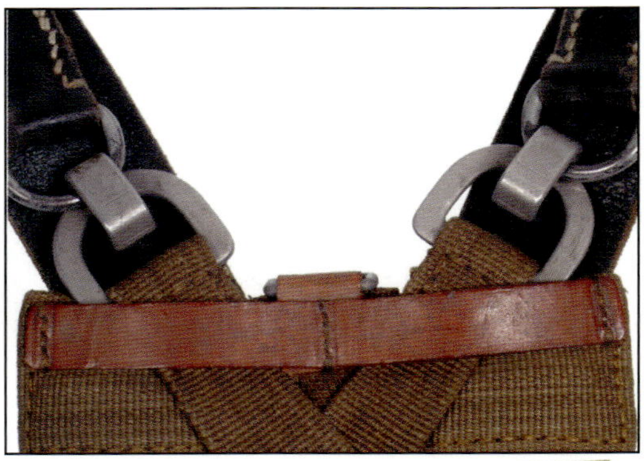

50

# M31ブレッドバッグ

**52.** 歩兵の旅に欠かせない友、ブレッドバッグ（雑囊）は、彼のブーツや背囊と同じぐらい古くからあるものだ。この装備アイテムの起源はたぶんブランデンブルクのフリードリッヒ・ヴィルヘルム一世麾下のプロイセン軍にまでさかのぼる。もっとも最終的な形態で軍に採用されるのは1931年を待たねばならないが。

余計なものがいっさいない簡素な造りで、あらゆる軍隊や政治組織で使われた。その用途は日々支給される食料をおさめることで、その名の由来となったパンだけでなく、ふたつの区画の片方には食器や略帽などをしまうことができた。しかし、実際には兵士たちは武器のクリーニング・キットをふくむ、すぐに使いたくなるようなものを全部このバッグに入れていた。この慣習はM44モデルが登場して公式のものとなった。M44ブレッドバッグにはそのために外側にポケットが追加されている。蓋の外側には飯盒と水筒を下げることができた。

52

53

**53.** 携行ストラップの取り付けかた。

**54.** 全体がキャンバスで製造されたバージョン。もともとは熱帯地方用だが、のちに全軍で使用された。

**55.** ベルト・ループとDリングのアップ。革の補強は戦争中期ごろに調達されたモデルではしだいに廃止されていった。

54

55

56

**56.**　ブレッドバッグの変遷。右に写っている製品では携行ストラップを取り付けるためのDリングがない。

**57.**　後期型のRBNrコードのマーキング。

57

58

59

**58.**　メーカーが社名と製造年をスタンプする通常の位置。

**59.**　ベルトからブレッドバッグを下げる方法。

**60.**　後期型ブレッドバッグと戦争後期のベルトの組み合わせ例。

**61.**　ブレッドバッグには多くのバリエーションとメーカーがあった。写真はそのごく一部を紹介している。

60

61

# 水筒とカップ

62.　水筒はおそらく歩兵の装備のなかでもっとも重要で魅力的なアイテムのひとつだろう。第一次世界大戦当時の前のモデルと比較すると、その違いは 1931 年から金属あるいはベークライト製のカップが追加されたことである。ほかの歩兵装備と同様、そのデザインは戦争がつづくあいだに簡略化されている。最初のモデルの製造に使われていたアルミニウムは、琺瑯引きの鉄に代わり、革製の部品はキャンバスに置き換えられた。濡らすと水を新鮮に保つ働きをし、乾いたときには水が凍らない働きをするフェルトは、樹脂をしみこませた曲げ加工の木製に取って代わられた。写真は 1939 年に製造された水筒である。

62

## 1939 - 1942 年

63.　同素材のカップがついたアルミニウム製水筒の部品。カップは通常、外側がサテン仕上げの黒で塗装されていたが、スレートグレーのものもあった。フェルト製のカバーには上質の革製ストラップがついている。

64.　カップの容量は約 0.27 リットル。1941 年 4 月からはサテン・ブラックの仕上げはオリーブグリーンに変わった。

65.　通常は褐色をした再生フェルト製のカバー。縁が補強され、スナップボタンで閉じることができる。外側のベルト・ループ用の補強もついていた。

66.　アルミニウム製カップ上の正しいバックルの位置。

63

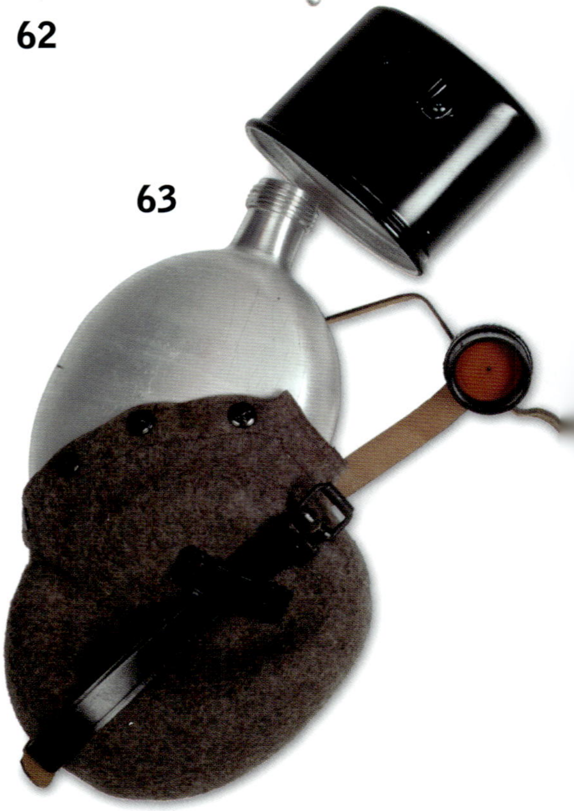

64

65

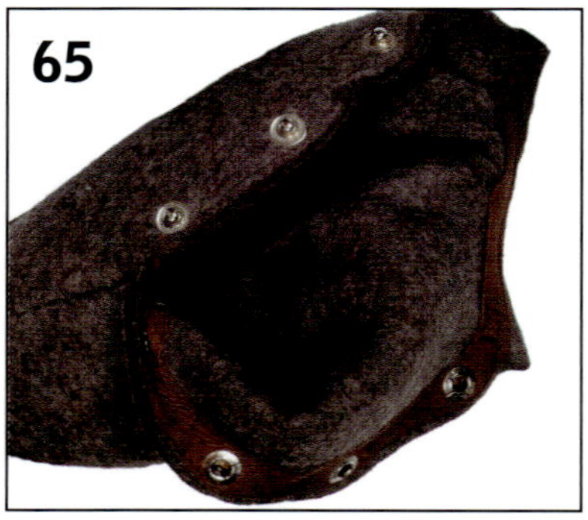

66

67.　メーカーの刻印でこの製品が 1939 年製であることがわかる。容量は 0.80 リットルだった。

67

**68.** 1リットルの容量がある1941年製造の水筒。

**69.** ベークライト製のカップと、革ストラップつきのフェルト製カバーがついたアルミニウム製水筒の部品。

**70.** メーカーのコード（crf）と製造年。このコードはおそらくメーカーのイニシャルを反映したものだろう。

68

69

70

71

72

**71.** この金具のもっとも重要な供給源だったプリムが通常納入したスナップボタンのアップ。

**72.** 裏側と首の部分の補強は最初期の水筒にしかついていなかった。この補強は水筒とカップをぴったりフィットさせ、水筒がブレッドバッグの上にきちんとおさまるようにするためのものだった。

**73.** 水筒の金具は工業用グレーかグリーンがかったグレーに塗られていた。製造年の刻印は通常、内側に押されている。

**74.** 回転式のリベットと、メーカーの刻印がついたベークライト製のキャップ。

**75.** 水筒の首のフェルト製補強とキャップ内側の赤いゴム製シールのアップ。

**76.** 水筒をブレッドバッグに吊り下げた状態。

73

74

75

76

# 1943 - 1945 年

**77.** 1943 年中に水筒に最初の大きな変化が現われた。最大の変化は写真のようにストラップが革製から人造綿に変わったことである。

**78.** これらのモデルの品質は、キャップを留めるためのストラップの先端の補強でわかるように、依然として高かった。

**79.** オリーブグリーンに塗られたカップの持ち手。取り付け金具はリベット留めではなく、電気溶接で固定されている。

**80.** LUX 社が製造した、金属製の先端部がついた人造綿のストラップ。バックルも同社製で、留め針のないタイプ。

77

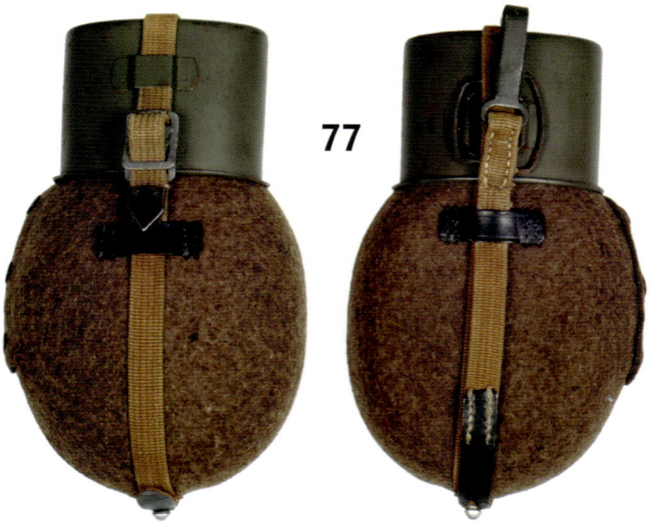

78

79

80

81

82

83

**81.** ブレッドバッグに正しく吊り下げた 1943 年以降のモデル。

**82.** 1944 年 9 月、それまで水筒とカップの製造に使われていたアルミニウムが、加熱処理した赤いラッカー塗りの板金製に変わった。完成した製品は切削加工と溶接した 3 つの部品で構成されていた。写真でしめした例のように、オリーブグリーンで塗装されているものもある。公式の日付に反して、こうした製品は 1943 年から見られる。

**83.** アルミニウム製の水筒と、1944 年 9 月以降のラッカー塗りの板金製水筒の比較。

**84.** 新型の水筒の部品。

**85.** 戦争中期に特徴的な、しぼ付けした革。キャップは切削加工して塗装した板金で製造されている。

**86.** バックルは黒く塗られ、資源節約のため簡略化されている。以前のタイプのバックルはすでに姿を消していた。

**87.** カップの持ち手は野外調理器具でコーヒーのような飲み物を温めるときにじつに便利だった。

**88.** 有名な「ココナッツ」水筒。もともとは熱帯地用に開発され、アルミニウムで製造されていた。そのあと、木材といっしょに加熱、加圧され、樹脂加工がほどこされた。こうして完成した製品はコンパクトで固く、比類のない断熱効果を持っていた。

**89.** 「ココナッツ」水筒の部品。

**90.** このモデルではストラップはレーヨン糸のキャンバス製である。

**91.** 水筒のキャンバス製ストラップの固定法。

**92.** メーカーのコードと製造年、そして差し込みバックルの帝国特許マーク。

**93.** メーカーの刻印（SHB）が押されたストラップの金属製先端部。

84

85

86

87

88

89

90

91

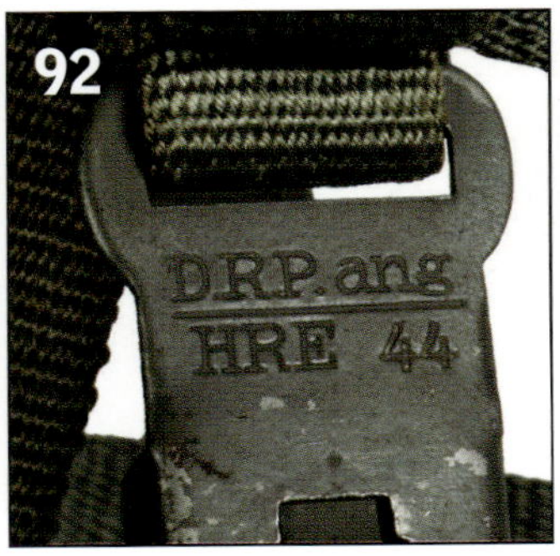

92

93

**94.**　特許（D.R.G.M. と D.R.P.34）、メーカーの略号、製造年のマーキング。

**95.**　ベークライトのキャップを携行ストラップとつなぐ回転式の金具。

**96.**　ブレッドバッグに吊り下げた「ココナッツ」水筒。

**97.**　携行ストラップは水筒の下部で固定されている。

**98.**　1944 年、さらなる省資源手段として二重ストラップが廃止された。写真では、その年に製造されたストラップと、1943 年製のストラップのちがいをしめす。

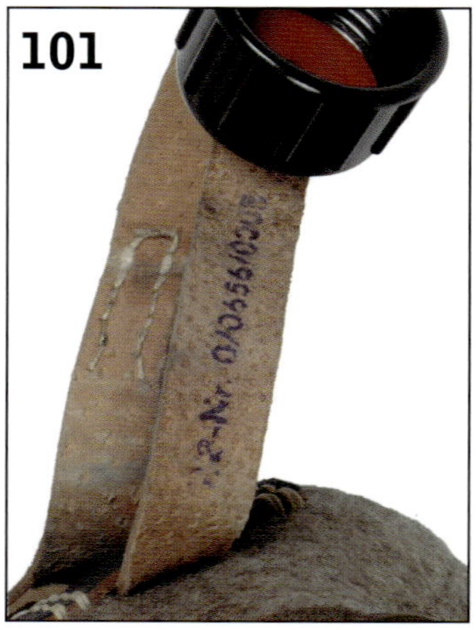


**99.**　1944 年モデルの水筒の前面と後面。

**100.**　後期製造のベークライト製キャップのアップ。

**101.**　一部のストラップ内側に見られるメーカーの RBNr コード。この場合には、素材は豚革である。あきらかに資源がいちじるしく枯渇していたことを象徴する事実だ。

**102.**　メーカーのマーキング（MN）と製造年（1944）。

**103.**　グリーンに塗装された水筒の内側。その理由はわからない。たぶん塗装工程で使われた赤い塗料が有害とわかったためにこうされたのだろう。

**104.**　コード「gfc」は有名な化学製品メーカー、ヤブロネツ・ナド・ニソウ（現チェコ共和国）のユリウス・ポッセルトのものである。

**105.**　ブレッドバッグに吊り下げた水筒。

**106.**　戦争末期のモデル。製造に使われている素材は、最初のモデルに使われているものと質の点で大きくちがっている。

104

105

106

**107.**　メーカー名と製造年のマーキング。

**108.**　もともとのフェルトは姿を消し、ラシャに取って代わられている。

**109.**　３つのスナップボタン。以前のモデルでは４つだった！

**110.**　依然として比較的高品質な革製ストラップのアップ。

**111.**　戦争末期の水筒とブレッドバッグ。

107

108

109

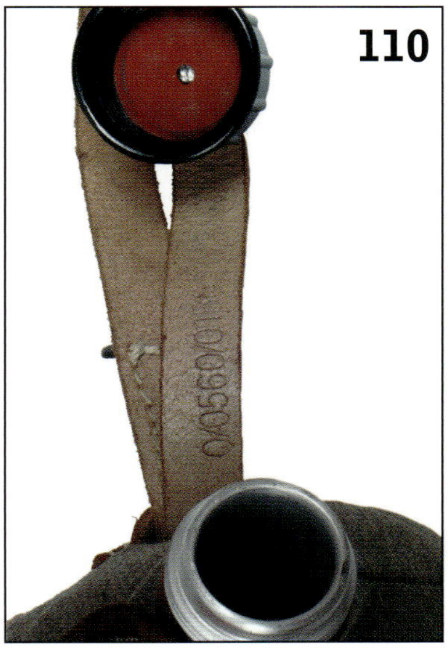
110

111

# 山岳部隊および衛生兵用水筒

112

113

**112.** 山岳部隊と衛生兵用の初期型水筒。容量は1リットル。全体の品質はじつにみごとなものだ。

**113.** メーカーのイニシャルと製造年（JSD 1940）。黒く塗装されたアルミニウム製のカップは0.15リットルの容量があり、もっぱらこのタイプの水筒といっしょに使われた。

114

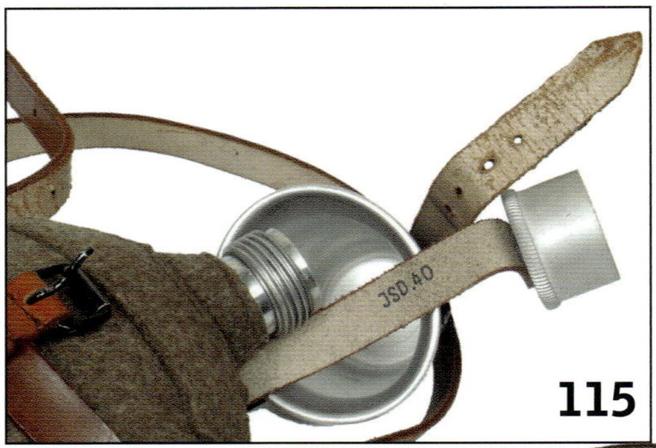


115

**114.** 縁に溝がついたキャップ。このタイプのキャップは1939年以前のモデルの特徴である。

**115.** 携行ストラップのマーキングのアップ。

**116.** 携行ストラップは完全で、ひじょうに堅牢である。見たとおり、メーカーはバックルにかんして物惜しみをしていない。

**117.** 山岳部隊と衛生兵用水筒の後期型。左肩に袈裟掛けにして携行された。以前のモデルとのちがいは明白だ。このタイプの水筒はみな1リットルの容量があった。製造は1944年に終わっている。

116

117

# M31 飯盒

**118.**　基本的に飯盒も水筒と同じような変遷をたどった。艶消しのスレートグレーで塗装されたアルミニウムからオリーブグリーンへと移行し、のちに琺瑯引きの鉄に変わった。

1931 年に第一次世界大戦中とライヒスヴェーアでも使われた容量 2.5 リットルのモデルが改良され、デザインは同じながら、容量が 1.7 リットルになった。写真では左から右へ、上から下へと飯盒の変遷を見て取ることができる。

**119.**　フライパンとしても使える蓋には 0.5 リットルの容量がある。飯盒の前面に刻まれた印は 1 日分の糧食をしめしている（1、2、3）。

**120.**　アルミニウムで製造され、ミディアムオリーブグリーンで塗装された戦争中期の製品。

**121.**　戦争末期の特徴を持つ飯盒。鉄をプレスして製造され、錆止めの赤が塗られ、外側はオリーブグリーンで塗装されている。

**122.**　メーカーのコードと製造年が刻印された典型的なマーキング。

118

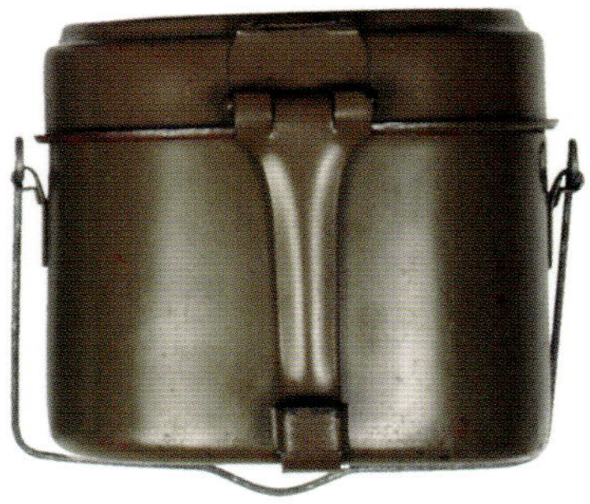

120

119

121

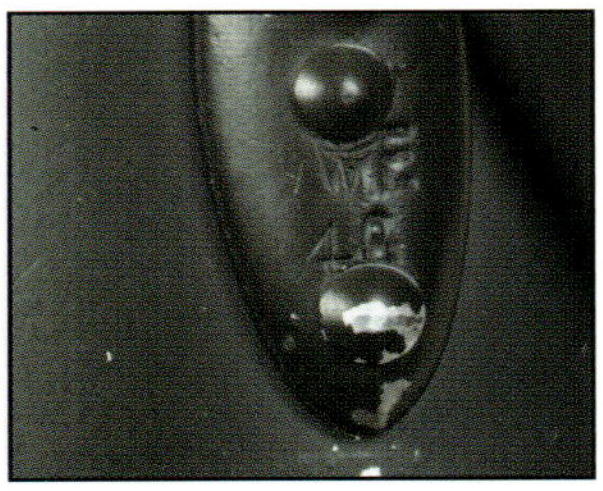

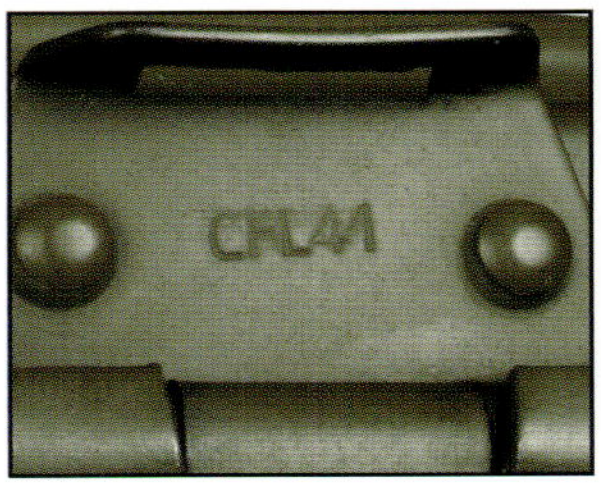

122

**123.**　兵士が自分の飯盒に名前を刻むのはごく普通のことだった。通常は新兵が後方へ食料を取りに行く役目を与えられていたからである。

123

**124.** 1944 年に簡略化された、持ち手の取り付け金具のマーキング。

**125.** 動いたり音をたてたりしない、ストラップの正しい固定法を、革製とキャンバス製の両方のバージョンでしめす。

**126.** 飯盒と水筒の携行方法。

124

125

126

**127.** 特徴のある持ち手のデザインは、中身をこぼさずに運ぶためのものである。

**128.** 飯盒の吊り下げかたをしめした兵士の教範のアップ。

127

128

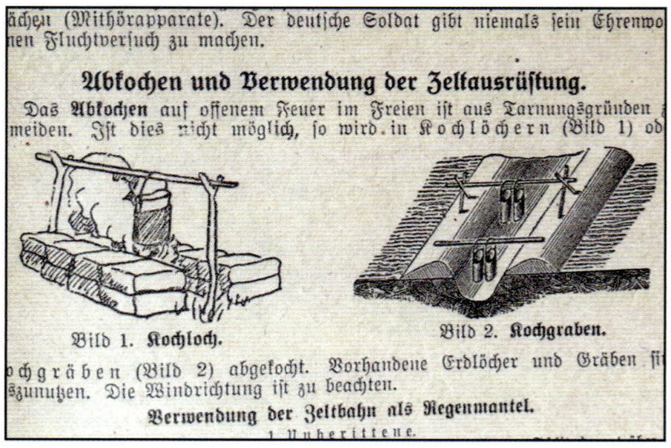

ächen (Mithörapparate). Der deutsche Soldat gibt niemals sein Ehrenwo
nen Fluchtversuch zu machen.

**Abkochen und Verwendung der Zeltausrüstung.**

Das **Abkochen** auf offenem Feuer im Freien ist aus Tarnungsgründen
meiden. Ist dies nicht möglich, so wird in Kochlöchern (Bild 1) od

Bild 1. **Kochloch.**

Bild 2. **Kochgraben.**

ochgräben (Bild 2) abgekocht. Vorhandene Erdlöcher und Gräben si
szunutzen. Die Windrichtung ist zu beachten.

**Verwendung der Zeltbahn als Regenmantel.**

1. Unberittene.

# シャベル

**129.** ドイツ兵が使っていたシャベルは、第一次世界大戦の戦友たちからそのまま受け継いだものだった。長さ 55 センチほどで、プレス加工され、柄の取り付け部分を溶接されたのち、木製の柄がリベット留めされたこのシャベルは、終戦までほとんど変化しなかった。ほかにも連合軍から鹵獲したり、征服した地域で接収したモデルが存在した。写真は開戦時に製造されたモデルをしめす。

129

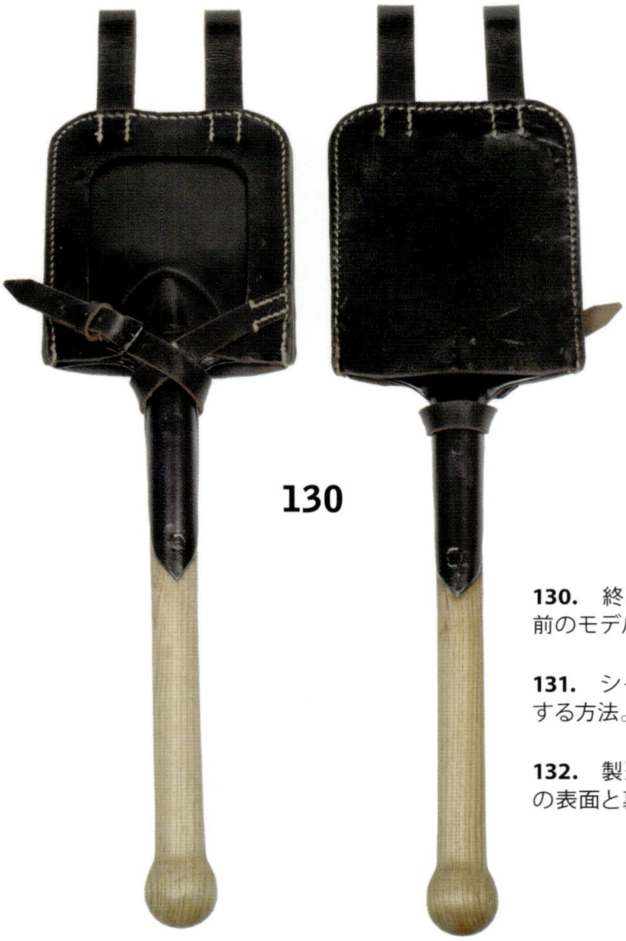

130

**130.** 終戦時のモデルの表面と裏面。前のモデルと実質上、同じである。

**131.** シャベルに銃剣を装着して携行する方法。

**132.** 製造方法が 2 種類あるシャベルの表面と裏面。

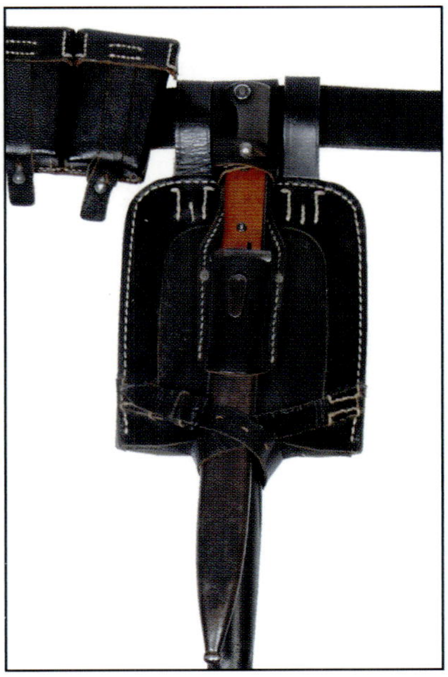

131

132

**133.** サテン仕上げの黒塗装をされたふたつの完成品の例。

**134.** 各種の柄の形状。

**135.** 「プレス・シュトッフ」（圧縮素材）で製造されたシャベルのカバーのふたつの例。カバーは最初、革製だったが、のちにこのセルロースと樹脂をもとにした合成素材で製造された。ただしストラップは依然として天然皮革を使っていた。

133

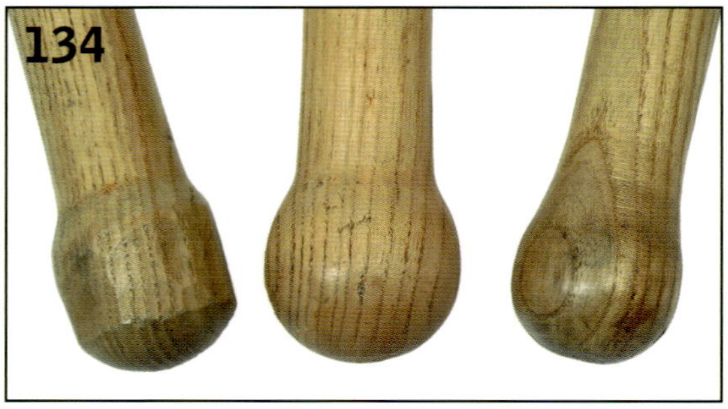
134

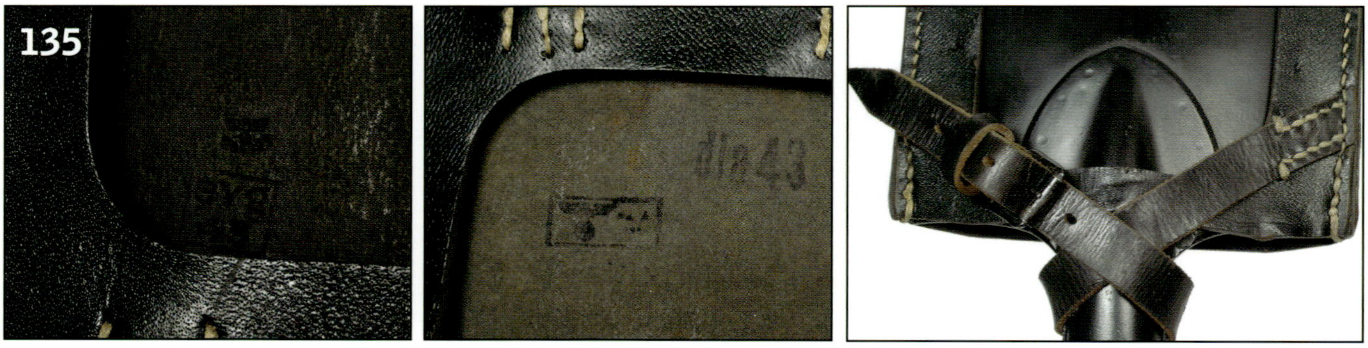
135

**136.** 開戦時には装備に持ち主の名前が記入される傾向が多くあった。1942年からは、この慣習はおこなわれなくなった。戦線の流動性にくわえ、さまざまな装備のアイテムが持ち主を変えたからである。

**137.** 〈フィマーク〉はこのタイプの工具を製造した高名な会社のひとつである。Hは「ヘーア」（陸軍）を表わす。

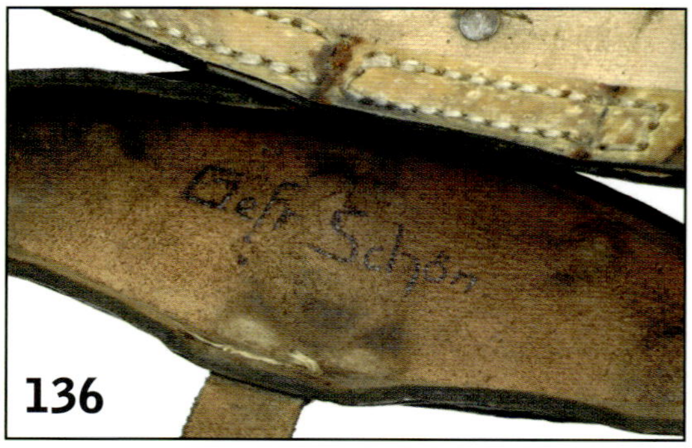
136

137

## 折り畳み式シャベル

**138.** 1938年に「クラップシュパーテン」つまり折り畳み式シャベルが登場した。このシャベルは、1943年のアメリカ製コピーをふくむ近代的なこの種のあらゆるシャベルの先駆者となった。折り畳み式シャベルの製造は高コストと長すぎる製造時間のせいで中止となる。この種の決定では、エンドユーザーのことは二の次になってしまうものだ！

**139.** 規定にしたがった折り畳み式シャベルと銃剣の携行方法。

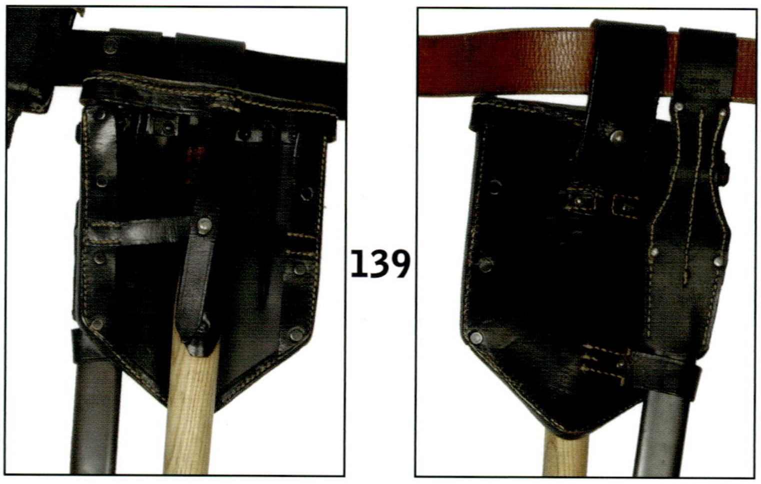
139

138

**140.** ベルト・サポート。

**141.** のばした状態では、標準支給のシャベルよりずっと長く、使いやすく、そしてまちがいなくもっと便利だった。

**142.** ベークライト製のネジ部分は刃の位置を固定し、シャベルをしっかり使えるようにする。

**143.** 折り畳み式の刃は 90 度の位置で固定すると、つるはしとして使える。

**144.** すべて革で製造されたカバー。もっと簡略化されたモデルもあったが、上部の蓋がなく、「プレス・シュトッフ」の要領で、圧縮したボール紙製の部品を使っていた。

**145.** 革製カバーのメーカーのマーキングと製造年。

140

141

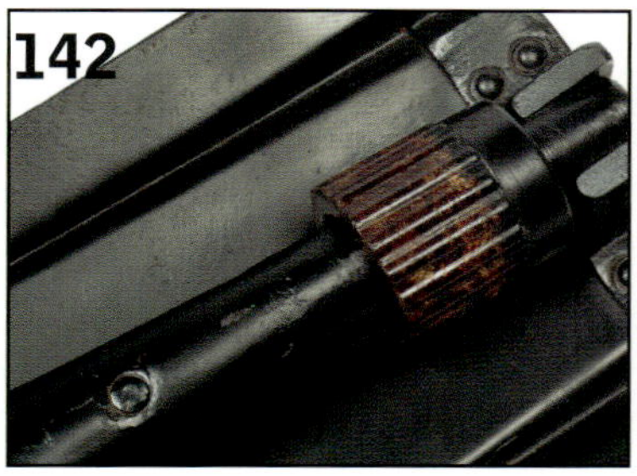

142

143

144

145

# 弾薬パウチ

ドイツ陸軍では、多種多様な携行火器が開発され、一般的にはそれぞれに専用のカバーと、使用弾薬用の弾薬パウチが用意されていた。そのひとつひとつを徹底的に論考することは、個々の歩兵と彼を取り巻くすべてに焦点を合わせるという本書の範囲を超えている。

## Kar98K 用 M33 弾薬パウチ

**146.** 合計 60 発の弾薬をおさめるこの弾薬パウチは歩兵の第一の弾薬補給源だった。加工された革で製造され、それぞれが縫製とリベット打ちの製造工程によって、およそ 22 の部品で構成されていた。この装備アイテムの起源は 1911 年にさかのぼる。この年、騎兵隊は標準の M1909 弾薬パウチから派生した、もっとコンパクトなモデルを採用したのである。このモデルでは一部の寸法がさらに縮小され、収容できる弾薬の数も半分に減っていた。

146

**147.** 弾薬パウチをベルトとサスペンダーに装着する過程。最初のモデルでは裏側のストラップがはずせるようになっていて、ほかの装備をはずさなくても装着することができた。この特徴は 1943 年に廃止されている。

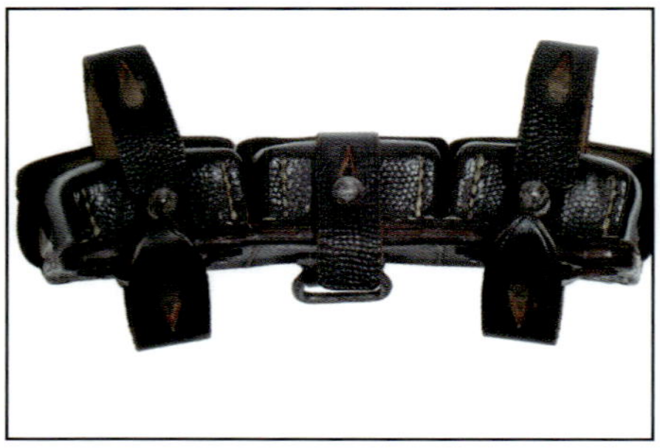

**147**

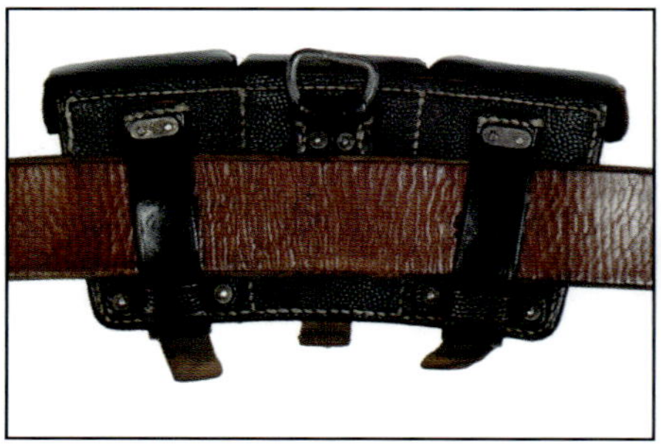

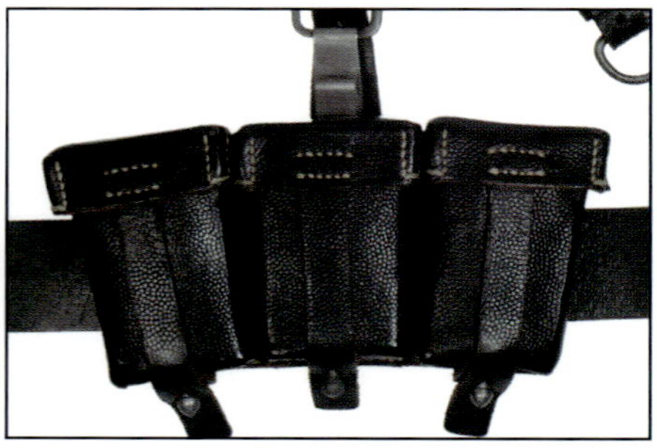

**148.** 弾薬パウチの変遷をしめす比較写真。上から下へと見ていくと、あきらかに簡略化の方向に進んでいることがすぐにわかる。縫製にかわってリベットが少しずつ取り入れられ、革はその硬い性質を失っている。金属部品はグレーか黒で塗装された亜鉛製になり、最終的には無仕上げの鉄製になった。

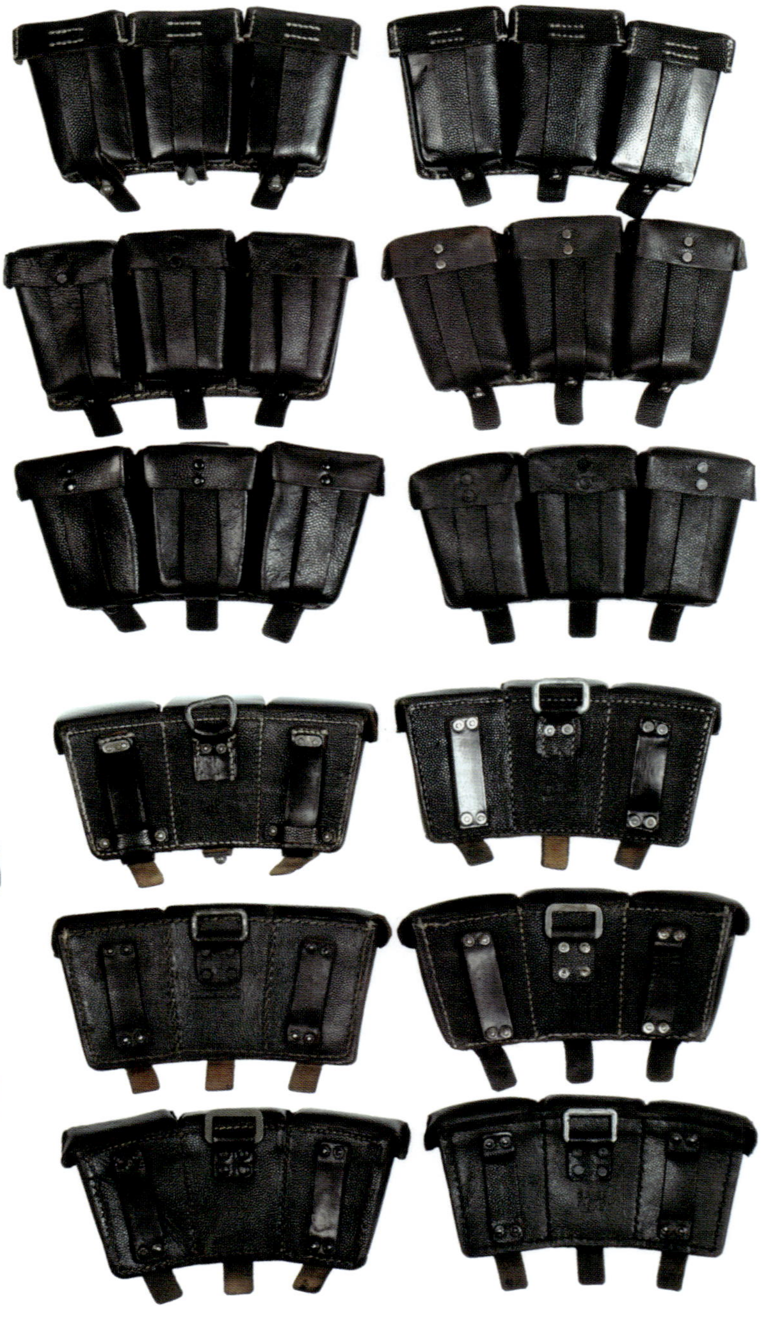

**148**

**149.** 5連の挿弾子（クリップ）でまとめられた弾薬のおさめかた。兵士はそれぞれ弾薬パウチをふたつ受領したが、運転兵と後方勤務要員はひとつしか支給されなかった。

**150.** 野戦での弾薬の紛失をふせぐため、3つの区画にはそれぞれ豚革の細い仕切りがついていたが、兵士のあいだでは、余分の弾薬をおさめるためか、あるいはもっとありそうなことだが、弾薬以外のものを袋に入れて弾薬パウチで携行したりするために、この仕切りを取り去ってしまう慣習が生まれた。この悪い慣習は、1942年6月に禁止令を公布する必要に迫られるほど広まっていた。

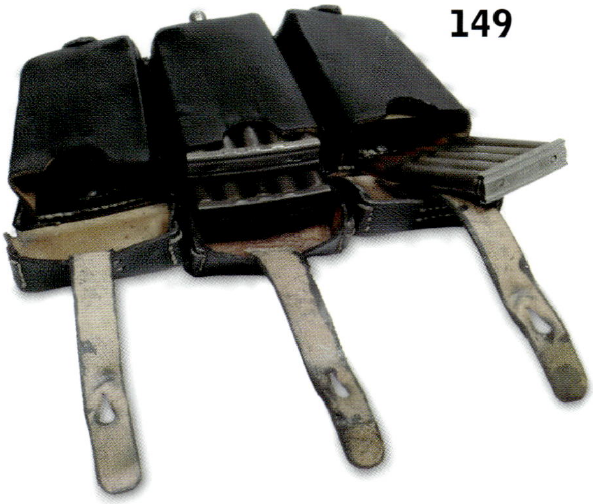

149

150

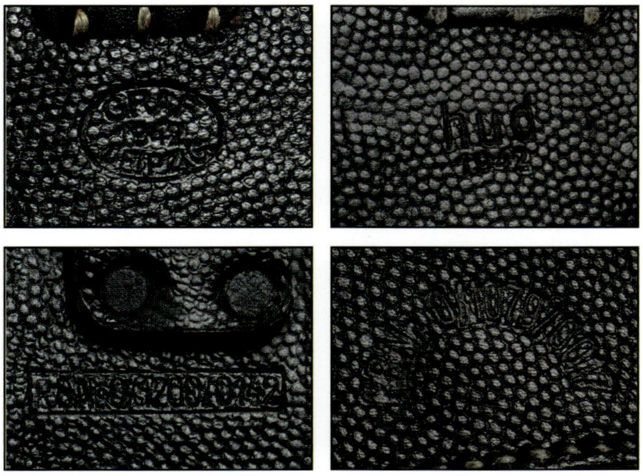


151

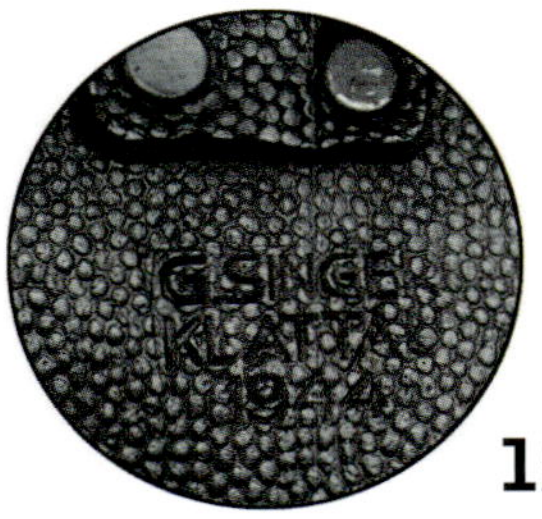

152

**151.** 弾薬パウチのさまざまな製品のマーキング。最初のふたつは1942年製で、あとのふたつは戦争末期のもの。

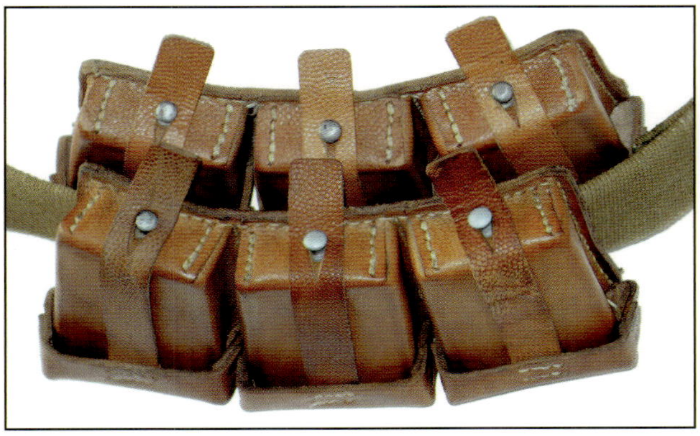

153

**152.** 戦争末期の製品の奇妙な刻印。マーキングにかんして概括するのはむずかしいが、こういった例は確立されたルールに完全に反している。

**153.** ナチュラル・カラーで製造された弾薬パウチ。当初は熱帯地方用だったが、おそらく大戦末期には広く使われていたと思われる。もっと色が濃くて、LBAのイニシャルが印された空軍用弾薬パウチや、戦前の準軍事組織用の弾薬パウチと混同してはならない。

**154.** メーカーと兵器局のマーキングのアップ。

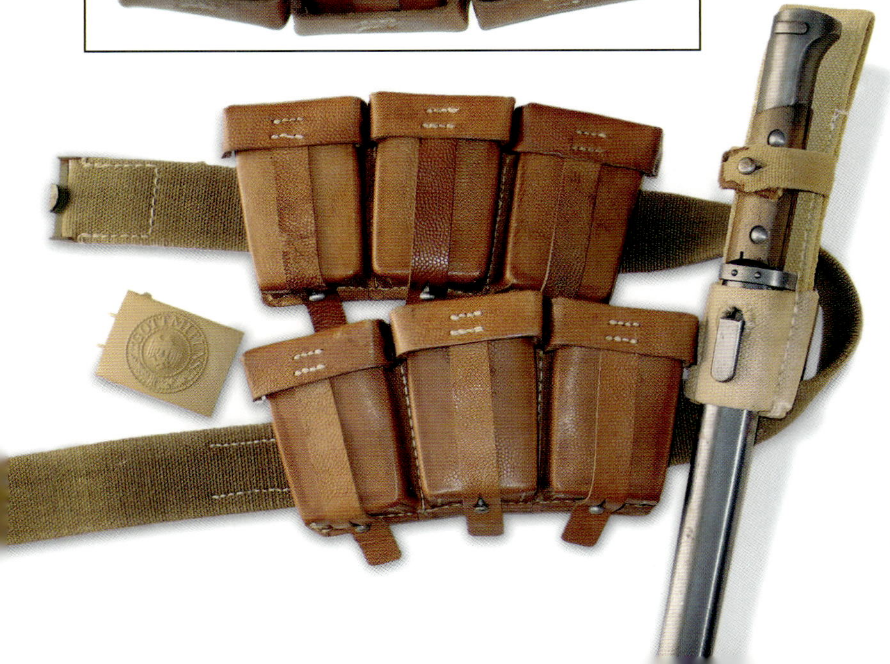

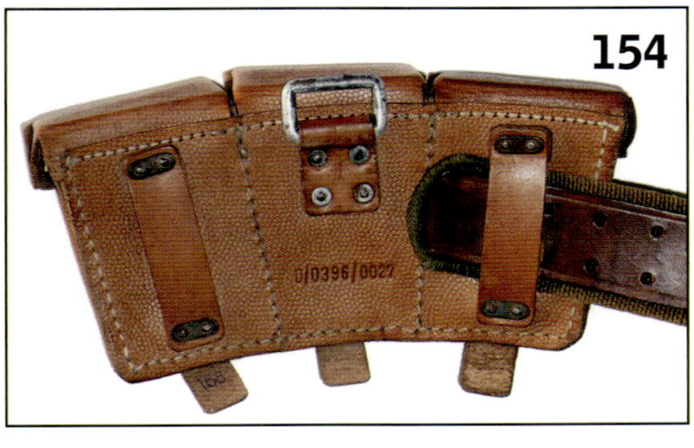

154

# MP38 および MP40 用弾薬パウチ

**155.** MP38/40 短機関銃用の弾薬パウチはこの銃のため 1938 年に開発され、いろいろな製品があった。主としてキャンバス製で、グレーグリーンや褐色、ダークグレー、ヒヨコマメ色、オリーブグリーンなど、じつにさまざまな色調で製造された。革製のものもある。

**156.** 銃の種類（MP38 と 40）とメーカーのコード「clg」（シュレジエンのエルンスト・メルツーク社のもの）、兵器局の鷲章に製造年が押された MP38/40 用弾薬パウチの典型的なマーキング。

**155**

**156**

# 銃剣と剣差し

**157.** 1915年のモデルの遺産で、有名なゾーリンゲンの鉄で製造された歩兵の銃剣は、前のモデルより短くて、より実用的だった。シンプルなデザインで、10個の部品で組み立てられたこの銃剣は、木製の柄をつけられて、戦場をめぐる旅をはじめたが、のちに黒あるいは赤みがかったベークライト製の柄に取って代わられ、最終的にはまたもとの木製の柄に戻った。製造工程の簡略化のおもな点は柄のネジをリベットで置き換えることだった。銃剣の番号は剣差しの番号と合っていなければならず、血流しがあって、先がとがった刃を磨ぐことは、ぜったいに禁じられていた。

銃剣の部品をしめした教範のアップ。

**158.** いちばん一般的な製品4種。最後はチェコ製で、ドイツ軍の銃用に改修されたもの。

**159.** Kar98K小銃への装着法。

**160.** 小さな角断面の溝は着剣装置をさしこむためのもの。

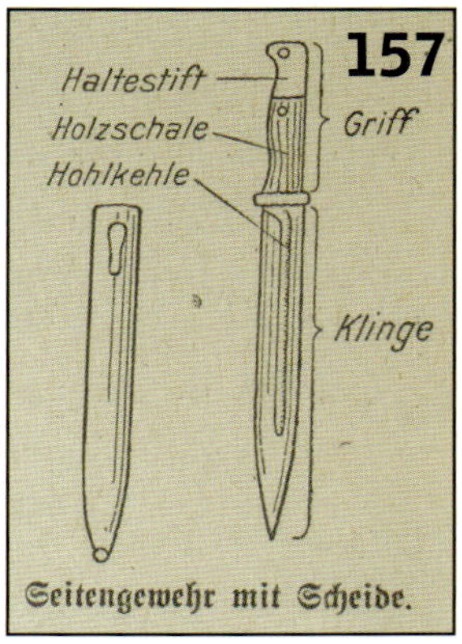


158

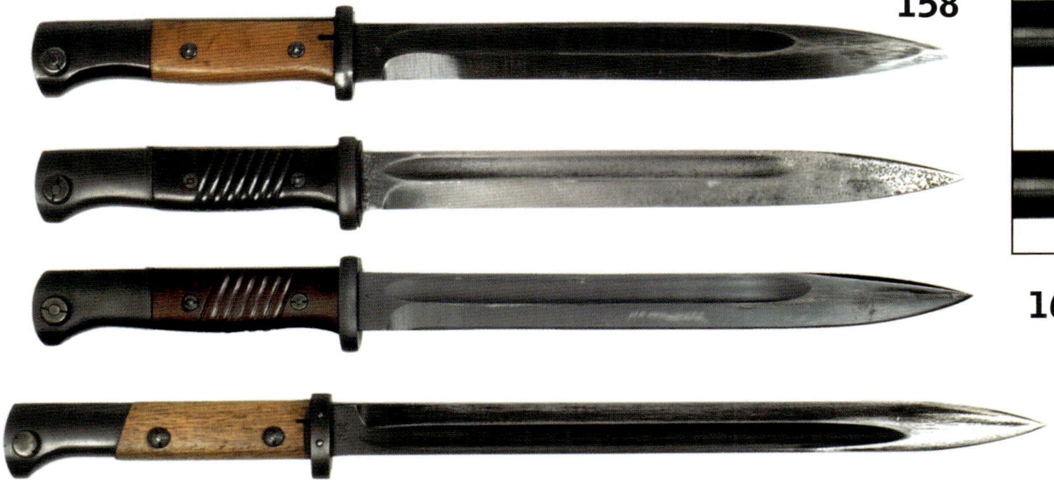

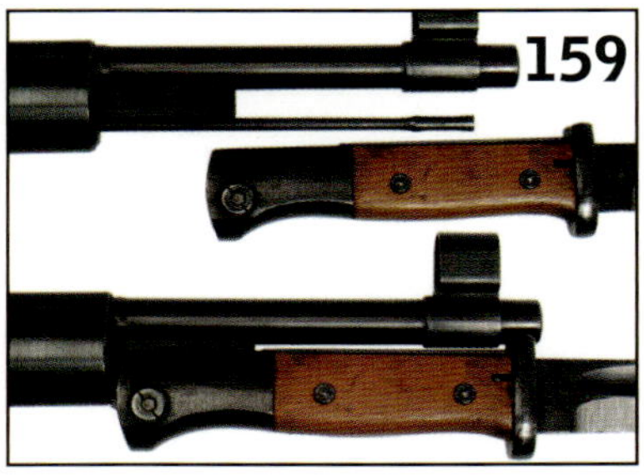


160

**161.** 銃剣の刃の表と裏にあるメーカーの刻印のアップ。

コード「cvl」はゾーリンゲンヴァルト屈指の量産工場であるWKCヴァッフェンファブリークG.m.b.H.のもの。

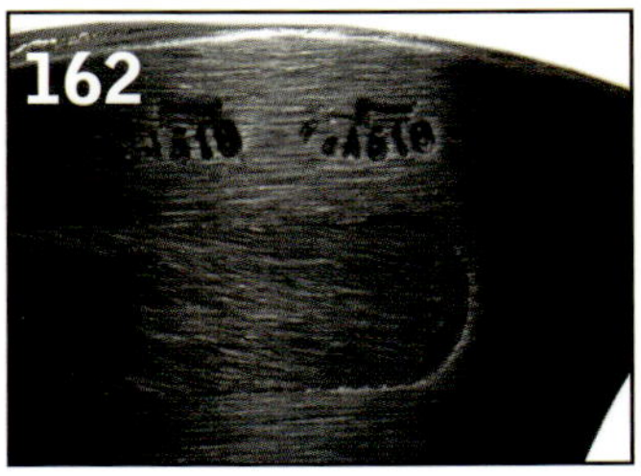


**162.** 武器検査官の刻印と番号。

**163.** メーカーのべつの例。この場合、コード「cul」はやはりゾーリンゲンのエルンスト・パック＆ゾーン社のものである。

**164.** パウル・ヴァイヤースベルク社はゾーリンゲンでも屈指の有名ナイフ・メーカーだった。同社の製品らしいみごとなこの銃剣には、革製の切羽がついている。赤みがかった天然ゴム製の切羽もあった。

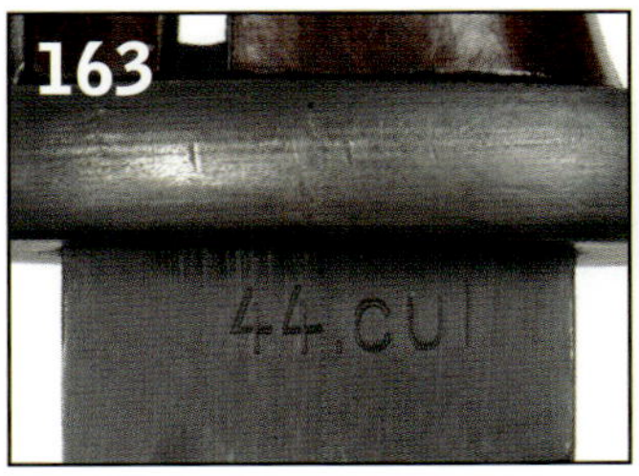


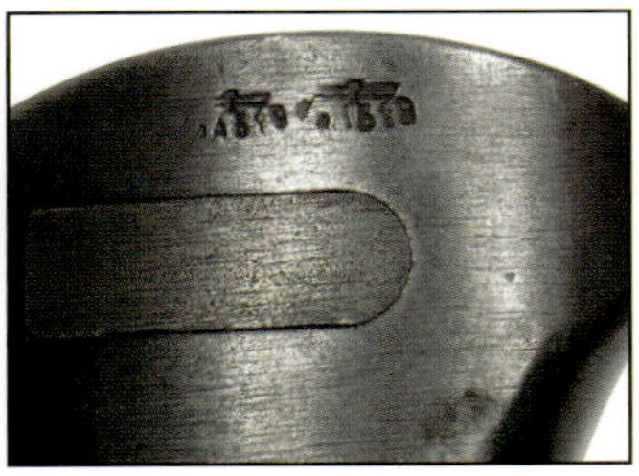

**165.** モラヴィアのブルーノ（現チェコ共和国）のヴァッフェンファブリーク・ブリュンAGで製造されたチェコ製バージョンのアップ。刃にはメーカーのコード「dot」が、柄頭には兵器局の検査官の刻印があるのがわかる。

**166.**　いちばん一般的な銃剣と剣差しの形態4種。キャンバス製のバージョンは、ほかの装備のアイテムと同様、アフリカ戦線用に考案されたが、その使用は1945年には全戦域で一般的になり、全体的に少し近代的な感じをもたらした。

**167.**　剣差しのさまざまなマーキング。一般的に、裏面に押されている。

**168.**　1939年1月25日発布の通達にしたがって改修された剣差しの表と裏。この通達は剣差しに銃剣を保持する騎兵型のストラップを追加すべしと規定していた。

**169.**　1942年に採用された後期製造モデル。重要な資源の節約と、製造工程の簡略化が見て取れる。

**170.**　シャベルを携行しない場合の銃剣の装着法。

166

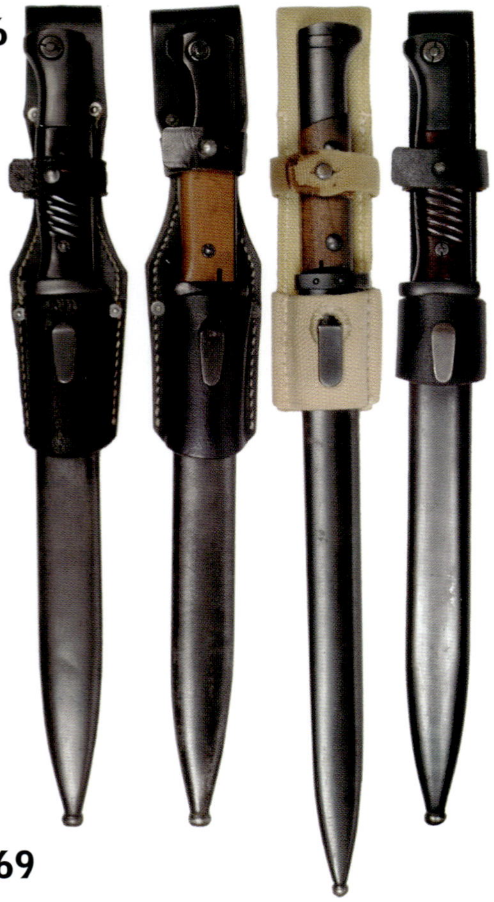

167

168

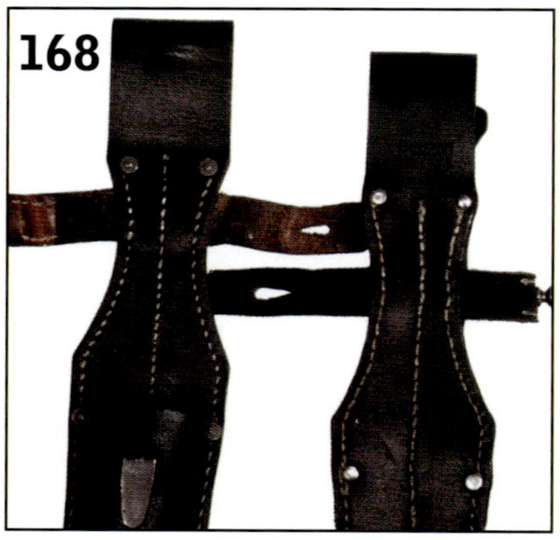

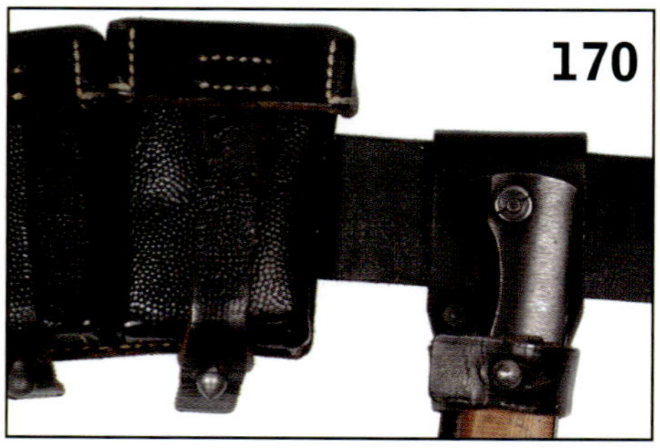

169

170

## 近接戦用ナイフ

**171.**　これらは私費で購入されたか贈られたもので、コンバット・ナイフには多くのバージョンがある。なかには第一次世界大戦に起源を持つナイフもあった。写真はプーマ社が製造した戦闘ナイフで、ひじょうに高価で重宝されたナイフだった。

171

172

**172.**　こうしたナイフを通常携行する場所は、ブーツのなかや、上衣の胸まわりだった。鞘に引っ掛けるための金具がないナイフは、革紐をつけ、ズボンのベルトにはさんで携行された。

# 銃カバー

**173.** Kar98K 小銃の機関部をほこりや水から守るためのカバー。

**174.** カバーの内側にはメーカーや製造年などにかんするデータがスタンプされている。

173

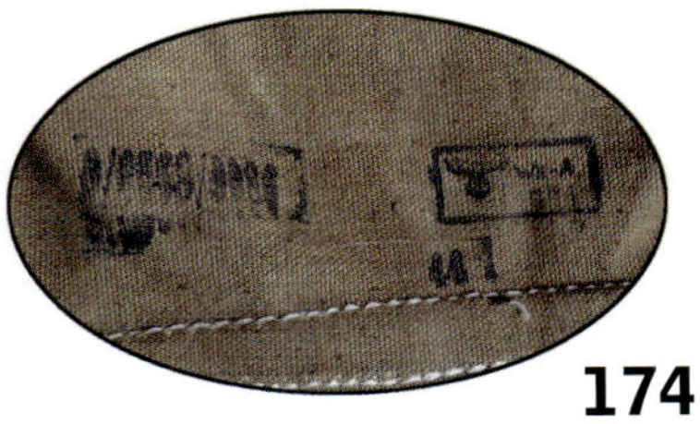

174

175

**175.** MG34 機関銃の機関部用の保護カバー。

# 工兵

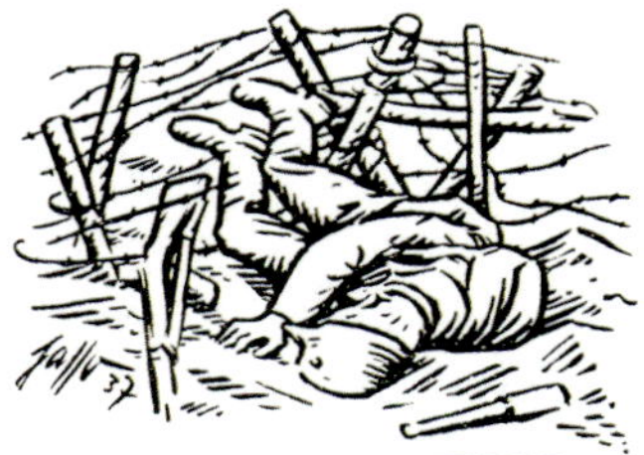

**176.** 工兵隊は味方のために地形を平らにならしたり、敵のためにいっそう通りづらくしたりする役目をまかされていた。その任務を遂行するため、彼らは鋸や剣先スコップ、つるはし、爆薬など、いたれりつくせりの道具を装備していた。その例として、写真では工兵隊が使った道具をふたつ紹介する。小さな携帯ワイヤー・カッターと巻き尺である。巻き尺の把手には製造年と兵器局の刻印、巻き尺の長さ（20 メートル）が見える。

176

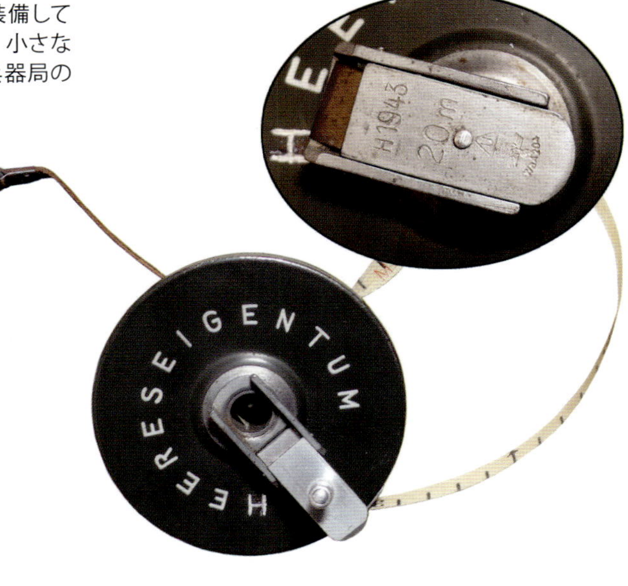

# 観測、位置把握、通信

若いアントンは制服のポケットに短い生涯でもっとも価値のある持ち物である小さな物体をふたつしまっていた。ひとつは父が 19 歳の誕生日に買ってくれた時計。もうひとつは前線へ出発するとき姉がプレゼントしてくれた方位磁石である。いまやどちらの品も以前にもまして彼を自分の世界につなぎとめてくれている。すぎていく 1 時間 1 時間が死にたいする勝利であり、アントンがその小さな勝利を達成するには、自分の位置を正しく掌握できることがきわめて重要だった。この安心感は、シンプルな方位磁石にあたえられるささやかなものだったが、兵士が広大な大地やはてしない草原地帯、森や川や山地の前に立ってはじめて理解できるものだとわかった。そうした場所では手がかりとなるものが不可欠で、迷子になるという不安は悪夢になった。こうした問題をアントンは愛する方位磁石によってすべて解決した。

自分の位置を掌握して、敵の位置を報告できることはひじょうに重要である。軍は将兵にあらゆる種類の器具をあたえ、戦闘員のこうした要求を満たそうとしたが、参照する地図がなければこうした玩具も役に立たない。戦前、軍の秘密情報部（アプヴェーア）は世界中に地図作成者の選抜チームを派遣していた。うわの空の画家や、無邪気な旅行者のふりをした彼らは、第三帝国がのちに侵略することになる場所の詳細な地図をご主人さまたちが作成できるように、絵を描いたり、写真を撮ったりした。この活動によって、通信線や人口動態統計、さらにはさまざまな地域の地元経済の特色まで、あらゆる種類の有益な情報をそえた、完璧な地図のコレクションが誕生したのである。この努力が電撃戦の圧倒的な冒頭の成功を促進することになる。

軍用地図の上に置かれているのは、各種の地図解読道具と図嚢。

# 図嚢

**01.** M35 図嚢はドイツ軍用に 1936 年、採用された。通常は、日光の反射をさけるために、黒いしぼ付けした高級革で製造された。民間のバリエーションやモデルもあり、敵から分捕ったタイプを使うことも普通だった。戦争末期の製品は、グリーンやヒヨコマメ色がかった色調で製造された。

**02.** 蓋の内側に押されたメーカー名と製造年のスタンプ。

**03.** M35 図嚢の典型的な中身。野戦で必要なものがすべてふくまれている。兵士に割り当てられたほかの装備にもよるが、通常は左側に携行された。

01

02

03

04

05

06

**04.** ナチュラル・カラーのしぼ革で製造された初期型の M35 図嚢のアップ。この仕上げはまた、通常、空軍用あるいは熱帯地方用の装備にも見られるものである。空軍用の装備には普通、「L.B.A.」のイニシャルが印されていた。

**05.** 図嚢をベルトに装着する正しい方法。高さを調節するストラップのおかげで、弾薬パウチにも合わせることができた。

**06.** メーカー名と製造年。

**07.** 「カルテンヴィンケルメッサー」（地図用分度器）と使用説明書、そしてルーペ。地図上の測定と位置把握に使える器具で、私費で購入され、GKS 社が供給した。

**08.** 3 種類のキロメートル定規（キロメーターメッサー）。このシンプルな器具はさまざまな縮尺で地図上の直線距離を見積もるのに使われた。プラスチックやアルミニウム、塗装された金属で製造されている。

07

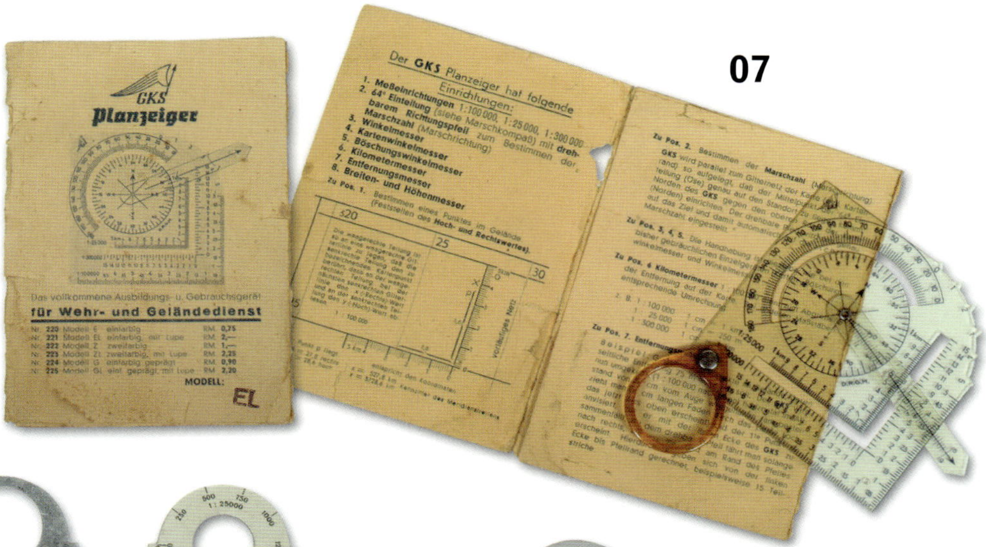


08

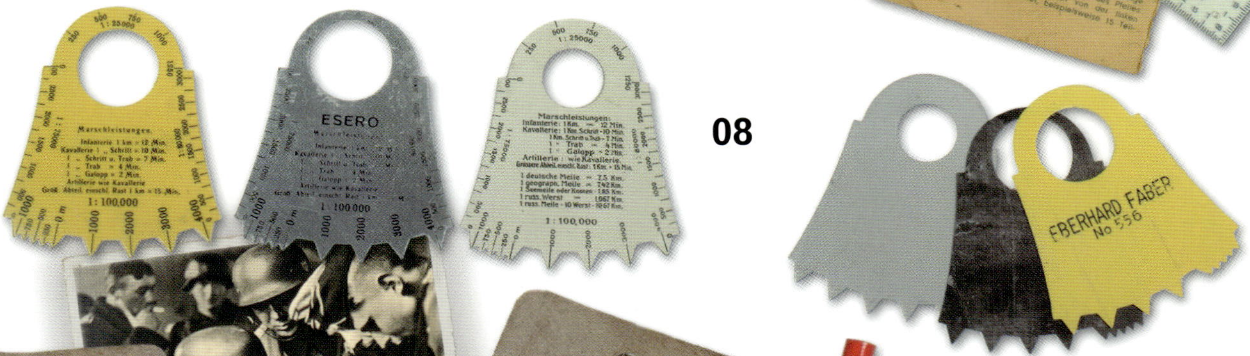


09

10

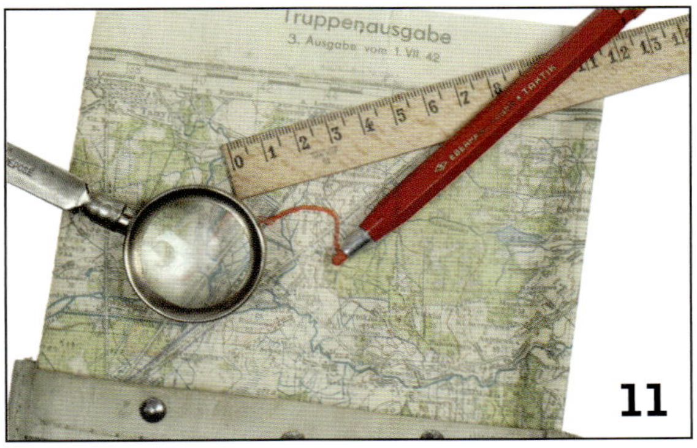


11

**09.** アセテートの透明カバーやセルロイドの定規など、あらゆる種類の素材の上に書き込むのに使われたグリスペンのケース。エバーハルト・ファーバーが軍用に高品質のすばらしい仕上げで製造したもの。製品名は「タクティク」（戦術）とかなり意味深げである。

**10.** グリスペンのマーキング。熱で硬化させたラッカー塗りのアルミニウム製である。

**11.** グリスペンの使いかた。

**12.** 天然皮革で製造された初期のケース。

**13.** ベルト通しと上衣のボタン用の裏側の穴。

**14.** 地図を保護しながら解読できるように、図嚢にはそれぞれアセテートと革製のカバーがついていた。これらのカバーには通常、さまざまな色のグリスペンで前線や敵の戦線あるいは移動などの情報が書き込まれた。

12

13

14

**15.** 多くの地図の細かい地名や記号を読めるようにするため、ルーペを携行するのはごくあたりまえのことだった。

**16.** 野戦測角器、あるいは「デックングスヴィンケルメッサー」（射界分度器）は、間接射撃の射界を設定するのに使われた。

15

16

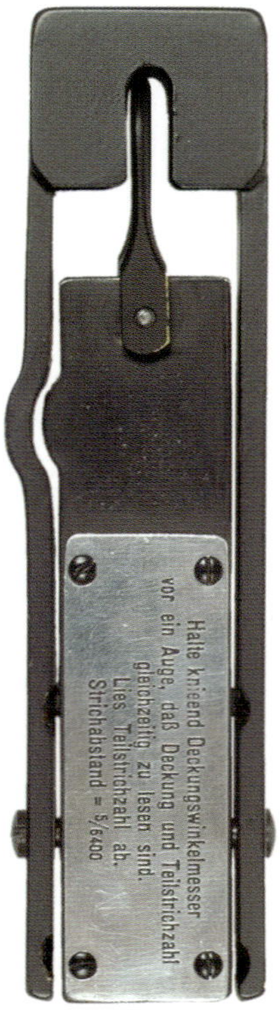


**17.** この計測器はH/6400の刻印がしめすように、対象物の大きさを参照することで、対象物の高低差や距離を見積もるために使われた。この刻印は6×30双眼鏡にも見られる。当時の教範はその使いかたを説明している。

**18.** メーカーのマーキング。

**19.** 開いたあとで使用される小さな観測レンズ。

17

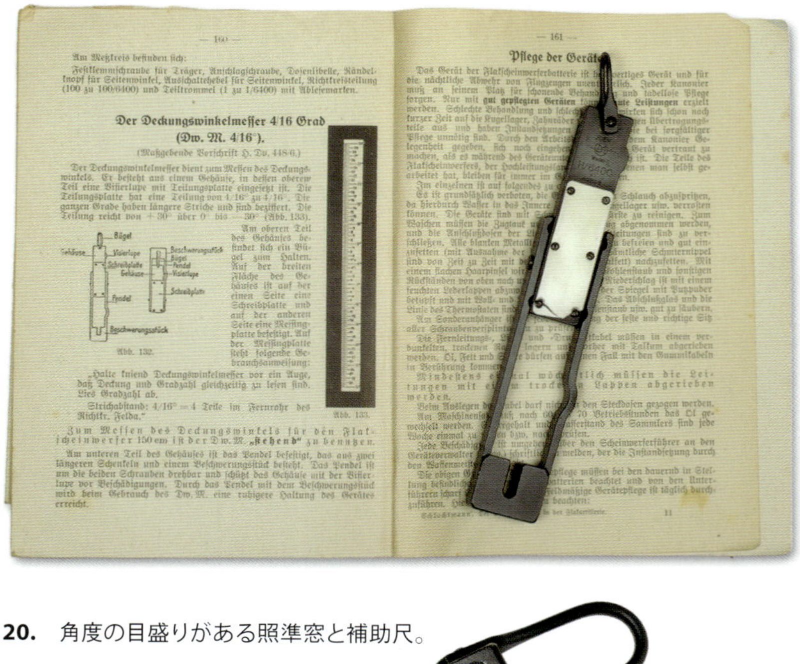


18

19

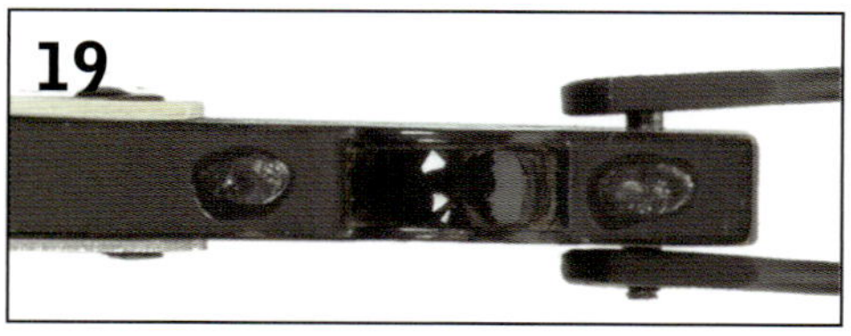

**20.** 角度の目盛りがある照準窓と補助尺。

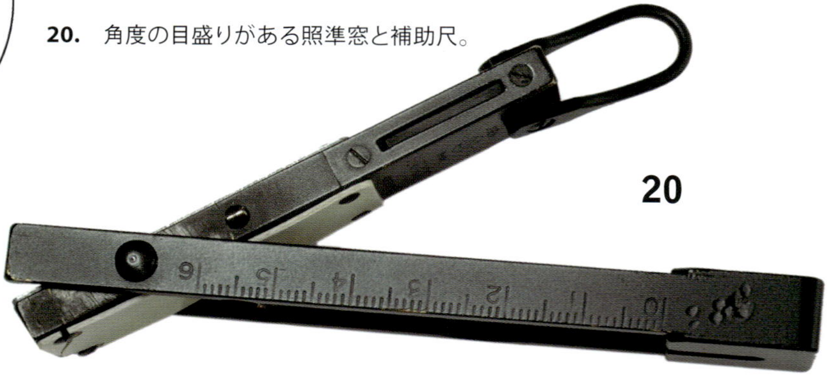

20

21

**21.**　K.W.27 はたぶん「カルテン・ヴィンケルメッサー」（地図用分度器）の頭文字だろう。これは火砲の弾道の読み取りと計算に使われた。図嚢に入れて携行される。

**22.**　K.W. と数字の 27 はたぶん同じ意味で、「hap」はメーカー（不詳）のコードだと思われる。

**23.**　軍兵器局の検定マークのアップ。

22

23

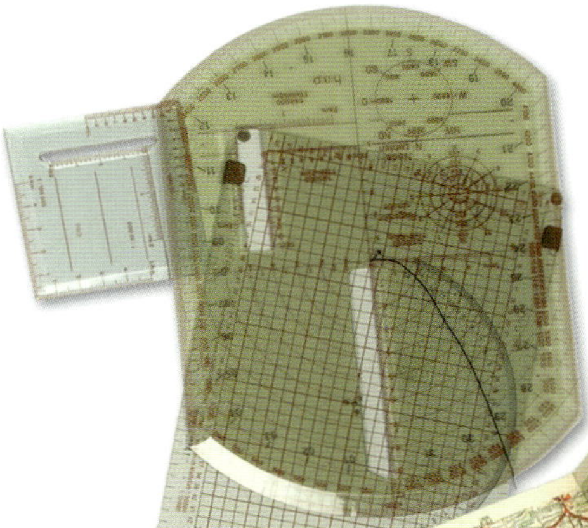

24

25

26

27

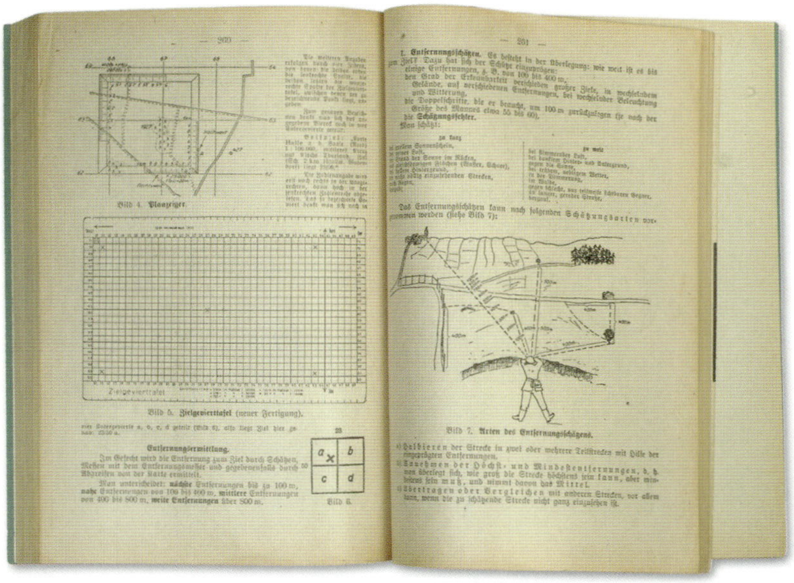

**24.**　弾道を計算し、火砲に射撃諸元を提供するための、K.W.27 を構成する透明カバーや分度器、定規など。こうした測定をまちがえることはしょっちゅうだったが、支援を求める将兵に危険な結果をもたらす可能性があった。

**25.**　1941 年以前の定規のマーキング。

**26.**　1941 年のそのすぐ後の兵器局の鷲章と、不詳のメーカーの文字コード。たぶんベルリンの W・ハフヴァックス&Co.K.G. 製だろう。

**27.**　K.W.27 の正しい使いかたを教える陸軍の教範。

28

29

30

**28.** 「クルヴェンメッサー」(キルビメーター)。曲線の距離を測る測定器。あらゆる図嚢に入っている古典的なアイテム。

31

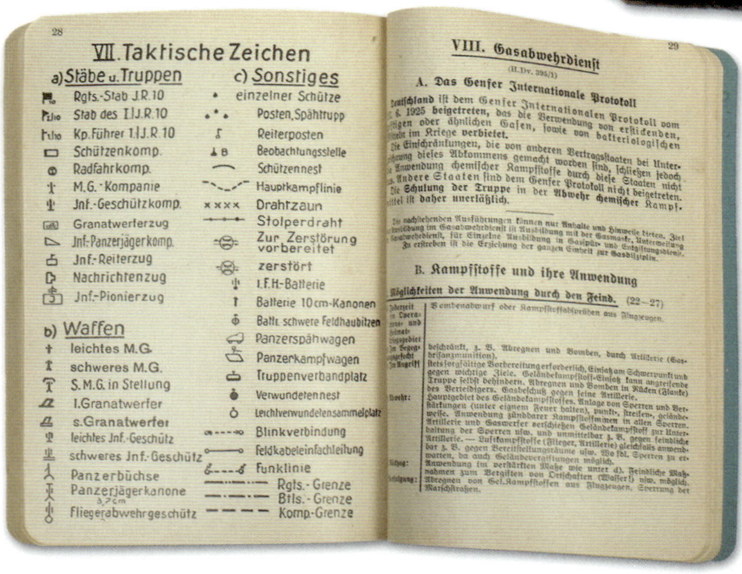


**29.** 市販の筆入れの使用はめずらしくなかった。これを使うことで、地図に印をつけるのに必要なものすべてを簡単かつ便利に持ち運べた。通常は学生用だったが、このA・W・ファーバー・カステル社の製品のような洗練されたタイプは前線で無数に見かけられた。

**30.** しぼ革で製造されたこの製品のような粗末な造りの筆入れも、兵士のあいだではめずらしくなかった。

**31.** 軍用地図の記号の読み取りかたと意味を説明する兵士の教範。

# 地図

**32.** 軍は自前の地図ばかり使ったわけではなかった。ひじょうにたよりになる地図のひとつが市販の道路地図、なかでも有名な《ミシュラン・ガイド》だった。定期的に更新され、都市や町の名前だけでなく、道路とそこにはどういう標識があるかの正確な情報が乗っていたからである。

**33.** 軍用地図のいくつかの例。

32

33

34

35

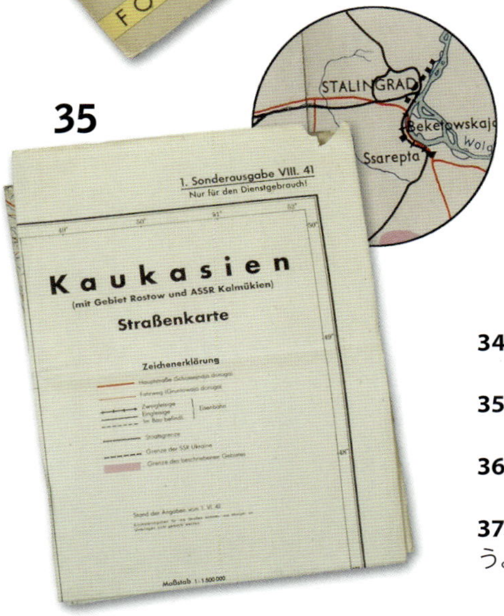

36

37

**34.** ノルマンディー地方周辺の《ミシュラン・ガイド》。

**35.** カフカス地方の軍用地図。

**36.** イタリア製の 1941 年の道路地図のアップ。

**37.** 休暇中の兵士が使った地図。実際には、実用品というよりプロパガンダだった！

# 方位磁石

**38.** 真鍮と熱で硬化したラッカーで製造された1930年代初期のモデルを開いたところ。下の写真は使用説明書といっしょに写っている。分隊長に支給された方位磁石（コンパス）にくわえ、「軍用タイプ」として店で購入できた大量の市販モデルがある。歩兵のポケットに入っているごくあたりまえのアイテムだった。

**39.** 閉じた状態の方位磁石。

38

39

40

**40.** 折り畳み式の物差しがわかる裏面。

**41.** 通例、図嚢やポケットに携行された後期製造の方位磁石。首から下げるための紐がついていた。メーカーのコード「cxn」はラテノー（ブランデンブルク）のエミール・ブッシュA.G.のものである。

**42.** 使いかたを載せた説明書。

**43.** 円のなかに典型的なマーキングがあるベークライト製のモデルの裏側。

41

42

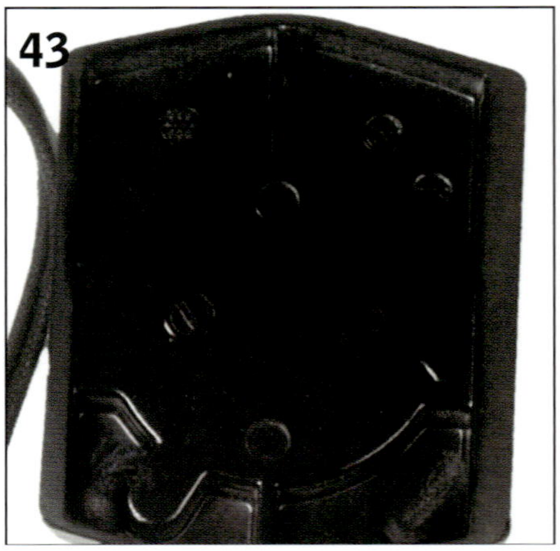

43

**44.**　「clk」というマーキングがある同じモデル。これはカッセル（ヘッセン州）のメーカー、F・W・ブライトハウプト＆ゾーン社のもので、同社は以前アドルフ通りと呼ばれた通りにあった。

**45.**　方位磁石の各部品をくわしく説明した説明書のページ。

**46.**　裏面のマーキングのアップ。

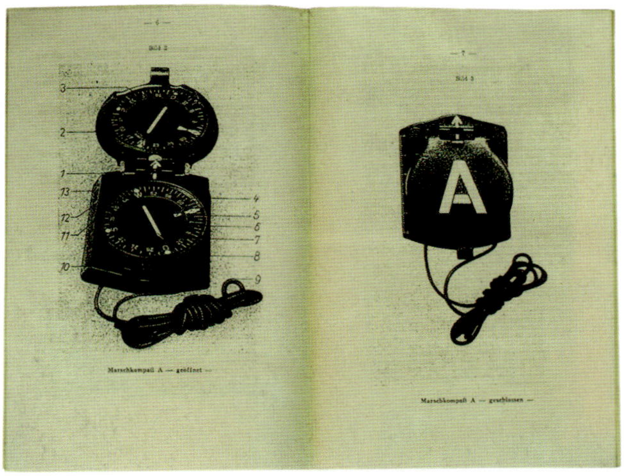


46

47

**47.**　すぐ使えるように首から下げるか、上衣のボタンに留めて携行できるようにデザインされたモデル。有名なラテノーのメーカーがおそらく1939年から1941年のあいだに製造した黒いベークライト製モデルである。

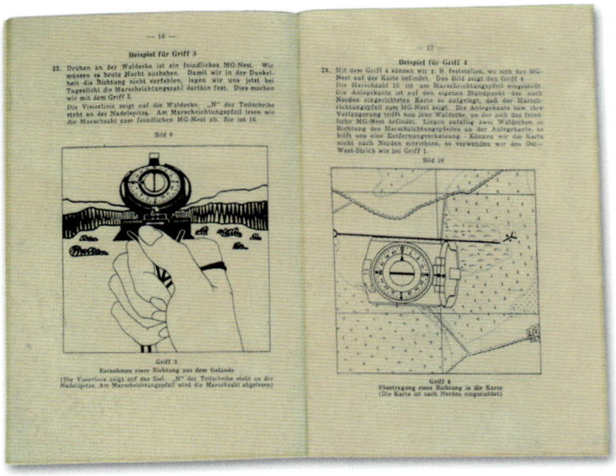

48

48. 戦争末期（1944 年）に一般的なスタイルの方位磁石の正しい使いかたをしめす兵士用の小冊子。

49. 鏡も物差しもついていないが、上衣のボタンに装着するストラップはついているシンプルなモデル。ベルリンのＰ・ゲルツ社の製品。

50. 1941 年にベークライトで製造されたソ連由来のモデル。ドイツ兵が熱心に探していた戦争土産だった。

51. 方位磁石を持っていない場合、時計を使って方位を知る方法を説明する教範。

49

50

51

# 双眼鏡

歩兵をはじめとする各兵科のためにデザインされた一般的な双眼鏡は6×30「ディーンストグラース」（軍用双眼鏡）だった。双眼鏡は、将校または下士官の階級に関係なく、分隊長に割り当てられる。一般には携行ケースといっしょに支給される。

52

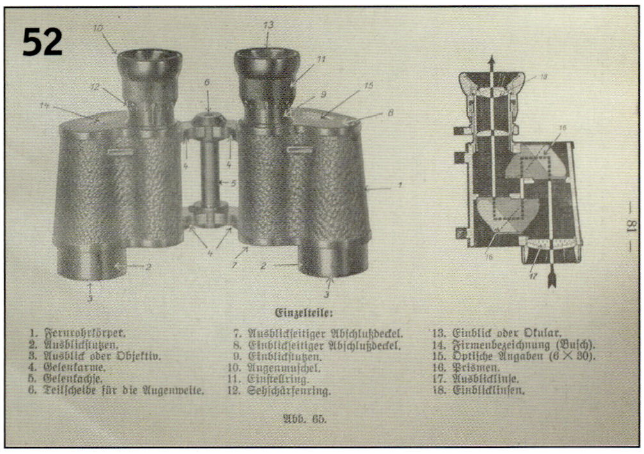

52. 当時の教範に掲載された、6×30 双眼鏡の基本的な部品を説明する断面図。

53

**53.** 通常、双眼鏡には右側の部分に目盛りがついていて、距離や範囲を計算するのに使われた。もっともこの特徴は戦争末期には製造過程で廃止されている。この兵用の教範では、その正しい使いかたが説明されている。

54

**54.** 全体がマグネシウムとアルミニウムで製造された双眼鏡。重い素材で製造されたものよりずっと軽くなっている。ケースは黒のベークライト製がごく一般的である。

**55.** 規定の色のケースにおさめられた後期型の双眼鏡。資源節約のため、合成樹脂製の内張り（エボナイトあるいはベークライト）は廃止され、黒か規定のサンド色で塗装された左右ボディの外装も省略されている。

**56.** ケースには、天然皮革製と黒のベークライト製、そして「シュトッフ」（布地という意味だが、実際には合成素材）製の3種類があった。この写真は、黒いベークライトで製造された、いちばん一般的なケースのひとつをしめす。

55

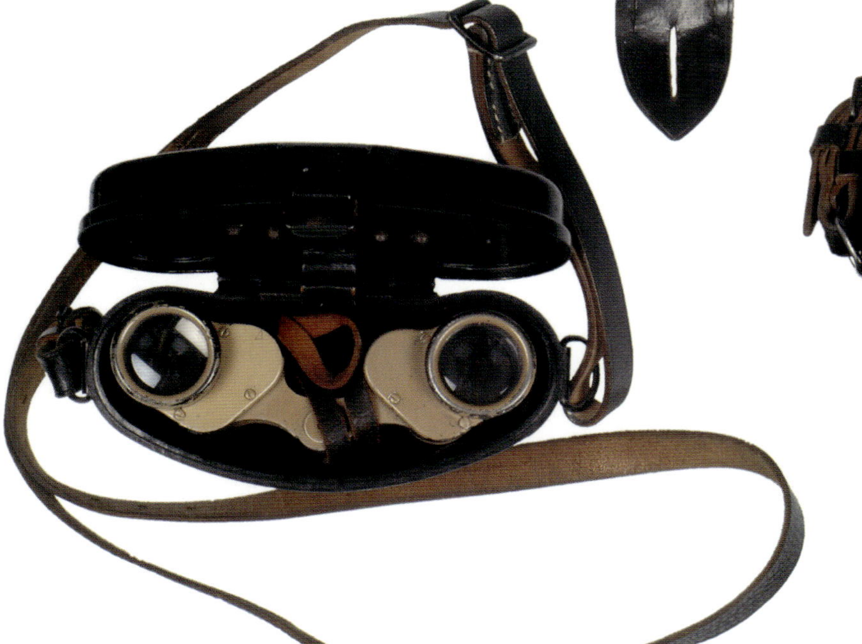

56

57

**57.** 褐色のベークライト製の後期型。

**58.** 天然皮革で製造された初期型ケース。

**59.** ケースには普通、1本の肩紐と、ベルトに装着できる背面の2本のストラップがついていた。

58

**60.** 単眼式望遠鏡も使用された。両目で見られない弱点があったが、軽量で安価という利点があった。ケースは褐色。

59

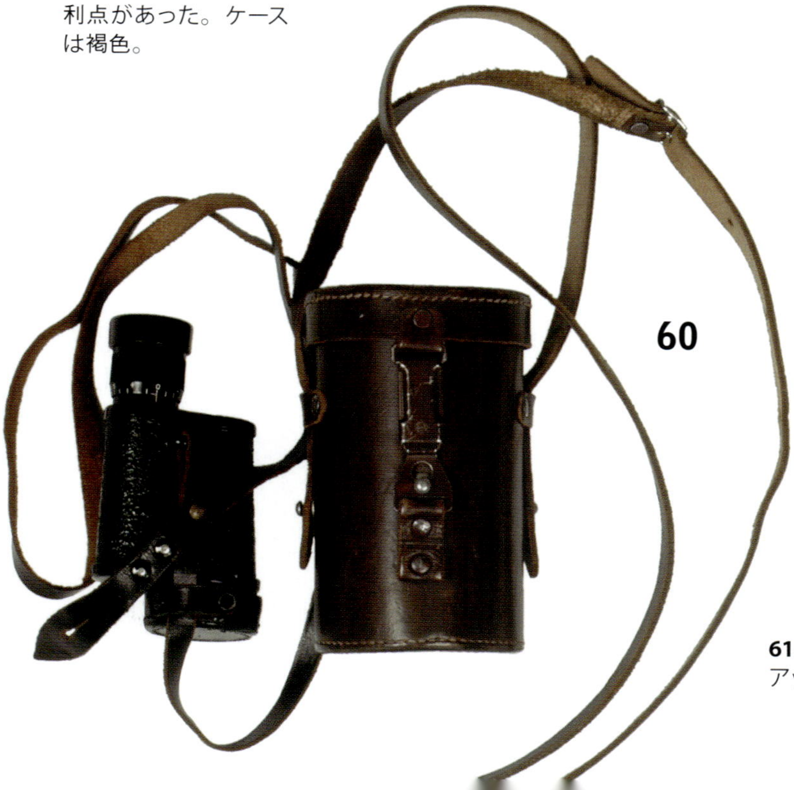

60

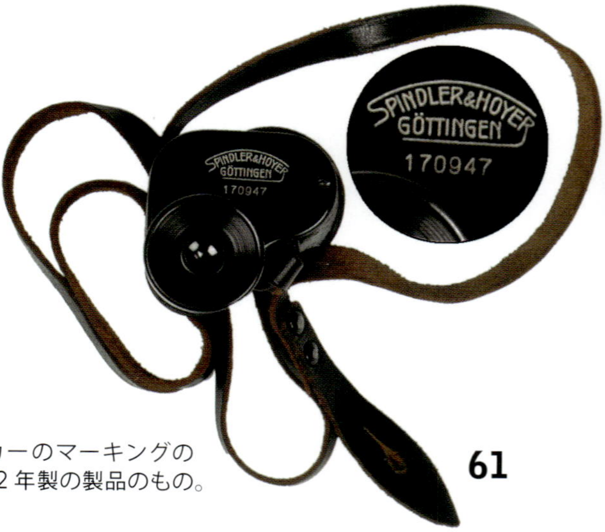


**61.** メーカーのマーキングのアップ。1942年製の製品のもの。

61

62

63

64

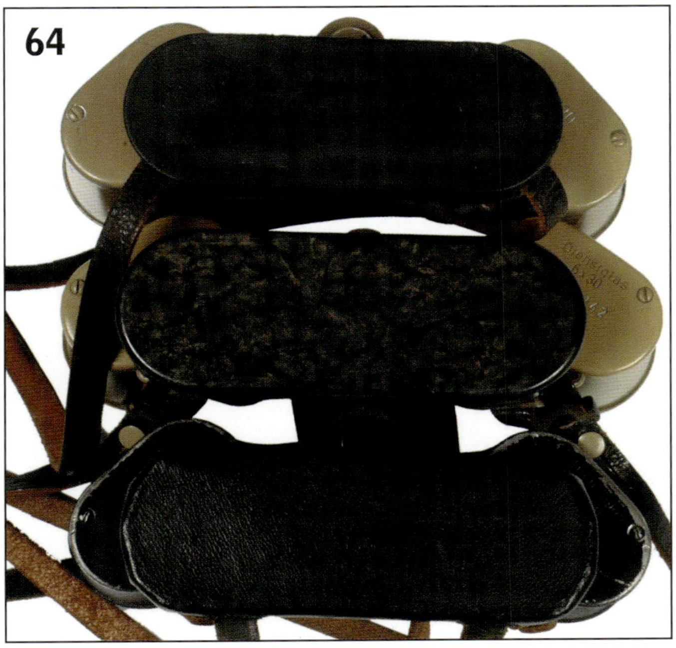

65

**62.** 双眼鏡にはアルミニウムや真鍮や板金で製造された上部に、さまざまなマーキングがあった。「ディーンストグラース」（軍用双眼鏡）の文字につづいて、倍率の数字、この場合には 6 × 30 と、製造番号が入っている。

**63.** そのほかの記号、たとえば青い三角形は、特殊なグリースを使っているので低温での使用が可能で、湿気による影響を避けるためにワックスで密封されていることをしめしている。H/6400 は目盛りを使って高低差や距離の計算の補助に使える特性を持っていることを表わす。最後にメーカーの名前や、エミール・ブッシュ（cxn）、カール・ツァイス（blc）、スワロフスキー（cag）、フォイクトレンダー（ddx）、ゲルツ（bpd）、ヘンソルト（bmj）、ローデンストック（eso）など、光学機器メーカーを表わす 3 文字のコードがある。

双眼鏡は 1943 年の規定によってサンド色に塗装された。この処置は全軍に適用するためにはじまったもので（終戦までつづいた）、広く信じられているように、熱帯地方での使用を意図したものではない。

**64.** ベークライトやゴム、革あるいは合成素材製のさまざまな接眼部カバー。

**65.** 首から下げるためのストラップと接眼部のカバーの位置をしめす。

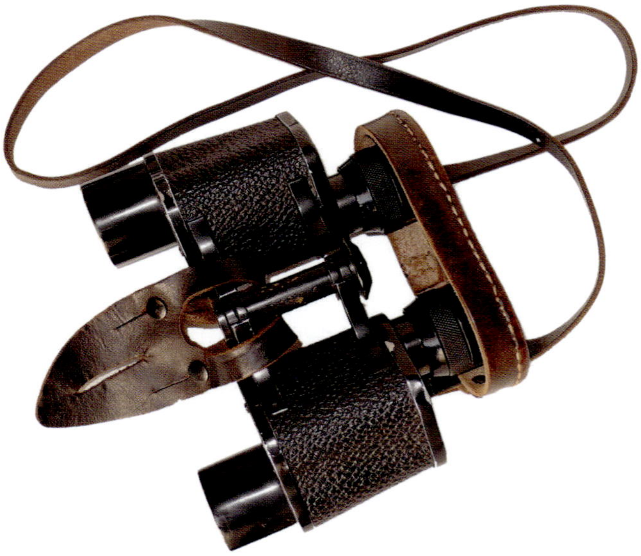

66

**66.** 天然皮革製の接眼部のカバーは初期の製造で、戦前の「ライヒスヘーア」用のマーキングがある。

**67.** 使わないとき双眼鏡が動いたりぶつかったりしないように、タブ（「アンクネップフラッシェ」）を上衣にボタンで留める方法。

67

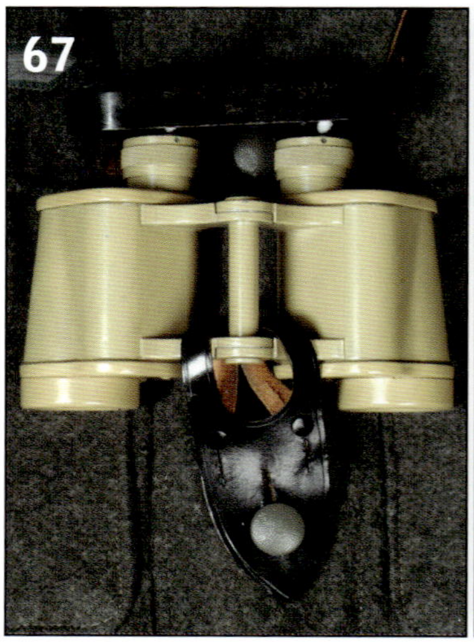

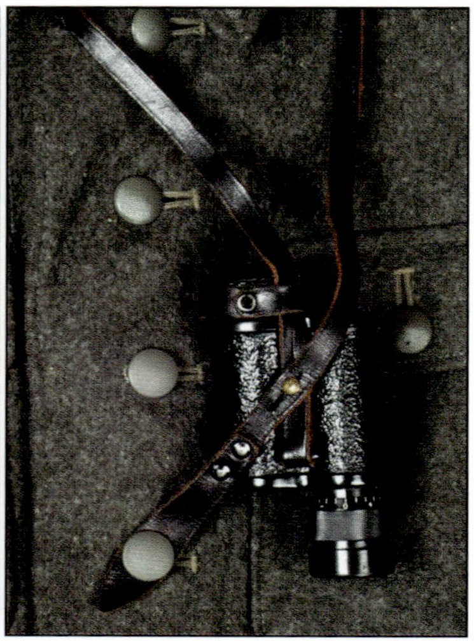

68

**68.** 物資を極端に節約しなければならない生産状況のもと、ベークライトで製造された双眼鏡。金属製の部品はサンド色に塗られている。ラテノーのエミール・ブッシュ（cnx）が製造したもの。

# 信号拳銃

69

**69.** この信号拳銃は1928年にツェラ・メーリス（チューリンゲン州）の銃器メーカー、カール・ワルサーによって開発、製造された。写真には5発の信号弾をおさめるベークライト製のケースと蓋も写っている。いちばん一般的なモデルはアルミ合金製で、27ミリ口径の銃身を持っていた。

写真のモデルは「カンプフピストーレ」と呼ばれた、もっと用途の広いバージョンである。「Z」のマークが描かれ、腔線つきの銃身を持っていることをしめしている。信号弾のほかに、対人弾や発煙弾、通信文をおさめた弾など、各種の弾薬を発射できた。

信号拳銃は分隊長が携行し、前線では信号弾の色による符丁によって、信頼できる通信および指揮の手段となった。ほかにも亜鉛板のプレス加工で製造された粗末なM42などのモデルがある。

70

**70.** 天然皮革で製造されたケース。人造皮革でも製造されている。M42信号拳銃はケースなしで支給された。

**71.** 着色信号弾が完全にそろった後期製造の豚革製ケース。肩紐を袈裟掛けにしたり、あるいは弾薬パウチと同じように裏のストラップにベルトを通して携行することができた。

**72.** 兵士用の教範に載っている信号拳銃の説明。ここでは戦前のモデルが紹介されている。

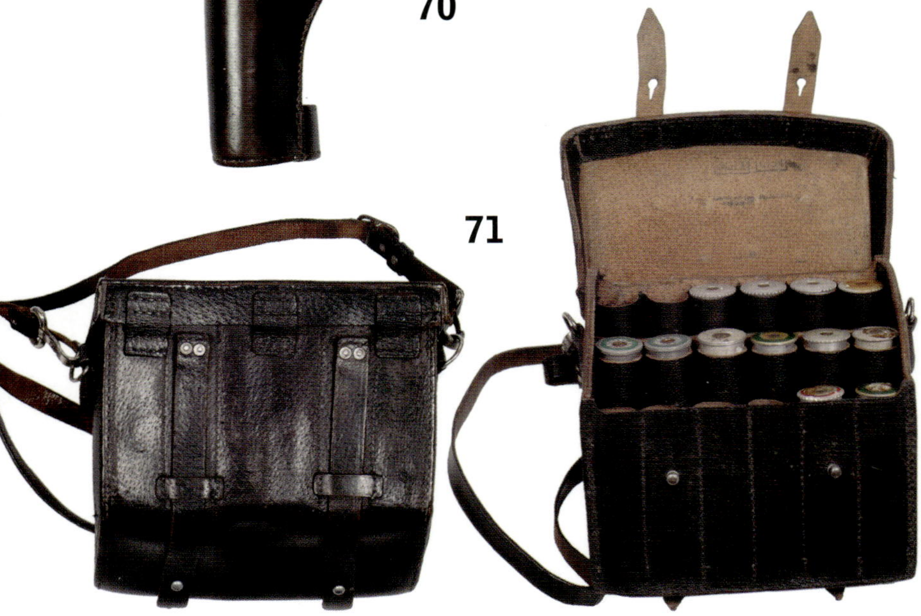

71

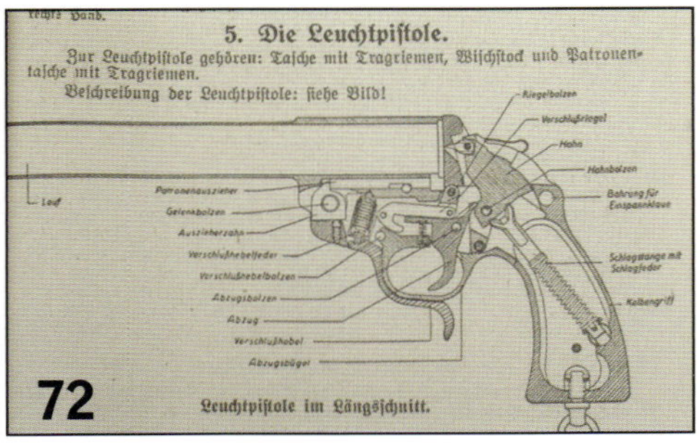

rechte Hand.

5. Die Leuchtpistole.

Zur Leuchtpistole gehören: Tasche mit Tragriemen, Wischstock und Patronentasche mit Tragriemen.

Beschreibung der Leuchtpistole: siehe Bild!



Leuchtpistole im Längsschnitt.

72

# ホイッスル

**73.** 将校、下士官兵用のホイッスルは 1943 年から歩兵部隊の中隊長、小隊長、分隊長に支給された。セルロイドかベークライト製で、上衣の第 3 ボタンに取り付け、ポケットにしまわれた。前線での戦闘中に命令を伝達するのに欠かせない装備だった。

73

# M33 野戦電話機

指揮所と各陣地との連絡を円滑にたもつことはなによりも重要だった。この目的のため、第一次世界大戦でさえ、ドイツ軍は野戦電話機を支給されていた。この電話機は 1920 年代末に改良され、最終的に全体がベークライト製の M33 モデルにいきついた。この装置は 1.5 ボルトの電池と磁気式通話システムで作動した。

電話線を敷設して、偽装し、保守することは、通信兵が遂行しなければならない困難で危険きわまりない任務のひとつだった。たえず妨害と待ち伏せの危険にさらされたからである。

74

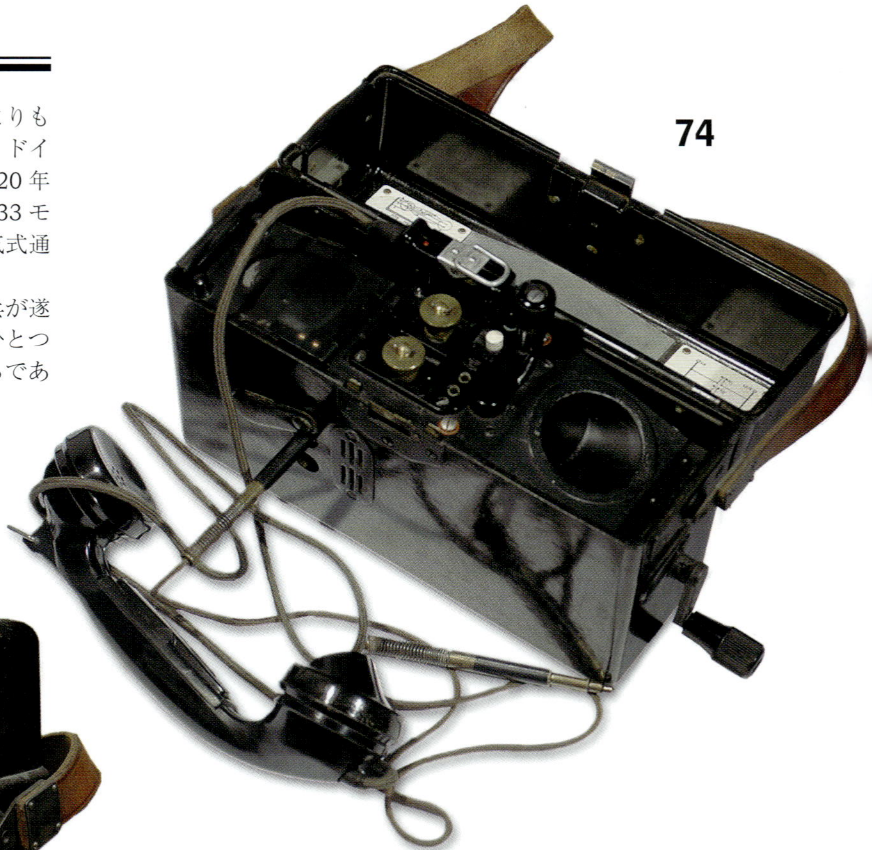

75

**74.** 通話状態の電話機。側面のプラグ付きコードは付属品用、あるいはべつの電話機を接続するためのもの。

**75.** 通話用の発電ハンドルと携行ストラップの位置。

76

77

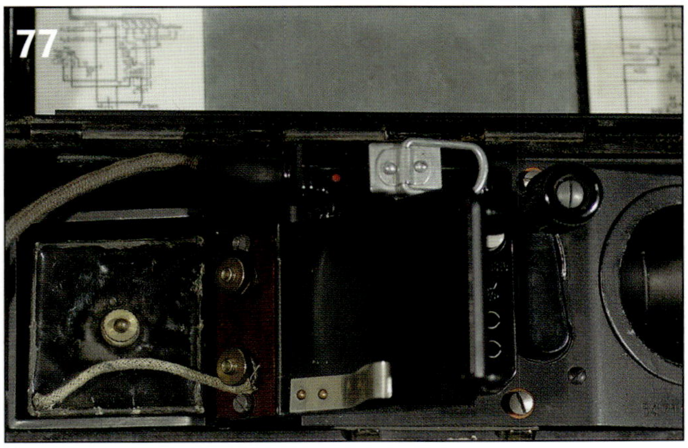

**76.** 接続端子と受話器コード、通話ボタン、そして兵器局のマーク。

**77.** 電話機内の収容部におさめられた電池と、携行状態のハンドル。

78

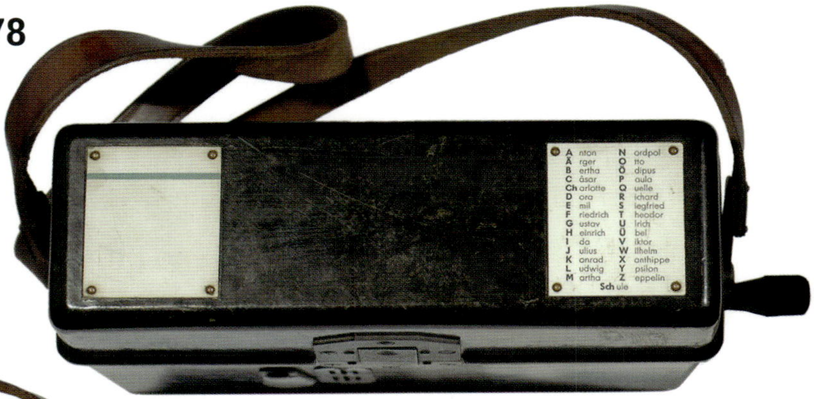

79

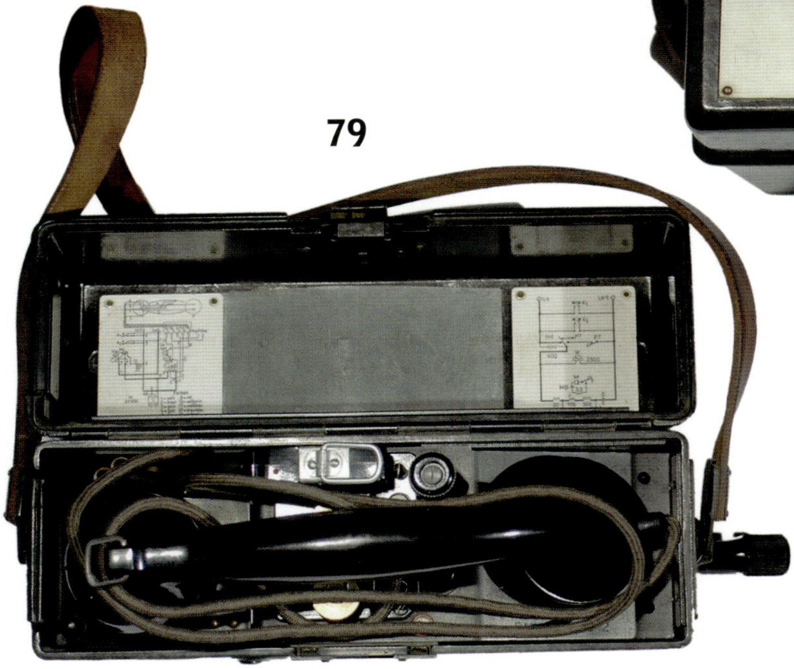

**78.** 蓋には音標アルファベットと、受信したメッセージを書き取るための銘板がリベット留めされている。

**79.** 蓋の内側には回路図が２枚ついている。

**80.** 「フェルトフェルンシュプレッヒャー33」の主要な部品を説明する取扱説明書のアップ。

80

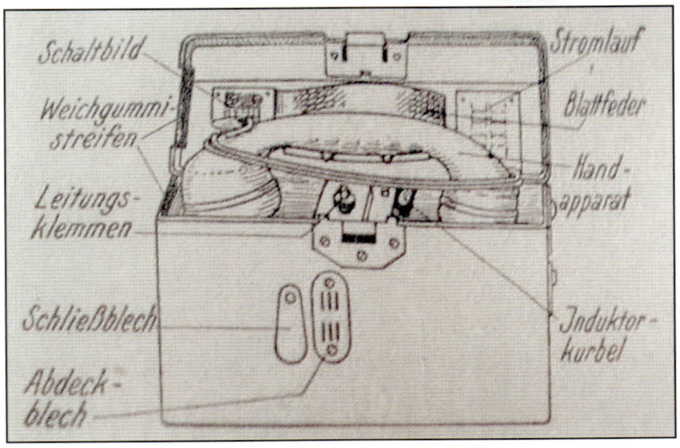

# 武器

戦争が勃発したとき、ドイツは、すばらしい設計と最高級の品質で長年評価されてきた自国の産業が1920年代と1930年代にひそかに開発していた膨大な武器の備蓄にたよることができた。実際のところ、その多くはまさに戦場の芸術品であり、こんにち収集家たちから熱心に探し求められている。

アントンが開戦時、自分が世界一充実した装備を持つ軍隊の一員であるという事実にどれぐらい気づいていたかは、はっきりとわからない。これらの「商売道具」の品質と性能は戦前のスペイン内戦（1936-1939年）で徹底的にテストされ、メーカーがこうした殺傷能力を持つ機械を極限まで「微調整」することを可能にした。しかし、この完璧主義にはある意味、重大な欠点も隠れていた。この欠点は、ナチ支配層が予想あるいは希望していたよりも戦争が長くつづき、増大した兵器の需要にこたえなければならなくなると、結果的に大きな問題を引き起こすことになった。ドイツ軍の小銃や拳銃や手榴弾が驚くほど高い品質を持っていることは疑いない。しかし、その大半はきわめて複雑な製造工程を必要とし、それに相当する敵の武器よりもはるかに多くの部品で構成されていた。敵の武器は製造がずっと簡単で、将来は頂点をきわめる大量生産という新しい哲学にしたがって設計されていた。第二次世界大戦から生まれたきわめて重要な変化のひとつは、まさに19世紀の典型ともいえる「品質にこだわった製造」の終焉と、低価格高速生産に特徴づけられる産業デザインの新時代の到来であろう。

1939年のチェコスロヴァキア併合により、ドイツは同国の重要な軍需産業と兵器の備蓄を手中におさめた。さらに戦争初期の征服の見返りのおかげで、ドイツは将兵にさらなる武器を供給することができた。これらはかならずしも一線級の能力を持っているとはいえなかったしても、二線部隊や訓練部隊が使うのにはじゅうぶん適していた。「総力戦」の再編成により、やっと1941年、ドイツの産業界は時代に合わせて簡略化した構造の兵器や、まったく新しい革新的な兵器群を前線の兵士に供給できるようになった。これらの革新的な兵器は多くの場合、あらゆる近代的な軍隊の将来の歩兵兵器体系を先取りするものだった。

第二次世界大戦でドイツ軍歩兵が使った小火器を全部詳細に記録することは、本書の領域をはるかに超えている。このテーマを掘り下げることにとくに関心をお持ちのかたはきっと、もっと詳細で専門的な著作を見つけられることと思う。しかし、この第二次世界大戦のドイツ軍歩兵の暮らしぶりのポートレートで、アントンのもっと馴染みのある武器に少しでも注意を向けないのは手落ちだろう。

疑いなくKar98K小銃は第二次世界大戦のドイツ軍歩兵のもっとも代表的な銃器だった。現在ではほとんど伝説の武器となっている。

# モーゼル Kar98K 小銃

第一次世界大戦のドイツ兵は何百万挺と製造され、世界 26ヵ国で採用されたゲヴェール（ボルト・アクション式小銃）M1898 で戦った。この全長 125 センチの長い小銃は銃剣がきわめて重要な役割を演じる塹壕戦には適していたが、高レベルの機動性と装備が要求される現代の第三帝国の電撃戦には不向きだった。

ヒトラーは 1933 年についに首相の地位につくと、900 億マルクを武器の開発に割り当て、翌年のはじめには、ヘーレスヴァッフェンアムト（HWA）つまり兵器局が創設された。この新しい部局が最初に下した決定のひとつが、全兵科に適した信頼でき、堅牢で、経済的な小銃を兵士に供給することだった。高名な銃器メーカー、ザウェルとモーゼルがこの計画をまかされ、後者は 1934 年 1 月、兵器局を前にみごとな成果を見せた。その結果登場したのが、伝説的なカラビナー98 クルツ（短騎兵銃モデル 1898）、略称 Kar98K である。

これはほとんど第一次世界大戦のモデルを基にしていたが、全長は 110 センチに短縮され、改良がくわえられていた。ボルト・アクション式小銃は 1935 年の国民皆兵制度の再導入にしたがって組織された新生ドイツ軍の再軍備に適していて、当時のヨーロッパのどんな軍隊にもこれに匹敵するものはなかった。重量は 4 キロで、照門はカーブした基部にそってスライドさせて、射距離 100 メートルから 2000 メートルのあいだを上下させることができた（有効射程は約 800 メートル）。安全装置のレバーはボルトの端にあり、標準の 7.92 ミリ弾の 5 連挿弾子を収容できた。

ほかの多くの装備と同様、Kar98K は戦争が進むにつれて厳しさを増す経済的な制約の影響を受けた。一連のバリエーションが採用されたのち、現代の収集家から「クリークスモデル」（戦時型）と呼ばれる後期型が登場する。床尾板がプレスした金属製の「エンド・シュー」に変わり、着剣装置がなく、銃床バンドがプレスした金属製になった二級品である。

何百万挺という小銃を供給したのち、モーゼル社は終戦直前の 1945 年 4 月に製造を中止した。そのころにはすでに Kar98K は歴史の仲間入りをしていた。

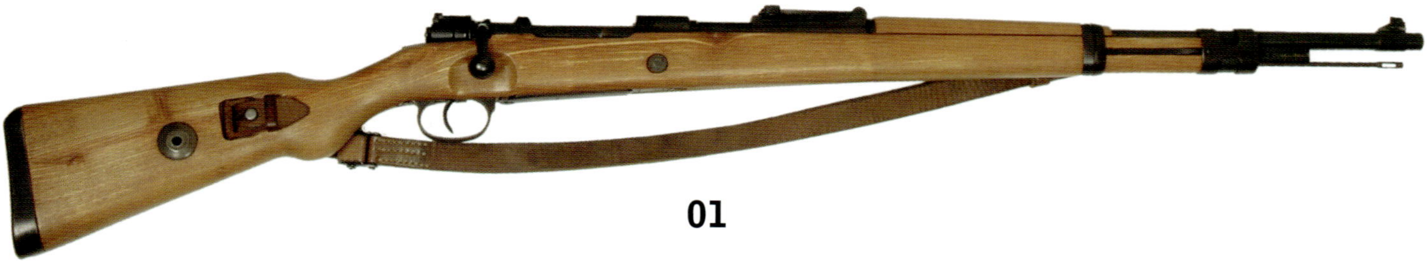

01

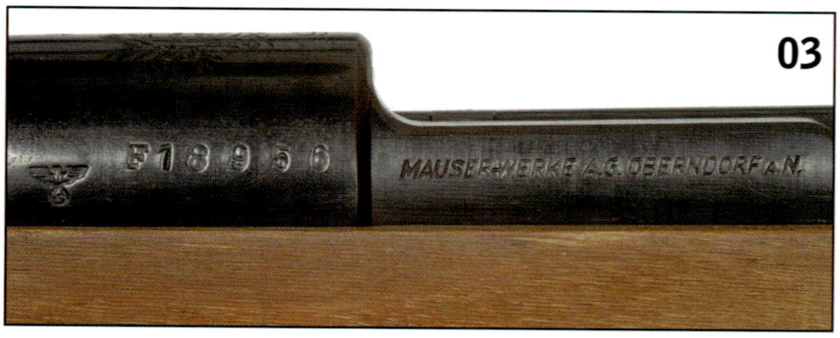


**01.** 1941 年に製造された未使用の Kar98K。

**02.** ポルトガル軍向けに製造された小銃の製造年がわかるアップ。

**03.** 製造番号と兵器局の鷲章、そしてメーカー名。

04
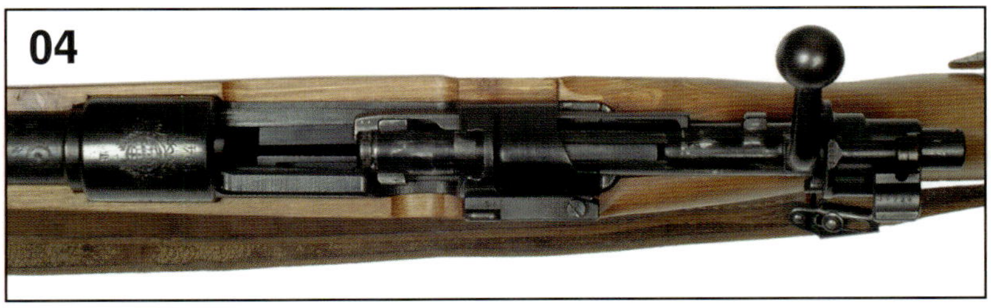

05
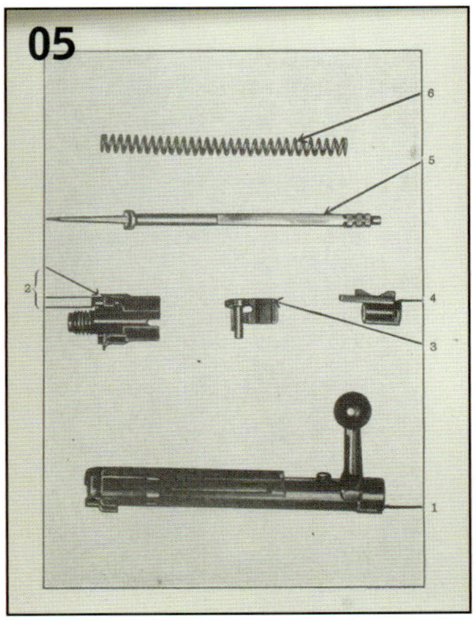

06
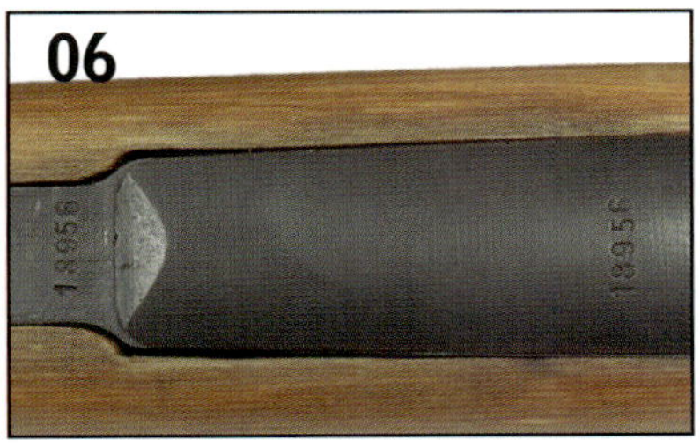

07

08

09

**04.** Kar98K はボルト・アクション式の小銃である。ここでは 5 連挿弾子を装填するためにボルトを開いて後退させた状態をしめす。

**05.** ボルトのさまざまな部品をしめす使用手引書のページ。

**06.** 小銃の多くの部品には同じ製造番号がついている。

**07.** ボルトの後端にある安全装置のレバーのアップ。ここでは左に倒して、射撃できる状態になっている。中央の位置は分解のためで、右に倒した位置が安全装置のかかった状態である。

**08.** 負い革（スリング）の縫い目がわかるアップ。

**09.** 小銃の銃床にある金属製のハトメ穴は、分解掃除のとき、撃針を傷つけずにボルトからはずすためのもの。

**10.** 分解時に銃床のハトメ穴を利用する正しい方法をはっきりとしめした使用手引書のページ。

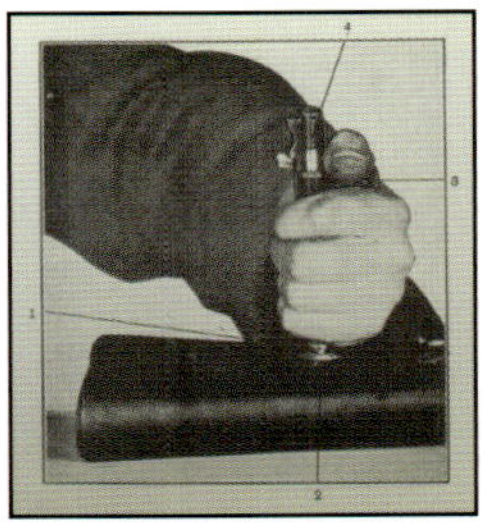

10

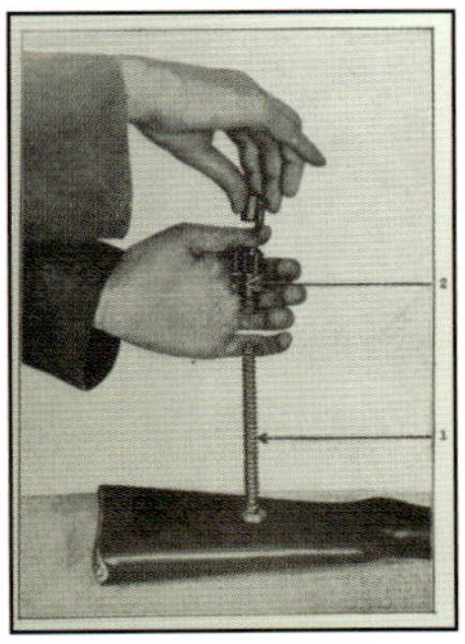

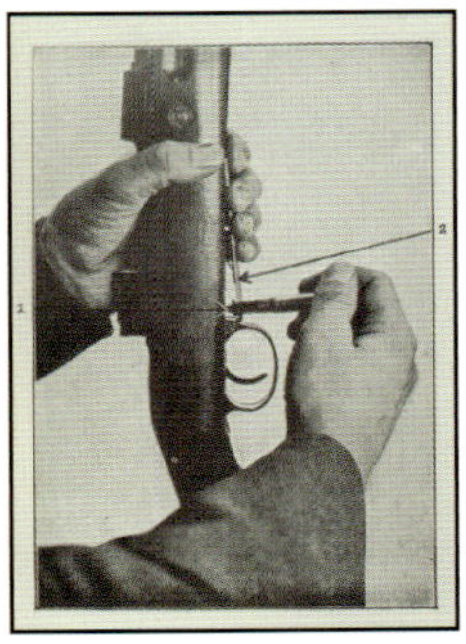

**11.** Kar98K は精確で、信頼でき、使い勝手のいい小銃だったが、アメリカ軍のガーランドのような一部の連合軍の小銃にくらべて再装填がやや遅かった。この欠点を克服するために、ドイツ軍は半自動式（ゼルプストラーデゲヴェール）の小銃ゲヴェール 41 と、その改良型のゲヴェール 43 を製造した。にもかかわらず、この新型小銃の最初の製品が支給されたとき、兵士たちは――とくに狙撃手は――あきらかに満足せず、精度の面でも信頼性の面でもすぐれていると考えて、古い Kar98K を使いつづけるほうを選んだ。

照準スコープ（通常は 4 倍率のアカック・スコープ）のほかに、Kar98K には擲弾発射器を装着することができた。兵器局は革製のケースに擲弾発射器の部品をおさめた専用キットを支給していた。

**12.** 小銃を擲弾発射器として使うための付属品。

11
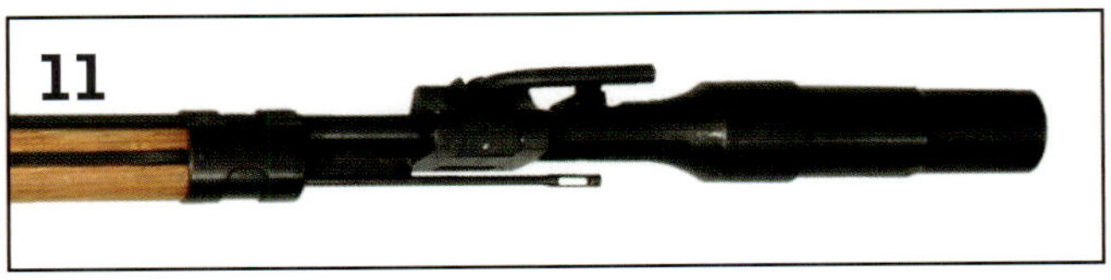

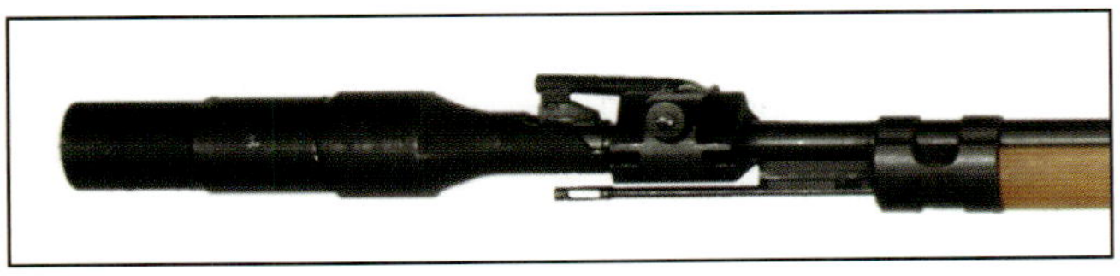

12

**13.**　Kar98K に装着する擲弾発射器のさまざまな部品。

**14.**　擲弾発射器の部品用の革ケースを横と裏から見たところ。首から下げるか、ベルトに固定することができた。

**15.**　ケースのストラップには製造年、兵器局の鷲章、メーカのコード「dkk」が見える。これはヴェストファーレン州北部、ベルギッシュ・グラートバッハ地方のベングスベルクにある皮革製品工場フリードリッヒ・オファーマン・ウント・ゼーネ社を表わしている。

**16.**　資源節約のため、軍需品メーカーはこの分野でもコストの削減を迫られた。写真は無垢材の木製銃床に上質な負い革をつけた 1941 年製のモデル（上）と、積層材の木製銃床に品質の劣る負い革をつけた 1943 年製のモデルを比較してしめす。

**17.**　照星もまた戦時の節約手段の影響を受けた。下が 1941 年製で、上が照星にガードをつけて補強した 1943 年製である。

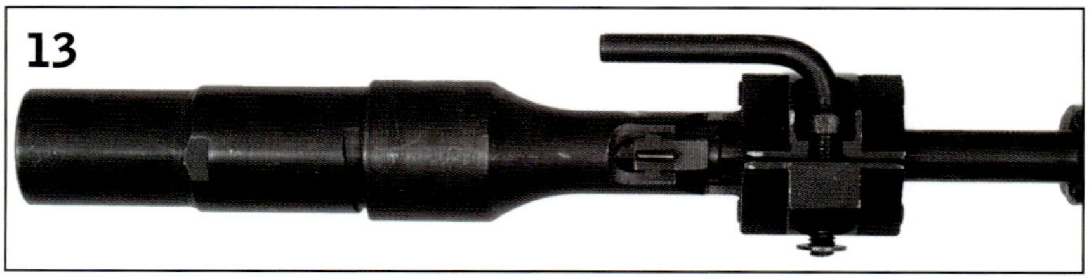
13

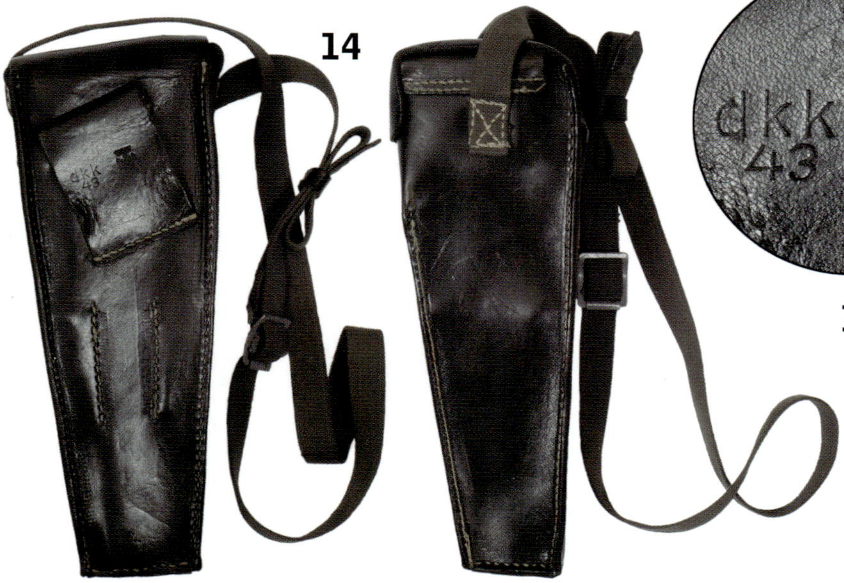
14

15

16

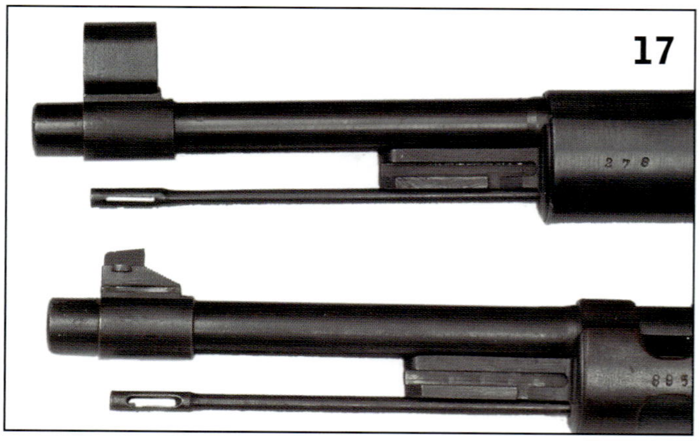
17

18

**18.** 1943 年製のモデルの左右と上下。材料の質は低下しはじめているが、まだ落ちるところまで落ちてはいない。

19

**19.** 閉じた状態のボルトと射撃位置にある安全装置のレバーを上から見たところ。

20

**20.** この写真では製造年とメーカーのコード「dou」（チェコスロヴァキアのビストリカのヴァッフェンヴェルケ・ブリュン社）がはっきりと見える。

21

**21.** 負い革の取り付けかたと、ボルト分解用のハトメ穴がわかる銃床右側面のアップ。

22

**22.** ボルト・ハンドルは兵士の被服にひっかからないようにするため、木製銃床に作られた窪みのなかに倒すようになっていた。

23

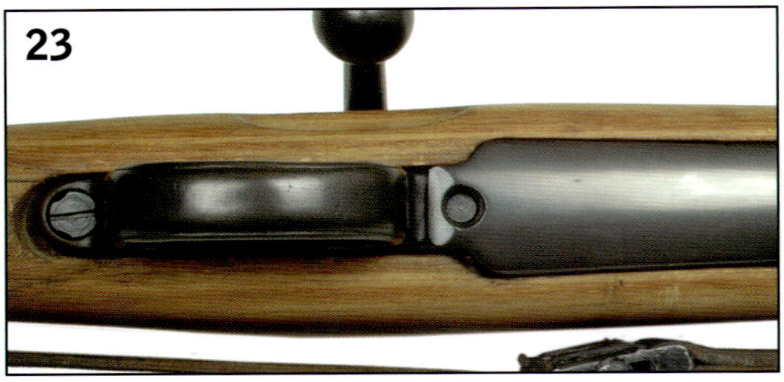

24

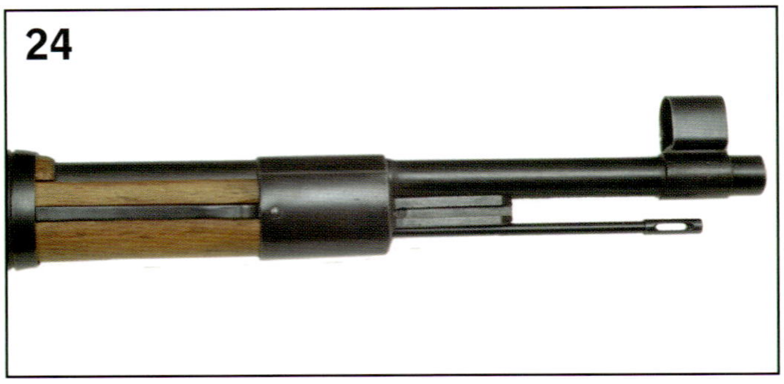

**23.** 1941 年製のモデルとちがって、製造番号はあまり多くの部品に印されていない。

**24.** 1941 年以降の製品では、コスト削減の要求に合わせ、一部の金属部品が簡略化されていた。

**25.** 小銃の手入れキットが入った金属ケース。鎖にはブラシと手入れ布をつなぐことができた。

**26.** キットには銃身にほこりが入るのをふせぐための銃口蓋が入っていた。

**27.** メーカーのコードと製造年。

25

26

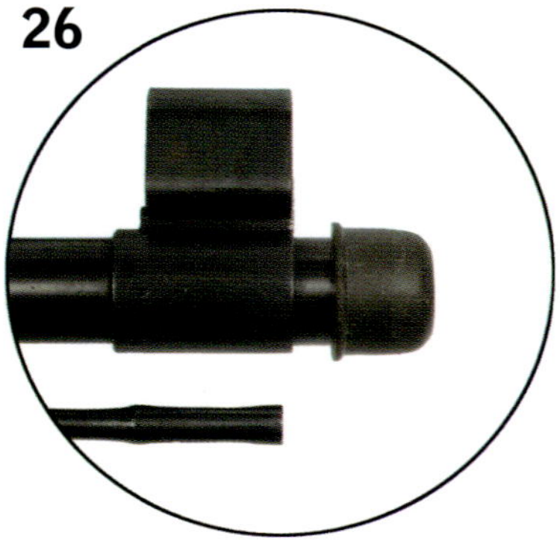

27

28

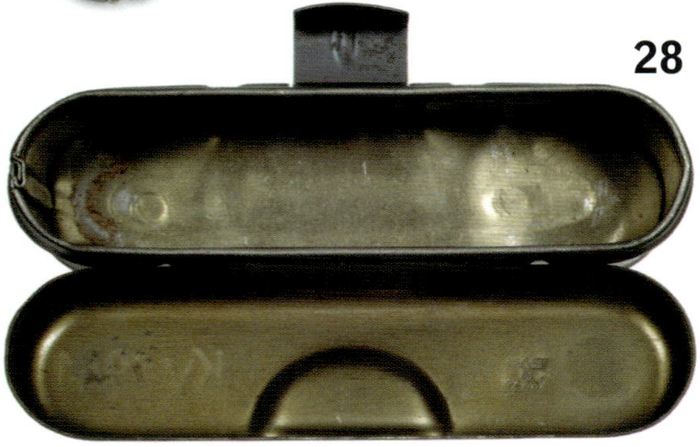

29

**28.** ケースには蓋がふたつあり、内部はふたつに仕切られていて、中身を全部開けなくても、特定の付属品を取り出すことができた。

**29.** 蓋内側の兵器局の鷲章。

**30.** キットのあらゆるアイテムにはメーカーのコードが入っている。

30

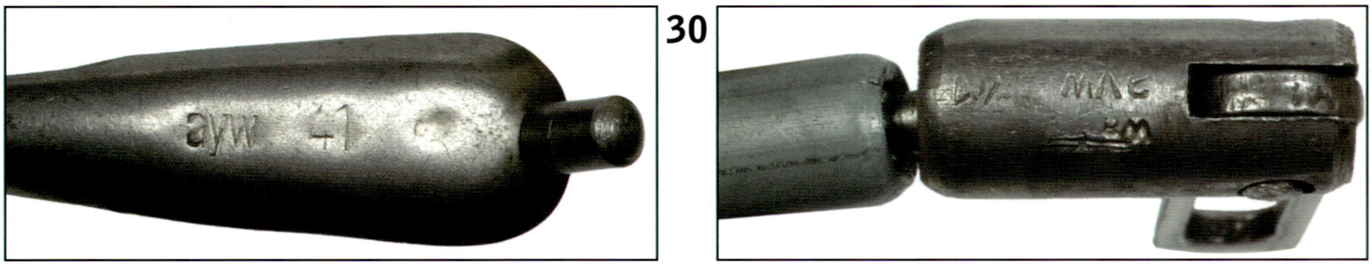

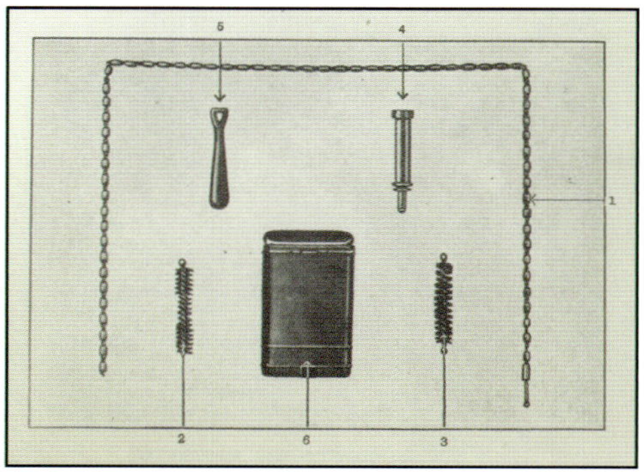

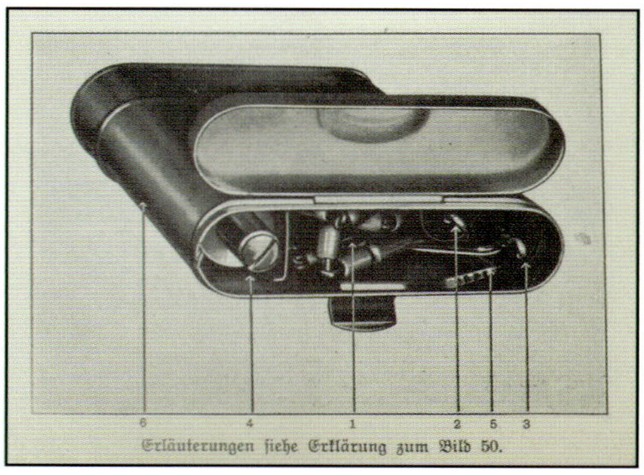


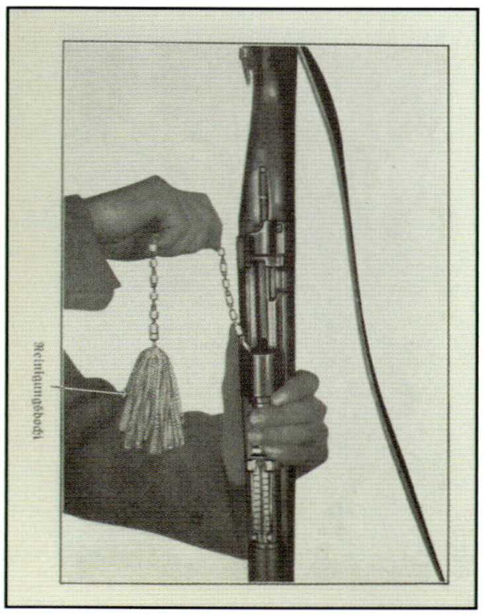

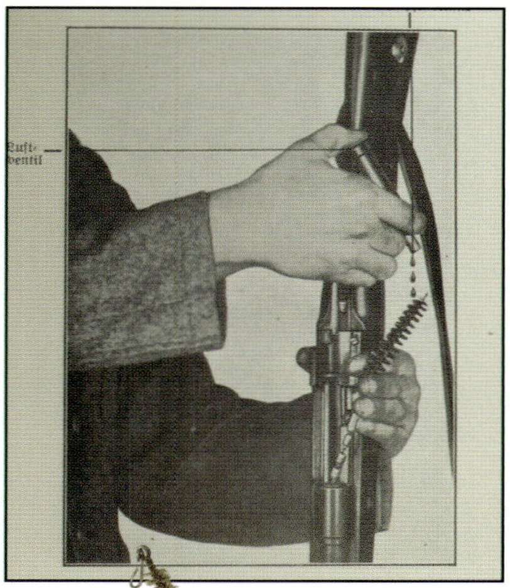


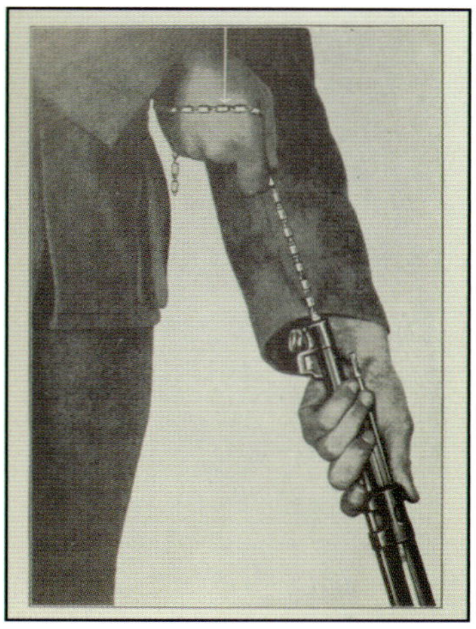

31

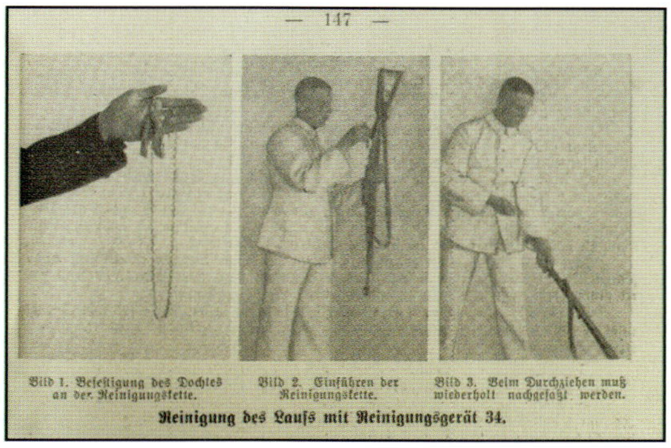
— 147 —

Bild 1. Befestigung des Dochtes an der Reinigungskette.

Bild 2. Einführen der Reinigungskette.

Bild 3. Beim Durchziehen muß wiederholt nachgefaßt werden.

**Reinigung des Laufs mit Reinigungsgerät 34.**

**31.** 手入れキットの使いかたをしめす使用手引書のさまざまなページ。

**32.** 戦争中期の手入れキット。これもまた資源節約の一例である。

32

**33.** 弾薬は15発ずつ入ったボール紙の箱で補給された。この箱は写真に写っているようなもっと大きな箱に詰められていた。箱のラベルには製造年や弾薬の種類（たとえば写真のようにラキールテ・ヒュルゼンと書かれたものは、寒冷地で使用するためにラッカーニスが塗られた弾薬である）などのデータが記されていた。

33

**34.** Kar98K 用のさまざまな挿弾子付き弾薬の例。左はベルリンに拠点を置くメーカー、「ドイッチェ・ヴァッフェン・ウント・ムニツィオーンスファブリケン」（DWM）製である。

**35.** Kar98K に装填する前の挿弾子付き弾薬。

**36.** 小銃への装填は簡単な作業だった。挿弾子付き弾薬を弾倉に垂直に押しあて、弾薬を押し込む。弾薬が装填されたら、挿弾子を引き抜く。あとはボルトを閉じて、射撃をはじめるだけである。

**37.** 使用手引書の弾薬にかんするページ。

**38.** さらにふたつの挿弾子の例。ひとつ目はプラハのイアン・フバレク社（nxc）が 1943 年に製造したもので、ふたつ目はベルリン近郊のオラニエンブルクのハインツェ・ウント・ブランケルツ社（flp）が 1944 年に製造したものだ。

**39.** 小銃への弾薬装填法は使用手引書ではっきりと説明されている。

**40.** ゾルトブーフの兵士各自に支給された小銃を記入するページ。この兵士は 1942 年 6 月 6 日に製造番号 7421 の小銃と製造番号 9192 の銃剣を受領している。

34

35

36

37

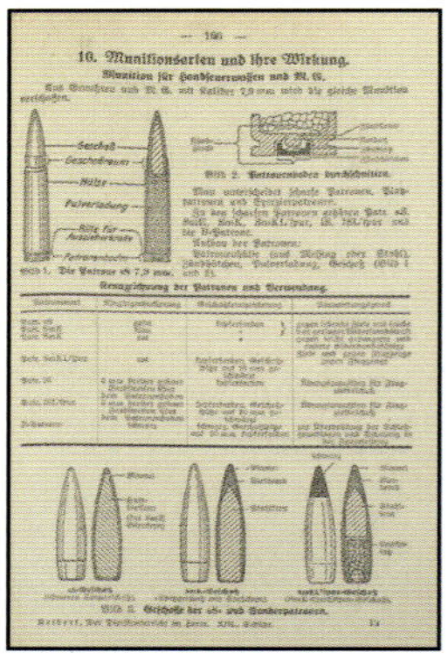
— 166 —

10. Munitionsarten und ihre Wirkung.

Munition für Handfeuerwaffen und M. G.

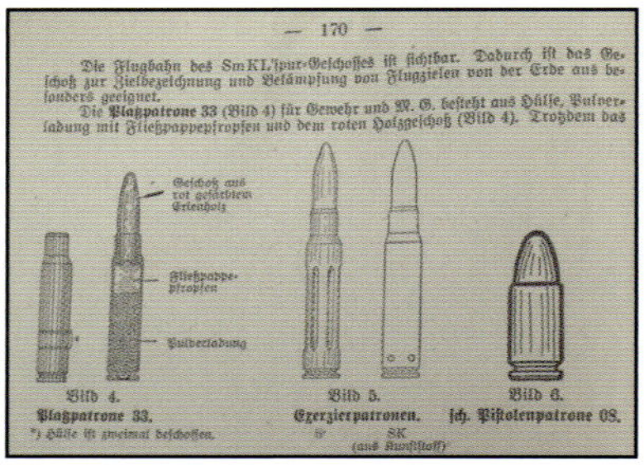
— 170 —

Die Flugbahn des SmKL'spur-Geschosses ist sichtbar. Dadurch ist das Geschoß zur Zielbezeichnung und Bekämpfung von Flugzielen von der Erde aus besonders geeignet.

Die **Platzpatrone 33** (Bild 4) für Gewehr und M. G. besteht aus Hülse, Pulverladung mit Fließpappepfropfen und dem roten Holzgeschoß (Bild 4). Trotzdem das

Geschoß aus rot gefärbtem Erlenholz

Fließpappepfropfen

Pulverladung

Bild 4. **Platzpatrone 33.**

*) Hülse ist zweimal beschossen.

Bild 5. **Exerzierpatronen.**

SK (aus Kunststoff)

Bild 6. **sch. Pistolenpatrone 08.**

38

39

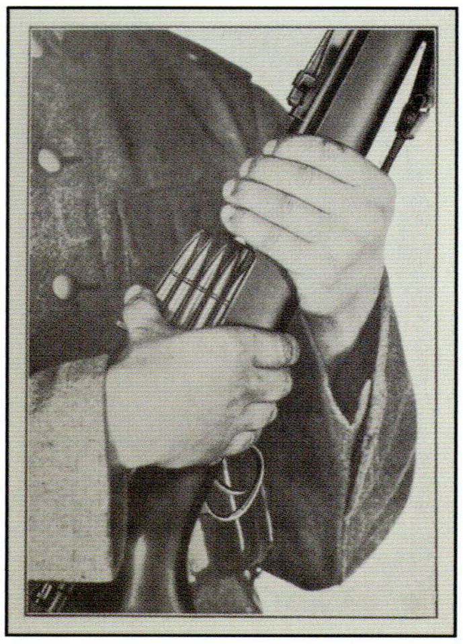

40

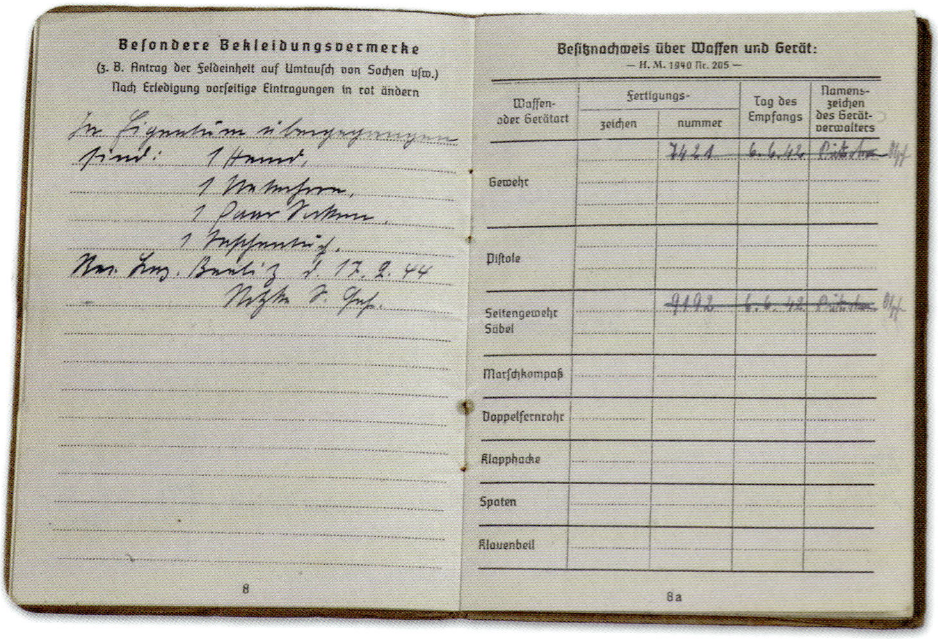
**Besondere Bekleidungsvermerke**

(z. B. Antrag der Feldeinheit auf Umtausch von Sachen usw.)

Nach Erledigung vorseitige Eintragungen in rot ändern

8

**Besitznachweis über Waffen und Gerät:**

— H. M. 1940 Nr. 205 —

| Waffen- oder Gerätart | Fertigungs- zeichen | Fertigungs- nummer | Tag des Empfangs | Namenszeichen des Gerätverwalters |
|---|---|---|---|---|
| Gewehr | | 7421 | 6.6.42 | |
| Pistole | | | | |
| Seitengewehr Säbel | | 9192 | 6.6.42 | |
| Marschkompaß | | | | |
| Doppelfernrohr | | | | |
| Klapphacke | | | | |
| Spaten | | | | |
| Klauenbeil | | | | |

8a

**41.** 小銃の使いかたと保守の方法を説明する写真も入ったKar98Kの使用手引書。写真ではボルトや照星など小銃のさまざまな部品や、銃剣の着剣法、さまざまな射撃姿勢、中隊の小銃保管庫や野戦での叉銃など、小銃の保管方法がわかる。

**41**

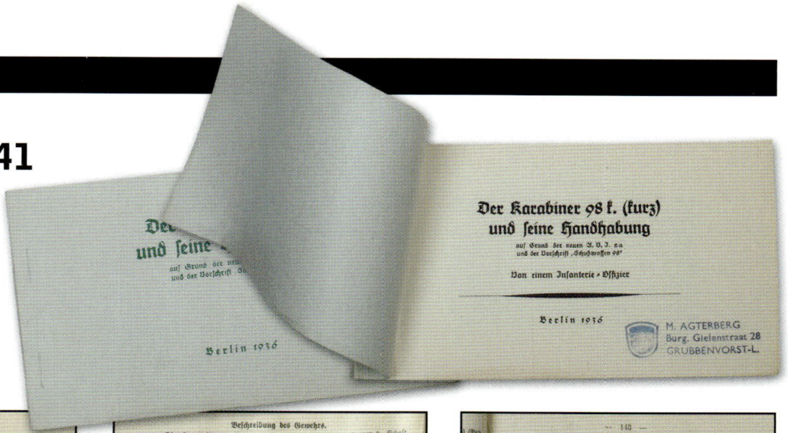


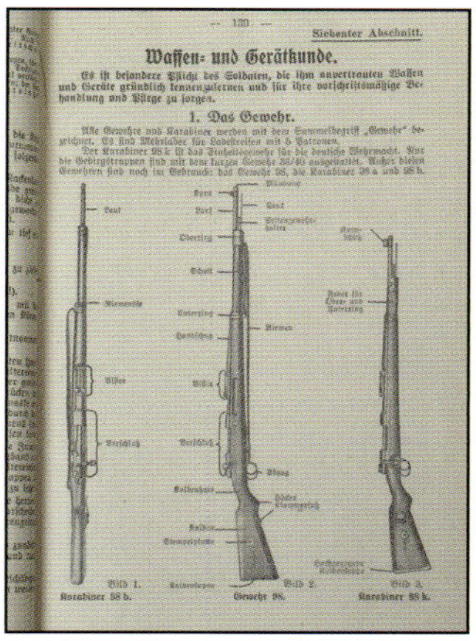


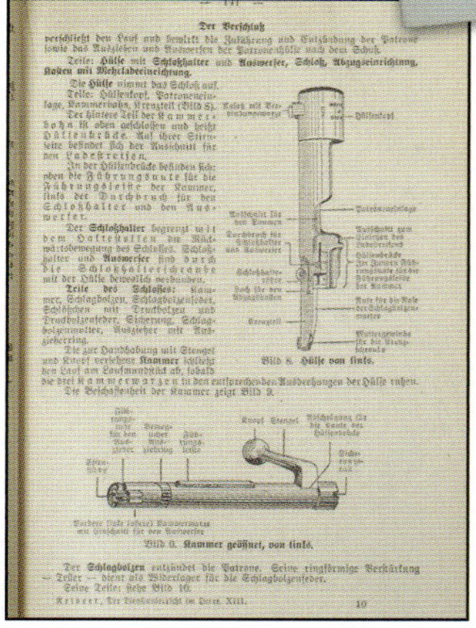


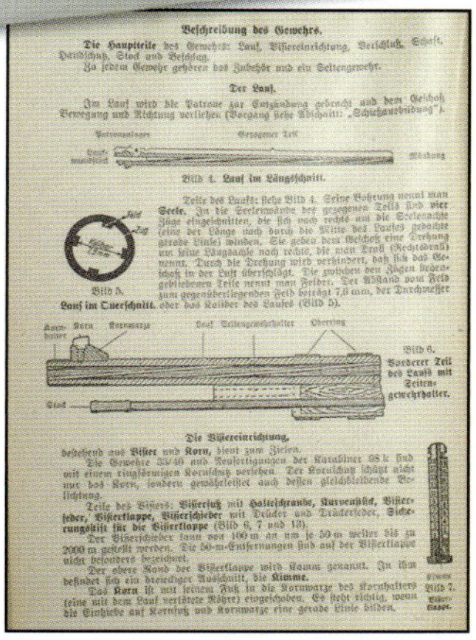


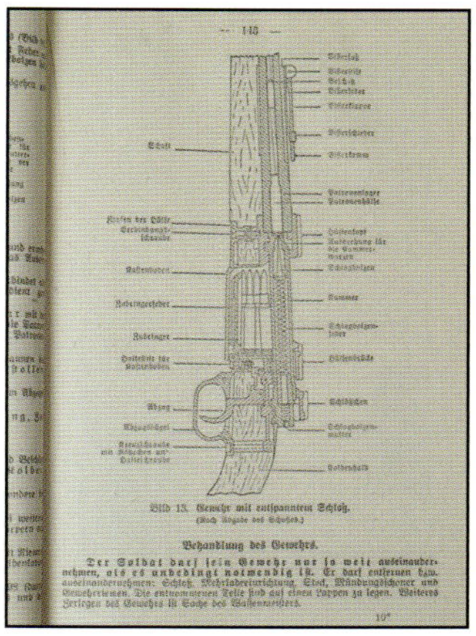


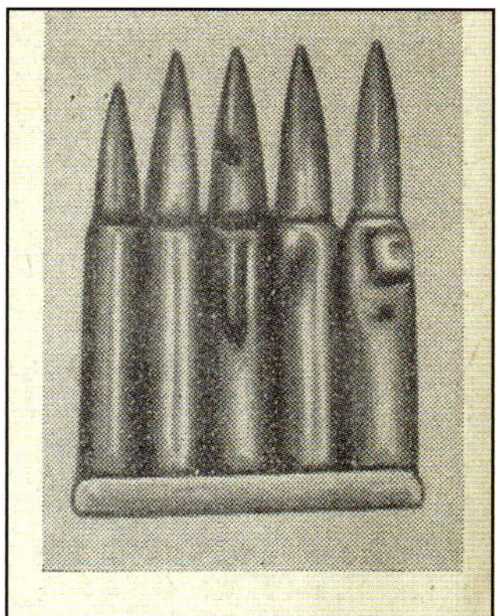
Bild 15.

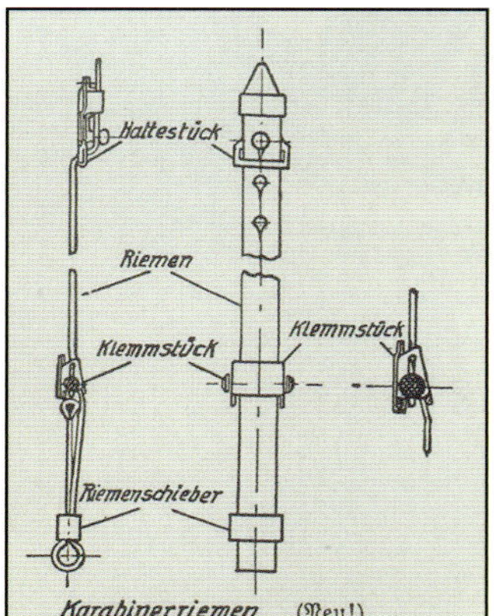

Karabinerriemen. (Neu!)

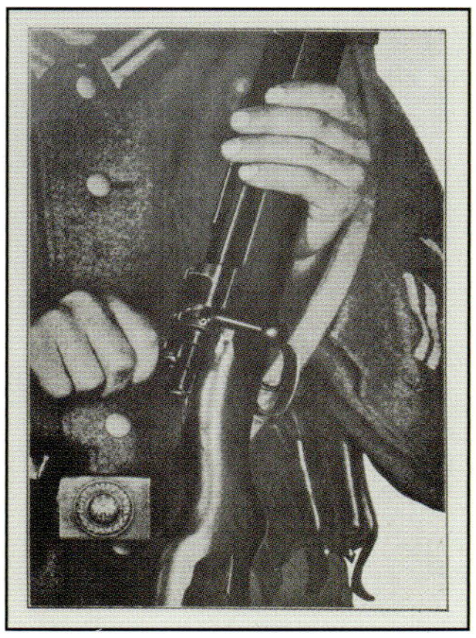

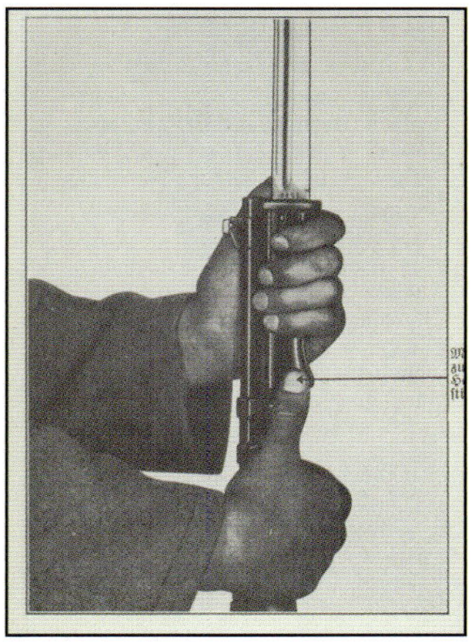

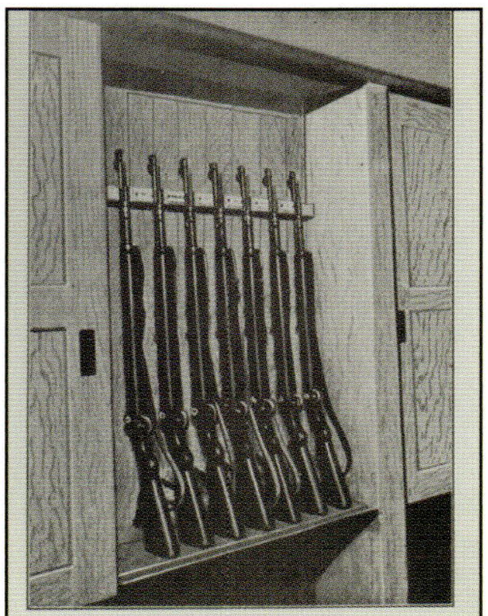
Hier Riemen lang, do Schäfte frisch gefirnißt!

Richtig! Falsch!

# MP40 短機関銃
## （マシーネンピストーレ 40）

第一次世界大戦でドイツは、過酷な塹壕戦における個人の火力増強の要求にこたえるため、「マシーネンピストーレ」（MP）（短機関銃）を開発した。この短機関銃は実のところ、将来の歩兵戦術を大きく変えることになった。

戦間期には、ヴェルサイユ条約によって、短機関銃が禁止された。にもかかわらず、ライヒスヘーアはひそかに私企業による研究と開発を後押ししていた。これら私企業が製造したいくつかのモデルは最終的にドイツ国防軍（ヴェーアマハト）に支給されることになる。やがて1938年、エルフルトのエルマ・ヴェルケ社が設計したMP38が登場した。これが改良されて、やがて有名なMP40になったのである。MP40は発射速度が比較的遅く、反動も小さかったため、同時期のほかの短機関銃より取り扱いが楽だった。着脱式弾倉に9ミリ・パラベラム弾をおさめ、約100万挺が製造された。

42

MP40は連合軍からは銃器設計者のフーゴ・シュマイザーの名にちなんで「シュマイザー」と呼ばれたが、彼はMP41を設計しただけだった。これはMP40に古風な小銃型の木製銃床と単・連発を切り替えられるセレクターをつけたもので、ドイツ軍では制式火器として支給されなかった。

MP40の大きな弱点は32連弾倉で、しばしばグリップとして使われ、最終的に弾倉本体に弾づまりを起こす原因となった。当初MP40はパラシュート部隊員と小隊長、分隊長にしか支給されなかった。しかし、戦争後期になると、ソ連軍が部隊全体を短機関銃で武装させている例が報告された。これによりソ連軍は市街戦や近接戦でドイツ軍にあきらかに優位に立つことができたのである。そのため戦争末期には、ドイツも一部の突撃小隊の全員にMP40を支給している。

天然資源の不足と労働力の限界のせいで、じゅうぶんな数のMP40が生産されたことは一度もなかった。

**42.** 銃床を折り畳んだ状態とのばした状態のMP40をさまざまな方向から捉えた写真。

**43.** 折り畳んだ銃床のアップ。

43

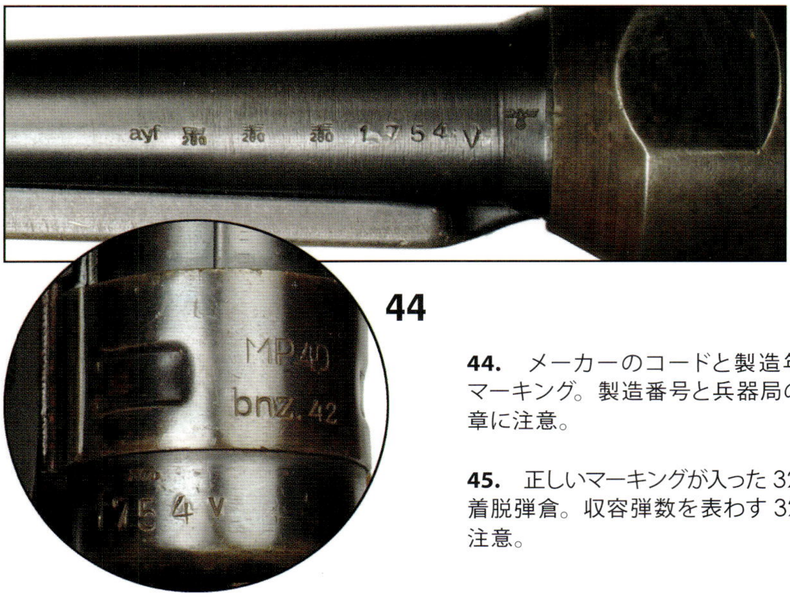


44

44.　メーカーのコードと製造年のマーキング。製造番号と兵器局の鷲章に注意。

45.　正しいマーキングが入った 32 連着脱弾倉。収容弾数を表わす 32 に注意。

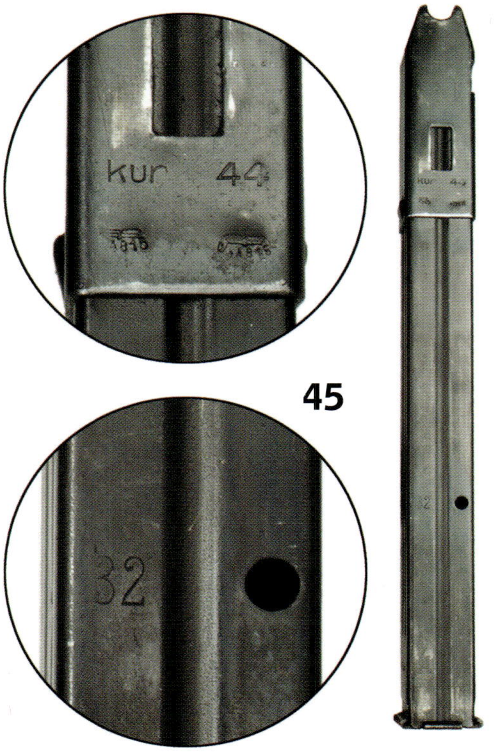


45

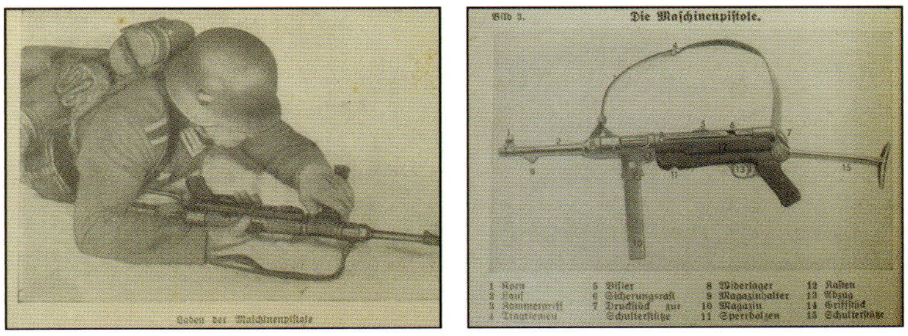


46

46.　正しい弾倉の装着法と、銃のさまざまな部分をしめす MP40 取扱説明書のページ。

## StG44 突撃銃（シュトゥルムゲヴェール 44 またはマシーネンピストーレ 43）

47

StG44（シュトゥルムゲヴェール 44 つまり M1944 突撃銃）は、MP43 や MP44（マシーネンピストーレ 43、マシーネンピストーレ 44）という名称でも知られる。史上初の突撃銃で、大量に支給された初の突撃銃でもあった。この革命的な小銃はドイツ軍の標準小銃弾の短縮版である 7.92 ミリ・クルツ（「短」）弾を使用し、単発と連発が切り替えられるデザインとあいまって、火力と精度のバランスが取れていた。これは大半の交戦が 300 メートル以下の距離でおこなわれていることを解明したドイツの研究にもとづくものだった。つまり典型的な小銃弾は現代戦では強力すぎたのである。

終戦までに約 40 万挺の StG44 が製造された。この突撃銃はとくに東部戦線で貴重な武器であることが実証された。よく訓練された兵士なら MP40 より長い距離で目標に命中させることができ、近接戦では Kar98K より役に立ち、軽機関銃のような掩護射撃をおこなうことができたからである。

StG44 は秒速 647 メートルの初速を持ち、ソ連の短機関銃より射程が長かったが、発射速度はそれに匹敵する。驚くほど命中精度が高く、スムーズな発射速度のおかげで、全自動射撃でもかなり扱いやすかった。

47.　StG44 とその使用弾薬。

48.　StG44 の弾倉をはずしたところ。

48

49

50

**49.** 照門のアップ。

**50.** ボルト。

**51.** 通常分解した状態。

51

# MG34 機関銃（マシーネンゲヴェール 34）

MG42

7.92 ミリのマシーネンゲヴェール 34（MG34）はラインメタル社の優秀な設計者ルーイ・スタンゲによって設計された、類を見ない汎用機関銃である。ひじょうに堅牢で、1934 年に軍に採用された。ただし実質的な納入がはじまったのは 1936 年だった。7.92 × 57 ミリのモーゼル弾を発射する空冷機関銃で、二脚架と 50 連の弾薬ベルトをおさめるドラム型弾倉とともに支給された。この弾倉は軽機関銃として使用されるとき、機関部に取り付けられた。ただし歩兵は二脚架をのばして弾薬ベルトで給弾するのも一般的だった。

重機関銃として使われるときは、大きな三脚架に載せられ、弾薬ベルトで給弾された。重量は 11.5 キロで、発射速度は毎分 900 発である。

この新型機関銃はほとんどすぐに採用され、兵士たちに広く愛された。スペイン内乱で使用されてすばらしい効果を上げている。この機関銃は精巧なドイツの設計の好例で、品質の面では比類がなかったが、ひじょうに多くの部品と手間のかかる加工が必要だったため、生産性には問題があった。さらに、いくぶん気まぐれで、几帳面に手入れをしないとすぐ弾づまりを起こすことが判明した。

こうした欠点をなおすため、もっと製造が簡単で性能も高い改良型の開発が早くも 1937 年にはじまり、その結果 MG42 が採用された。この新型機関銃は毎分 1500 発の発射速度を誇り、特徴のある発射音を響かせた。銃身は簡単に交換でき、兵士たちにとても愛された。

52

**52.** MG34の外観。

**53.** 銃床のネジのアップ。

**54.** この製品では、メーカーの名前をいちいち特定する必要はないようだ。それが本来なのだが。ラインメタル・ボルジヒ社はドイツのもっとも名高い武器メーカーである。戦時中、同社は伝説的な 8.8 ミリ Flak41 や Pak36、38、そして 40 などの対戦車砲をふくむ幅広い武器を製造した。

**55.** 製造番号とメーカーのコード。

**56.** MG34 は単射と連射が可能で、引く位置がふたつある引き金によって選択する。
　引き金の上側（E）を引くと銃は一発だけ弾を発射する。連射するためには、引き金の下側（D）を引くのである。

**57.** 2000 メートルまで調節できる照門のアップ。

**58.** 分解された銃口消炎器。

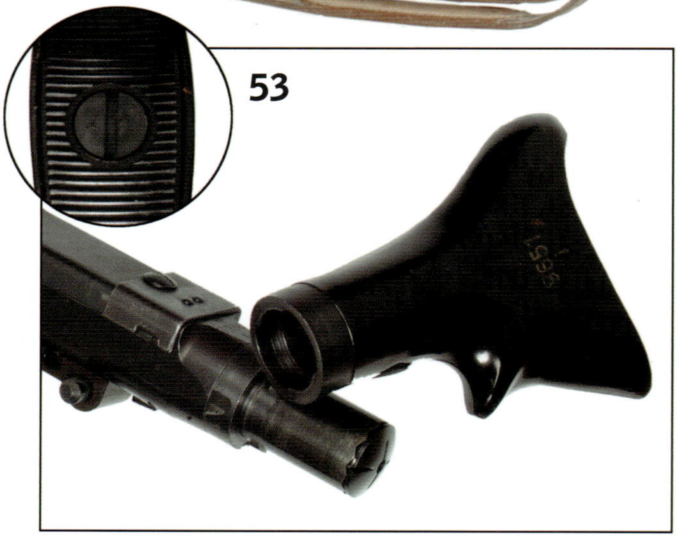

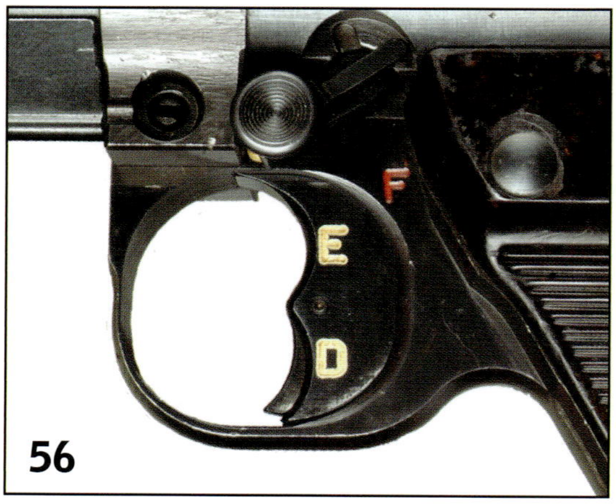

59.　復座バネのアップ。

60.　銃の下側、用心鉄のすぐ前にある空薬莢排出口。

61.　分解された二脚架。

62.　折り畳んだ二脚架。負い革の取り付け部に注意。

63.　負い革の兵器局の鷲章のアップ。

59

60

61

64.　MG34 は弾薬ベルトで給弾される。この弾薬ベルトはドラム型弾倉におさめることも、弾薬箱から直接給弾することもできた。写真ではこのドラム型弾倉 2 個が携行ケースといっしょに写っている。

62

63

65.　製造番号と製造年が入った弾倉の携行ケースの上面。

65

64

66.　ケースを開いて、弾倉を取り出す方法。

66

**67.** 弾薬ベルトを装填した弾倉のひとつ。

**68.** 弾づまりをふせぎ、弾倉の容量をフルに使うため、ベルトは写真のようにおさめる必要があった。

**69.** メーカーのコードと弾倉の製造年。

**70.** 弾薬箱。

**71.** 兵器局の鷲章と製造年——この場合には 1941 年——に注意。

**72.** 持ち運びに便利なように、オイルの容器は弾薬箱のなかにぴったりおさまるようにデザインされていた。

67
68

69

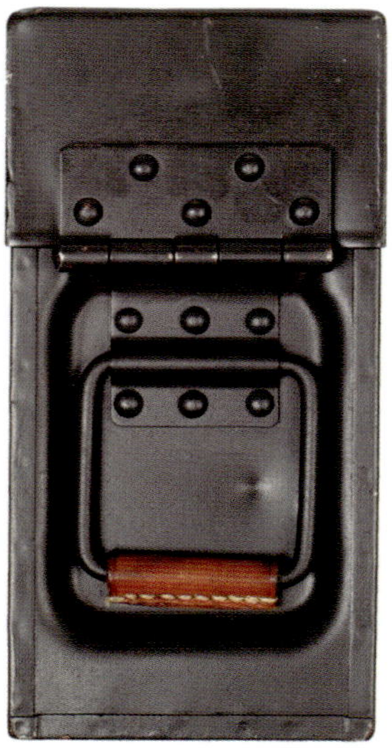

70

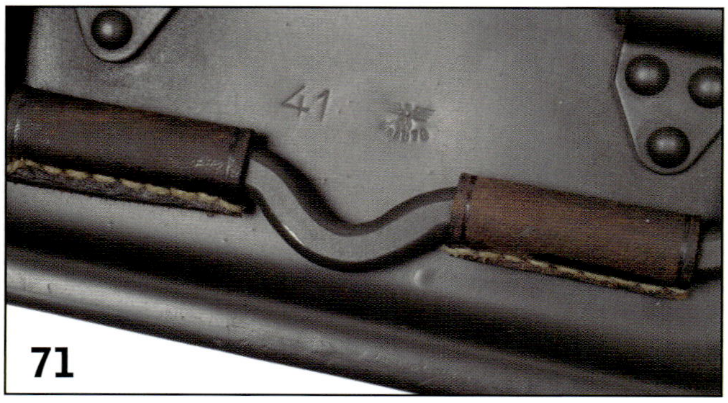

71

72

**73.** 弾薬を弾薬箱から直接給弾する方法と、ドラム型弾倉から給弾する方法。

**74.** 予備の銃身はこの金属ケースに入れて携行された。

**75.** 予備銃身ケースと携行ベルトのアップ。

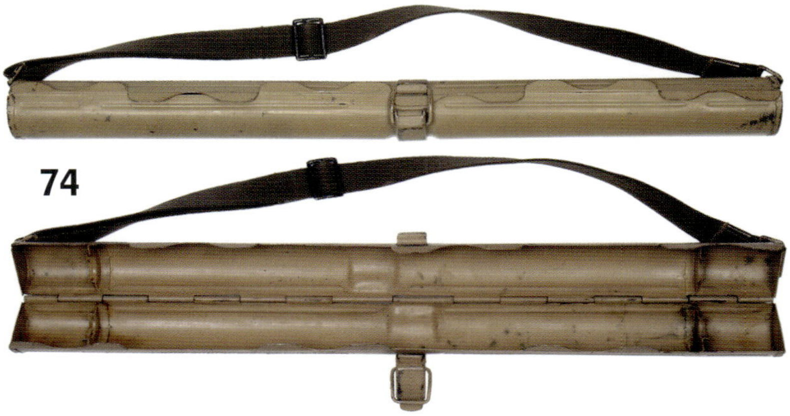


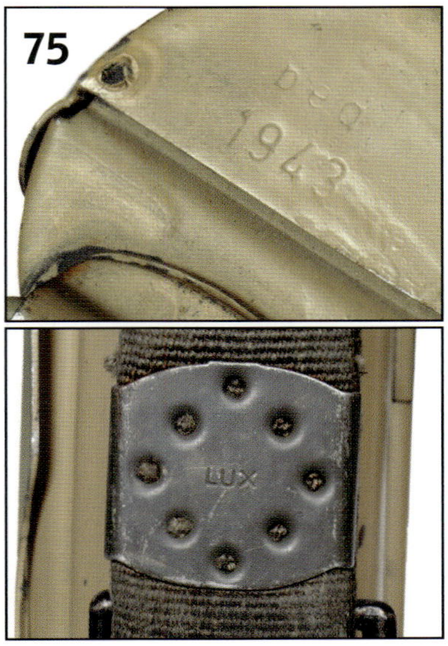


**76.** 整備と手入れの道具はこの革製のパウチに入って支給された。パウチには銃を完璧な状態にたもつのに必要なあらゆるものが入っている。ただしオイルだけは弾薬箱にしまわれた。

**77.** 工具用パウチの中身と銃の教範。対空照準器に注意。

**78.** パウチには軍のあらゆる装備と同様、製造番号と兵器局の鷲章が押されている。

**79.** Kar98K と同じように、手入れ用具やそのほかのさまざまな工具にははっきりと刻印が打たれている。

**80.** MG34 の教範から抜粋したページ。

78

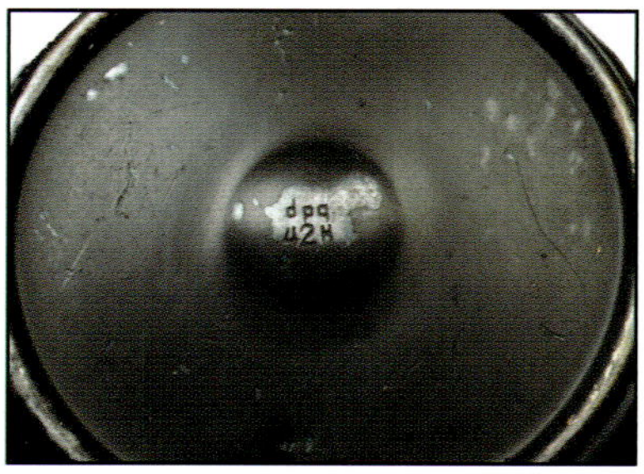

79

80

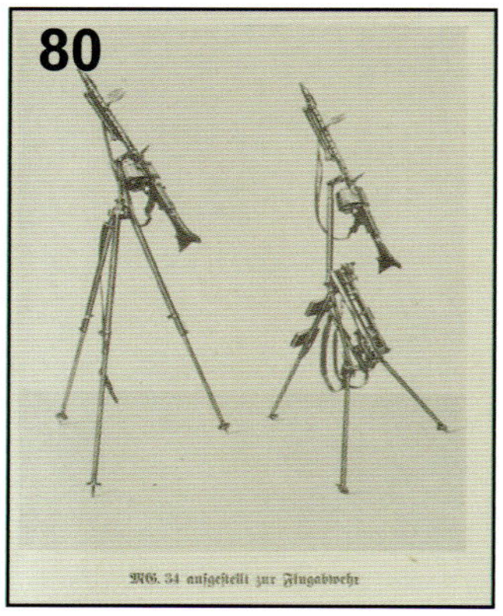

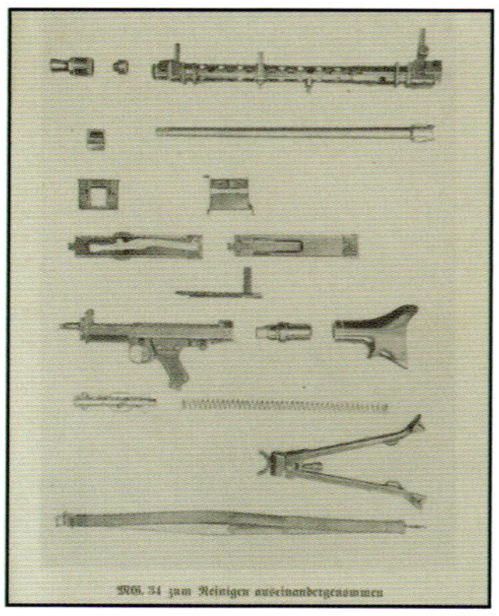

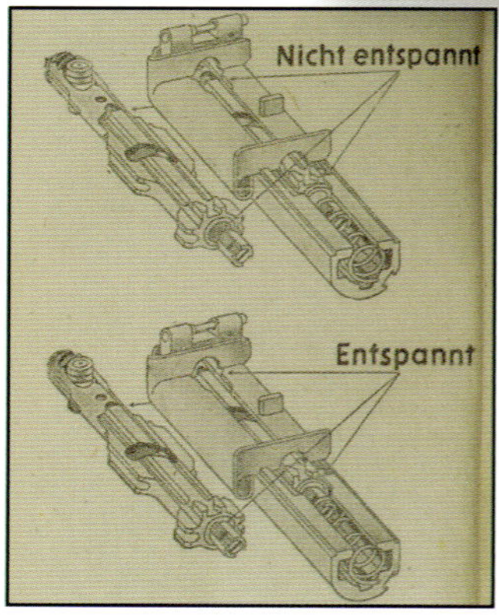

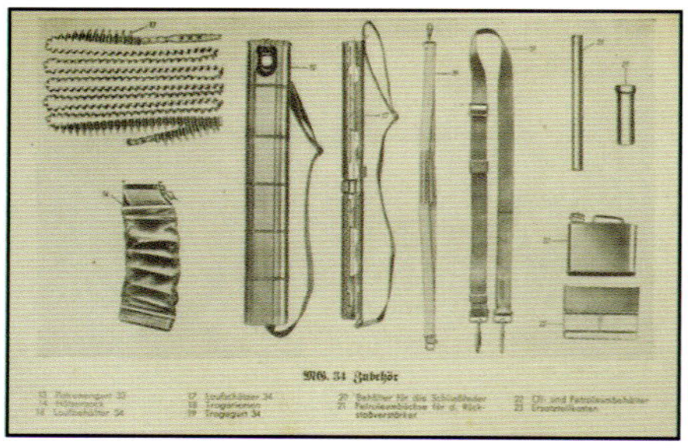

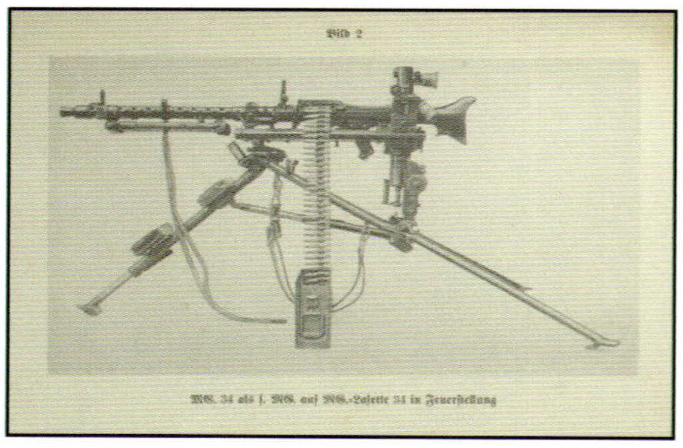


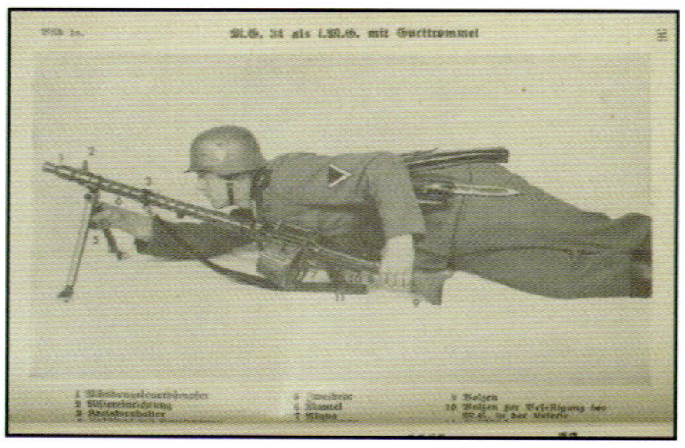

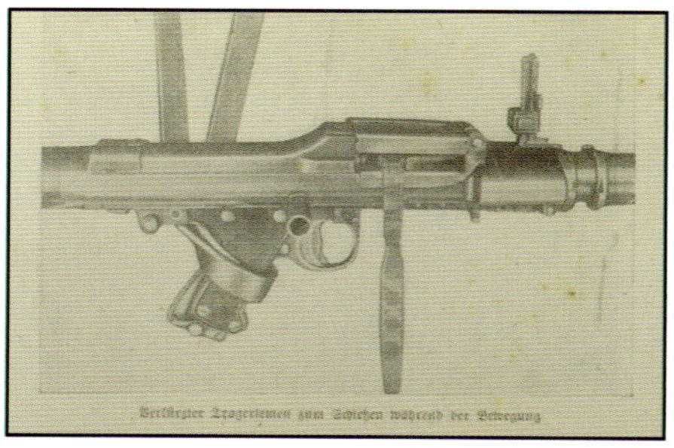

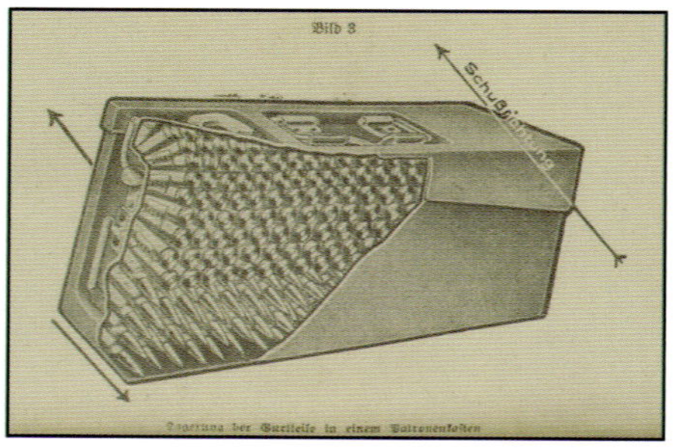


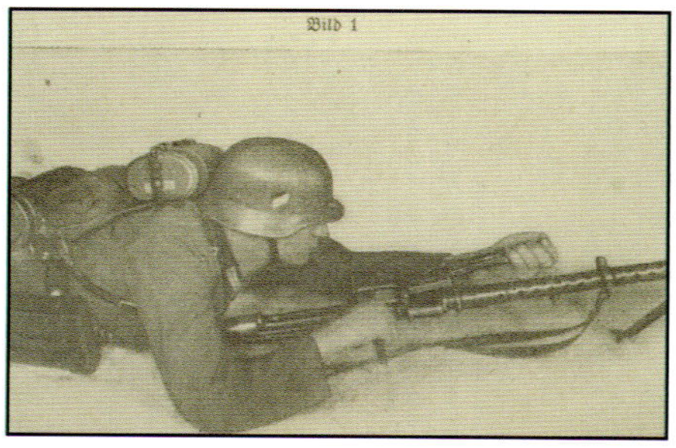


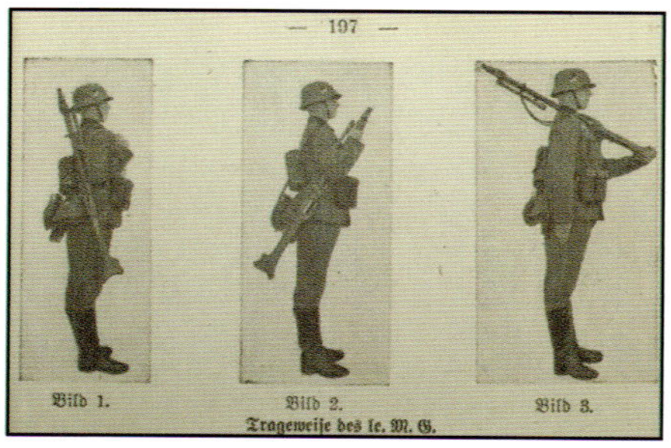

# 拳銃

堅牢な自動拳銃が回転式拳銃に広く取って代わったのは第一次世界大戦以降だが、ドイツ軍は早くも 1900 年にこのタイプの銃の将来性を予見していた。自動拳銃（ピストーレ）は軽量で、回転式拳銃の一般的な装弾数の 6 発より多くの弾薬を弾倉に収容でき、発射速度はずっと速い。理屈では、拳銃は主として将校と下士官が携行したが、第二次世界大戦中、その使用は劇的に広まり、実際にはどんな兵士も拳銃の携行を期待した。そのため、ドイツのメーカーは増大する需要にこたえられず、接収した拳銃や他国から購入した拳銃が広く使われることになった。

## ブローニング HP35 拳銃

ブローニング・ハイパワーはルガーやモーゼルといった同時代の拳銃のほぼ倍の 13 発の弾倉収容能力を持っているためそう呼ばれている。1935 年に登場したため、しばしば HP35 と呼ばれるこの拳銃は、偉大なアメリカの銃器発明家ジョン・ブローニングが考案し、特許を取った拳銃を原型としていた。ブローニングは仕様にもとづきまったく新しい拳銃を設計するよう FN 社から依頼された。彼はすでに成功作である M1911 の権利をコルト社に売ってしまっていたので、その特許を使わずに新しい拳銃を設計せざるを得なかったが、1926 年に仕事半ばで他界した。しかし、開発は FN 社によって続行され、1935 年にベルギー軍用に採用された。この拳銃は採用以来、改良がつづけられている。

使用弾薬は 9 ミリ弾で、シングルアクションの半自動式拳銃である。つまり引き金が撃鉄とつながっていないということだ。ダブルアクション式の銃は、撃鉄を戻し、薬室に弾薬をこめたまま携行していても、引き金を引くだけで発砲できる。シングルアクション式の場合には撃つ前に手で撃鉄を起こさねばならない。

興味深いことだが、第二次世界大戦では、ナチ・ドイツが戦争初期にベルギーを占領して FN 社の工場を接収して以降、連合軍と枢軸軍の両方がハイパワー拳銃を使用している。ドイツ軍は「ピストーレ 640（b）」（b は「ベルギッシュ」つまりベルギーの意味）と命名してハイパワーを使った。ハイパワーは小火器の歴史上屈指の影響力を持った銃で、大量のコピー品にくわえ、ほかの多くのモデルの生みの親となっている。

**81.** 左右の側面と弾倉、そしてスライドのメーカーの社名（ベルギーの FN 社）。

**82.** ブローニングと支給品のホルスター。兵器局の鷲章と製造年がはっきりと見える。

# ルガーP08 拳銃（ピストーレ 08）

ルガーは銃器の歴史に独自の地位をしめ、世界中で例のない憧憬の的となっている。その起源は 19 世紀にさかのぼり、ドイツ陸軍と海軍の制式拳銃として使われてきた。ルガーはその古めかしさにもかかわらず、1945 年までモーゼル社とクリークホフ社で製造され、第二次世界大戦でも使用された。

第一次世界大戦の開戦時、すでにルガーの複雑な機構は大量生産のさまたげになることがあきらかになっていた。1927 年には、陸軍の兵器局がこう述べている。「ピストーレ 08 の製造には約 1180 の工程が要求され、そのうちの 156 工程はグリップのみに費やされる」それにくらべて、ずっとシンプルで威力のある HP35 は 55 の製造工程しか要しない。さらに P08 は正しく手入れをしなかったり、不良の弾薬を撃ったりすると、弾づまりを起こす傾向があった。にもかかわらず、1908 年型のルガーは 1940 年に P38 が採用されるまでドイツ陸軍の標準の制式拳銃だった。

1938 年には 10 万挺近いルガーが納入され、さらに 13 万挺が 1939 年に納められたと見積もられているが、この数では 1939 年の 275 万人から 1941 年には 700 万人以上にふくれあがった軍隊の需要を満たすことはできなかった。

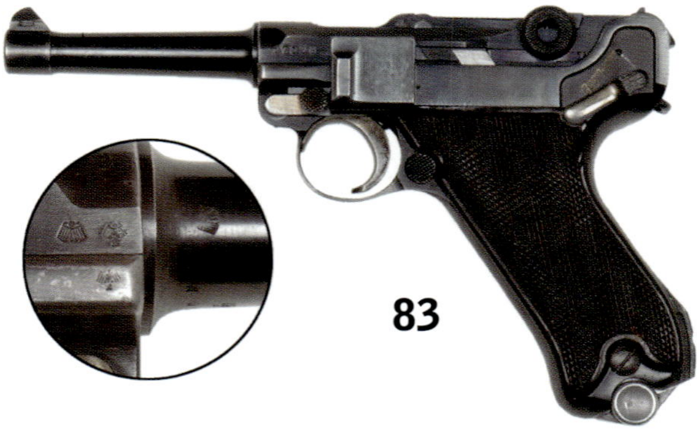

83

84

85



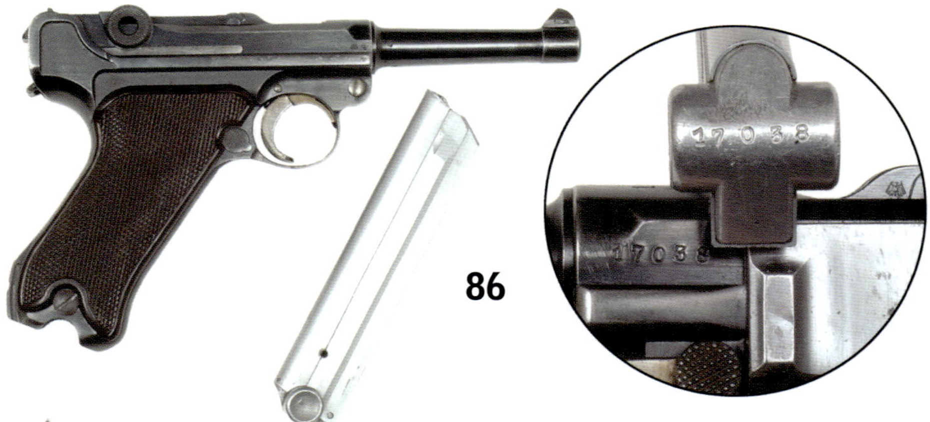

86



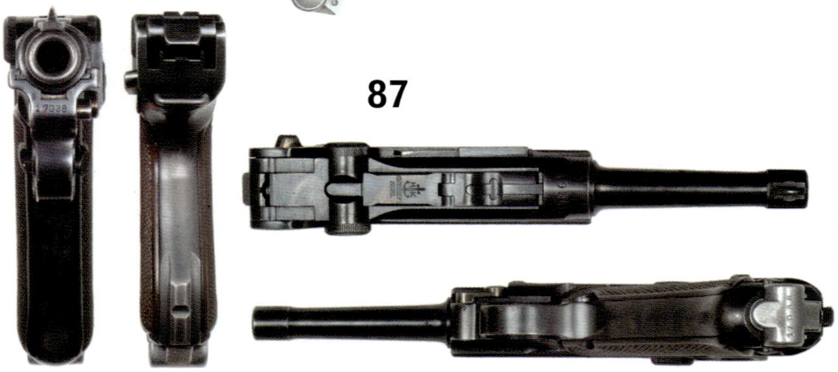

87

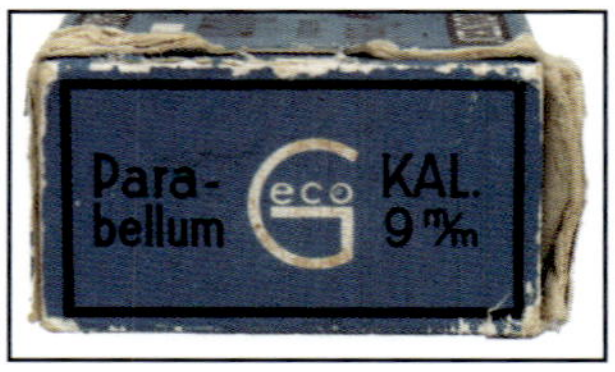



88

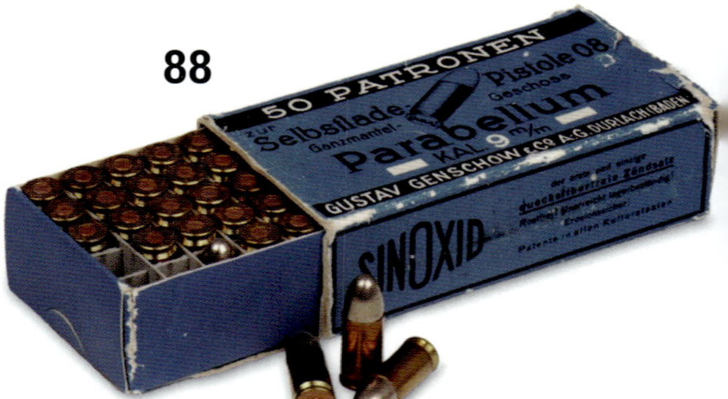



**83.** すばらしいクリークホフ製の P08 の両側面と細部。1930 年代に製造されたクリークホフ製ルガーに典型的な検定マークに注意。

**84.** 機関部のメーカーの社名。モーゼル社製にくらべると、クリークホフ・ズール社の製品は比較的少数ずつ製造されたため、この有名な拳銃の最良の製品と見なされ、収集家から熱心に探し求められている。

**85.** ロックがかかった安全装置のレバー（拳銃が撃てない状態）。

**86.** オリジナルのアルミニウム製弾倉と拳銃。製造番号が合っているのに注意。

**87.** 別角度で見た P08。

**88.** ルガー用弾薬の典型的な箱。

89

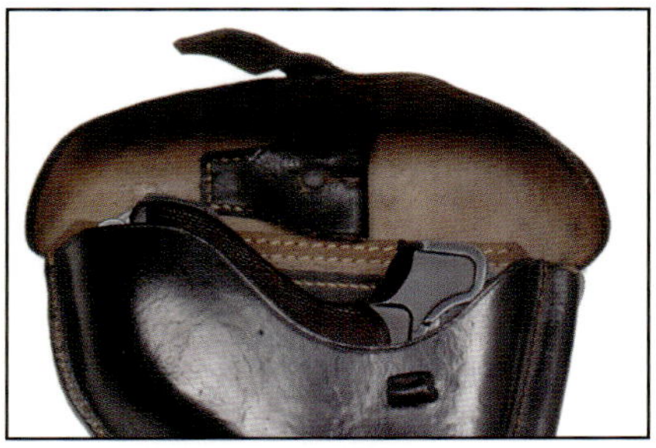

**89.** ルガーのホルスターはそれ自体が革の芸術品である。拳銃をほこりと雨風から守るよう入念にデザインされている。写真では1941年製造の最上の製品がわかる。通常のマーキングと、左側に携行される拳銃を抜きやすくするために傾斜したベルト用ストラップに注意。

# ワルサーP38 拳銃（ピストーレ 38）

ドイツ国防軍最高司令部（OKW）は第三帝国が樹立されてすぐにルガーの更新に適した拳銃を探すよう兵器局に要求した。ごく少数の拳銃がテストされ、ワルサーのアルメー・ピストーレだけが残った。原型にいくつかの改良がほどこされたのち、新型拳銃は1940年、9ミリ・ピストーレ38として採用されたが、すでにかなりの数の納入が1939-1940年におこなわれていた。

フリッツ・ワルサーとフリッツ・バルテルメスが設計したこの拳銃はルガーより堅牢で、泥や雪のなかでもすぐれた性能を発揮し、P08よりずっと大量生産が容易だった。ダブルアクションの引き金はまちがいなく大きな利点で、弾薬の給弾もP08よりずっとスムーズだった。にもかかわらずP38の製造工程はワルサー社でも依然として複雑だった。部品が多いルガーより効率がよかったことはまちがいないが。したがって、多くのメーカーがP38の製造にくわわっている。

1942年の末には、ワルサーは前線で普通に見かけられ、引き金のダブルアクションを高く評価した連合軍の兵士たちからおおいに珍重された。もっともルガーは依然として最高級の戦争みやげだったが。

90

91

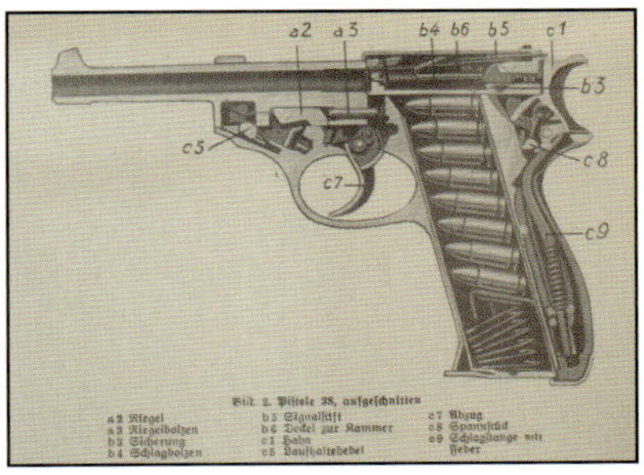

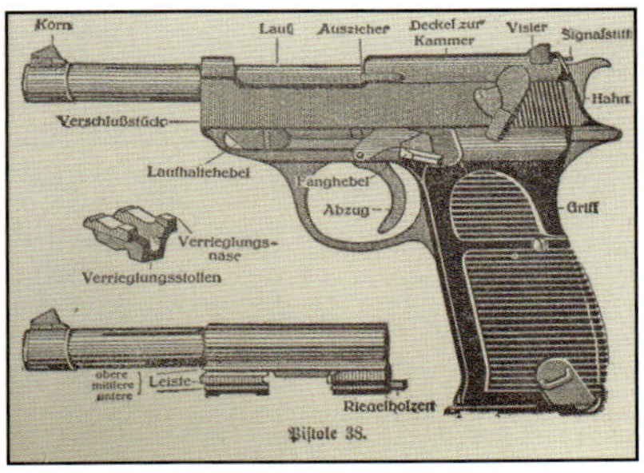


**90.** ワルサーP38の左右の側面とマーキングのアップ。

**91.** P38の使用手引書のページ。

92

# アストラ 600/43 拳銃

増大しつづける需要を満たすために補充の拳銃を調達するというドイツ軍の方針にしたがって、戦時中ずっともうひとつの拳銃が購入された。スペイン製のアストラ自動拳銃である。

この拳銃は最初、フランス陸軍に採用され、その後、ドイツ軍によってかなりの数が接収された。1941 年には、国防軍最高司令部によって「ピストーレ・アストラ 600/43」と命名された、9 ミリ弾を使用する特別なモデルの開発がアストラに依頼された。その結果、端正な造りの堅牢でバランスのよい拳銃が誕生した。

1944 年 7 月までに、1 万 450 挺が納入されている。しかし、ノルマンディー上陸が実施されると、フランスとスペインの国境が閉鎖され、在庫の大半はすでに代金の支払いがすんでいるにもかかわらず、終戦後まで納入できずにずっとスペイン国内に留まっていた。戦後、大量の余剰在庫が他国に売却されたが、もともとの注文（3 万 1350 挺）の大半はドイツ連邦共和国の警察に納入された。

93

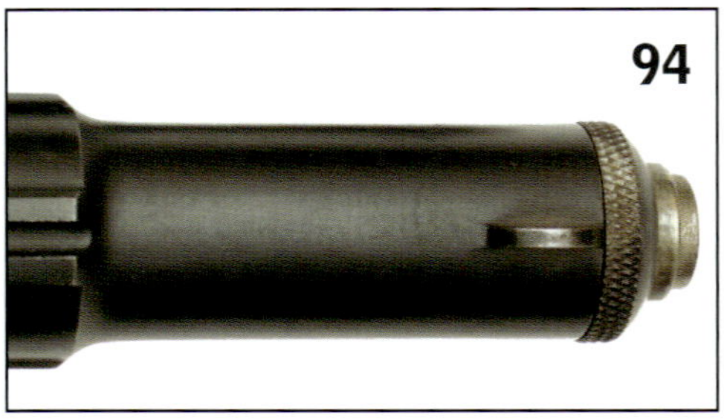

94

**92.** アストラ 600/43 の側面。

**93.** メーカーのマーキングがわかるアストラ 600/43 のスライドのアップ。

**94.** アストラの特徴的な丸い銃口部。

# 手榴弾

1939 年の開戦時から、ドイツ兵は攻撃兵器というよりは防御兵器に近い 2 種類の手榴弾を使用した。それがシュティールハントグラナーテ 24 とアイヤーハントグラナーテ 39 で、いずれも薄い金属の弾殻で製造され、弾殻の破片よりも爆風の効果がたよりだった。

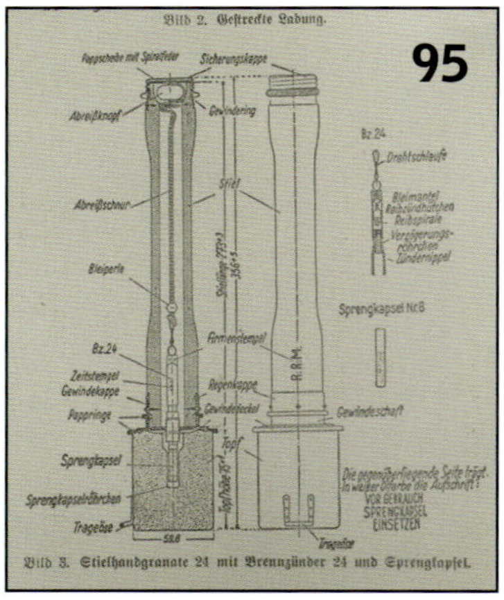


95

## M24 柄付き手榴弾（シュティールハントグラナーテ 24）

**95.** 当時の兵士用教範に載っている手榴弾の断面図。各部品がわかる。

**96.** ハインツ・D 社が出版した M24 柄付き手榴弾とその使用法を 37 枚の図版で説明する教範。

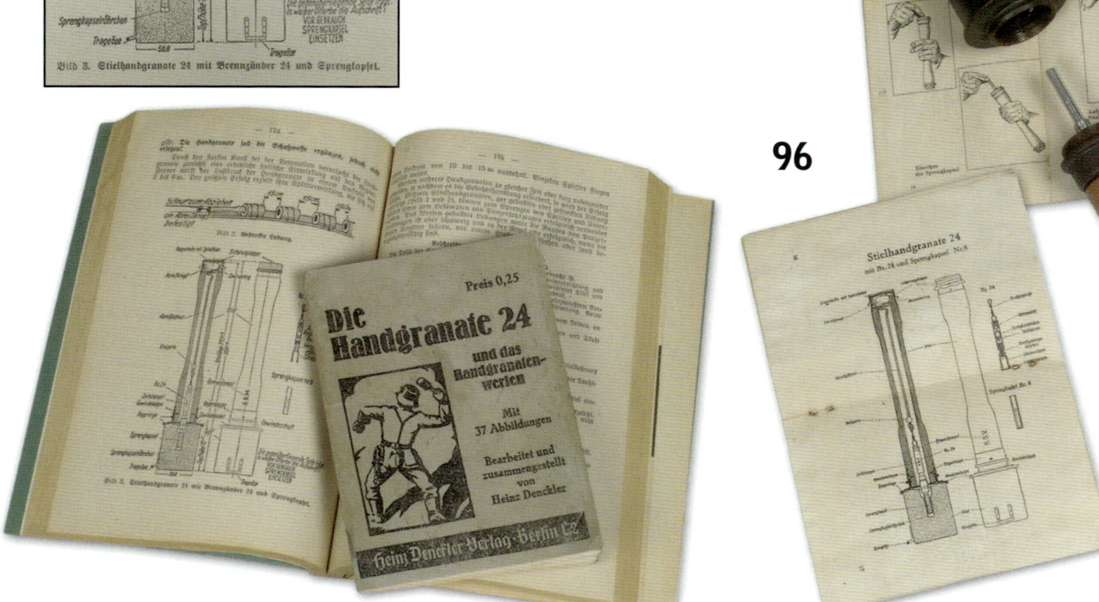


96

**97.** 手榴弾の部品。TNT 装薬と「使用前に雷管を組み込め」という注意書きが見える。装薬は雷管（シュプレングカプセル）と、起爆を約 4.5 秒遅らせる時限式信管（ブレンツュンダー24）によって起爆する。手榴弾全体の重量は約 600 グラム。

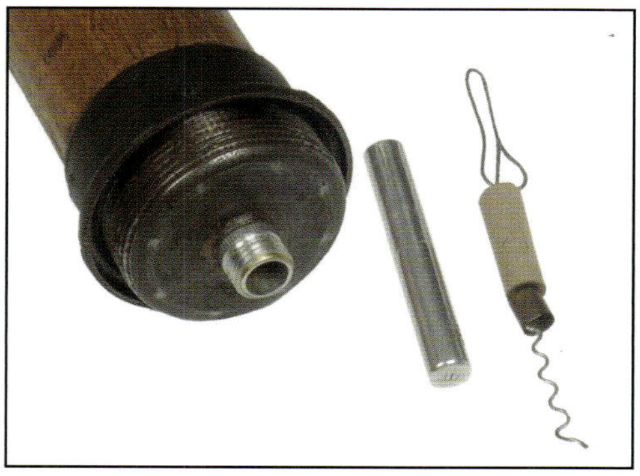

97

**98.** 時限式信管につながれた紐と、陶製の玉のような引き手からなる起爆装置の収容部。全体は柄のなかにおさめられ、内側にバネが入ったネジ蓋で密閉されている。

**99.** メーカーのマーキングと製造年（1940）、そして兵器局の検定印。

98

99

## M43 柄付き手榴弾（シュティールハントグラナーテ 43）

**100.** 大量生産のために M24 手榴弾を簡略化したもの。実際には、卵型手榴弾に木製の柄をつけ、使いやすくしたものだ。

**101.** 手榴弾を分解したところ。

**102.** 上から見ると、信管の製造年とメーカーのコード「evy」（不明）がわかる。サンド色の弾殻を持つ製品も見受けられる。

**103.** 金属製のカバーは、いずれのモデルにも取り付けられ、震盪手榴弾から破片手榴弾に変えることができた。表面が平滑なタイプと、鍛鉄に刻み目を入れたタイプの 2 種類があった。

**104.** 2 種類の起爆装置の比較。

100

101

102

103

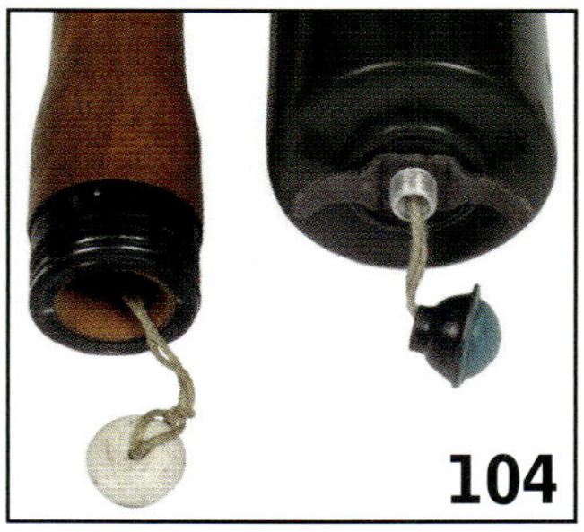

104

105

105. 手榴弾を胸にぶら下げるための袋と、メーカーのコードならびに兵器局の検定印のアップ。通常は突撃班と工兵が使用した。

106. 爆破薬としての使いかたを教える教範。

106

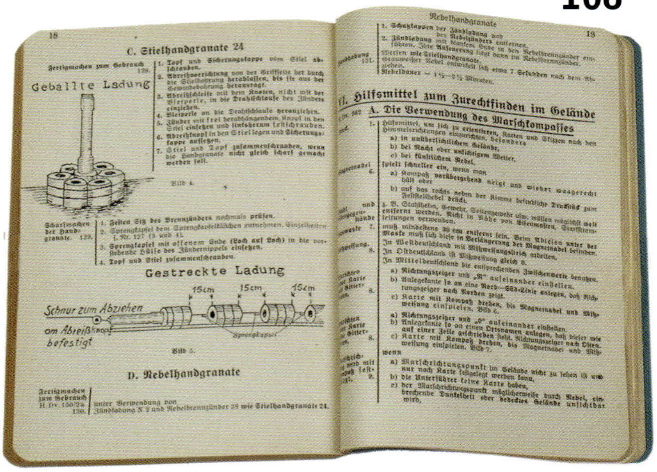


## M39 卵型手榴弾 (アイヤーハントグラナーテ 39)

107. 薄い板金製の卵型手榴弾には 100 グラムの TNT 装薬が詰められ、サンド色あるいはグレーで塗装されていた。初期のモデルには携行リングがついていたが、戦争末期に製造されたものはリングが省略されていた。
写真では卵型手榴弾の 3 種のバージョンと兵士用教範が見える。

108. 分解した手榴弾。

109. 携行リングを弾薬パウチに取り付けた状態。

110. 小型のため、かなりの数をポケットやブレッドバッグで運ぶことができた。

107

110

108

109

## 小銃擲弾（ゲヴェールシュプレンググラナーテ）

**111.** この擲弾は専用のアタッチメントをつけたKar98K 小銃によって発射されたが、手で投擲することもできた。成型炸薬弾や照明弾、対戦車弾など多くのバリエーションがあった。写真では２種類の対人弾とその分解した状態がわかる。

111

112

113

**112.** 擲弾を銃口に装填する方法。

**113.** 手動の起爆装置。

# 地雷

## M43 ガラス製地雷（グラースミーネ 43）

**114.** これはガラスでできているため、探知がむずかしい地雷のひとつで、ノルマンディーでは連合軍に多くの死傷者をもたらした。

114

115

**115.** TNT 炸薬。爆薬で粉砕されたガラスには高い殺傷力があった。

**116.** 各種の対人地雷に使われたさまざまな信管。このモデルは Z42（ツュンダー42）で、1940 年製。

116

## M42 靴箱型地雷（シュッツェンミーネ 42）

**117.** シュッツェンミーネ、別名「靴箱型地雷」は木の積層材で製造され、探知がきわめて困難だった。一般的に対人地雷として使用されたが、ガラス製地雷ほど効果的ではなかった。

**118.** 信管と TNT 装薬の配置。

117

118

# それ以外の武器

ドイツ軍歩兵が使った武器にくわえ、陸軍はそのほかにも多くのドイツ製武器——迫撃砲やパンツァーファウストをふくむ——や被占領国から接収した武器、あるいは敵から鹵獲した武器を使用した。

とくに後方梯隊では、ドイツ兵がチェコ製やフランス製、イタリア製の小銃で武装している姿を見るのはまったく不思議ではなかった。一方で、ソ連製の武器は前線でもかなり一般的だった。なかでもドイツ軍歩兵のお気に入りの武器はソ連の PPSh41 短機関銃だった。Kar98K 小銃は命中精度の高さは実証されていたものの、近接戦に必要な高い発射速度を持っていなかったからである。

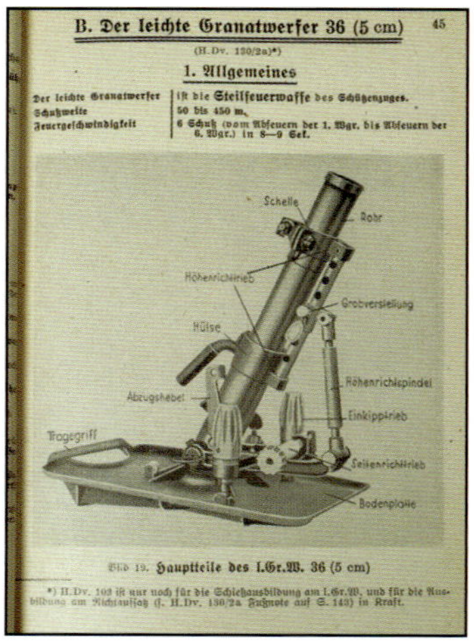

B. Der leichte Granatwerfer 36 (5 cm) 45

(H.Dv. 130/2a)*)

1. Allgemeines

| | |
|---|---|
| Der leichte Granatwerfer | ist die Steilfeuerwaffe des Schützenzuges. |
| Schußweite | 50 bis 450 m. |
| Feuergeschwindigkeit | 6 Schuß (vom Abfeuern der 1. Wgr. bis Abfeuern der 6. Wgr.) in 8—9 Sek. |



Bild 19. Hauptteile des l.Gr.W. 36 (5 cm)

*) H.Dv. 103 ist nur noch für die Schießausbildung am l.Gr.W. und für die Ausbildung am Richtaufsatz (s. H.Dv. 130/2a Fußnote auf S. 143) in Kraft.

119

**119.** 迫撃砲とその装填法、そして分解携行時の状態をしめした取扱手引書のページ。

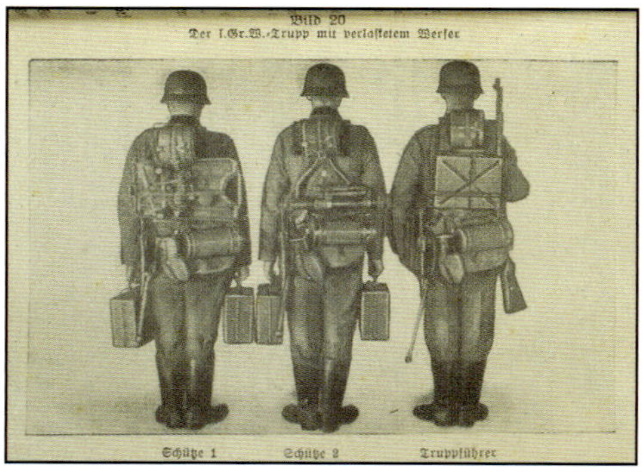

Bild 20

Der l.Gr.W.-Trupp mit verlastetem Werfer

Schütze 1 Schütze 2 Truppführer

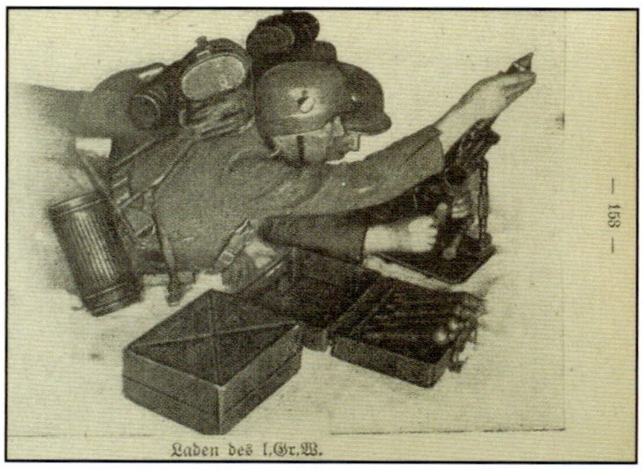

— 158 —

Laden des l.Gr.W.

**120.** 「パンツァーファウスト」（鎧をつけた拳）は「使い捨て」兵器だった。基本的には対戦車用の成型炸薬弾を発射できる筒のようなものだ。教範は、当時としてはかなり進んだイラストによる説明で、その使用法を解説している。

PANZERFAUST 30 m
Der schwerste Panzer geht in Brand, nimmst Du die Panzerfaust zur Hand!
DENN:
Der Panzerfeind, er sieht nicht viel, drum triff den Hund-Du bist am Ziel!

120

...UND KOMMT EIN PANZER ANGEBRAUST, BEHERRSCHE DEINE PANZERFAUST.
PANZERFAUST 60 m
HAST DU GESCHOSSEN, SCHÜTZ DIE BIRN', SONST FLIEGT EIN STÜCK DIR AN DEIN HIRN!

**121.** ドイツ陸軍が使用した多くの外国製武器のひとつ、ソ連製のPPSh41とドラム型弾倉、そして弾倉ケース。

121

# 身のまわりの装備品

19世紀と20世紀は勢力を広げる世界の強国のあいだの戦いと競争の時代だった。領土や通商ルート、天然資源にたいする貪欲さが、人種的イデオロギーや宗教、さらには伝統とあいまって、しだいに国際政治に増大する深刻な緊張を引き起こしたのである。イギリスの覇権は英国海軍が大洋の支配を確実にした1805年のトラファルガル海戦以降、日の出の勢いだった絶対的な海軍力と植民地支配のおかげで、イギリスはその強大な産業力を世界中に広めたのである。しかし、19世紀の末になると、油断のならない競争相手が登場する。一部の予想を裏切って、となりのフランスからではなく、帝政ロシアですらなく、最近統合されたばかりのドイツから。その有名な効率のよい組織と完璧主義の能力で、ドイツは比較的短期間でさまざまな高品質の製品を生み出すことができた。これはイギリスの貿易に深刻な影を投げかけた。イギリスはすぐさま反応し、「ドイツ製」というトレードマークをあらゆる製品につけるようこの競争相手に強要した。しかし、この解決策はイギリスにとって裏目に出た。消費者がドイツ製品をいとも簡単に見分けられるようになったからである。消費者は品質が高くて安いためにドイツ製品を探し求めるようになった。その結果、イギリスの事実上の独占状態はやがて終わりを告げた。

1930年代から1940年代に入ると、そのころには1929年の株式市場の大暴落から一変して、製造業生産高の大幅な増加により、西欧文明の暮らしむきはよくなっていた。このころには、ドイツはワイマール共和国時代の大不況を克服し、ナチズムの動かしがたい勃興がもたらした社会の大変動のさなかにあった。ナチ政権は領土と産業の拡大に熱心で、「ドイツ製」の表示がついた有名な高品質の製品の市場占有率を回復することを切望していた。これを引き受けたのが、こんにちでもおなじみのシーメンスやバイエル、ペリカン、AEG、ボッシュ、ライツ、ツァイス、アグファ、ファーバー、ダイヤモンド、モンブランといった有力会社である……もっとも当時は略語のDRP（ドイッチェス・ライヒ・パテント）つまりドイツ帝国特許のもとで活動していたのだが。

Leica

兵士はこの小さな写真キットをブレッドバッグで楽々携帯することができた。カメラは帝国特許のもとドイツで製造された多種多様な高品質の製品の代表ともいえるライカである。

Sie sind immer zufrieden
mit Ihrem durchsichtigen Kaweco-Füllhalter, wenn Sie diese Behandlungsvorschriften beachten!
Das ist er:
und so nennt man
seine Teile:
Kaweco
KA WE CO
nehme man statt der Tinte
Nach Gebrauch
den Halter durch kräftiges Aufschrauben der
Verwendung
eco-Füllhalter-Tinte ist die beste Voraussetzung
für dauerndes
Arbeiten Ihres Füllhalters.

オリジナルの贈答ケースに入ったカヴェコ社のDIA万年筆。

# 筆記具

**01**

**01.** 第一次世界大戦は万年筆の生産に大きな影響をおよぼした。とくにデザインの面での影響は大きく、また天然資源が不足している時代に簡単に手に入る、より安価で革新的な素材も使用された。ゴムやセルロイドは現代的なプラスチックに変わり、万年筆は値の張らない大衆的な新製品の製造によって、高級品から機能的なアイテムへと変化した。ドイツの市場はモンブランやペリカンといった国内ブランドの名声のもとで繁栄した。こうした製品は、ネジ式のピストンを使ったインク吸入システムや、残量が確認できる透明のインク・タンクをそなえていた。戦時中は、ピストンは通常コルクで、ときにはゴムで製造された。たいていは黒のセルロイドかベークライト製で、クロームメッキあるいは金メッキの金具がついていた。

**02**

**02.** ペリカンは1838年にハノーヴァーで設立され、1871年、そのもっとも有名な化学者ギュンター・ワグナーが会社の経営権を獲得した。創立から1938年の百周年記念日までに、同社は多くの重要な成功をおさめ、世界的名声を獲得して、10ヵ国以上に支店を置いた。さらに、百周年にペリカンは真の画期的製品を世に送り出した。有名なバウハウス（1919年にヴァルター・グロピウスが設立した美術設計建築学校）の影響を受けた100Nモデルである（Nは「新型」の意味）。

100Nモデル（左側）は飾り気のないデザインの万年筆で、しっかりとした信頼できるコルク製のピストンでインクを吸入するシステムをそなえていた。このシステムは1923年にハンガリーの技師テオドール・コヴァックスが特許を取得したもので、彼は1927年に自分の完成された発明をペリカンに売却している。この小さな筆記具の驚異は、対となるシャープペンシル（右側）といっしょに販売され、両方ともセルロイドで製造されていた。

写真は戦前（1939年）の製品である。1942年にピストンは再設計され、コルク製のものから、もっと高性能の合成素材製のものに変更された。

同社は戦争末期まで操業していたが、いまもはっきりしていない理由で最終的に店仕舞いをしている。しかし、物資の欠乏のせいか、さらにはナチ党と不和になったからということはありうる。いずれにせよ、同社は1946年には早くもふたつの記念碑的な製品、100N万年筆とIBISモデルの生産を再開した。万年筆はカメラとならんでアメリカ軍のGIが故郷に持って帰る典型的なみやげものだった。

**03**

Kaweco
mit sichtbarem Tintenstand und der unverwüstlichen Kolbenfüllung
KAWECO-ELITE, 25 Jahre Feder-Garantie, RM 25.—, 20.—, 15.—, 12.50
KAWECO-DIA, 10 Jahre Feder-Garantie, RM 12.50, 10.50, 8.50, 6.75
Jede Serie in vier Haltergrößen, aber nur einer Qualität! — Im Fachgeschäft berät man Sie gern bei der Wahl des richtigen Kaweco's
KAWECO, Wiesloch bei Heidelberg
Die Spezialfabrik neuzeitlicher Füllhalter und Füllstifte
Als Garnitur mit Dreh- oder Druck- stift lieferbar

**03.** 1892年創業のドイツ、カヴェコ社の当時の広告。DIAモデルが紹介されている。セルロイドの本体と加硫ゴムの部品で製造されているが、加硫ゴムは歳月のせいで褐色がかっている。ペン先はデグサ・ブランドで、ペンポイントはイリジウム製、戦時中に製造されたものである。

**04**

**04.** 戦時中に鋼鉄で製造されたカヴェコ・ブランドのペン先。戦前の1938年、ナチ政権は金の使用を制限し、輸出を強要して、万年筆の製造に影響をあたえた。その結果、いちばん豪華なモデルのみ輸出を許され、鉄製のペン先にクロムメッキの金具の安価な製品は国内市場にまわされた。

**05.** オリジナルの贈答ケースに入ったドイツ製のオスミア万年筆。この状態で兵士たちが酒保で買い求めたのだろう。
　万年筆のとなりにあるのは、同じメーカーが製造したベークライト製のシャープペンシル。

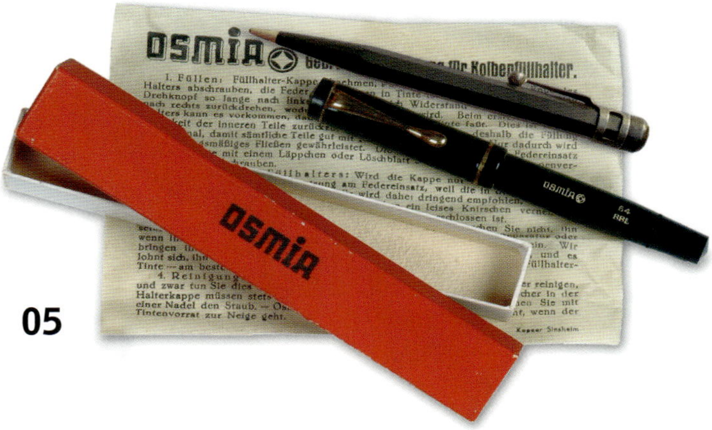


05

**06.** アメリカ軍とちがって、ドイツ軍には制服着用時の万年筆の携行法にかんする規定がなかった。1930 年代から 1940 年代のドイツ製万年筆にはクリップがついていて、戦闘服上衣のおさまりの悪いポケットに万年筆を留めることができた。

06

**07.** 当時のインク壺 2 種。ひとつはメーカー名不詳で、ペン置きのついたもうひとつはペリカン製。後者は戦時経済の典型例で、板金をプレスした蓋がついている。

07

**08.** 典型的なペリカンのインク壺。戦時経済と製造コスト削減の必要性のせいで、蓋に社名が入っていないのに注意。

08

**09.** 同じインク壺の広告。社名のロゴが蓋にはっきりと見える。

09

10

**10.** くつろいですらすら書き物をするにはもっとこみいった道具が必要になる。万年筆とインク壺。写真はベークライトでできたアールデコ調の旅行用インク壺とインク消しゴム。壺には水を入れてから、固形インクまたは粉インクをくわえる。

11. 「ヌア・フュア・ディーンストゲブラウホ」（軍務専用）と書いてあるように、勤務中の兵士が使う軍支給の鉛筆と便箋の一例。

12. 陸軍所有物のマーキング（「ヘーレスアイゲントゥーム」）と兵器局の検定印。

11

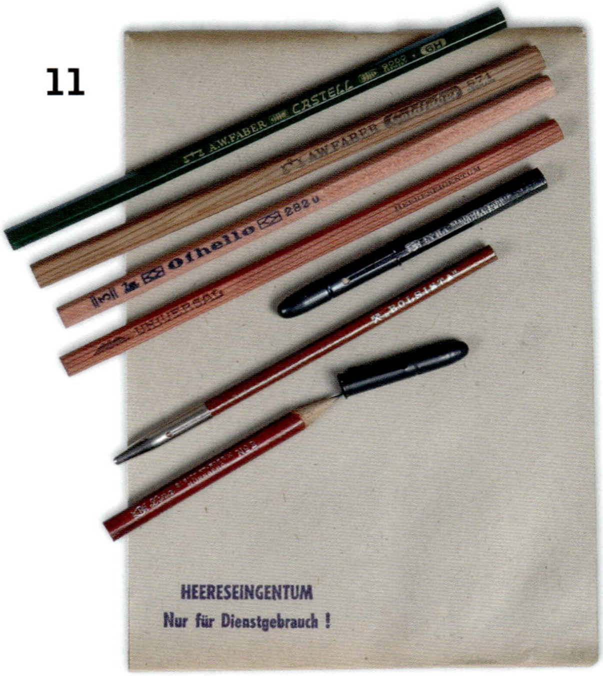


12

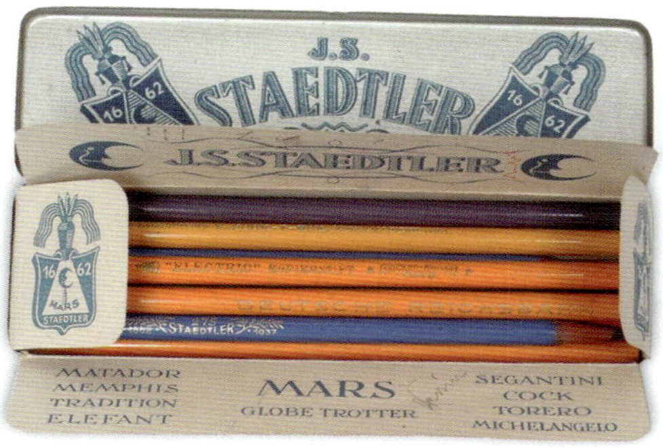

13. 当時の各有名ブランド、A.W. ファーバー・カステル、ヴァン・ダイク、ステッドラー、そしてヨハン・ファーバーのさまざまな鉛筆ケース。

13

14

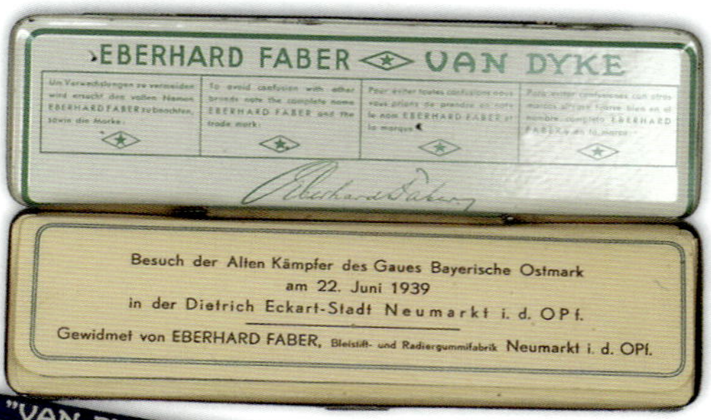


14. 1939 年製のヴァン・ダイク退役軍人記念ケースと、通常はなかに入っている小さなパンフレット。裏にはいろいろな鉛筆用やインク用消しゴムのお知らせが載っている。

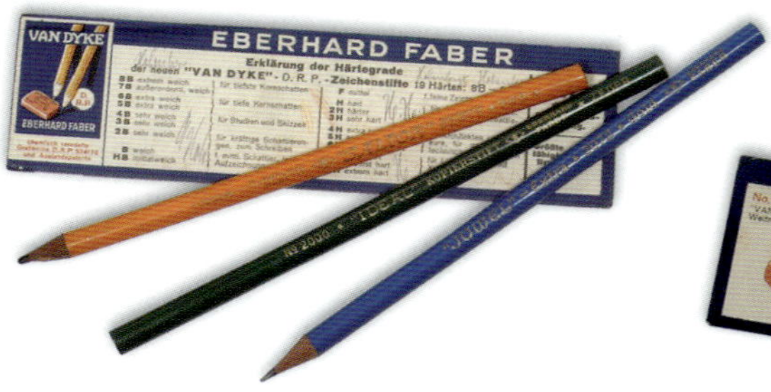

15

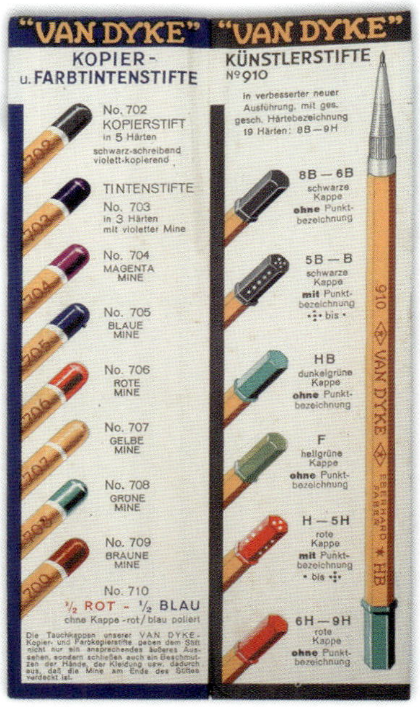


**15.** ヴァン・ダイクのカタログ。

**16.** 人気ブランドの新聞広告。

**17.** 完全にそろった「エクスクヴィジート」鉛筆のセット。国防軍に納入されたもので、裏側に「ヴェーアマハツアイゲントゥーム」（国防軍所有物）のマーキングがある。

16

18

17

19

**18.** 小さなベークライト製のタイプライター・リボン用ケースは、消しゴムや鉛筆削り、切手、ペン先のような筆記用具をしまうのに利用できた。写真には兵士が野戦で使った典型的な筆記セットが写っている。

**19.** A.W.ファーバーが製造したベークライト製の卓上鉛筆削り器。このタイプの鉛筆削り器は兵営ではごく一般的で、兵士や将校が訓練課程で使用した。

20

21

**20.** さまざまな形やメーカーの当時の消しゴム（ペリカン、ハンザ、エバーハルト・ファーバー）。

**21.** 軍隊の酒保でごく普通に見かけられた消しゴム販売用の壜。

**22.** 兵士たちは分隊下士官経由で無料の葉書をもらうことができた。両面に書くことができる。

酒壜などの雑多な物をしまうためのさまざまな大きさの箱も手に入った。

酒保ではプロパガンダ的な絵葉書もたくさん売られていた。

22

23

24

**23.** 「ゾルダーテンポスト」つまり兵士用のレターセットは軍の酒保で手に入り、定型の封筒と便箋が入っていた。

**24.** 通常、前線からの手紙には、ここにしめした例のように重量が35グラム未満であれば、切手は必要なかった。しかし、差出人が確実に返事を受け取れるように、切手を何枚か同封するのが普通の習慣だった。

25

25. こちらも兵士が酒保で買えた絵葉書の例。
最後の一枚は母への手紙、「おやすみ、母さん」。

26

26. 軍と民間で封筒や小包みに使われたドイツ帝国切手。通常、野戦では郵便は無料なので切手は必要なかった。郵便物は転送される前にまず軍が故郷への手紙の士気向上効果を高めようとして点検と検閲をおこなった。さらに無料で切手も配布された。

27

27. 小包を前線に送ったり、前線から送ったりするために 1942 年 7 月に発行された軍事小包郵便切手。通常は茶色である。写真の切手はこのタイプの最後のもので、1944 年のクリスマスのために緑で印刷され、少数が作られた。最初は兵士に 1 枚ずつ配布されたが、のちに 1944 年中になくなるまで 2 枚に増やされた。

28

28. ユンカース 52 輸送機が描かれた 1940 年発行の切手は、ロシアやバルカン半島など遠く離れた場所から使うための軍事航空郵便切手である。兵士たちは最初、毎月これを 4 枚支給されたが、1943 年からは 8 枚に増やされている。

29

29. 最大 2 キロまでの小包用の切手の最後のデザイン。これは祖国から前線で戦う兵士に衣類を送るために使われた。

30

30. おそらく無料ではない帝国切手。

# 時計

　第二次世界大戦中、軍用時計の生産と利用はいちじるしい向上を見せた。軍隊はいっそう複雑になり、新たに誕生した「電撃戦」戦術には正確なタイミングが必要だった。「電撃戦」では多くの重要な出来事が時間単位で決められた。

　ドイツ国防軍は懐中時計と腕時計の両方を持っていて、それぞれの活動上の必要性に応じて将校や下士官兵に支給した。しかし、戦争の急速な拡大によって、陸軍最高司令部が予想もしていなかった需要が発生し、ハンハルトやユングハウス、キーンツルといったドイツの会社は、要求される数量あるいは仕様の面で、それに応じられなくなった。1942 年、スイスのロンジン社が最初に注文を受け、じきにアルピナやムルコ、ティトゥス、ミネルヴァ、レコルト、ゼニス、シルヴァーナといったブランドがつづいた。あらゆる交戦国からの需要が増えたため、多数のスイスのメーカーが軍用時計を製造した。その結果、同じモデルが、たんに刻印のちがいだけで、イギリスとドイツ両方のために製造されることもあった。結局のところ、攻撃決行時刻はどちらの陣営にとっても変わりはないわけだが……。

31

**31.** 陸軍最高司令部は懐中時計と腕時計に厳格な仕様をもうけていた。「艶消し銀仕上げの金属製ケースに、修理のため3つあるいは6つ凹みがある鉄製のネジ込み式裏蓋を持つ。文字盤は黒で、アラビア文字の12のインデックスがあり、6時の位置にはスモール・セコンドをそなえる」インデックスは夜間の使用のため夜光塗料が塗られ、バンドは茶革かそれに類するもので、ニッケルメッキのバックルがついている。腕時計の価格はメーカーに関係なく22ライヒスマルクを超えてはならなかった。こうした腕時計は民間人が軍装品店で同じ値段で買うこともできた。

32

**32.** 裏側にはDHの文字と、契約製造番号、鉄製ケースを表わす「シュタールボーデン」や防水を表わす「ヴァッサーディヒト」のような特徴が刻印されている。DHの意味は完全にはわかっていないが、Dは「軍用時計」（ディーンストウーア）か「ドイツ」（ドイッチェス）を表わしている可能性がある。Hは「陸軍」（ヘーレス）を意味している。

33

**33.** 制式ではないバンドがついた1930年代の典型的なスタイルのシルヴァーナ製軍用腕時計。

34

**34.** 腕時計の紛失をふせぐため、バンド用の取り外し式のバネ棒は固定式に変えられている。

**35.** 軍用タイプの白い文字盤に、黒い仕上げの民間用ユングハウス製アラーム時計。このタイプの時計は戦争では歩哨の勤務時間を管理するのにひじょうに便利だった。同じような時計はドイツ海軍用にも製造されており、裏蓋に鷲章と M の文字が刻印されている。

**36.** 時刻とアラームの調節機能がついた裏蓋。

35

36

37

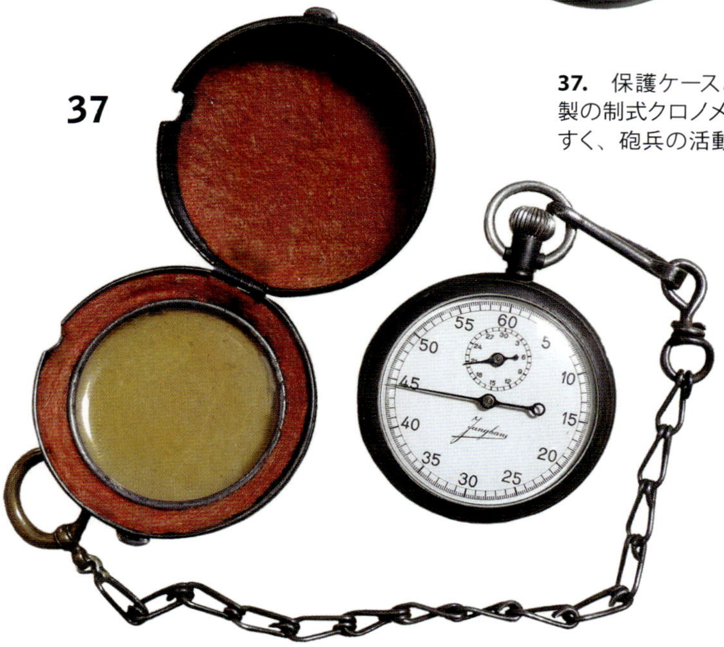

**37.** 保護ケースと鎖がついたユングハウス製の制式クロノメーター。ひじょうに使いやすく、砲兵の活動には必要不可欠だった。

**38.** 兵士にとても人気があった低品質のキーンツル製懐中時計。

38

**39.** 有名なゼニス社が製造した制式懐中時計。裏の刻印は D8413348H で、17 石のムーブメント 3506480 を持っている。無垢のニッケルシルバーのブロックで製造されたきわめて一般的な製品で、耐震装置をそなえ、6 時の位置にスモール・セコンドがついた黒い文字盤を持っている。このタイプの刻印のない懐中時計は兵士に販売されていた。

39

40

41

**40.** 陸軍最高司令部が腕時計に指定したものと同様の、凹みが 3 つついたネジ込み式の裏蓋。驚くほど高品質の製品である。

**41.** 陸軍支給のズボンには通常、写真のように前に小さな時計隠しがついていて、時計の鎖を取り付けるためのリングが縫い付けられていた。

**42.** この付属の取扱説明書で説明されているように、時計は方位磁石としても使えた。

42

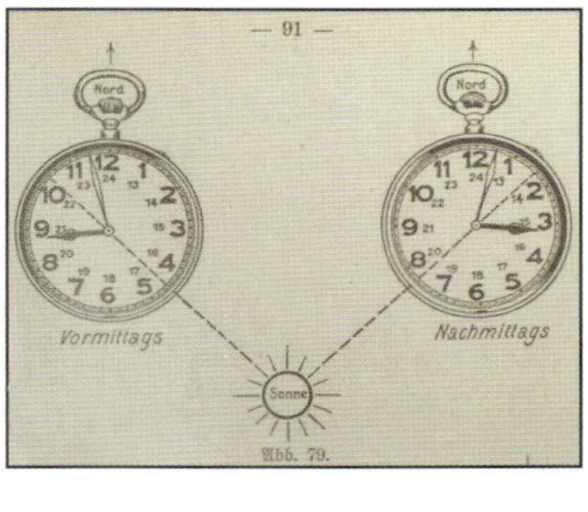

# 眼鏡

43

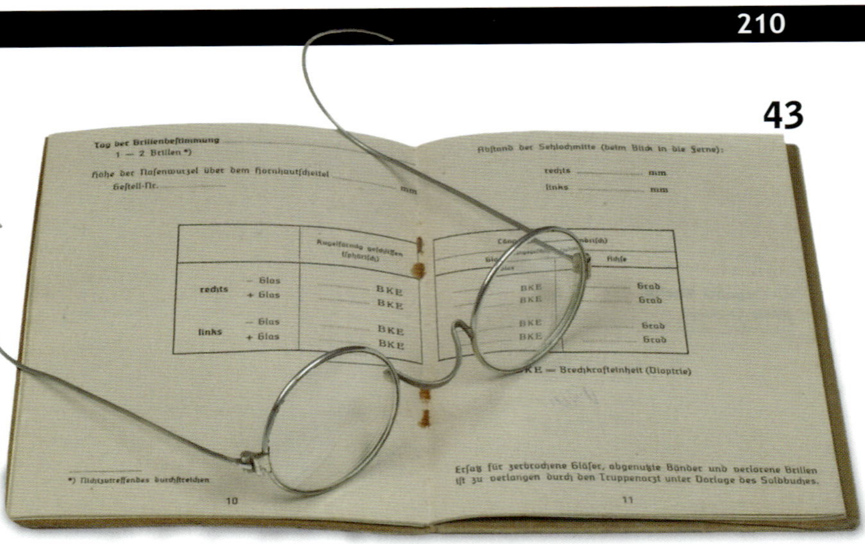


**43.** 標準支給の眼鏡はホワイトメタルの一種で製造された。真鍮とニッケルの合金である。蔓は耳にしっかりとひっかかって紛失しないように柔軟性があった。写真に写っているのは、眼鏡の支給とレンズのデータを記録するゾルトブーフのページの例。

44

45

**44.** 現代のほかの軍隊と同様、視力に少々の問題があるドイツ兵はパールグレーの金属製ケースに入った「ディーンスト・ブリレ」つまり軍用眼鏡を支給された。

**45.** ケースに入った眼鏡と、まだ記入されていない技術カード。

**46.** レンズの種類と所有者 / 兵士の身元が記入された技術カードにくわえ、この眼鏡がどこで製造されたかがわかるのがとくに興味深い。この情報を現在たどるのはむずかしいが。

46

47

**47.** 眼鏡を必要とする兵士はガスマスク専用の眼鏡も支給された。蔓はなく、そのかわりに耳にかけるバンドがついていて、マスク用にしっかりと顔にフィットさせることができた。

48

Masken-Brille

49

So wird das Band eingeschlauft (Endstück aussen liegend)
(Vorschrift der Heeres-Sanitäts-Inspektion)
Abb.1
Abb.2
Abb.3
1) Band von innen durch Schlitz 2 einführen.
2) Hierauf durch Schlitz 3 nach innen ziehen u. Band auf Länge einstellen.
3) Nunmehr das Band wieder nach aussen durch Schlitz 4 führen. (Siehe Abb.1)
4) Jetzt das Band seitlich durch den schmalen Schlitz 1 einführen und festziehen. (Siehe Abb.2)
5) Überstehendes Bandende abschneiden.
Abb3 zeigt das Einschlaufen schematisch dargestellt.
Beachte die Rückseite!

50

Oder so: Diese Art der Einschlaufung ist ebenfalls von der H.S.J. zugelassen (Endstück innen liegend)
Abb.1
Abb.2
Abb.3
1) Band von aussen durch Schlitz 2 einführen.
2.) Hierauf durch Schlitz 3 nach aussen führen u. Band auf Länge einstellen.
3.) Nunmehr das Band wieder nach innen durch Schlitz 4 führen. (Siehe Abb.1)
4.) Jetzt das Band seitlich durch den schmalen Schlitz 1 einführen u. festziehen (Siehe Abb.2)
5.) Überstehendes Bandende abschneiden.
Abb.3 zeigt das Einschlaufen schematisch dargestellt.
des Haltebandes

**48.**　ガスマスク着用時に使用する専用の眼鏡と、「マスケン・ブリレ」と書かれたそのケース。

**49.**　ケースの内側と使用説明書。

**50.**　バンドの取り付けかたの——実用的とはいいがたい——説明書。

**51.**　特定の勤務や兵士それぞれが遭遇しそうな状況に応じて、ほこりや太陽から目を守るためのさまざまな眼鏡が支給されていた。その一般的な例が、この黒いゴム——グリーンでも製造されたが——で製造されたアウアーのゴーグルで、自動車化部隊にまず支給された。

51

52

53

**52.**　メーカー名（アウアー）とモデル名（ネオファン）のアップ。

**53.**　支給のパウチへの正しいゴーグルのしまいかた。

54

55

56

54. 通常パースペックス（ポリメタクリル酸メチル）で製造され、ほこりや日差しから目を守るためにさまざまな色で支給された汎用ゴーグル。

55. メーカーのコード（bwz）と製造年（1944）はオラニエンブルクのアウアー・ゲゼルシャフト AG のもの。ドイツの同地方はこのマスクや防護装備のメーカーと密接なつながりがあった。

56. このタイプのゴーグルは布製のパウチに入れて支給された。パウチには用途に合わせて選ばれたいくつかのバリエーションが折り畳んでおさめられ、本体に縫い付けられた布のパッチで保護されていた。

57

57. ドイツ軍はヨーロッパやアフリカで大量に鹵獲したイギリス軍のゴーグルを大いに利用した。そのため、当時も現在も一般にドイツ軍のゴーグルと勘違いされている。

58

58. 標準支給のスキー用ゴーグル。山岳部隊ではごく一般的だが、ロシアでも広く支給された。ユリの花の形をした奇妙な開口部のデザイン——20 世紀初期のもの——に注意。

59. 天然皮革の縁がつき、反射をおさえるために黒で塗られたゴーグルの内側。

59

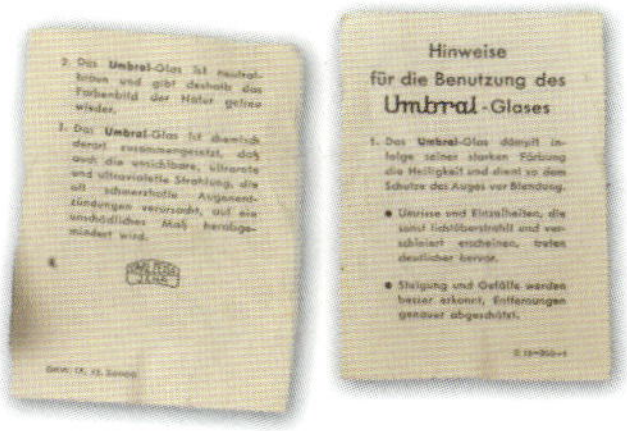

60

61

**60.** 山岳部隊および自動車化部隊用ゴーグルのべつのタイプ。この場合は、グレーの革製である。人造皮革や色違いのもっと品質の劣る製品もあった。このタイプのゴーグルは着用者をほこりや雨から守るためだけにデザインされたものではない。実際には光学機器のトップ・メーカーのひとつ、イェーナのカール・ツァイス社によって製造されたじつに贅沢なアイテムで、日差しから目を守るためにとくにデザインされたものである。このモデルは「ウンブラル」と呼ばれた。

**61.** モデルと紫外線遮蔽率（55%）をしめす内側のマーキングがわかる人造皮革製ケース。メーカーの小冊子も入っている。RRYNM のスナップ・ボタンに注意。

**62.** 曇り止めの通気穴がわかるゴーグルの内側。

62

63

**63.** サングラスと塗装された金属製のケース。おそらく支給品で、観測や射撃には不可欠だった。

**64.** 市販の眼鏡で、軍に納入されたものではないが、兵士たちのあいだではごく一般的だった。

64

# カメラ

1930 年代には大西洋の両側でカメラ製造が一大ブームとなった。ヨーロッパでは、伝統的に光学機器の製造を得意としていた国であるドイツが、コンパクトな 35 ミリ・フィルムを装塡できる小型で使いやすいカメラの製造に成功した。完全に光を遮断し、簡単にフィルムが装塡でき、価格も手ごろだったため、結果的に戦闘員が撮影した文字どおり何百万枚という写真で戦争を記録することが可能になった。それらの写真によって、6 年間の戦争全体の写真による驚くべき歴史的証言が形づくられたのである。

65

**65.** ライカはまったくの偶然によって開発されたカメラだった。ライツ社が製造したモデルで、写真史上指折りの人気のあるカメラとなった。多くの人間にとって、ライカはすばらしさと純粋さのまさに象徴である。20 世紀の初頭、このカメラは発明と技術と職人魂にとって画期的な事件だった。

エルンスト・ライツ一世は 1869 年に会社を設立し、顕微鏡の製造で確たる評価を得た。息子のエルンスト・ライツ二世は自分の発明の才をたよりに、生産を多角化し、ライバル会社から有名な技師を引き抜いて、会社の拡大に乗り出した。そのなかには高名な光学器械製造者でレンズ・メーカーのカール・ツァイスもいた。その一方で、こうした技師のひとり、オスカー・バルナックが映画用の露出計に取り組んでいるとき、35 ミリ・フィルムをテストする小さな装置を設計して、革命的なアイディアを生み出す。早くも 1912 年に、のちにライカの最初のモデルへと発展するカメラのプロトタイプが登場した。「ライカ」という名前は、メーカー名の最初の数文字と「カメラ」という言葉を組み合わせて（ライツ＋カメラ）作られた。しかし、これがライカⅠとして市場に登場し、最初の年だけで 1000 台近く製造されて、前例のない成功をおさめたのは、それから 10 年以上もたった、1920 年代の大不況直後の 1925 年のことだった。ライカは「小さなネガ、大きな写真」という考えを生み出した。これにつづくカメラはすべてこの単純な原則をもとにしている。ライカはパイオニアであり、こんにちまで生きつづけ、いまもなおその原点を大事にしている。

**66.** メーカー名、モデル名、製造番号、帝国特許（D.R.P.）がわかるカメラ上部の刻印。

66

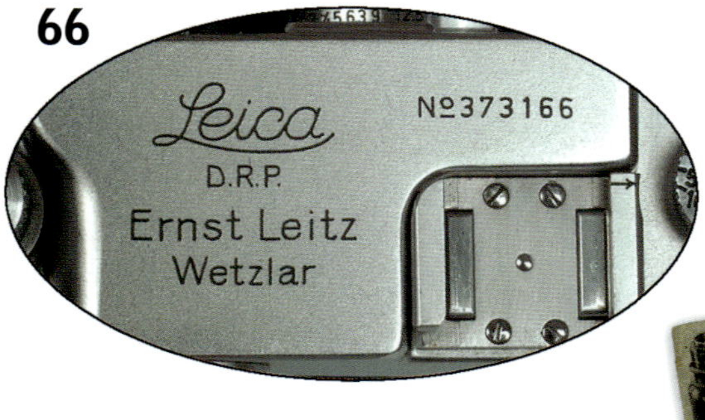


67

**67.** ニュルンベルクの卸売業者の当時の小冊子。

68

**68.** 小冊子のアップ。

**69.** 1940年に製造番号360101を持つ最初のライカⅢｃ（シリーズ1）が登場したときは、一見して以前のモデルⅢやⅢｂとそれほど変わったようには思えなかったが、実際にはまったく新しい製品だった。大きなちがいはボディが一体鋳造となったことで、より堅牢で経済的な製品になっている。新しいカメラは前のモデルより3ミリ長くなり、スピードダイヤルもより完全になった。これはライカのもっとも人気のあるモデルで、1940年から1945年のあいだに2万8000台ほどが製造され、最後の製品は製造番号397607をあたえられて製造ラインから送り出された。

国防軍に納入された軍用型はシリーズⅢ、とくにモデルⅢｃをもとにしていた。

写真では露出計がふくまれた1940年代のオリジナルのカメラの箱が見える。

69

70

71

72

**70.** 箱の裏にはモデルとボディおよびレンズの製造番号のスタンプが見える。赤いフォーカルプレーン・シャッターに注意。このタイプは天然資源の不足のため戦時中だけ製造された。

**71.** すばらしいズミタールの50ミリ1:1.2レンズのアップと、オリジナルのキャップ。

**72.** 人気のドイツ製カメラの当時の広告。

**73.** 1930年代から1940年代にかけて、イェーナのツァイス・イコン（1846）は有名な6×9のネッター515を普及させた。コンパクトで信頼できるカメラだったが、フィルムの装填がめんどうだった。最初のモデル、515/16（写真は蛇腹を開いたところと閉じたところ）は長時間露出（バルブ）つきのシャッターを持っていたが、やがて7.5ミリのアナスティグマート1:6.3レンズがついたテルマ125スピード・モデルが登場した。このカメラは515にまさり、バルブつきのクリオ・シャッターを持ち、シャッタースピードは口径比1:4.5で最大175分の1秒だった。もっとも、より進歩して、高価になっていたが。両方とも1939年から1941年のあいだに生産され、ひじょうに人気の高いカメラだった。

73

74

**74.** このタイプのカメラは閉じると、上衣のポケットに楽々おさまった。

75

76

**75.**　このカメラは完全な暗闇のなかで開いて、フィルムを装塡しなければならなかった。

**76.**　ツァイス・イコン製ネッター・カメラの蛇腹のシャッターとレンズのアップ。

77

**77.**　戦前の蛇腹式カメラ、アグファ・ビリー。同社の小型のカラートの前のモデル。価格が安かったのでレコルトと呼ばれたこのタイプは、民間でも兵士たちのあいだでも人気が高かった。大型の 6 × 9 のフィルムを使い、小型のイゲスター1:8.8 レンズがついている。

78

**78.**　1938 年製アグファ・ビリー・レコルト・カメラと革製の携帯ケース。

**79.**　カメラの内部。

79

**80.** アグファがはじめて小型カメラに手を染めたのが 1937 年のカラートで、35 ミリ・フィルムを使って、24 × 36 ミリのサイズで 12 枚撮影できた。シンプルで使いやすいカメラだった。当時としてはかなり小さく、ひじょうに庶民的な価格で販売された。

民間向けの生産は 1941 年、経済活動がすべて戦時生産体制に転換されたときに終了した。結局アグファは 1948 年から 1956 年にかけてなんとか製造を再開した。

**81.** 蛇腹をのばしたカメラを上から見たところ。フィルム巻き戻しノブとファインダーの接眼部、そしてシャッター・ボタンに注意。

**82.** アールデコ運動に影響を受けたデザインを持つこのモデルは、50 ミリの 1:6.3 イゲスター（左）から経済的な 55 ミリの 1:4.5 オパール、さらには 50 ミリの 1:2.8 クセナーまで、各種のレンズを組み込むことができた。

80

81

82

**83.** カラートの内部。フィルム送りのメカニズムは単純で興味深い。カメラには同型のパトローネがふたつ装填される。フィルムは左側のパトローネにおさめられていて、右側のパトローネに送られていくのである。空のパトローネが入るほうは、「レーレ」（空）と書いてあるのに注意。

**84.** カメラのケースを開いた状態と閉じた状態。

83

84

**85.** コダック・レチナは鳥のカッコウのようなカメラといっていいだろう。1934 年ごろのコダック社の基本的な事業計画は写真フィルムを販売することで、同社はシュトゥットガルトのナーゲル・カメラヴェルクのデザインを取得する大胆な賭けに出て、同社を買収し、カメラの生産に乗り出した。このカメラはすでに設計され、性能は実証ずみで、当時としてはひじょうに安価で市場に出回っていた。カメラにくわえて、コダックは日中でも装塡できる最初のフィルムも発売した。コダックにとってはこれが本来の商売だった。この写真フィルムはもともと 35 ミリの映画用フィルムで、ヴェッツラーの技師オスカー・バルナックが 1911 年にはじめてテストしたものである。これをコダックは信頼性の高い独自の製品として規格化していた。ほどなくしてこれ以前のカメラの販売は落ち込んで、ほかのメーカーはこの画期的新製品を使えるように自社製品を改良せざるを得なくなった。

コダックのフィルムはナーゲル社オリジナルのレチナ・カメラのおかげで大々的なヒットとなった。レチナは改良をかさね、ドイツ兵が買える価格で高品質のモデルをそろえていた。これは当時大流行だった社会主義の理想に完全にマッチするもので、ライカやエキザクタといったもっと高価なカメラとはかけはなれた製品だった。生産は 1941 年に中止されたが、1945 年、コダックがドイツの子会社の経営をふたたび掌握すると、生産が再開された。

左はレチナⅠモデル 141(1937-1941 年)、右はレチナⅡモデル 142(1937-1941 年)、下はレチナⅠモデル 119 (1934-1937 年)。

85

86

87

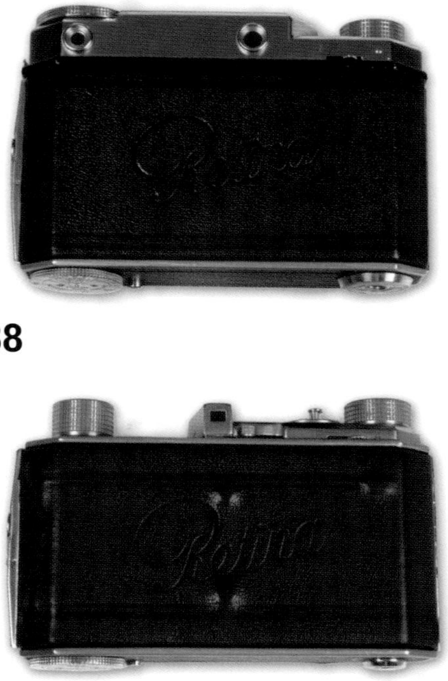

88

**86.** 三脚用のネジ穴と被写界深度のゲージがついたレチナの底面。

**87.** 蛇腹を折り畳んだ状態。

**88.** レチナⅡ（上）とレチナⅠ（下）の後面。

**89.** 人気が高かった 3 台のレチナの上面。フィルムの巻き上げノブと巻き戻しノブ、フィルムカウンター、シャッター・レリーズ・ボタンがはっきりと見える。

**90.** レチナ・モデル 119 の内部。精巧なフィルム送り機構と製造番号 799903 が見える。

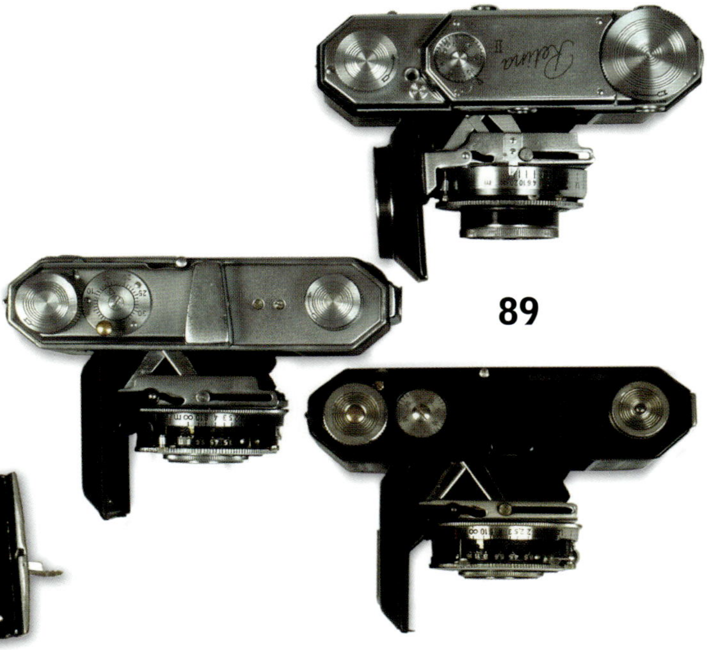


89

90

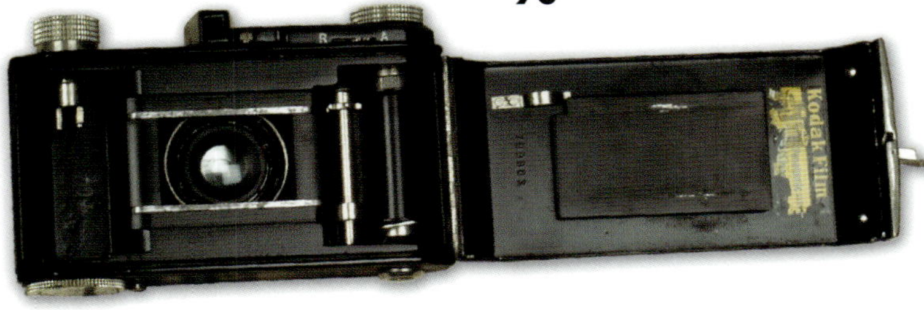


91

**91.** 蛇腹をのばしたレチナⅡとアクセサリーの前面と上面。

**92.** レチナ・モデル 141 のケースと携行ストラップ。

92

93

**93.** ケースの内側にはこの製品を購入した店の住所がスタンプされている。

**94.** 当時の兵士がやっていたように、ケースを閉じて持ち運びできる状態のコダック・レチナ。

94

**95.** オランダ移民の企業家ヨハン・ステーンベルゲンは 1912 年、写真製品の製造を考えてドレスデンでイハゲー社（インドゥストリー・ウント・ハンデルスゲゼルシャフト m.b.H. の頭文字 IHG のドイツ語読みから）を創設した。遠い将来を見すえた彼の努力の結果、じつに革新的な製品が誕生する。新しい 35 ミリ・フィルムを使い、レンズが交換できる最初の一眼レフ・カメラである（1935 年）。電子的な TTL 測光計を搭載した初のカメラでもあった（1942 年）。

国家としてのドイツはナチの政策によって破壊された唯一のものではなかった。ステーンベルゲンのような先見の明のある者たちもまた傷ついた。1940 年 1 月施行の法律により、敵国出身の市民は第三帝国に会社や財産を所有できなくなった。この法律はイハゲー社とその持ち主に直接影響をおよぼした。さらにステーンベルゲンの妻はユダヤ系のアメリカ国民だった。その結果、1941 年、彼の財産はすべて没収され、管理職はすべて追い出されて、新しい党員の支配人が任命された。それ以降、会社は完全に政府の統制下に置かれ、軍需物資の生産に振り向けられた。その 1 年後、ステーンベルゲン一家はドイツを離れ、ドレスデンと工場へは二度と戻らなかった。1945 年 2 月、街はその壮大な建築美のすべてとともに灰と化し、ステーンベルゲンの夢の名残りも灰燼に帰した。おそらくエキザクタは挫折の歴史といえるだろう。写真はステーンベルゲンの革命的カメラを宣伝する当時の広告 2 種。

EXAKTA
die Vielseitige!
Ihagee
KAMERAWERK
STEENBERGEN&Co
Prospekt gratis!
Für bildmäßige und technische Photos, für Mikro-, Makro- und Fernaufnahmen, für Sport und Bildbericht, für Blitzlicht-, Nacht- und Bühnenphotos tausendfach bewährt.
Ihagee Kamerawerk, Dresden-Striesen 668

Kleinbild-Spiegelreflex-Kamera
24×36mm
Kine-
EXAKTA
Ihagee
DRESDEN A16

95

**96.** キネ・エキザクタ、別名クラインビルト・シュピーゲルレフレクス・カメラ 24 × 36 ミリ。

これは 1938 年製の 4 番目のモデルで、製造番号 531724 がついている。当時としてはかなり進んだカメラで、60 年代の一眼レフ・カメラ（ニコン F）の基礎となった。ここではファインダーを起こした状態をしめす。となりはオリジナルの天然皮革製ケース。

96

**97.** ファインダーを畳んだ状態のカメラをしめす。フィルムの巻き上げレバーが、フィルムをセットすると、1 枚写真を撮るたびにこの位置に戻って、やや使いづらいのに注意。最大 1000 分の 1 のシャッタースピードと、36 枚のフィルムカウンターにも注意。1930 年代のカメラとしてはかなり驚くべきことだ。

97

**98.** 巻取りスプールとスプロケットをそなえた 35 ミリ・フィルムのフィルム送り機構。フォーカルプレーン・シャッターと裏蓋のフィルム圧着板に注意。

98

**99.** マイヤー・ゲルリッツが製造したバヨネット式マウントの交換レンズ。プリモプラン 1:19 5.8 センチ・モデルで、製造番号 881653。これはこのレンズマウント方式を採用した最初のカメラだった。ライカはまだネジ込み式マウントを使っていた。

99

**100.** 当時の折り畳み式三脚と革製携行ケース。このアクセサリーは光が弱いときに写真を撮るのにじつに役立った。当時の写真フィルムはこんにちの基準に照らすと信じられないほど感光度が低かったのである。

100

**101.** 当時の各種のフィルムを集めてみた。右側はアグファとコダック、ライカの35ミリ・フィルム。すでにカラー・フィルムも発売されていたが、高価だったうえに市場に出回っていた数も不十分だったので、どこでも手に入るというわけにはいかなかった。

**102.** アグファとハウフの白黒フィルムの使用期限のアップ。

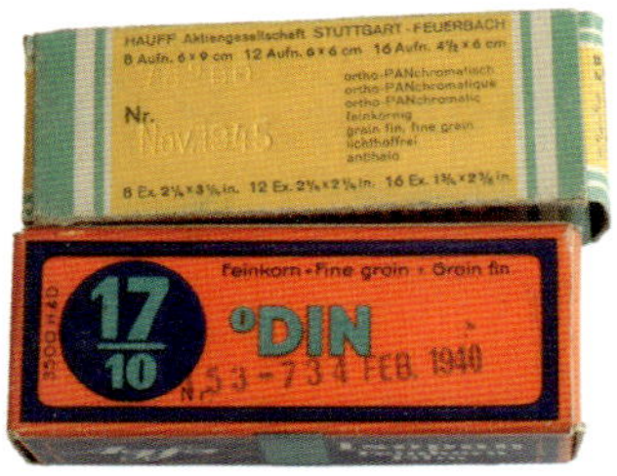


**102**

**101**

**103**

**103.** アドックス・フィルムの当時の広告。

**104.** こうした写真アルバムは兵士たちのあいだでごく一般的だった。それぞれにひとりの兵士の歴史の一片と、戦闘員の日々の現実がもっとも驚くべき態度と状況でおさめられている。
　写真の下には写真をアルバムに貼るための透明なフォトコーナーの小箱が見える。

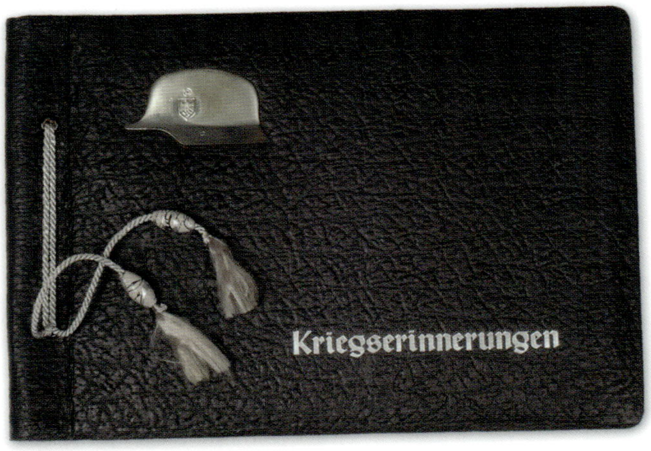

**104**

# 懐中電灯

1930 年代から 1940 年代の町や道路は現在ほど明るくはなく、住民はしばしば真っ暗な闇につつまれていた。そのためほぼどんなタイプの懐中電灯でも大いにありがたがられた。

兵士用にデザインされ支給された懐中電灯には通常、信号用に赤青緑の 2 枚か 3 枚のパースペックス製フィルターがつき、モールス信号を送信するためのボタンもついていた。一部の製品には、ここで紹介するもののように、光を地面に向けるためのカバーがついていて、敵に見られるのをふせいでいた。いずれも上衣やコートのボタンにぶら下げるための革のタブがついていた。

**105.** ダイモン社製のごく一般的な支給モデルのひとつ。上部のボタンを押すことで点灯する。下側には足元の地面を照らすための開口部もある。

**106.** もっとも一般的な懐中電灯の携行法。

105

106

107

108

**107.** ダイモンのテルコトリオ・モデル。前のものよりシンプルで、やはり軍に支給された。

**108.** ペルトリクスは軍に懐中電灯を納入したもうひとつのメーカーである。

109

**109.** 軍が使用したさまざまな懐中電灯のまたべつのモデル。ダイモンやペルトリクスと同様、このモデルも陸軍の仕様にすべて適合している。

**110.** 製造年をしめすメーカーのロゴのアップ。この種のマーキングは懐中電灯ではあまり一般的でなかった。

110

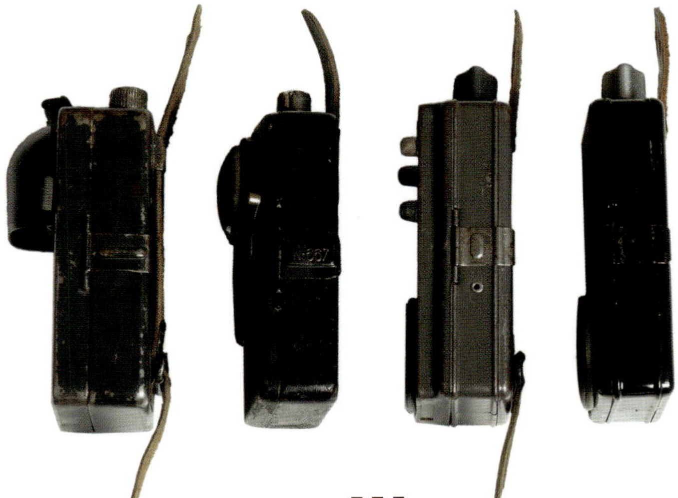

111

**111.** 4つのモデルの側面と後面。1930年代から1940年代にかけて製造され国防軍によって使用された無数のタイプのごく一部の例である。

112

**112.** VDE製の軍用4.5ボルト平形乾電池（「フラッハバテリー」）。

**113.** 市販のポケット懐中電灯。長い夜の時間には大衆に大いに愛用された。

113

114

115

116

**114.** 室内や掩蔽壕内などを照らすため、各分隊には長時間の照明用の中型のランタンがあった。こうしたランタンには発光標識として使ったり、さらには陣地間でモールス信号を送信したりするための仕掛けもつけくわえられていた。そのデザインの一般的な３つの特徴は、３面の開口部とカバー、そして持ち手である。

いちばん一般的な使用燃料はガソリンかオイル、カルシウムカーバイドだった。

写真では板金をプレス溶接して製造されたサンド色仕上げの戦争後期の燃料式ランタンのひとつがわかる。メーカーは Ltf（不明）である。

**115.** 吊り下げ用のフックがついたランタンの後面。

**116.** カバーと燃料タンクを分解した状態。

117

118

119

**117.**　全体がベークライトで製造されたカーバイド・ランタン。前のランタン同様、開口部をふさぎ、光を一方向に向けるための板金製カバーがついている、さらに正面のカバーには開口部がふたつあり、モールス信号を送るために一方は丸く、もう一方は細長くなっている。タンクもふたつあり、後方が水用で、高圧式の下のタンクはカルシウムカーバイド用になっていて、両者が混ざることによりアセチレン・ガスが発生する。

**118.**　側面と前面のカバーをはずしたランタン。

**119.**　この写真では持ち手と水用タンク、調節つまみ、水注入口の部品が見える。ここにはカバーもしまえる。

**120.**　ランタンを完全に分解したところ。

120

121

121. 板金溶接製のカーバイド・ランタン。天井からぶら下げるためのじつに便利なフックに注意。

122. カーバイドのタンクと兵器局のスタンプ、そして戦争後期もまだ操業していたメーカーの刻印。

122

123. ときには明かりがなくて書き物ができなくなることもあった。この問題を解決するため、軍はこれらの小型の蠟燭を支給した。ラベルには正しい芯の固定法がわかりやすく説明してある。

123

124

124. 軍支給のマッチと「ヒンデンブルク」蠟燭。こうした蠟燭はあらゆる種類の再生蠟を使って製造された。右側に見える蠟燭は、圧縮した紙製の容器で納入されたもの。

**125.** 1944年製造の蠟燭の包み。これらは「地下壕蠟燭」と呼ばれ、もっと数が少ないランタンや「ヒンデンブルク」蠟燭とともに従軍中の照明のほとんどを提供した。

**126.** 蠟燭の包みの製造年がわかるアップ。

**127.** ちがう「地下壕蠟燭」の箱の包装とマーキング。国防軍所有物。

125

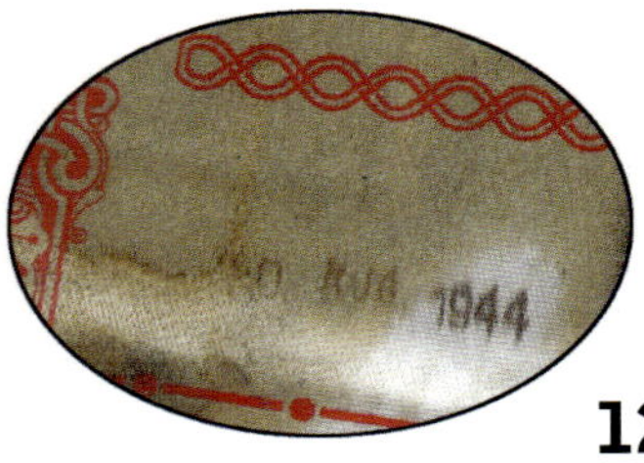


126

127

**128.** 敵に探知されないため、煙の出ない効果的なヒーターは兵士から大いにもてはやされた。前線ではかなり一般的で、掩蔽壕や車輌、狭い部屋のなかで使用された。したがって、その使いかたが軍の教範でわかりやすく説明してあるのも不思議ではない。

128

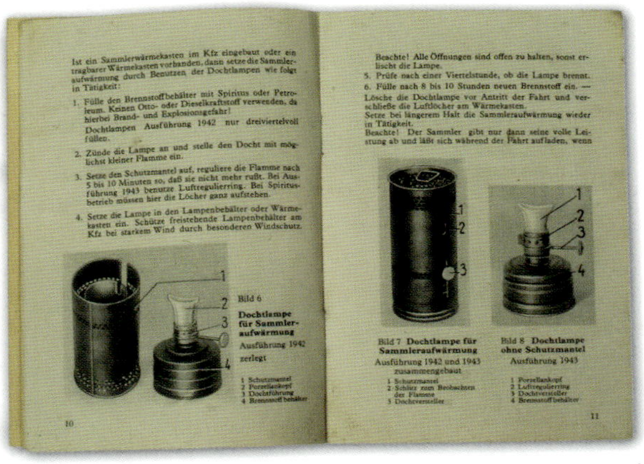

# 現金

戦争によって現金の供給と使用には特殊な条件が課せられた。占領地やさらには国防軍も独自の通貨を持っていた。1945 年 5 月までに、ザクセンやグラーツ、レンツ、ザルツブルク、シュレジエン、ズデーテンラント、シュレースヴィヒ・ホルシュタインをふくむ第三帝国の一部の地域が、終戦近くに独自の通貨を発行していた。

**129.** メモや電話番号などを書き付けるためのメモ帳。軍の酒保で売られていたもので、ゾルトブーフや現金などの所持品をはさむことができた。

**130.** 当時市販されていた典型的な男性用財布。興味深いことに、兵士のために印刷された歌集に同じような財布が描かれているのに注意。

129

130

**131.** 占領地ではないドイツの領土で使われていた民間の通貨。一般的に兵士は軍務中、民間の現金を持つことを許されていなかった。

131

**132.** 占領地で使用するためベルリンのライヒスクレディートカセ（帝国信用金庫）が発行した50プフェニヒ紙幣。

132

133

**133.** この紙幣はドイツ国防軍が独占的に使用するため1942年に制定された。それぞれの価値は国防軍の活動範囲以外で使うのをふせぐために10倍にされている。印刷は片面にしかない。

134

**134.** 1942年制定の最初の紙幣は、国防軍内で使用するために1944年に発行されたこの2番目の紙幣に取って代わられた。これらの紙幣の価値は本物である。いずれの紙幣もライヒスクレディートカセが発行した。

**135.** 2番目の紙幣の裏側。

135

136

**136.** ドイツ軍の戦時捕虜収容所で連合軍の将校捕虜が使用するために発行された軍票。

ET DE TOURISME DE SEDAN
AU-FORT
N 9K.
DOUANES
FRANÇAISES

# 文書類

どの国の兵士も身分と兵役の詳細を証明する証明書を携帯することを義務づけられている。第二次世界大戦のドイツ兵も、そしてもちろんアントン・イムグルントも例外ではなかった。

兵役が義務となった1935年から1939年の宣戦布告をへて戦争の終結まで、軍人は場合に応じて3種類の書式で身分を証明した。兵籍手帳（ヴェーアパス）と給与手帳（ゾルトブーフ）、そして認識票（エルケヌングスマルケ）である。

兵役につける年齢になったドイツの若い男性は全員、登録のために地元の軍当局に出頭することがもとめられていた。登録すると、ヴェーアパスを与えられる。これは10.5×14.5センチの小冊子で、表紙にはヴェーアマハトアドラー（国防軍鷲章）が描かれ、丈夫な光沢紙でできており、中身は52ページあって、ベルリンのメッテン社が独占的に製造していた。なかには新兵のデータと、志願兵と徴募兵の別が記入される。私服姿の写真が最初のページに貼付された。

動員されると、ヴェーアパスを提出し、かわりにゾルトブーフを受け取る。ヴェーアパスは配属された連隊の本部に保管される。その後、兵士の医療歴や俸給、転属、教育課程などの軍歴がすべて最新のものに更新される。ヴェーアパスは兵役が終わったときはじめて兵士に返却される。

ゾルトブーフはヴェーアパスと同じサイズで、表紙には同じ国防軍鷲章が描かれているが、色はヒヨコマメ色で、「ゾルトブーフ・ツーグライヒ・ペルゾナールアウスヴァイス」（給与手帳兼身分証明書）と書かれ、兵士の写真が貼付されていた（かならずではないが）。持ち主はそれを、捕虜になる危険のある戦闘時をのぞいて、上衣の胸ポケットに携行しなければならなかった。

1939年に発布された通達によって、兵士はゾルトブーフを与えられるのと同時に、亜鉛かアルミニウム製のバッジ（認識票）も受け取ることになった。この認識票には兵士のデータ、通常は認識番号と所属部隊が刻まれ、半分に折ることができた。1941年以降は兵士の血液型が記入されたものもあった。

上部には穴がふたつ開けられ、首から下げる紐を通すことができた。死亡した場合、この上半分が死体に残される。穴がひとつ開いた下半分は、中隊長に渡されて保管された。

私費で購入された当時のメモ帳。兵士は通常このなかに
ゾルトブーフなどの文書や写真、手紙などの身の回り品を入れていた。

# ヴェーアパス

**01.** ヴェーアパスとオイルスキン製の保護カバー。通常は封筒形のボール紙製カバーをつけて支給された。

01

02

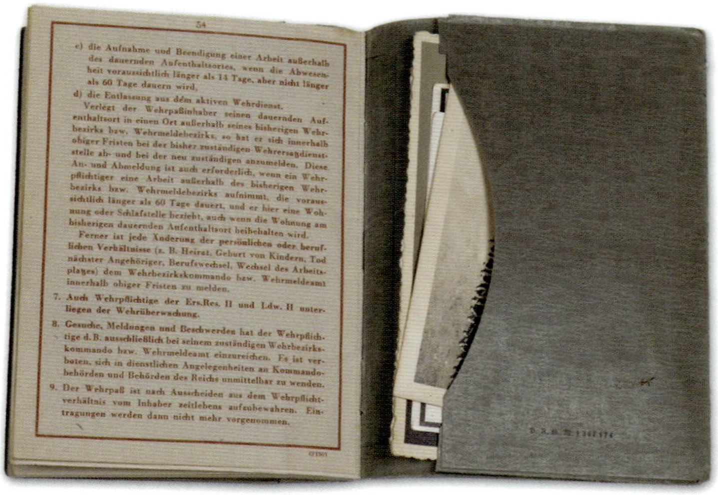

**02.** ヴェーアパス内側の文書をはさむポケット。

**03.** 兵士の全軍歴が記録されたヴェーアパスのさまざまなページ。

03

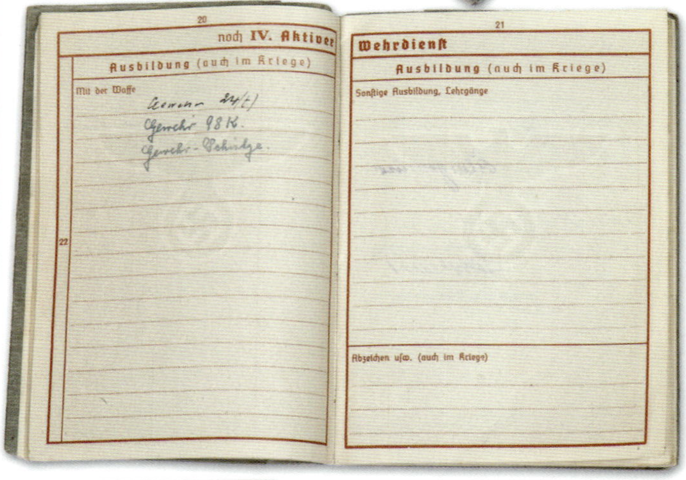


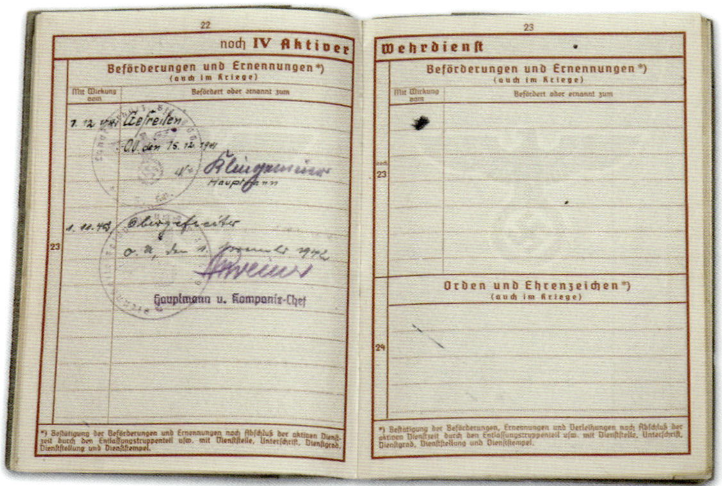


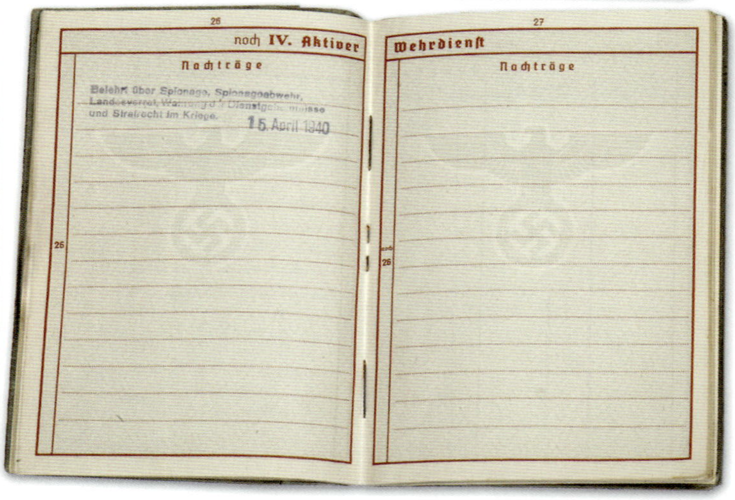


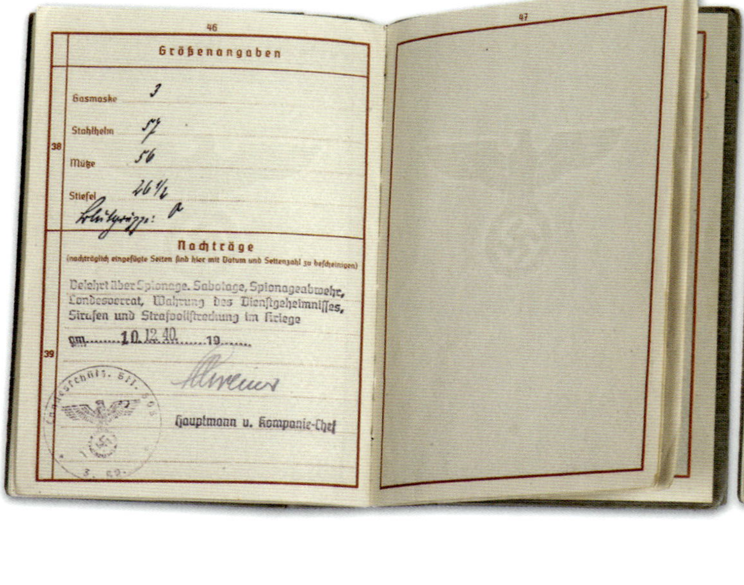


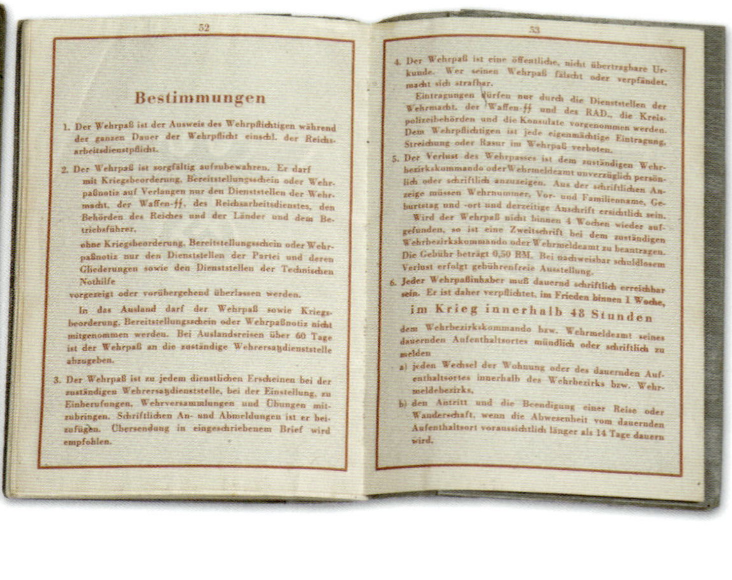

# ゾルトブーフ

**04.** ゾルトブーフの表紙と最初のページ。持ち主の兵籍番号と階級、名前、認識票に刻まれた文字と番号、血液型、ガスマスクのサイズが見える。

**05.** 2、3ページ。2ページには個人のデータとサインが、3ページには昇進と配置転換の訂正が記載される。

**06.** つぎのページには補充訓練部隊と転属、現在の戦闘部隊（4ページ）、近親者についての情報（5ページ）が載っている。

**07.** このページは被服の交換や新たな派遣で受領した装備を記録している。

**08.** 9ページ（右）は兵士におこなわれたワクチン接種をしめしている。

04

05

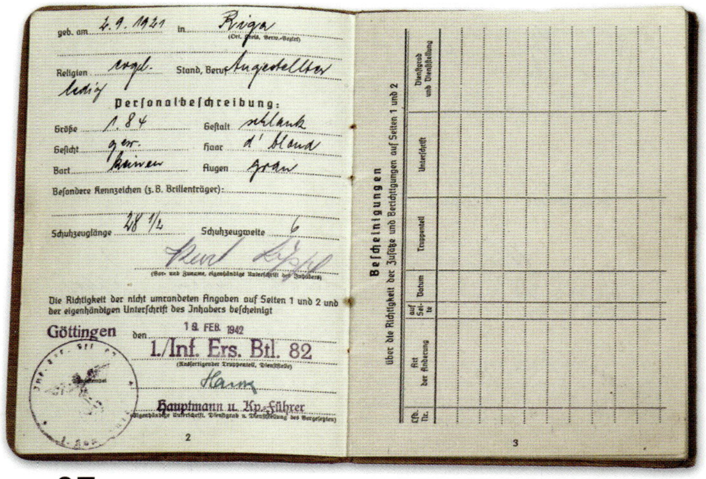


06

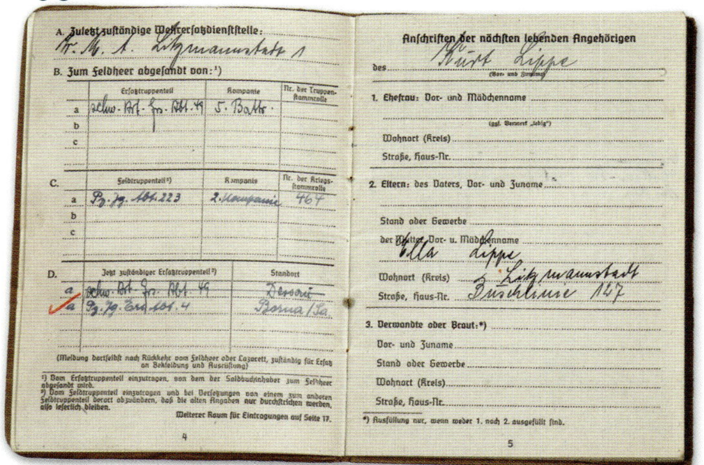


07

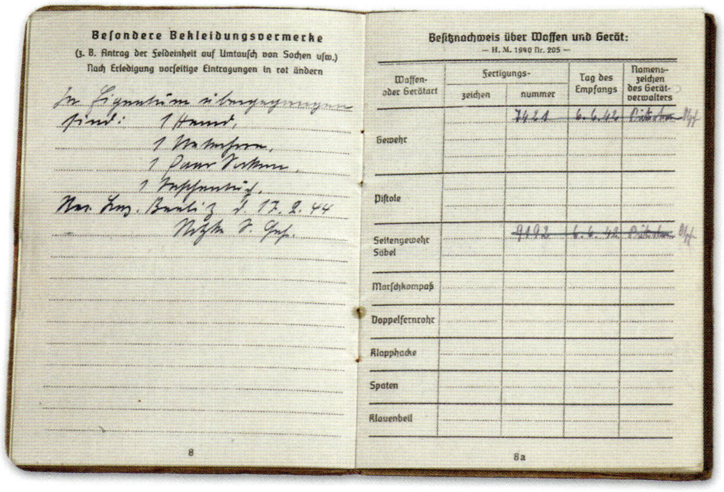


08

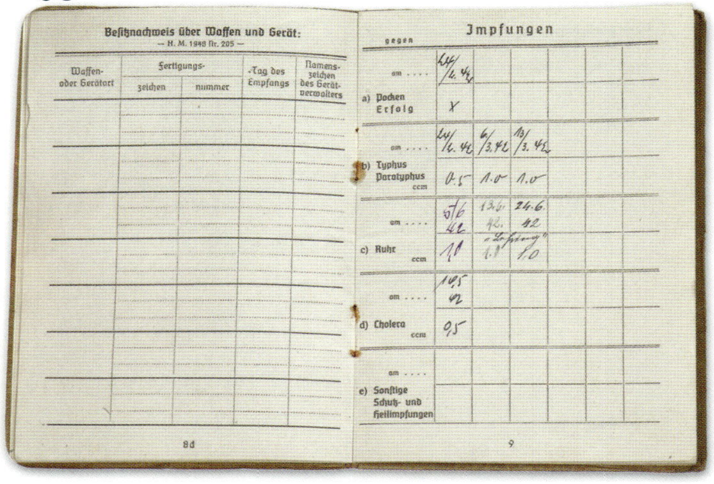

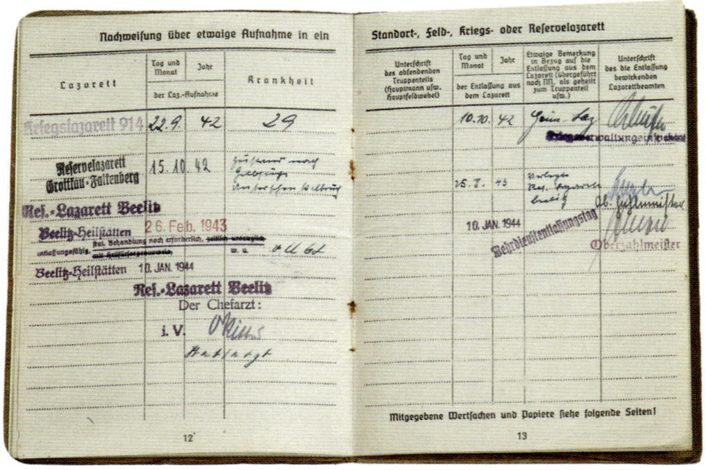

Nachweisung über etwaige Aufnahme in ein

| Lazarett | Tag und Monat | Jahr | Krankheit |
| --- | --- | --- | --- |
| | der Laz.-Aufnahme | | |
| Kriegslazarett 914 | 22.9. | 42 | 29 |
| Reservelazarett Grottkau-Falkenberg | 15.10. | 42 | |
| Res.-Lazarett Beelitz Beelitz-Heilstätten | 26. Feb. 1943 | | |
| Beelitz-Heilstätten | 10. JAN. 1944 | | |

Res.-Lazarett Beelitz
Der Chefarzt:
i. V.

Standort-, Feld-, Kriegs- oder Reservelazarett

| Unterschrift des abfendenden Truppenteils (Hauptmann usw. Hauptfeldwebel) | Tag und Monat | Jahr | Etwaige Bemerkung in Bezug auf die Entlassung aus dem Lazarett (übergeführt nach [?], als geheilt zum Truppenteil usw.) | Unterschrift des die Entlassung bewirkenden Lazarettbeamten |
| --- | --- | --- | --- | --- |
| | der Entlassung aus dem Lazarett | | | |
| | 10.10. | 42 | | |
| | 25.7. | 43 | | |
| | 10. JAN. 1944 | | Wehrdienstentlassungsstag | Oberzahlmeister |

Mitgegebene Wertsachen und Papiere siehe folgende Seiten!

12 13

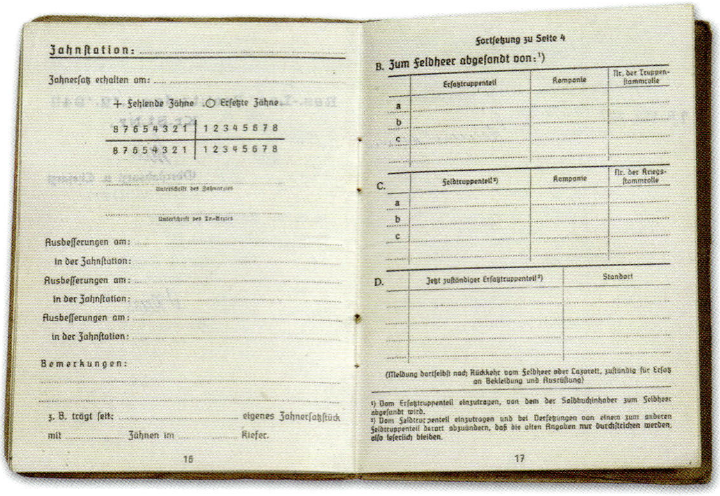

Zahnstation:

Zahnersatz erhalten am:

+ Fehlende Zähne ○ Ersetzte Zähne

| | |
| --- | --- |
| 8 7 6 5 4 3 2 1 | 1 2 3 4 5 6 7 8 |
| 8 7 6 5 4 3 2 1 | 1 2 3 4 5 6 7 8 |

Unterschrift des Zahnarztes

Unterschrift des Zr.-Arztes

Ausbesserungen am:
in der Zahnstation:
Ausbesserungen am:
in der Zahnstation:
Ausbesserungen am:
in der Zahnstation:

Bemerkungen:

z. B. trägt seit: ........ eigenes Zahnersatzstück
mit ........ Zähnen im ........ Kiefer.

16

Fortsetzung zu Seite 4

B. Zum Feldheer abgesandt von:[1]

| | Ersatztruppenteil | Kompanie | Nr. der Truppenstammrolle |
| --- | --- | --- | --- |
| a | | | |
| b | | | |
| c | | | |

| C. | Feldtruppenteil[2] | Kompanie | Nr. der Kriegsstammrolle |
| --- | --- | --- | --- |
| a | | | |
| b | | | |
| c | | | |

| D. | Jetzt zuständiger Ersatztruppenteil[3] | Standort |
| --- | --- | --- |

(Meldung dortselbst nach Rückkehr vom Feldheer oder Lazarett, zuständig für Ersatz an Bekleidung und Ausrüstung)

[1] Vom Ersatztruppenteil einzutragen, von dem der Soldbuchinhaber zum Feldheer abgesandt wird.
[2] Vom Feldtruppenteil einzutragen und bei Versetzungen von einem zum anderen Feldtruppenteil derart abzuändern, daß die alten Angaben nur durchstrichen werden, also leserlich bleiben.

17

**09**

**10**

**09.**　兵営、中隊、野戦あるいは予備役などの病院ですごした期間の記録。

**10.**　持ち主の歯のデータ。

**11.**　ゾルトブーフの説明や携行法、注意書きなどが印刷された裏表紙内側のポケット。情報のパンフレットや勲記などがこのポケットにしまわれた。写真でポケットからのぞいているのは、分隊長のための注意書き。

**11**

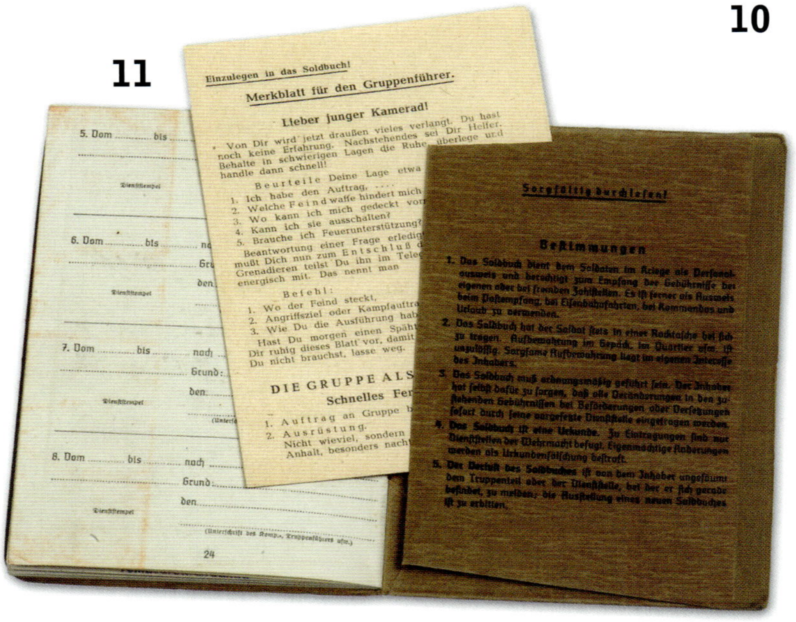


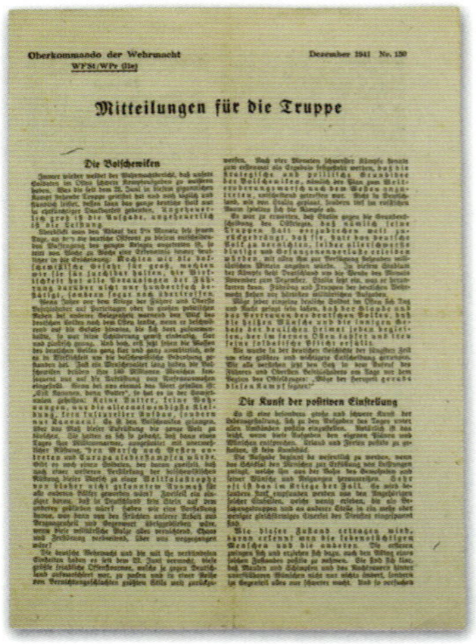

Oberkommando der Wehrmacht　　Dezember 1941　Nr. 150
WFSt/WPr (IIe)

Mitteilungen für die Truppe

Die Bolschewiken

Die Kunst der positiven Einstellung

**12.**　情報パンフレットと、公式の情報であることをしめす印刷のアップ。

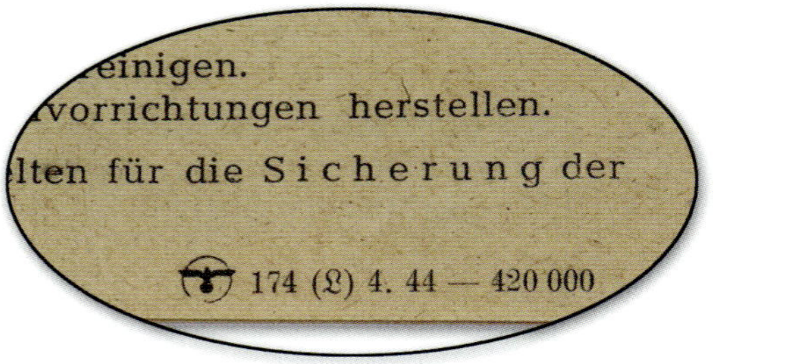

einigen.
vorrichtungen herstellen.
lten für die Sicherung der

174 (L) 4. 44 — 420 000

**12**

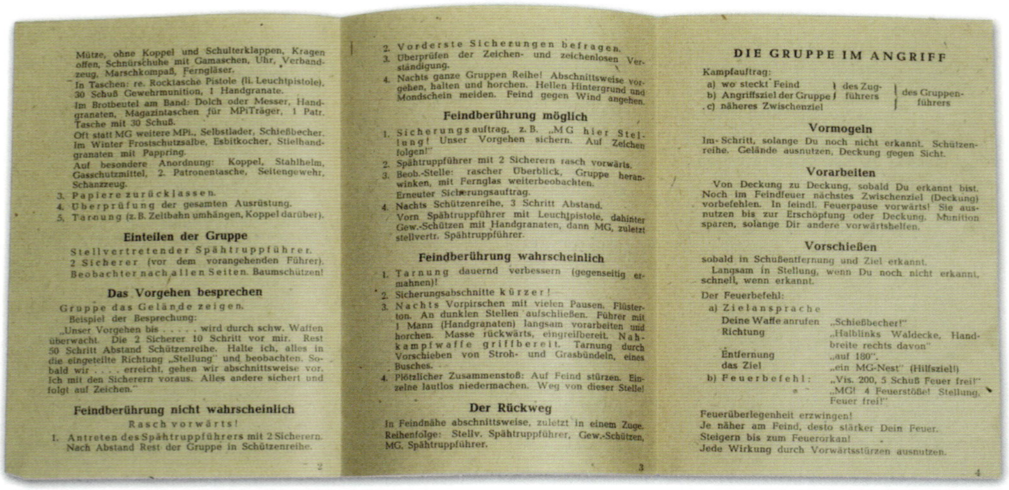

Mütze, ohne Koppel und Schulterklappen, Kragen offen, Schnürschuhe mit Gamaschen, Uhr, Verbandzeug, Marschkompaß, Ferngläser.
In Taschen: re. Rocktasche Pistole (li. Leuchtpistole), 30 Schuß Gewehrmunition, 1 Handgranate.
Im Brotbeutel am Band: Dolch oder Messer, Handgranaten, Magazintaschen für MPiTräger, 1 Patr. Tasche mit 30 Schuß.
Oft statt MG weitere MPi., Selbstlader, Schießbecher. Im Winter Frostschutzsalbe, Esbitkocher, Stielhandgranaten mit Pappring.
Auf besondere Anordnung: Koppel, Stahlhelm, Gasschutzmittel, 2. Patronentasche, Seitengewehr, Schanzzeug.

3. Papiere zurücklassen.
4. Überprüfung der gesamten Ausrüstung.
5. Tarnung (z.B. Zeltbahn umhängen, Koppel darüber).

Einteilen der Gruppe

Stellvertretender Spähtruppführer.
2 Sicherer (vor dem vorangehenden Führer).
Beobachter nach allen Seiten. Baumschützen!

Das Vorgehen besprechen

Gruppe das Gelände zeigen.
Beispiel der Besprechung:
„Unser Vorgehen bis . . . . . wird durch schw. Waffen überwacht. Die 2 Sicherer 10 Schritt vor mir. Rest 50 Schritt Abstand Schützenreihe. Halte ich, alles in die eingeteilte Richtung „Stellung" und beobachten. Sobald wir . . . . erreicht, gehen wir abschnittsweise vor. Ich mit den Sicherern voraus. Alles andere sichert und folgt auf Zeichen."

Feindberührung nicht wahrscheinlich

Rasch vorwärts!

1. Antreten des Spähtruppführers mit 2 Sicherern. Nach Abstand Rest der Gruppe in Schützenreihe.

2

2. Vorderste Sicherungen befragen.
3. Überprüfen der Zeichen- und zeichenlosen Verständigung.
4. Nachts ganze Gruppen Reihe! Abschnittsweise vorgehen, halten und horchen. Hellen Hintergrund und Mondschein meiden. Feind gegen Wind angehen.

Feindberührung möglich

1. Sicherungsauftrag, z.B. „MG hier Stellung! Unser Vorgehen sichern. Auf Zeichen folgen!"
2. Spähtruppführer mit 2 Sicherern rasch vorwärts.
3. Beob.-Stelle: rascher Überblick, Gruppe heranwinken, mit Fernglas weiterbeobachten. Erneuter Sicherungsauftrag.
4. Nachts Schützenreihe, 3 Schritt Abstand. Vorn Spähtruppführer mit Leuchtpistole, dahinter Gew.-Schützen mit Handgranaten, dann MG, zuletzt stellvertr. Spähtruppführer.

Feindberührung wahrscheinlich

1. Tarnung dauernd verbessern (gegenseitig ermahnen)!
2. Sicherungsabschnitte kürzer!
3. Nachts Vorpirschen mit vielen Pausen. Flüsterton. An dunklen Stellen aufschließen. Führer mit 1 Mann (Handgranaten) langsam vorarbeiten und horchen. Masse rückwärts, eingreifbereit. Nahkampfwaffe griffbereit. Tarnung durch Vorschieben von Stroh- und Grasbündeln, eines Busches.
4. Plötzlicher Zusammenstoß: Auf Feind stürzen. Einzelne lautlos niedermachen. Weg von dieser Stelle!

Der Rückweg

In Feindnähe abschnittsweise, zuletzt in einem Zuge. Reihenfolge: Stellv. Spähtruppführer, Gew.-Schützen, MG. Spähtruppführer.

3

DIE GRUPPE IM ANGRIFF

Kampfauftrag:
a) wo steckt Feind } des Zugführers
b) Angriffsziel der Gruppe }
c) näheres Zwischenziel } des Gruppenführers

Vormogeln

Im Schritt, solange Du noch nicht erkannt. Schützenreihe. Gelände ausnutzen, Deckung gegen Sicht.

Vorarbeiten

Von Deckung zu Deckung, sobald Du erkannt bist. Noch im Feindfeuer nächstes Zwischenziel (Deckung) vorbefehlen. In feindl. Feuerpause vorwärts! Sie ausnutzen bis zur Erschöpfung oder Deckung. Munition sparen, solange Dir andere vorwärtshelfen.

Vorschießen

sobald in Schußentfernung und Ziel erkannt.
Langsam in Stellung, wenn Du noch nicht erkannt, schnell, wenn erkannt.

Der Feuerbefehl:
a) Zielansprache
Deine Waffe anrufen　„Schießbecher!"
Richtung　„Halblinks Waldecke, Handbreite rechts davon"
Entfernung　„auf 180".
das Ziel　„ein MG-Nest" (Hilfsziel!)
b) Feuerbefehl:　„Vis. 200, 5 Schuß Feuer frei!"
„MG! 4 Feuerstöße! Stellung, Feuer frei!"

Feuerüberlegenheit erzwingen!
Je näher am Feind, desto stärker Dein Feuer.
Steigern bis zum Feuerorkan!
Jede Wirkung durch Vorwärtsstürzen ausnutzen.

4

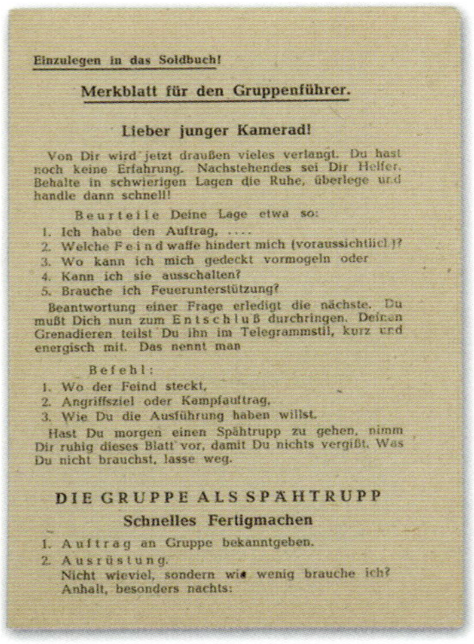

Einzulegen in das Soldbuch!

Merkblatt für den Gruppenführer.

Lieber junger Kamerad!

Von Dir wird jetzt draußen vieles verlangt. Du hast noch keine Erfahrung. Nachstehendes sei Dir Helfer. Behalte in schwierigen Lagen die Ruhe, überlege und handle dann schnell!

Beurteile Deine Lage etwa so:
1. Ich habe den Auftrag, . . . .
2. Welche Feindwaffe hindert mich (voraussichtlich)?
3. Wo kann ich mich gedeckt vormogeln oder
4. Kann ich sie ausschalten?
5. Brauche ich Feuerunterstützung?

Beantwortung einer Frage erledigt die nächste. Du mußt Dich nun zum Entschluß durchringen. Deinen Grenadieren teilst Du ihn im Telegrammstil, kurz und energisch mit. Das nennt man

Befehl:
1. Wo der Feind steckt,
2. Angriffsziel oder Kampfauftrag,
3. Wie Du die Ausführung haben willst.

Hast Du morgen einen Spähtrupp zu gehen, nimm Dir ruhig dieses Blatt vor, damit Du nichts vergißt. Was Du nicht brauchst, lasse weg.

DIE GRUPPE ALS SPÄHTRUPP

Schnelles Fertigmachen

1. Auftrag an Gruppe bekanntgeben.
2. Ausrüstung.
Nicht wieviel, sondern wie wenig brauche ich?
Anhalt, besonders nachts:

# 認識票

**13.** 認識票の上半分には首から下げる紐を通すために穴がふたつ開けられていた。持ち主が死んだときは、この半分が死体に残される。穴がひとつ開いた残りの半分は中隊長に渡された。一般的に認識票は冷たい金属が肌に直接触れないように小さな革ケースにおさめられた。

13

# 射撃記録帳

**14.** ゾルトブーフに入っていた可能性のある書類のひとつが持ち主の射撃記録帳だ。兵士のさまざまな適性や、各種の武器の取り扱い資格を記録したもので、兵士の情報と、支給された武器が記載されていた。

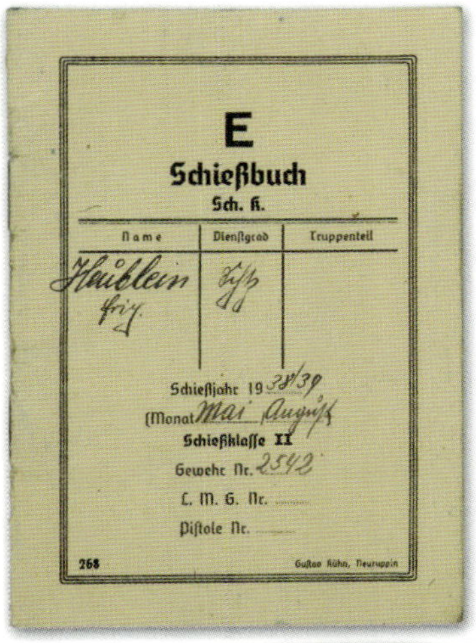

E

Schießbuch

Sch. K.

| Name | Dienstgrad | Truppenteil |
|---|---|---|
| | | |

Schießjahr 19 38/39

Monat Mai August

Schießklasse II

Gewehr Nr. 2542

L. M. G. Nr.

Pistole Nr.

268 Gustav Kühn, Neuruppin

14

15

**15.** 射撃時の指示と、Kar98K小銃で撃った一般的な標的の弾痕の記入。弾痕の位置は集中している。

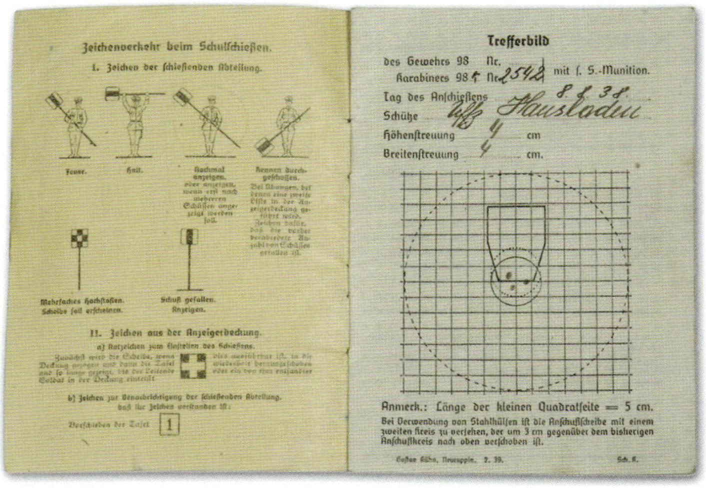

Zeichenverkehr beim Schulschießen.

I. Zeichen der schießenden Abteilung.

Feuer. / Halt. / Nochmal anzeigen. / Kennen durchgeschossen.

Mehrfaches Hochstoßen. Scheibe soll erscheinen.

Schuß gefallen. Anzeigen.

II. Zeichen aus der Anzeigerdeckung.

a) Notzeichen zum Einstellen des Schießens.

b) Zeichen zur Benachrichtigung der schießenden Abteilung, daß ihr Zeichen verstanden ist:

Verschieben der Tafel 1

Trefferbild

des Gewehrs 98 Nr.
Karabiners 98 k Nr. 2542 mit s. S.-Munition.

Tag des Anschießens 8. 8. 38.

Schütze

Höhenstreuung 4 cm

Breitenstreuung 4 cm.

Anmerk.: Länge der kleinen Quadratseite = 5 cm.

Bei Verwendung von Stahlhülsen ist die Anschußscheibe mit einem zweiten Kreis zu versehen, der um 3 cm gegenüber dem bisherigen Anschußkreis nach oben verschoben ist.

Gustav Kühn, Neuruppin. 2. 39. Sch. K.

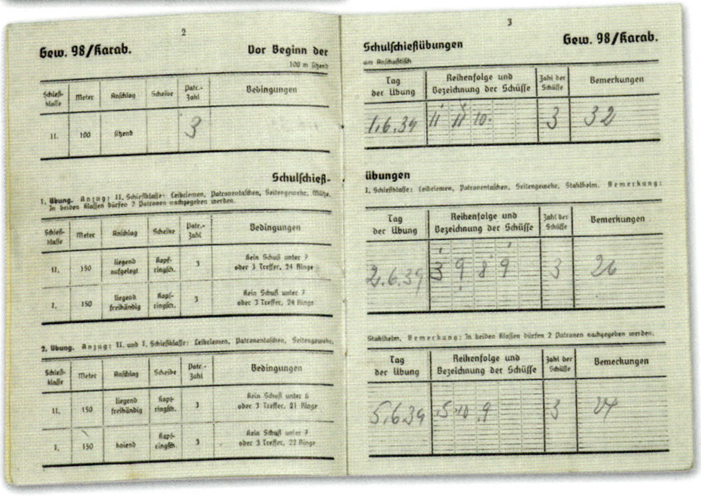

2

Gew. 98/Karab.　Vor Beginn der

| Schieß-klasse | Meter | Anschlag | Scheibe | Patr.-Zahl | Bedingungen |
|---|---|---|---|---|---|
| II. | 100 | sitzend | | 3 | |

Schulschieß-

| Schieß-klasse | Meter | Anschlag | Scheibe | Patr.-Zahl | Bedingungen |
|---|---|---|---|---|---|
| II. | 150 | liegend aufgelegt | Kopf-ringsch. | 3 | Kein Schuß unter 7 oder 3 Treffer, 24 Ringe |
| I. | 150 | liegend freihändig | Kopf-ringsch. | 3 | Kein Schuß unter 7 oder 3 Treffer, 24 Ringe |

2. Übung. Anzug: II. und I. Schießklasse: Leibriemen, Patronentaschen, Seitengewehr,

| Schieß-klasse | Meter | Anschlag | Scheibe | Patr.-Zahl | Bedingungen |
|---|---|---|---|---|---|
| II. | 150 | liegend freihändig | Kopf-ringsch. | 3 | Kein Schuß unter 6 oder 3 Treffer, 21 Ringe |
| I. | 150 | kniend | Kopf-ringsch. | 3 | Kein Schuß unter 7 oder 3 Treffer, 22 Ringe |

3

Schulschießübungen　Gew. 98/Karab.

| Tag der Übung | Reihenfolge und Bezeichnung der Schüsse | Zahl der Schüsse | Bemerkungen |
|---|---|---|---|
| 1.6.39 | 11 11 10 | 3 | 32 |

übungen

| Tag der Übung | Reihenfolge und Bezeichnung der Schüsse | Zahl der Schüsse | Bemerkungen |
|---|---|---|---|
| 2.6.39 | 9 8 9 | 3 | 26 |

Stahlhelm. Bemerkung: In beiden Klassen dürfen 2 Patronen nachgegeben werden.

| Tag der Übung | Reihenfolge und Bezeichnung der Schüsse | Zahl der Schüsse | Bemerkungen |
|---|---|---|---|
| 5.6.39 | 5 10 9 | 3 | 24 |

16

**16.** Kar98Kを使ったさまざまな距離や軍装での射撃訓練の結果が記入されている。

**17.** 射撃の規則。

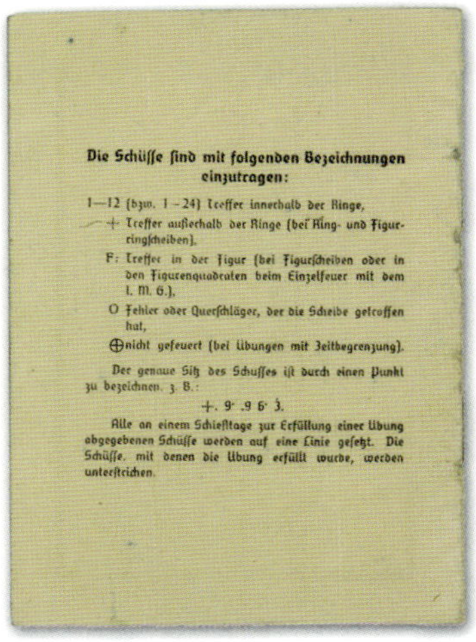

Die Schüsse sind mit folgenden Bezeichnungen einzutragen:

1—12 (bzw. 1—24) Treffer innerhalb der Ringe,

+ Treffer außerhalb der Ringe (bei Ring- und Figurringscheiben),

F: Treffer in der Figur (bei Figurscheiben oder in den Figurenquadraten beim Einzelfeuer mit dem l. M. G.),

O Fehler oder Querschläger, der die Scheibe getroffen hat,

⊕ nicht gefeuert (bei Übungen mit Zeitbegrenzung).

Der genaue Sitz des Schusses ist durch einen Punkt zu bezeichnen, z. B.:

+. 9· .9 6· 3.

Alle an einem Schießtage zur Erfüllung einer Übung abgegebenen Schüsse werden auf eine Linie gesetzt. Die Schüsse, mit denen die Übung erfüllt wurde, werden unterstrichen.

17

# 国防軍運転免許証

**18.** もうひとつ陸軍でかなり一般的だった文書が運転免許証である。持ち主が国防軍に勤務しているあいだだけ有効だった。着色されたリネン製で、兵士の個人データと通常は制服姿の写真が載っていた。

**19.** 運転手をつとめる兵士用に交通ルールを図解した本と、冬期の運転用の教本、そして運転手が左袖口に着用した特技章。

**20.** 手信号や優先権、各種の道路標識をしめす交通ルール・ブックのページ。

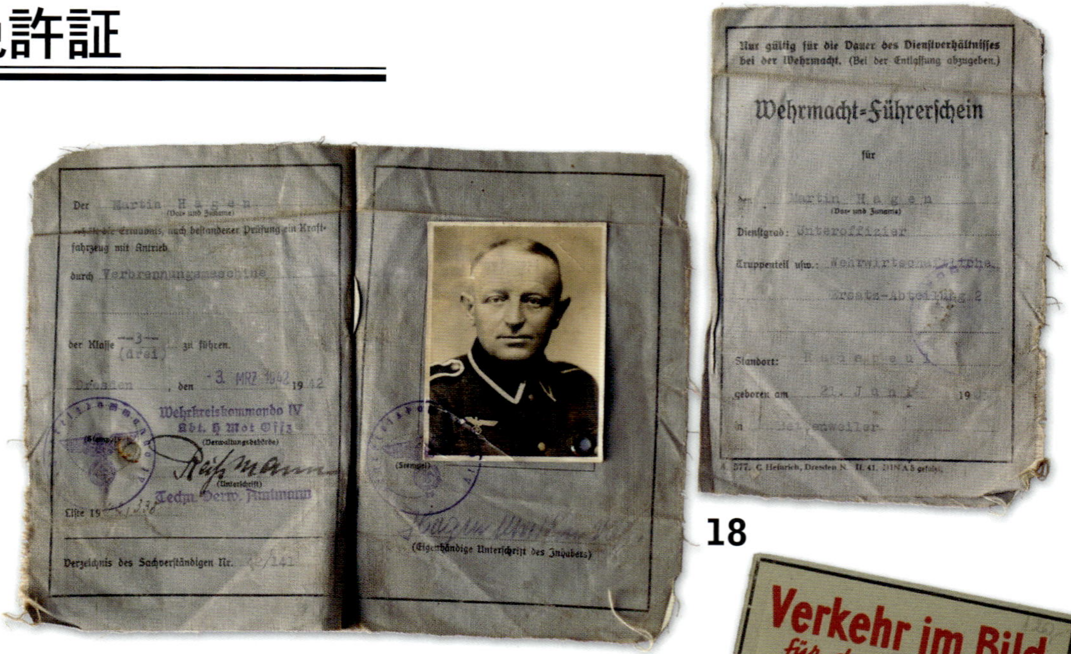


18

19

20

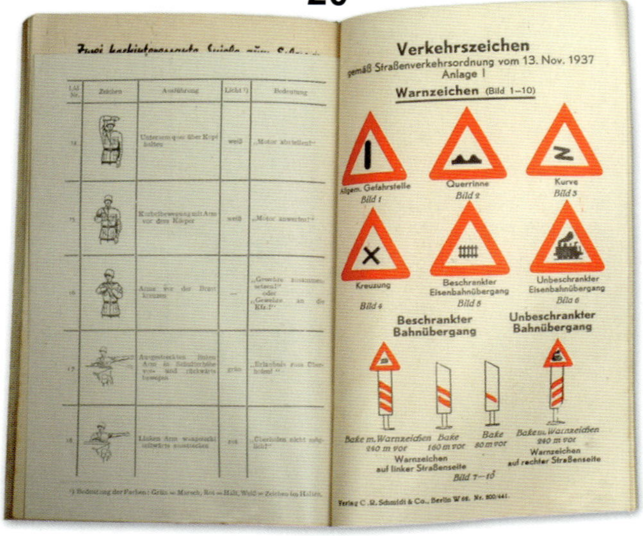


**21.** 陸軍最高司令部兵器局開発試験部が 1943 年に委託して発行させた教範。

21

# メモ帳

**22.**　この種の「兵士のための」メモ帳は兵士たちのあいだでごく一般的で、普通は愛する人からの贈り物だった。内側にはゾルトブーフをしまうポケットと写真用の窓があり、メモ帳と住所録、そしてカレンダーがついていた。ひじょうに丈夫なパーチメント紙でできている。

22

24

23

**23.**　所有者のサインとメモ帳の納入業者のスタンプ、そして0.75ライヒスマルクという値段。

**24.**　兵士たちはほかにも写真でしめしたような広告が載ったタイプのスケジュール帳や年報をメモを取るために使用した。

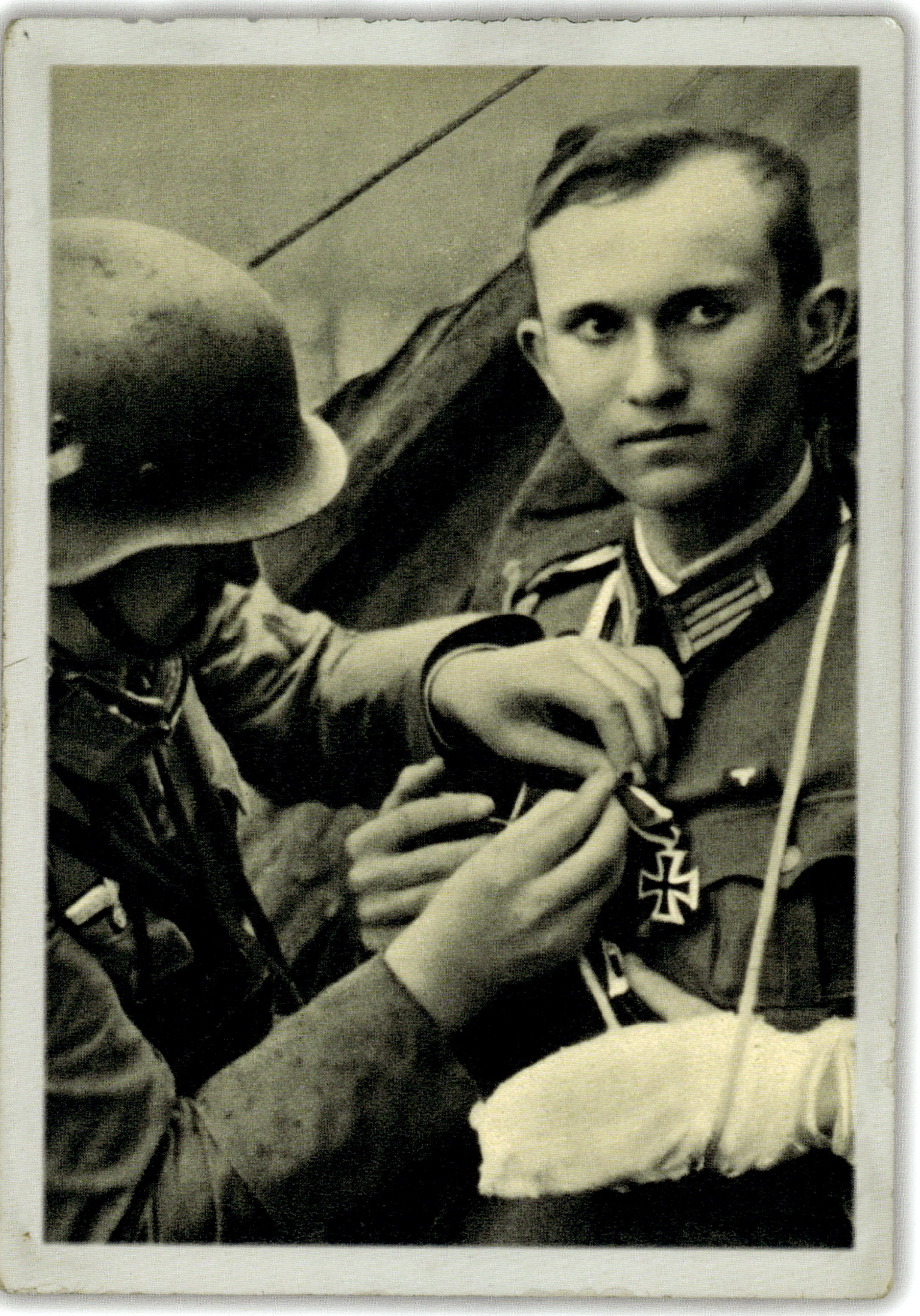

# 勲章と徽章

エジプトのファラオは動物や昆虫の格好をしたペンダントがついた金のネックレスを勲章に使った。ローマの軍団はブレスレットや鎖、メダリオン、かぶりもの、旗などを利用した。歴史を通じて軍隊はもっとも勇敢な兵士を区別し、その名誉を讃えるために勲章を活用してきた。1000年つづくはずだったドイツ第三帝国もまた勲章を利用している。

つねに勲章は、民間人であれ軍人であれ、個人の国家への卓越した貢献にたいする精神的で経済的な報酬である。アントンにとってそれは自分が実際に英雄的ともいえる義務をはたしたことを家族や親族に具体的にしめすあかしだった。だから、少なくとも戦争の最初の何ヵ月かは、勲章が彼の献身の動機だった。真のドイツ国民の目標である。

プロイセンの軍隊は軍隊生活における勲章の有用性をよく理解していた。ドイツ国防軍もまた同じ道をたどる。1936年から1944年のあいだに多くの勲章が誕生したり復活したり改正されたりした。そして、当時のほかの多くの軍隊とはちがって、あらゆる状況で着用するよう考えられていた。勲章はナチズムの時代を通じて、人々の憧れの的としてもてはやされた。

第三帝国の勲章の典型が鉄十字章（アイザーネス・クロイツ）であることに合理的な疑いの余地はない。20世紀の軍事史のなかで屈指の人気を誇る象徴的な軍人の栄誉である。しかし、これはナチ政権が作り出したものではなく、1813年3月、フリードリッヒ三世が創設したものだ。1939年9月1日、ヒトラーみずからその表に鉤十字を追加するよう命じた。

もとの勲章は国王から特別の依頼を受けたドイツの建築家フリードリッヒ・シンケルが生み出したものである。最初は全体が黒だったが、最終的には制服に映えるように銀で縁取られた。

この勲章は勇気や英雄的行為、統率力を認め、社会的な階層に関係なく軍の全階級に授与された。この平等主義の発明はたぶんナチズムとその最高指導者がこの伝説的な勲章に与えたもっとも意義深い貢献だろう。

1945年5月以降、鉄十字章は授与されておらず、戦時にしか授与されない。通常は軍人の勲章だが、軍務に服した民間人に授与された例もある。たとえばアドルフ・ヒトラーはドイツの女流飛行家ハンナ・ライチュに一級鉄十字章を授与した。この勲章を授与されたわずかふたりの女性のひとりである。

工場から送り出されたばかりの二級鉄十字章と、それをおさめる封筒形の包み、そして綬。箱入りでも納入されたが、戦争が進むにつれてその習慣は廃止された。およそ30万個の一級鉄十字章と230万個の二級鉄十字章が国防軍と親衛隊に授与されている。

**01.** 納入時の封筒形の包みに入った二級鉄十字章。

**02.** 鉄十字章はマルタ十字の形をしていて、完全に左右対称である。大きさは騎士十字章が 48 ミリであるのにたいして 44 センチ。製造に使われる材料からその名がある。二級鉄十字章は 5 個の金属部品（押し型刻印や打ち抜き〔つまりプレス加工〕などで製造される）で構成され、それから手作業でハンダ付けされた。内側の中心部は通常、鉄製で、化学薬品または塗料で黒く染められた。

ふたつの部品からなる縁は、洋銀と呼ばれる材料でできている、これは銅と亜鉛とニッケルの合金で、本物の銀は含まれていない。洋銀は歳月とともに黒ずみ、ダークグレーか褐色に変色する。

二級鉄十字章の縁製造の最終段階にはハトメが用いられる。ハトメは手作業でハンダ付けされ、縁のふたつの部品を仮止めする。それから内側の中心部が縁のあいだにはさみこまれ、縁がいっしょにハンダ付けされる。最後にヤスリで縁が艶消しに仕上げられた。通常は綬を通すリングにごく小さなメーカーの番号が刻印されているのが認められる（21 はベルリンのゴデット兄弟社のもの）。判明している番号は 139 まである。しかし、多くのメーカーはいかなる記号も印さなかった。
（写真は一級鉄十字章）

01

02

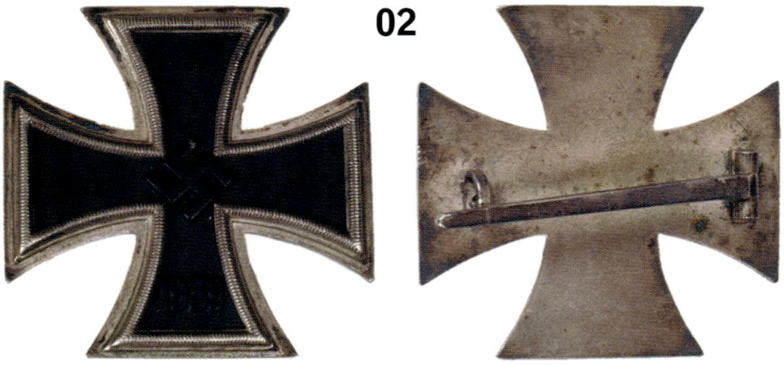

**03.** 写真でしめした一級鉄十字章は、正確に組み立てられ、ハンダ付けされた 7 つの部品でできている。宝石ケースに入れて受賞者に贈呈された。ケースは豪華な品物がほとんどそうであったように――当時の表現によれば――「スパニッシュ・レザー」（しぼ付けした素材の一種）で包まれていた。通常はごくありふれた模造皮革にすぎなかったが。

03

04

**04.** 型押しされたボール紙製の箱の内側。製造番号とメーカーのマーク、D&B が印されている。

05

**05.** 勲章のメーカーの典型的な広告。

06

**06.** 写真のように勲章をプロイセン式に曲げて制服にフィットさせるのは、兵士たちのあいだでごく一般的な慣習だった。

07

**07.** 1939年10月に制定された戦功十字章は、鉄十字章がもっぱら戦闘時の勇敢な行為にたいする勲章であるのとちがって、軍功にたいする褒章だった。一級戦功章は胸に佩用されたが、二級戦功章（写真）は絹の綬で吊り下げた。剣がついたものとつかないものがあり、後者は軍人以外の受賞者に贈呈された。封筒形の包みの下には勲記が見えている。

08

**08.** 東部戦線従軍記章（ヴィンターシュラハト・イン・オステン）。もっと一般的にはオストメダリエと呼ばれた。1942 年 5 月 26 日に制定され、1941 年 11 月 15 日から 1942 年 4 月 15 日まで東部戦線で従軍した将兵に授与された。1941 - 42 年の過酷なロシアの冬に枢軸軍の戦闘員あるいは非戦闘員が耐えしのんだ極度の苦難を讃えるのが目的だった。兵士たちのあいだでは受賞者が苦しめられた零下 50 度の寒さを記念して「ゲフリーアフライシュオルデン」つまり「冷凍肉勲章」というあだ名で知られていた。写真では付属の章記と封筒形の包みが写っている。

09

10

**09.** 略綬。
右から左へ、二級鉄十字章、戦功十字章、東部戦線従軍記章。

**10.** この種の略綬は上衣の左胸ポケットの上にピン式の金具で固定された。

11

**11.** 1939 年 9 月 20 日に制定された歩兵突撃章（インファンテリー・シュトゥルムアブツァイヒェン）の 3 つの例。小火器を使った前線での突撃に 3 回、それぞれべつの日に参加した者に与えられた。ブロンズ色のものは自動車化部隊の兵士に、銀のものは歩兵に授与された。

12

**12.** 3 つの歩兵突撃章の裏側。もっとも一般的な製造方法（軽金属を使った打ち抜き、あるいは亜鉛ダイキャスト）と、ブロンズあるいは銀の錆がわかる。

13

14

**13.** 戦傷章黒章は 1939 年 9 月 1 日に再制定された。鉄あるいは真鍮を型で打ち抜いて製造され、それから黒染めされた。1 度か 2 度の戦傷で与えられる。

**14.** 戦傷章黒章の裏側。

**15.** 戦傷章銀章。通常は亜鉛ダイキャストで製造され、銀メッキされていた。3 度以上の負傷で黒章に代わってあたえられた。

戦傷章金章は金メッキ製で、5 度以上の負傷であたえられた。

**16.** 戦傷章銀賞の裏側と、メーカーのコード。

15

16

17

**17.** クリミア・シールド章（「クリムシルト」）

勝利を重ねた最初の何年かのあいだ、いくつかの金属製従軍章が、特定の戦闘に参加した将兵のための一種の栄誉の印として支給され、年功の印として誇らしげに着用された。こうした楯形のバッジは亜鉛の打ち抜きで、ブロンズ仕上げあるいは銀メッキされ、制服と同じ布地の台布に、金属の裏板と爪で固定されていた。金属の裏板はボール紙でカバーされていた。クリミア・シールド章は最終的に、左袖の上腕部に縫い付けられた。クリミア・シールド章のほかに、1940 年のナルヴィク戦、1942 年のホルム戦、同年のデミヤンスク戦、1943 年のクバン戦を記念した同様のシールド章がある。

**18.** この種の記章は 1938 年 3 月 13 日のオーストリア併合や、同年 10 月 1 日のチェコスロヴァキア、ズデーテンラント進駐（その右）、あるいは 1939 年 3 月のリトアニア、メーメル地方の分割など、戦前のドイツ拡張主義の軍事行動を記念したものである。右端はスペインの義勇ロシア派遣部隊、青師団を記念する従軍記章である。

18

# 健康と衛生

19世紀と20世紀を通じて、かなりの数の科学的発明が生み出された。あるものはペニシリン（1928年）のようにすばらしい正の効果を発揮したが、ほかのあるものはダイナマイト（1867年）のように破壊的な地獄を誕生させた。戦争はおそらくこの大いなるパラドックスの究極の見本かもしれない。

アントンは、この破壊と救済の圧倒的な流れに漬かりながら、病気になったり、負傷したりしないようにできるかぎりのことをしようと奮闘していた。原理的にはそうした状態になったほうが有利だと考えることもできるが、実際には死自体とほとんど同じぐらい恐ろしいことだった……。

プロイセン軍の合理的な考えかたによれば、交換がいちばん高くつく「アイテム」は個々の兵士だった。この貴重なアイテムを「製造する」には20年近くかかるが、それにくらべて、小銃は時間単位で大量生産できる。したがって、国防軍とその「ハウプト・ザニテーツ・パルク」（中央衛生隊）の関心は、歩兵をできるだけいい状態にたもつように最大限の努力をかたむけることだった。

負傷は――大きなものだけでなく小さなものでさえ――数日間、手当てされず、感染予防もしない状態で放っておかれることもあった。こうした状況では、簡単な包帯――多くの場合、数が足りなかった――か、せいぜいはなにかの化膿止めが、命をつなぎ留めるか、あるいは敗血症や失血死のはじまりかの違いを意味した。さらに多くの人間が実際の負傷の結果ではなく医療後送を望んだせいで命を落とした。

流動的な前線の混乱状態では、なにもかもが不足している場合があり、補給ルートをむりやり進むのは驚くほど危険だった。もし負傷者がまず無事に担架に乗せられ、それから救急車に揺られながら運ばれていき、さらに列車で後方の病院へと後送されていけば、いくらか回復の希望があった……もちろん、さらなる合併症がなければだが。

本書の主人公は――ほかの何百万人という兵士と同じように――この恐ろしくみじめな状況からまったく逃れられなかった。じめじめして悪臭を放つ掩蔽壕のなかでは、止まらない咳だけでなく、たえまない爆発や衛生管理の欠如が、兵士でありつづけることをいっそう困難にした。こうした状況と、もちろん敵の攻撃にくわえて、兵士たちはちっぽけな生き物の「第二戦線」を形成するシラミにたかられるのにも我慢しなければならなかった。連中は人間の敵よりも打ち負かすのが困難だった。

野戦におけるドイツ軍の下級兵士（「ランツァー」）の生活は、健康とはほど遠かった。衛生管理の欠如は陸軍の宣伝中隊（PK）の写真ではまったく無視されていたらしく、写っている兵士は戦闘中も信じられないほどきちんとした服装をしているという事実にもかかわらず、前線では個人が身づくろいをしたり、洗濯したりするための川がめったに見つからなかったことは厳然たる事実である。あらゆる戦線と同様、現代文明から遠く離れたロシアでは、極端な気温のなかを、ほこりや泥や雪に悩まされながら、長い距離を行軍するあいだ、水は実際、簡単には手に入らなかった。この貴重品は、やっと手に入ったとしても、たいていは汚染されたり凍ったりしていた。その結果、兵士たちは長期間、顔を洗ったり洗濯したりすることが困難で、しばしば危険な状況で進まねばならなかった。国防軍の規則では、兵士はみずから進んで装備を良好な状態にたもつことになっていたが、これは自分自身のこともふくんでいた。

洗面用品は一般に酒保で購入することもできたし、待ち望んだ故郷からの小包で送ってもらうこともあったが、困難な戦闘状況では、軍も支給するのが常だった。このように軍隊は、銃弾ではなく、食料や飲料の欠如あるいは不足、寄生虫や、たんなる疲労によってさえ、壊滅的打撃を受けることがある。そのすべては敵に有利に働くのだ。病気になるのは負傷するより危険だった。病人はたいてい軍医に診てもらうことができなかった。軍医は通常、瀕死の重傷者を手当てするために大車輪で働いているからだ。病気にかかった兵士に褒章はないし、病気は実際、ほとんど恥さらしと見なされた。いささか「疑わしい」罪で、ほとんど取り返しがつかなくなり、死につながるまで隠しとおすことも多かった。中世ヨーロッパで猛威をふるい、ずっと忘れられていたチフスやコレラが主役の座を取り戻したようだった。殺虫剤や蚊帳、化学薬品、水浄化剤も、こうした不衛生な状況では、燎原の炎のように広まる疫病と戦うのにはじゅうぶんでなかった。

アントンの体はこれらすべてにさらされ、あるいは少なくともそれを戦友たちで間近に見ていた。それゆえに、彼は自分の体をできるだけ清潔に健康にたもとうとつねに懸命な努力をしたのである。

兵士個人の洗面バッグに入っていたアイテムの一部。

# 健康

**01.** 1897年、化学者のフェリックス・ホフマンは、アセチルサリチル酸の有効成分を合成することに成功した。その2年後、人類史上有数の有益で人気のある薬「アスピリン」がレバークーゼンのバイエル社によって登録された。同社はのちにIGファルベンインドゥストリーAGの傘下に入った。同社は1863年、繊維産業に染料を供給することで操業を開始し、ついに1924年、低部ライン地方の産業界のリーダーに成長した。こんにちでも、柳の樹皮にふくまれるアセチルサリチル酸から製造される世界的に有名なアスピリンは、基本的には変わっていない。

この20錠入りの小箱はドイツ領内の独占販売向けの製品で、その高い鎮痛作用や解熱作用のせいで軍が大量に支給した。

極度の疲労とその結果をやわらげるために、ドイツ歩兵はこの種の薬を、兵士にとても人気があった有名なペルビチン（メタンフェタミン）のようなある種の興奮薬といっしょに、よくポケットにしまっていた。

いくつかの薬と当時の広告2種。ひとつはバイエル社のもので、もうひとつは有名な強壮剤、デクストロ・エネルゲン。

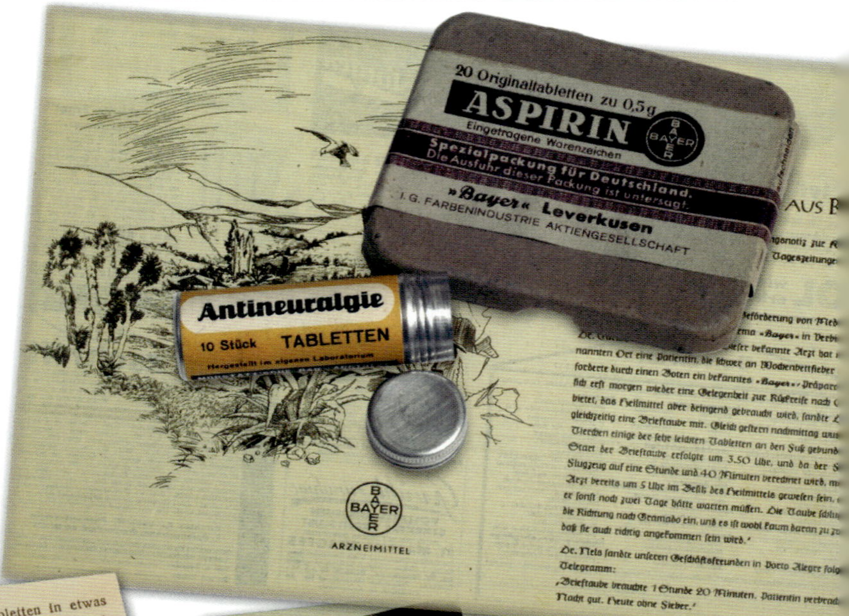
20 Originaltabletten zu 0,5g
ASPIRIN
BAYER
Eingetragene Warenzeichen
Spezialpackung für Deutschland
Die Ausfuhr dieser Packung ist untersagt.
»Bayer« Leverkusen
I.G. FARBENINDUSTRIE AKTIENGESELLSCHAFT
Antineuralgie
10 Stück TABLETTEN
BAYER
ARZNEIMITTEL

01

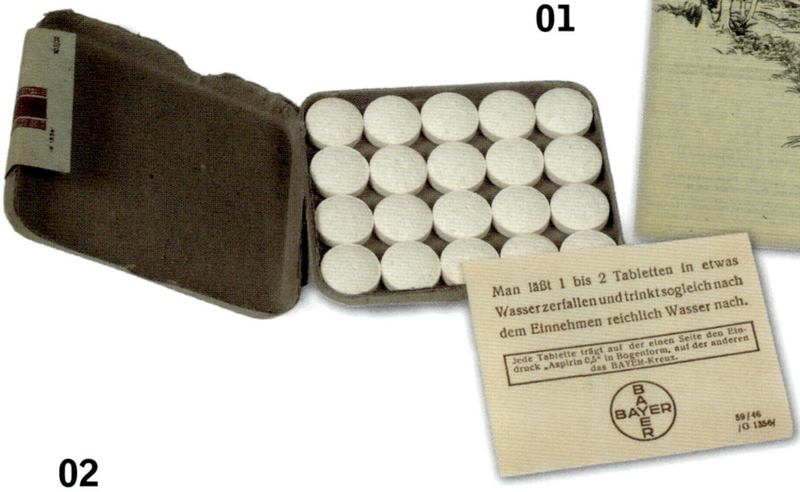
Man läßt 1 bis 2 Tabletten in etwas Wasser zerfallen und trinkt sogleich nach dem Einnehmen reichlich Wasser nach.
Jede Tablette trägt auf der einen Seite den Eindruck „Aspirin 0,5" in Bogenform, auf der anderen das BAYER-Kreuz.
BAYER

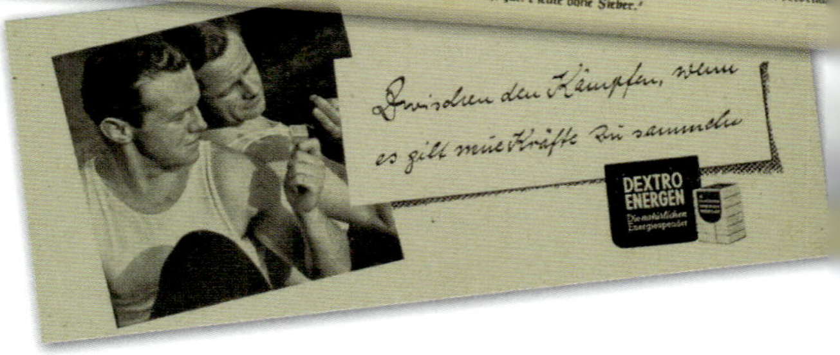
DEXTRO ENERGEN

02

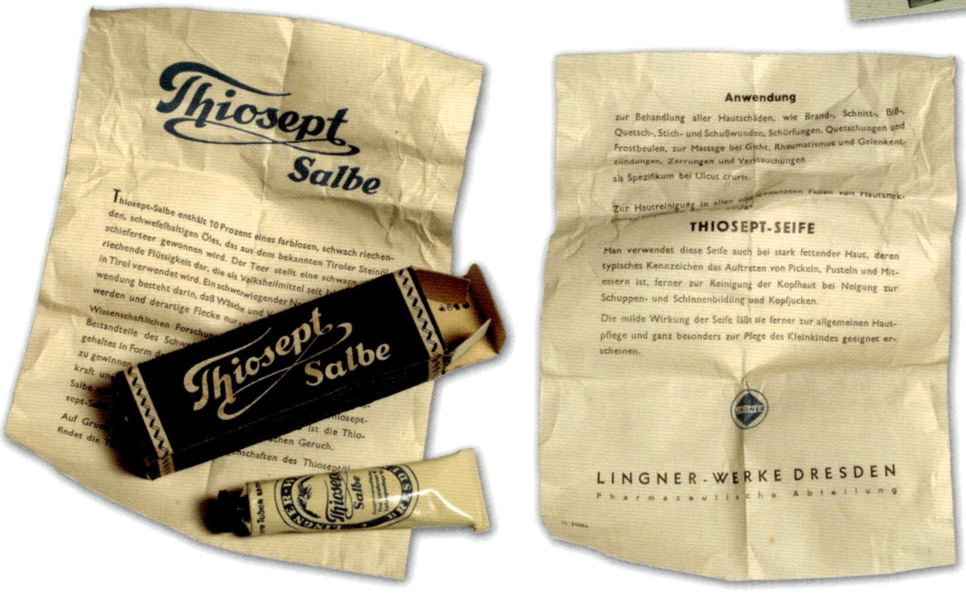
Thiosept Salbe
Anwendung
zur Behandlung aller Hautschäden, wie Brand-, Schnitt-, Biß-, Quetsch-, Stich- und Schußwunden, Schürfungen, Quetschungen und Frostbeulen, zur Massage bei Gicht, Rheumatismus und Gelenkentzündungen, Zerrungen und Verstauchungen
als Spezifikum bei Ulcus cruris.
THIOSEPT-SEIFE
Man verwendet diese Seife auch bei stark fettender Haut, deren typisches Kennzeichen das Auftreten von Pickeln, Pusteln und Mitessern ist, ferner zur Reinigung der Kopfhaut bei Neigung zur Schuppen- und Schinnenbildung und Kopfjucken.
Die milde Wirkung der Seife läßt sie ferner zur allgemeinen Hautpflege und ganz besonders zur Pflege des Kleinkindes geeignet erscheinen.
LINGNER-WERKE DRESDEN
Pharmazeutische Abteilung

**02.** 傷の治療のため個人的に購入された非軍用の消毒殺菌剤。兵士の装備バッグに通常入っていた医薬品のひとつである。使用のさいの注意が効能書きの裏に書いてある。

FISSAN
Puder
Wund- u. Kinderpuder
Deutsche Packung
Ausfuhr untersagt
0,60
RM.

03

Hygienisch!
Hier öffnen!
Hygienischer
Körper- und Wundpuder
DIVENUS
Preis RM —.40
festges. v. Einf.-Aussch. f. kosm. Erz. Berlin. Prüfungsnummer: 1373. Seit Jahrzenten erfolgreich eingeführt.
Stark überfettet!
Hier öffnen!
Dieser Streupuder, ist auf Grund neuer wissenschaftlicher Fortschritte hergestellt u. hat den Vorteil, daß er keine Stärke enthält, wie dies bei den bisher gebrauchten Pudern war, wobei diese, im Gegensatze zu unserem Streupuder Divenus, mit der feuchten Gesichtshaut Klumpen bilden, gären und dadurch das Wundwerden nur fördern.
Es wurde anorganischer Stoff (Kolloid · Kaolin) als Grundmaterial benützt. Dadurch wird seine Wirkung erklärt.

**03.** 典型的な応急手当具の消毒殺菌剤。フィッサンの製品価格が箱の蓋に見える。

04

**04.** 3種類の足用パウダー。ひとつ（ワセノール）は一般市場で購入されたもので、あとのふたつは公衆衛生当局が支給したもの。軍当局は足のことをひじょうに気に掛けていたため、こうした製品は必須であり、広く支給されていた。

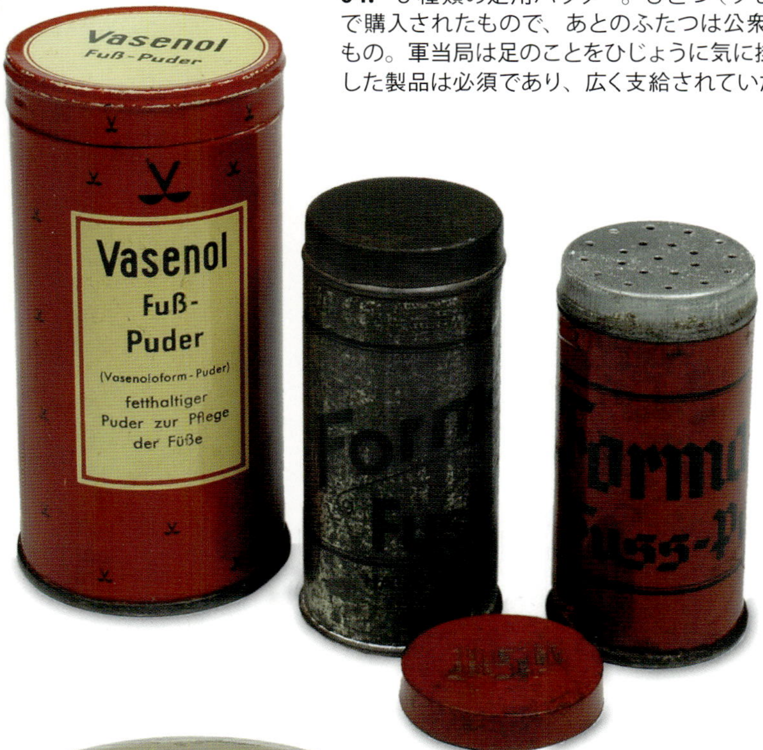
Vasenol
Fuß-Puder
Vasenol
Fuß-
Puder
(Vasenoloform-Puder)
fetthaltiger
Puder zur Pflege
der Füße

05

**05.** 標準支給の容器のひとつに開けられたパウダー用の穴と、蓋の中央衛生隊を表わすHSP（ハウプト・ザニテーツ・パルク）の頭文字にも注意。

Das schickt Dir Luise
zur Pflege der Füße!
Befolg' ihren Rat,
Dann bist Du auf Draht!
merke Dir:
Vasenol-Fuß-Puder!
Vasenol

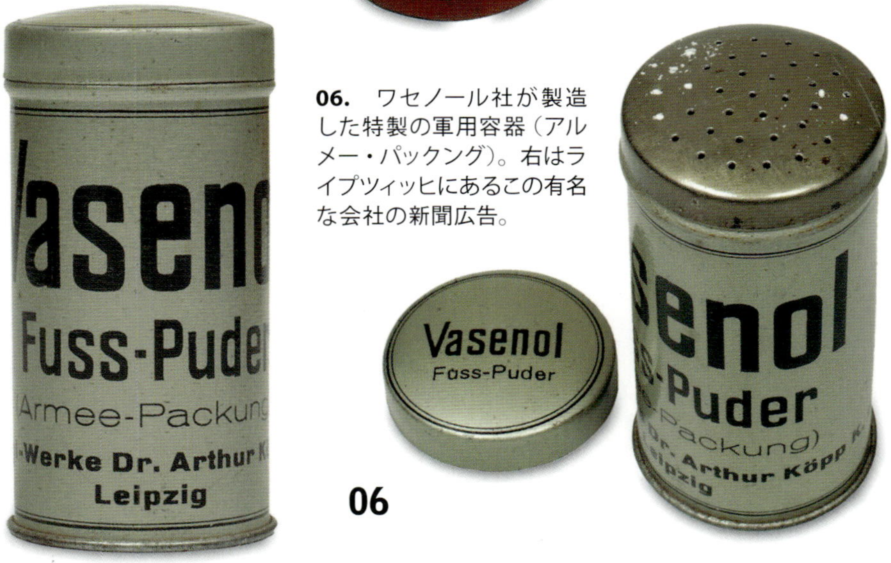
Fuss-Puder
Leipzig
Vasenol
Fuss-Puder

**06.** ワセノール社が製造した特製の軍用容器（アルメー・パックング）。右はライプツィッヒにあるこの有名な会社の新聞広告。

06

**07.** 国防軍の衛生隊が支給したひとり用の凍傷用軟膏。

**08.** 中央衛生隊が支給した、皮膚消毒用の綿棒か、嗅薬のアンプルを入れるブリキの容器。

**07**

Frostheilsalbe
Wehrkreissanitätspark III
Berlin

**08**

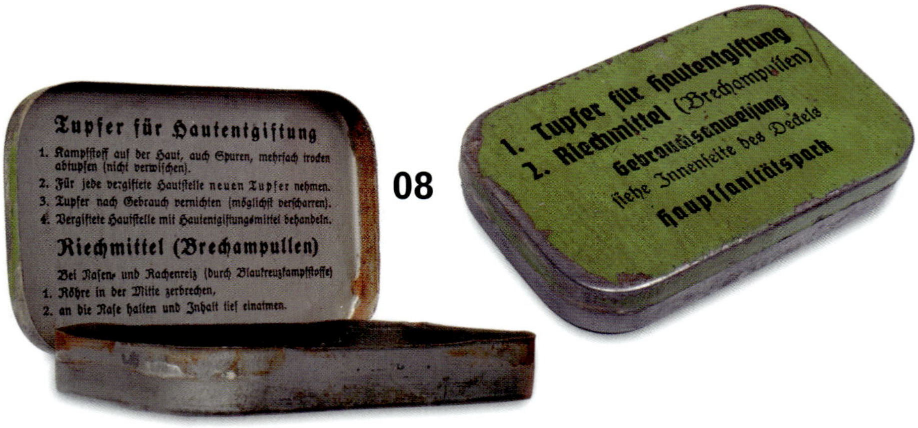
Tupfer für Hautentgiftung
1. Kampfstoff auf der Haut, auch Spuren, mehrfach trocken abtupfen (nicht verwischen).
2. Für jede vergiftete Hautstelle neuen Tupfer nehmen.
3. Tupfer nach Gebrauch vernichten (möglichst verscharren).
4. Vergiftete Hautstelle mit Hautentgiftungsmittel behandeln.
Riechmittel (Brechampullen)
Bei Nasen- und Rachenreiz (durch Blaukreuzkampfstoffe)
1. Röhre in der Mitte zerbrechen,
2. an die Nase halten und Inhalt tief einatmen.
1. Tupfer für Hautentgiftung
2. Riechmittel (Brechampullen)
Gebrauchsanweisung
siehe Innenseite des Deckels
Hauptsanitätspark

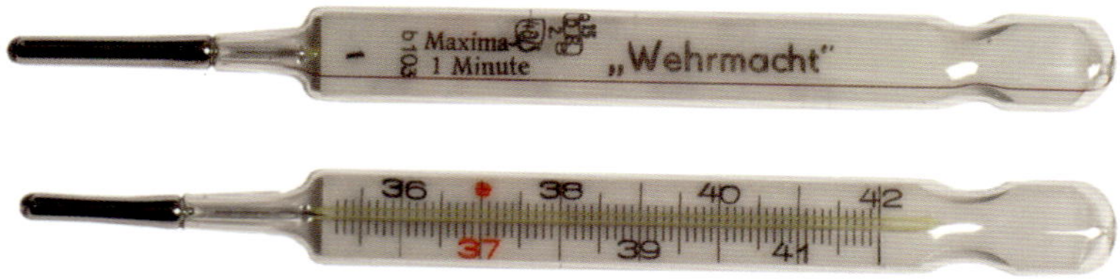
Maxima
1 Minute
„Wehrmacht"
36 37 38 39 40 41 42

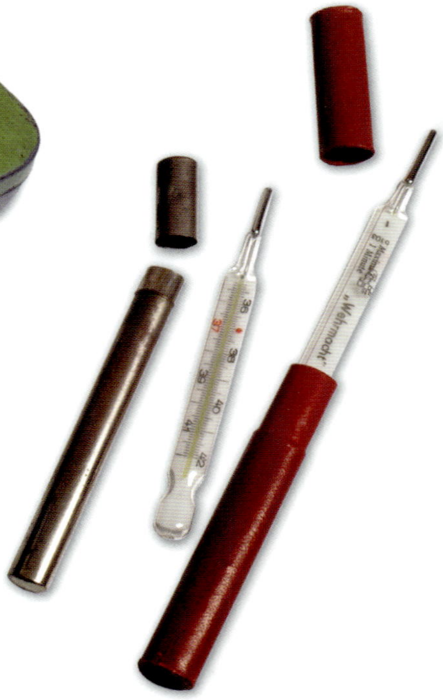
„Wehrmacht"

**09**

**09.** 赤のボール紙とクロム製ケースに入った国防軍用体温計。

**10.** ワクチン接種などに使われる皮下注射器。

**11.** あらゆる種類の火傷を治療する軟膏の小さな容器。

**12.** 咳止めの広告。

**10**

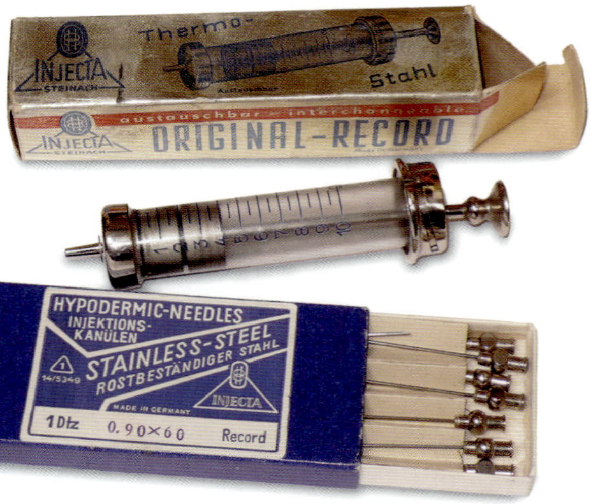
INJECTA
STEINACH
Thermo-
Stahl
austauschbar - interchangeable
ORIGINAL-RECORD
HYPODERMIC-NEEDLES
INJEKTIONS-KANÜLEN
STAINLESS-STEEL
ROSTBESTÄNDIGER STAHL
MADE IN GERMANY
1 Dtz 0.90×60 Record

**11**

Apogepha
BRANDSALBE
Preis RM -,37
II. A.T.m. U.

**13.** おそらくハンザプラスト・ブランドは、いまではごくありふれた絆創膏の先駆者といっていいだろう。ここにしめしたのは、さまざまなサイズの絆創膏をおさめる容器と、当時の広告。

Nur ein bißchen verbrannt,
aber auch das kann schon recht schmerzhaft sein: Darum nach Aufstreichen einer kühlenden Brandsalbe die Verletzung durch „Hansaplast elastisch" sauber abschließen und vor schmerzender Berührung schützen. Sie erhalten diesen Schnellverband in Apotheken, Drogerien und Sanitätsgeschäften. Achten Sie auf den Namen „Hansaplast", denn „Hansaplast elastisch" ist querelastisch, und darauf kommt es an!
Hansaplast-elastisch
Schnellverband
D.R.P.

WYBERT
EINGETRAGENES WARENZEICHEN
VORBEUGUNGSMITTEL GEGEN
HUSTEN HEISERKEIT KATARRH
-,90 u. -,45
in Apotheken
u. Drogerien

**12**

Zum Nachfüllen sind die Packungen
Nr. 2664 1 m : 4 cm
Nr. 2666 1 m : 6 cm
Nr. 2668 1 m : 8 cm
in Apotheken, Drogerien und Sanitätsgeschäften erhältlich.
Der besondere Vorzug von Hansaplast-elastisch ist die Querelastizität.
Ein für einen Wundverschluß vom Stück abgeschnittener Streifen ist also seitwärts dehnbar. Ein Wundverschluß mit Hansaplast-elastisch folgt spielend jeder Haut-, Muskel- und Körperbewegung. Kein Ziehen und Zerren an Haut und Verletzungen.

**13**

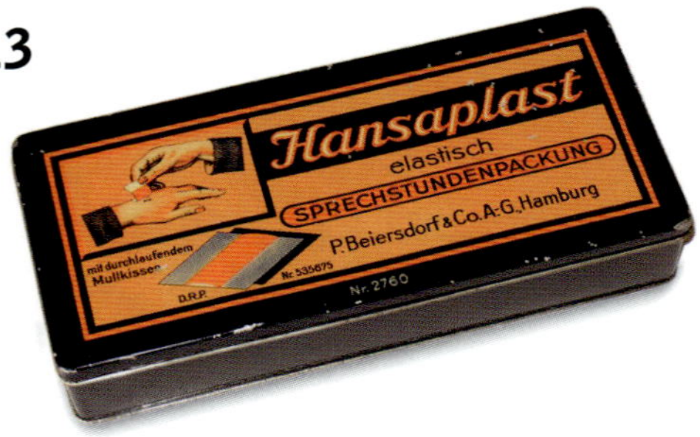
Hansaplast
elastisch
SPRECHSTUNDENPACKUNG
P.Beiersdorf&Co.A-G.Hamburg
Nr. 2760

14

**14.** 支給品の包帯（「ファーデン・アブシュトライフェン」）。各兵士は大小ふたつの包帯を支給された。戦闘服上衣の内側の専用ポケットにしまわれる。製造年と、包帯が殺菌消毒の過程でかけられた温度（120℃）が印されている。通常は内側が加硫ゴム引きのコットン・キャンバスで包まれ、それから加熱密封されるか、あるいは内側に使用のさいの指示がスタンプされたコットンの織物でただ包まれて、それから小包状に紐で縛られるか、あるいはミシンで縁を縫い合わされる。

**15.** 野戦応急手当キット。通常は薬品と包帯あるいは応急手当用の器具が入ったふたつのキットで構成される。黒でも製造された。

**16.** 野戦応急手当キットの内側。中身のリストが書かれたカードがついている。

15

16

**17.** 応急手当用品。脱脂綿の包みと、救急箱のなかに入っていたブリキ缶入り包帯。

**18.** 手と体を消毒するための殺菌ローション。

**19.** 「フェアバントカステン」（救急箱）には医薬品と包帯、そして銃弾や弾片の負傷を手当てするための手引き書が入っていた。2 種類の止血帯と弾丸や弾片を摘出するためのピンセットに注意。

17

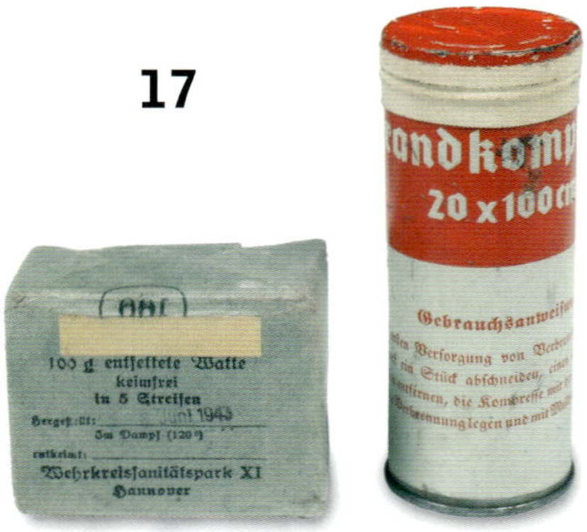


18

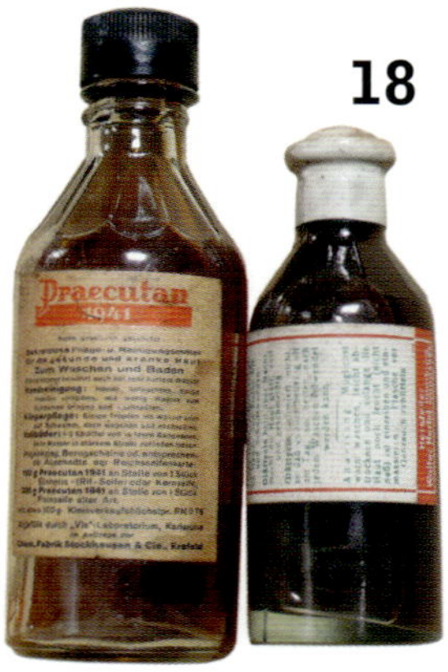


19

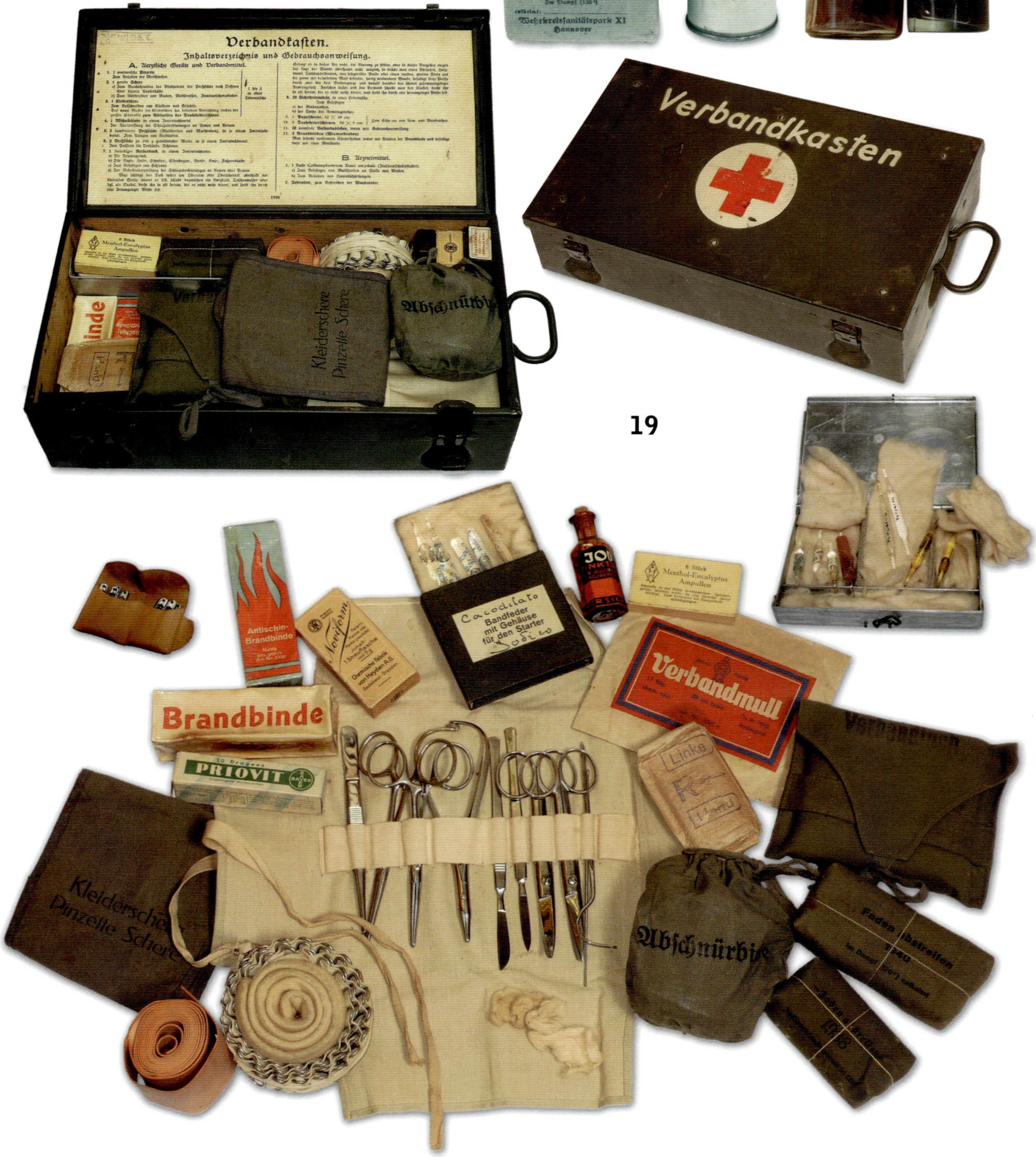

**20.** 救急箱は一般的に車輌に搭載されていて、その使用法によってちがったアイテムが入っていた。この場合には包帯と骨折の手当て用品である。装備のアイテムと内側のラベルがその使用法を明確にしている。

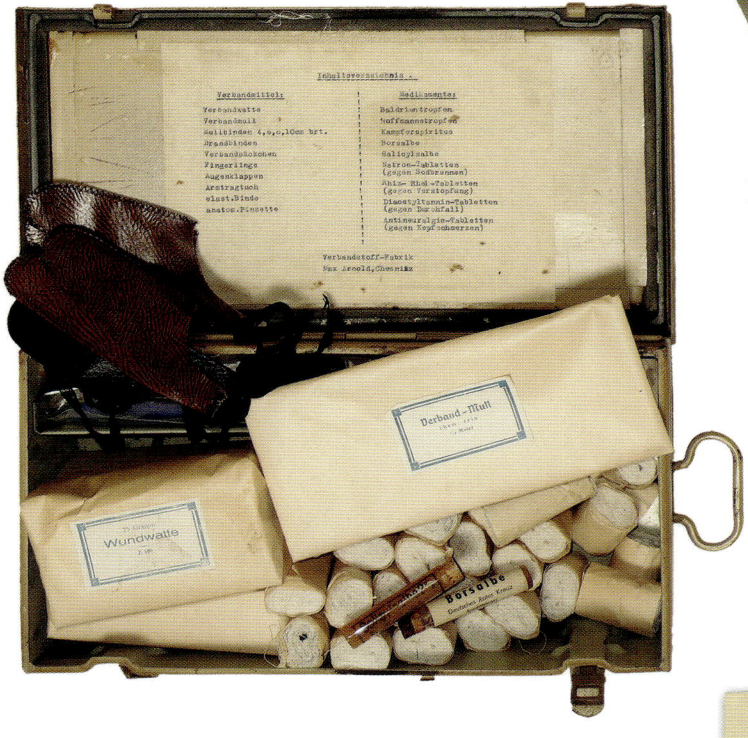


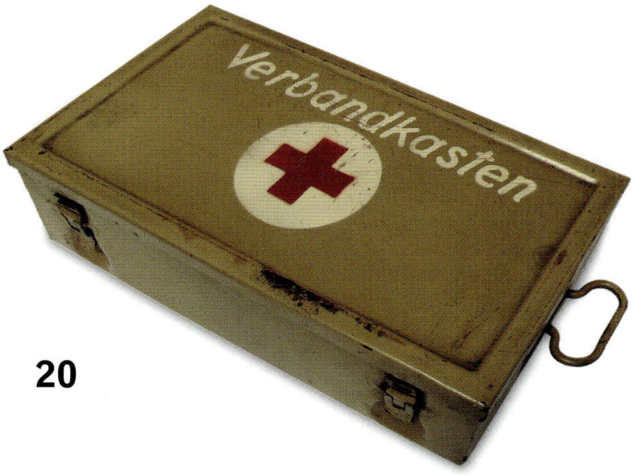


20

**21.** 指サックと目帯。

21

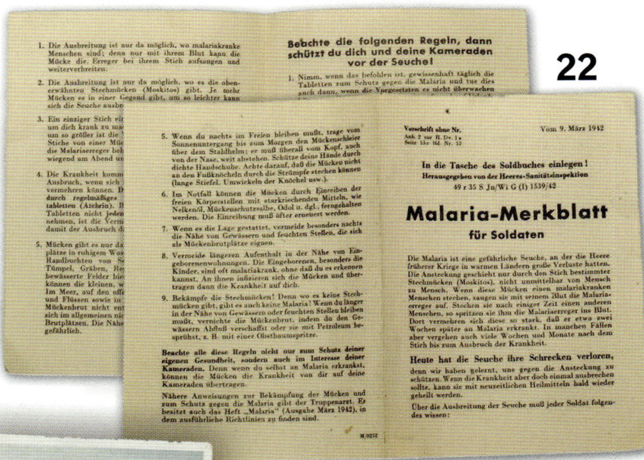


22

**22.** マラリアはたぶん10万年以上にわたって人類の忠実な仲間だった。この病気は、じめじめした沼地の不健康な環境に結びつけて考えられていた。この名前は「沼地の毒気の病気」を意味するイタリア語の「マル・アリア」からきたものだ。1895年、サー・ドナルド・ロスが雌のハマダラカに刺されると病気になることを証明し、この発見で1902年のノーベル賞を獲得した。最初はキニーネが治療薬に使われたが、バイエル社がこの病気との長い戦いのすえ、「アテブリン」と呼ばれる有効成分を開発、1932年から市場に送り出しはじめた。ここではレニングラード戦線で毎日支給されていたような1000錠入りの箱を見ることができる。蚊帳と殺虫剤もマラリアと戦うための共通の要素だった。

写真はゾルトブーフから取った小冊子をしめす。これはロシアのような危険の高い地域で配布され、錠剤の飲みかたや、マラリアを防ぐために取るべき予防措置などの具体的な指示が書いてある。

**23.** バイエルのマラリア薬「アテブリン」の1000錠入りの箱。

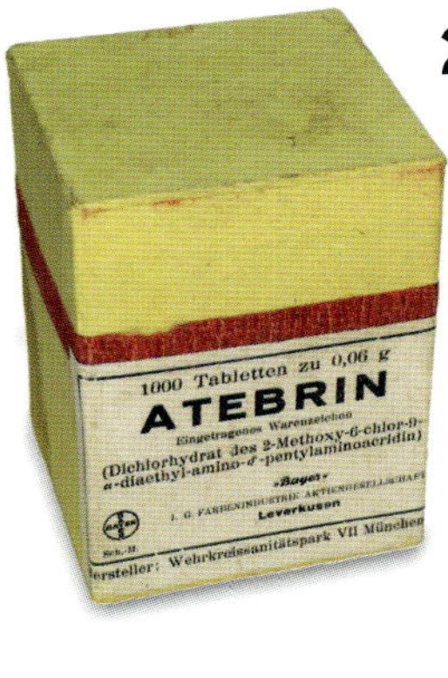


23

24

**24.** 蚊帳。

こうした蚊帳は、兵士が蚊の大発生のなすがままになるロシアの夏の盛りには、とくに役立った。病原体を運んでくる蚊に刺される高い危険を避けるためには、蚊帳の使用が欠かせなかった。こうしたコットン製の蚊帳は戦争中ずっと変化しなかった。

**25.** 医療護送用のカードは前線の救護所で負傷兵の体につけられ、それから負傷兵は後方の病院に移送される。色分けされて、兵士と傷の性質や治療、投薬にかんするあらゆる情報が網羅されていた。通常は冊子の形で衛生兵に支給された。

**26.** 負傷兵用のカード。

**27.** 病気の兵士用のカード。

**28.** 毒ガス中毒患者用のカード。

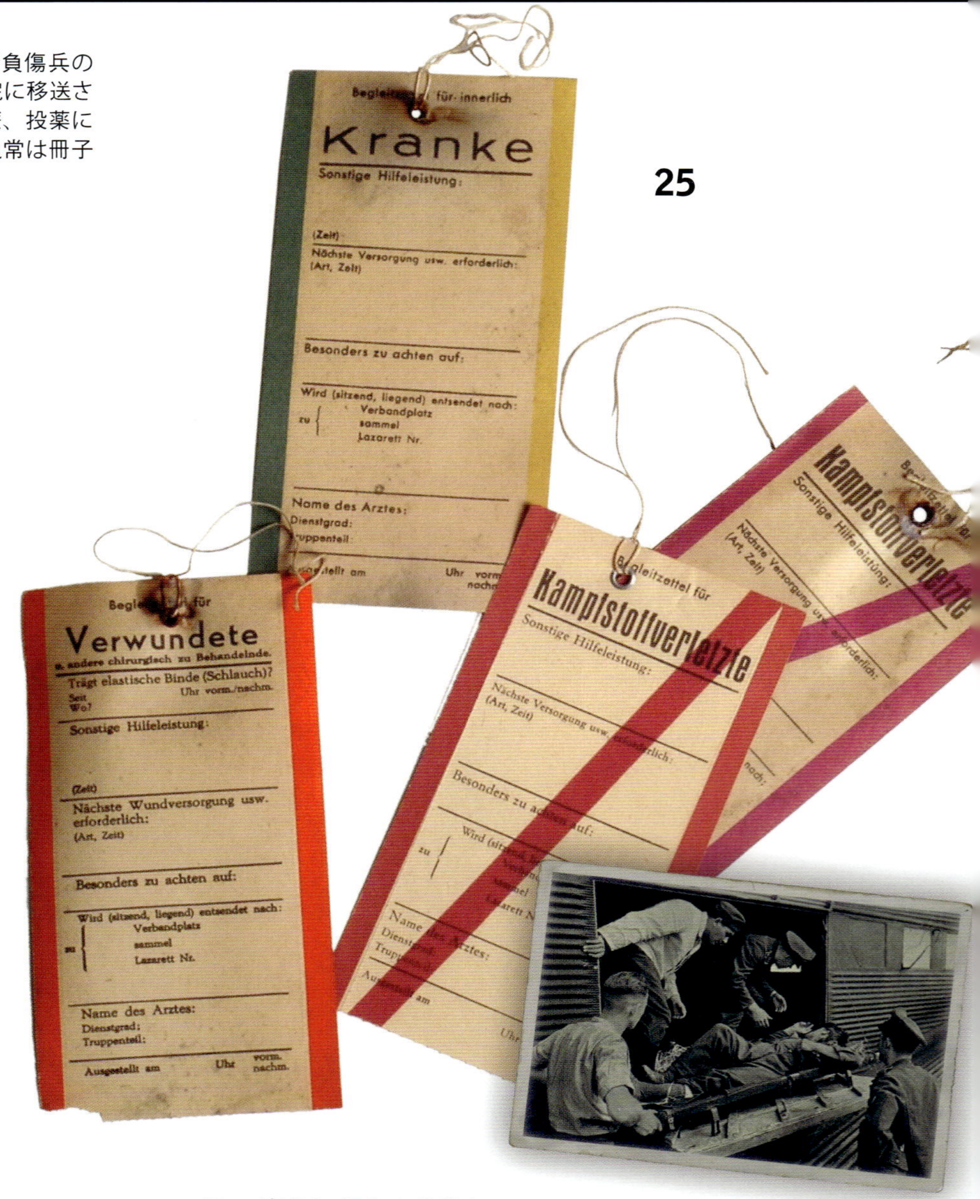


25

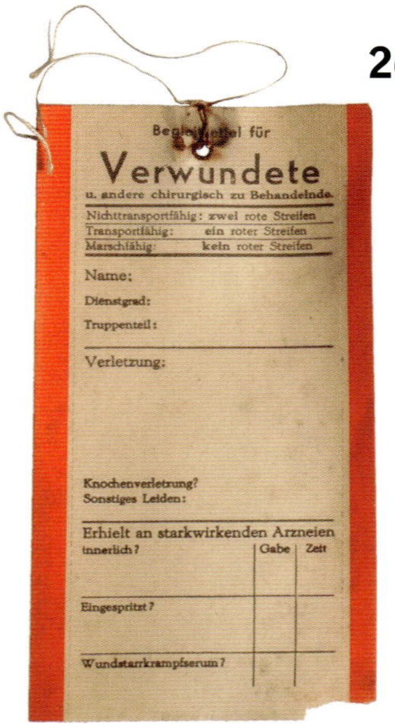


26

27

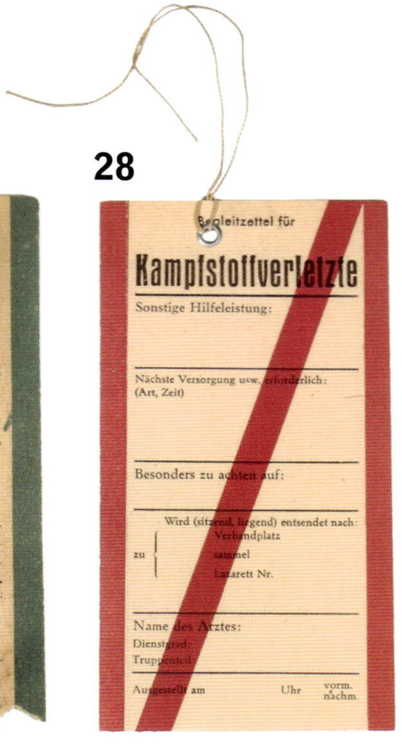


28

**29.** 家族に親族の状態と、どこで負傷したかをつたえる電報。この種の通知は、親族が負傷のため病院で亡くなったことを知らせるためにも使われた……喜ばしい知らせではけっしてない。

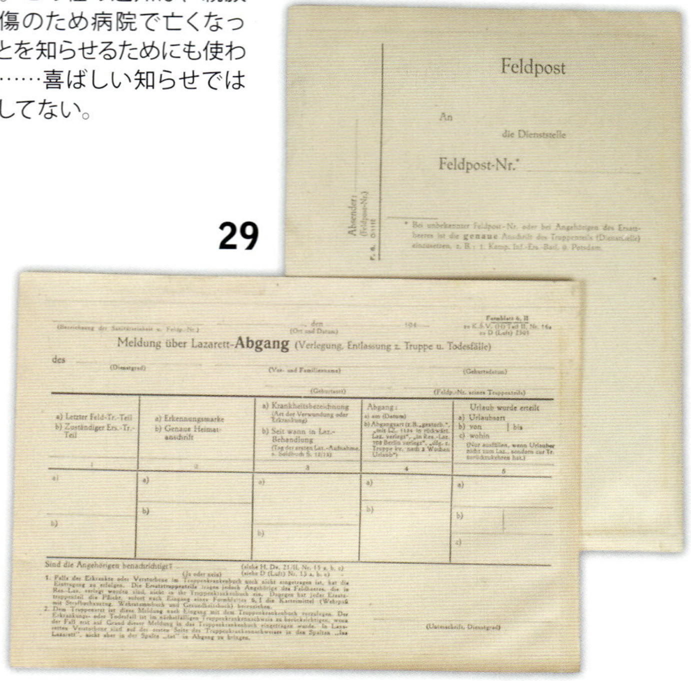


29

30

**30.** 回復期患者用のコットン製上着と対のズボン。製造年とメーカー名が上着の襟の内側に見える。負傷兵の制服は通常、廃棄されるか、あるいはかなりひどい状態にあった。彼を病院送りにしたのと同じ傷のせいか、あるいは野戦で受けたいくつもの手当ての結果である。そのため、回復期の兵士はこの種の制服を支給された。退院するときに、新しい制服が支給された。

31

**31.** いつの時代もあらゆる軍隊の最大の悩みのひとつは性病といかに戦うかである。付属の注意書きに書かれているように、「ドイツ国防軍専用」のコンドームは無料で支給された。

**32.** オディライとヴルカーンは軍の公式コンドーム納入メーカーだった。写真の製品は私費で購入したもので、それぞれ 3 年と 5 年の使用期限が保証されている。

**33.** ヴルカーンは国防軍専用のバージョンを製造していた。3 つずつ箱詰めされている。

32

33

# 身体衛生

**34.**　セルロイドとアルミニウムは櫛の製造に使われたもっとも一般的な材料だった。軍から支給されたほか、酒保で私費で購入することもできた。

**35.**　国防軍の所有物であるという注意書きが金文字で入ったセルロイド製の櫛のアップ。

**36.**　べつべつのメーカーの野戦用鏡 2 種。サンド色で塗装された製品もあった。鏡は割れないように主として兵営で使われた。小型のプロパガンダ用鏡は合図にも使われた。

**37.**　プロパガンダ用のポケット鏡。「会話には注意。敵が聞いているかもしれない！」

35

34

36

37

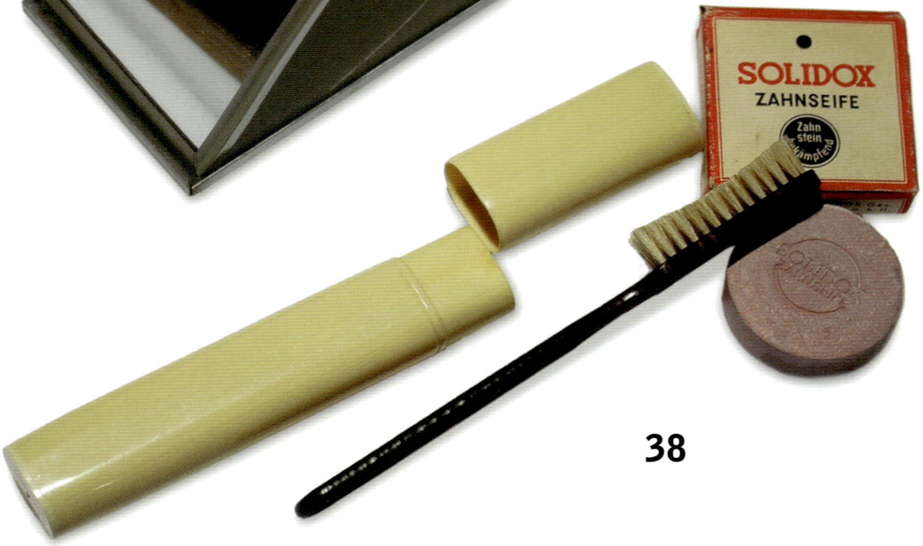


38

**38.**　セルロイド製の歯ブラシ・ケース。歯ブラシはすでに何世紀ものあいだ出回っていたのに、20 世紀のはじめでもまだ高価な品物だった。柄は鹿の角で製造され、長持ちするようにできていた。1930 年代には大量生産された手ごろな値段の製品がはじめて登場したが、以前のものと同様、ヘッド部分がかなり長かった。1940 年代に入るとアメリカの「デュポン」の特許が登場し、ナイロンが天然毛に代わって使われだした。

**39.** セルロイドやガラスのケースは歯ブラシが傷まないよう清潔にたもつためにとても人気があった。

**40.** 「カリクロラ」ブランドの歯ブラシ。ひじょうに一般的な歯ブラシで、木と天然の毛でできていた。官給品のほか、国防軍の酒保でも手に入るアイテムだった。「D.R.P.」つまりドイツ帝国特許（「ドイッチェス・ライヒス・パテント」）のマーキングがある。

**41.** 民間市場用のナイロン毛の歯ブラシ２種。

39

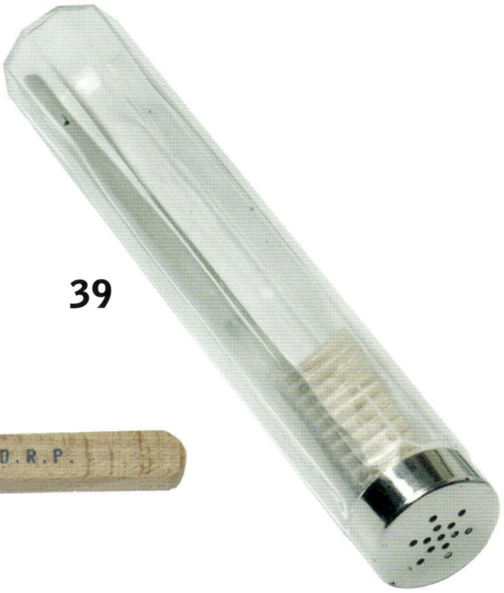

40

KALIKLORA-D.R.P.

41

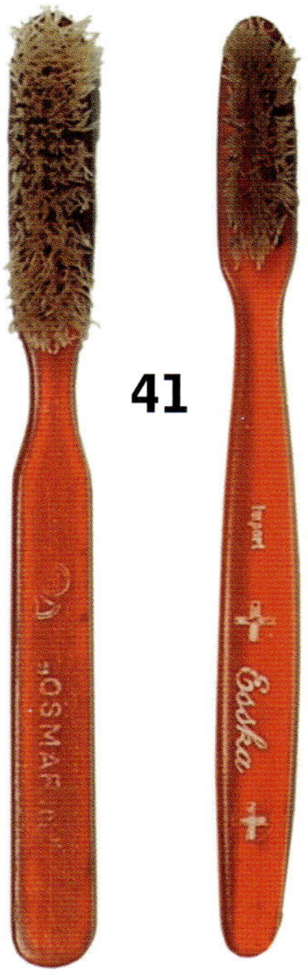
Esska

42

DENT o.m.
optimum maximum
DENT o.m. verwandelt sich, mit der angefeuchteten Zahnbürste in den Mund gebracht, sofort in schäumenden Zahnkrem, reinigt die Zähne, ohne zu ätzen u. den Schmelz anzugreifen und verhindert Niederschlag von Zahnstein.
DENT o.m. erzielt, im Gurgelwasser verrührt, bakterizide und adstringierende Wirkung sowie kräftige Durchblutung des Zahnfleisches und der Mundschleimhaut.
DENT o.m. dient ebenfalls zur gründlichen Reinigung von Prothesen (Zahnersatz) aus Gold, sonstigen Metallen oder Kunststoffen.
70 Gramm
Mai 1943
ZAHNKREM-GRANULAT
DENT O.M.
OPTIMUM MAXIMUM
Verbraucher-
72 Pfg.
Füllgewicht:
Mai 1943
SOLIDOX
ZAHNSEIFE
Zahn stein bekämpfend
ZAHN SEIFE
P. Beiersdorf & Co. AG.
Hamburg

**42.** 歯磨き粉とデンタルソープの箱と、天然毛がついた官給のセルロイド製歯ブラシ。ナイロンは少しあとに登場する。

SOLIDOX
ZAHNSEIFE
am besten in einer nicht zu großen Glas- oder Porzellandose, sonst auf einem kleinen Teller oder ähnlichem aufbewahren.
Die Zahnbürste gründlich anfeuchten und auf der Zahnseife reiben, bis genügend Masse auf der Zahnbürste haftet. Nach dem Zähneputzen die Bürste gründlich spülen.
SOLIDOX gibt auch bei sparsamstem Verbrauch reichlichen Schaum, der eine gründliche Reinigung der Zähne gewährleistet.
Frischgewicht ca. 50 g
Kleinverkaufspreis RM -,45
gemäß V 2 a/5642 Preisbildungsstelle

43

Gebrauchsanweisung
Den Zahnseifenblock am besten auf einen kleinen Teller, Glasuntersatz od. dgl. legen. Zahnbürste zwei- bis dreimal kräftig über den Block streichen und dann die Zähne mit diesem angenehm schmeckenden, schäumenden Zahnputzmittel in der gewohnten Art reinigen und pflegen.

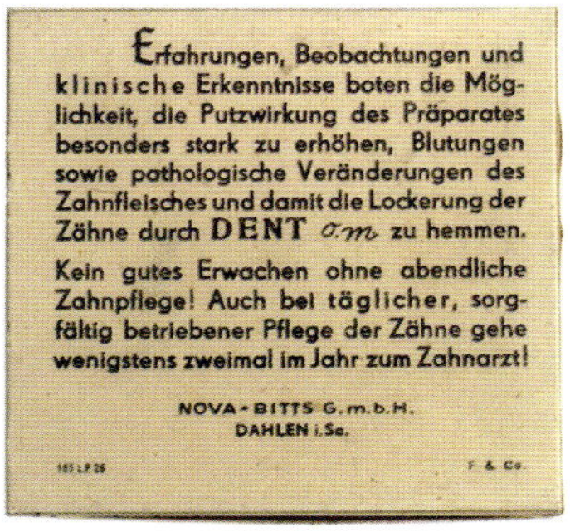
Erfahrungen, Beobachtungen und klinische Erkenntnisse boten die Möglichkeit, die Putzwirkung des Präparates besonders stark zu erhöhen, Blutungen sowie pathologische Veränderungen des Zahnfleisches und damit die Lockerung der Zähne durch DENT o.m. zu hemmen.
Kein gutes Erwachen ohne abendliche Zahnpflege! Auch bei täglicher, sorgfältig betriebener Pflege der Zähne gehe wenigstens zweimal im Jahr zum Zahnarzt!
NOVA-BITTS G.m.b.H.
DAHLEN i.Sa.
165 LP 26
F & Co.

**43.** 特徴と効能書きが書かれた箱の裏面。ゾリドックスはピンクの錠剤の形をした過ホウ酸塩製のデンタルソープを製造していた。デントやニベアは歯磨き粉を販売していた。

**44.** 一般にあらゆる基本的な生活必需品は最高価格を超えないように政府によって統制されていた。「ゲネーミクター・フェアブラウハー・ヘーヒストプライス」（許可された消費者最高価格）の文字が見える。

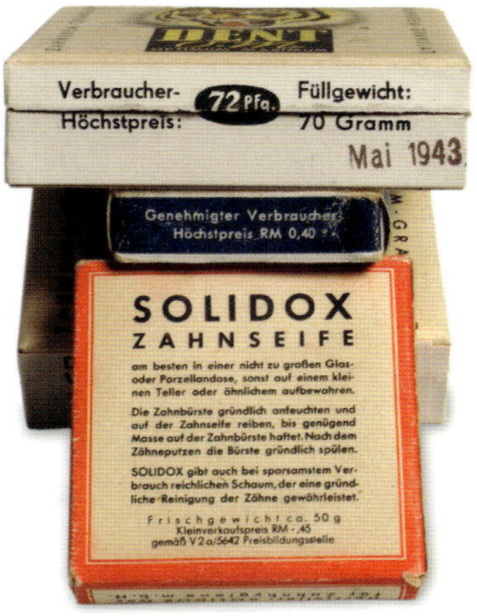
Verbraucher-
72 Pfg.
Füllgewicht:
Höchstpreis:
70 Gramm
Mai 1943
Genehmigter Verbraucher-
Höchstpreis RM 0,40
SOLIDOX
ZAHNSEIFE
am besten in einer nicht zu großen Glas- oder Porzellandose, sonst auf einem kleinen Teller oder ähnlichem aufbewahren.
Die Zahnbürste gründlich anfeuchten und auf der Zahnseife reiben, bis genügend Masse auf der Zahnbürste haftet. Nach dem Zähneputzen die Bürste gründlich spülen.
SOLIDOX gibt auch bei sparsamstem Verbrauch reichlichen Schaum, der eine gründliche Reinigung der Zähne gewährleistet.
Frischgewicht ca. 50 g
Kleinverkaufspreis RM -,45
gemäß V 2 a/5642 Preisbildungsstelle

72 Pfg.
erbrau
RM 0,40
t ca.
RM -,45
ildungss

44

**45.** 1943年5月に軍に納入された70グラムの歯磨き粉

**46.** 有名なメーカーのひとつ、「ロゾデント」のデンタルソープ。

**47.** ロゾデント・デンタルソープの当時の広告。

**48.** 20世紀初頭、チューブ入り練り歯磨きが市場に出回りはじめた。これはずっと実用的だったが、値段が高かった。戦時中は新しいチューブを購入するとき、空のチューブが再利用のために回収された。

通常は製品の革新的な特性にかんする完全な情報が箱に入っていた。その内容の一部は、いまなら消費者を死ぬほど恐がらせることだろう。その成分は健康とはほど遠く、それどころか、きわめて有毒に近いからである。たとえば、ドラマド練り歯磨きには、歯垢の細菌を殺すためのすばらしい発明と大々的に宣伝された、放射性成分が入っていた。

45

ZAHNKREM-GRANULAT
DENT
O.M.
OPTIMUM MAXIMUM
Verbraucher-Höchstpreis:
72 Pfg.
Füllgewicht: 70 Gramm
Mai 1943

46

RM-.45
HIERL

47

Rosodont

48

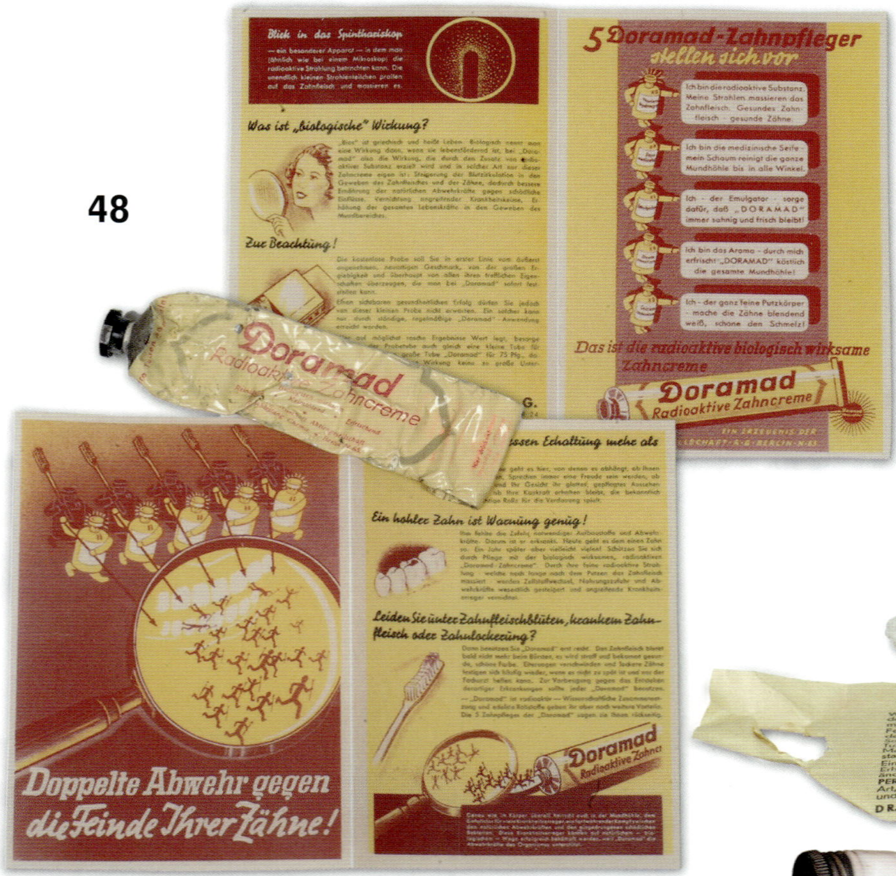
Blick in das Spinthariskop
Was ist „biologische" Wirkung?
Zur Beachtung!
5 Doramad-Zahnpfleger stellen sich vor
Das ist die radioaktive biologisch wirksame Zahncreme
Doramad
Radioaktive Zahncreme
Ein hohler Zahn ist Warnung genug!
Leiden Sie unter Zahnfleischbluten, krankem Zahnfleisch oder Zahnlockerung?
Doppelte Abwehr gegen die Feinde Ihrer Zähne!

**49.** ドラマドにたいして、ペーリという名前のべつのブランドはユーカリのような天然成分を使っていた。

49

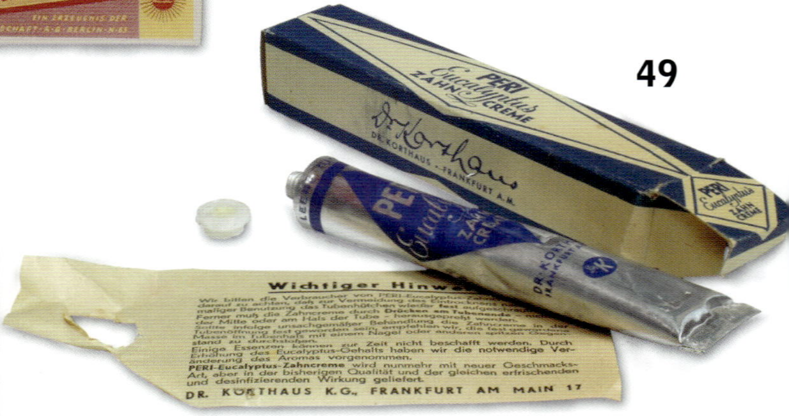
PERI
Eucalyptus
Zahn-Creme
Dr. Korthaus
Frankfurt a.M.
DR. KORTHAUS K.G., FRANKFURT AM MAIN 17

**50.** オードルはおそらく当時もっとも一般的な口内洗浄剤を販売していた。写真はその陶製の容器と、販売時の製品の姿がわかる当時の広告をしめす。

ODOL
Odol

50

Nach dem heutigen Stande der Wissenschaft ist
Odol
Preis RM 2.-
Garantierter Inhalt 85 ccm Odol
Lingner-Werke
Dresden
Odol verhindert Gärungs- und Fäulnisvorgänge im Munde, Odol beseitigt peinlichen Mundgeruch, Odol erfrischt und belebt, Odol wirkt vorbeugend gegen Infektionen, also gegen Schnupfen, Halsschmerzen, Grippe und ähnliche Gefahren.
Man mischt — je nach Geschmack — einige Spritzer Odol mit lauwarmem Wasser. Man spüle den Mund regelmäßig morgens und abends, möglichst auch nach dem Essen. In Zeiten erhöhter Erkältungs- und Grippegefahr benutze man Odol recht häufig.
Bekannt ist auch die erfrischende Wirkung von Odol bei Hitze, beim Sport und bei körperlicher Ermüdung.

**51.** 多くの兵士は依然として折り畳み式の西洋かみそりで髭を剃るほうを好んでいたが、安全かみそりは画期的な発明だった。交換できる両刃のかみそり刃がつき、刃を研ぐ必要はなく、深く切れないのでずっと安全だった。このかみそりのいちばん初めは、1895年にアメリカのキング・キャンプ・ジレットが特許を取ったものである。すぐに世界中から競争相手が現われ、ゾーリンゲン地方は上質な鉄製の刃物を製造するという昔からの評判にしたがい、この挑戦に応じざるを得なかった。20世紀初頭、メルクーア、ファザーン、ロゲリット、ヴォールコ、ロートバート、アポロ、プーマ、ムルクト、オリンダなどをふくむ一連の特許やブランドがこの地域で生まれた。
　ムルクトの安全かみそりと、その箱、使用説明書、自社ブランドの刃をしめす。

**52.** 特許番号とRM2.00という価格のスタンプがわかる箱のアップ。

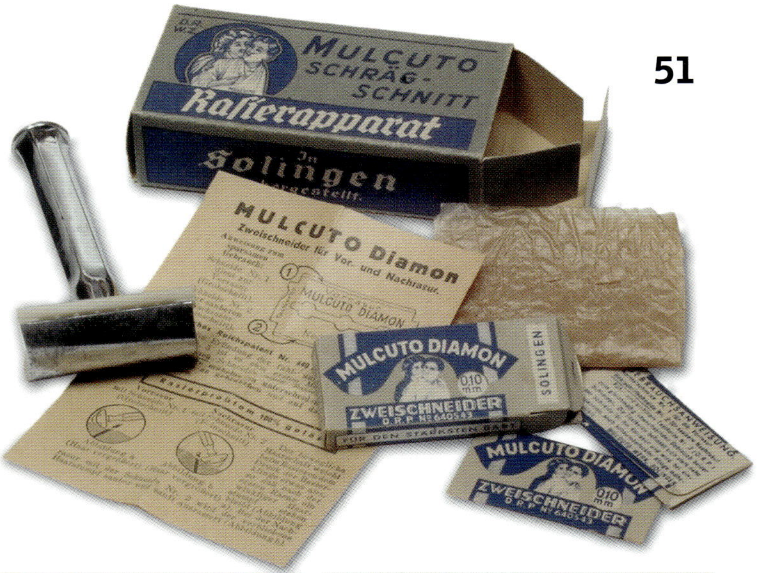

51

52
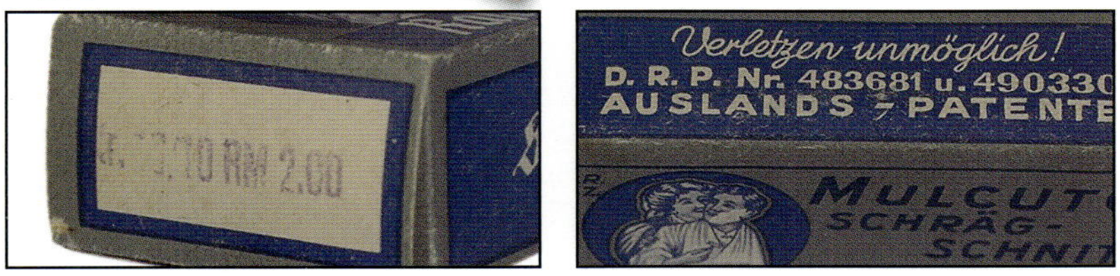


53
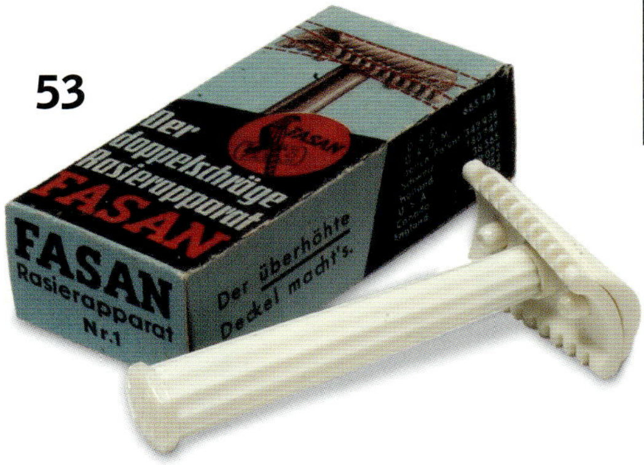


**53.** ファザーンの安全かみそりは、おもに低価格のせいで大人気だった。

**54.** ベークライト製の安全かみそりと刃がおさめられたニス塗りのキャンバス製の官給ケース。

**55.** 閉じたケースのアップ。

**56.** ロートバート・ブランドのかみそりは当時、とても人気があった。

**57.** ヴァレンチノのかみそり刃。これを製造した会社はこの名前が男らしい印象を与えると思っていたようだ。ゾーリンゲンで製造されたものである。

54

55

56

57

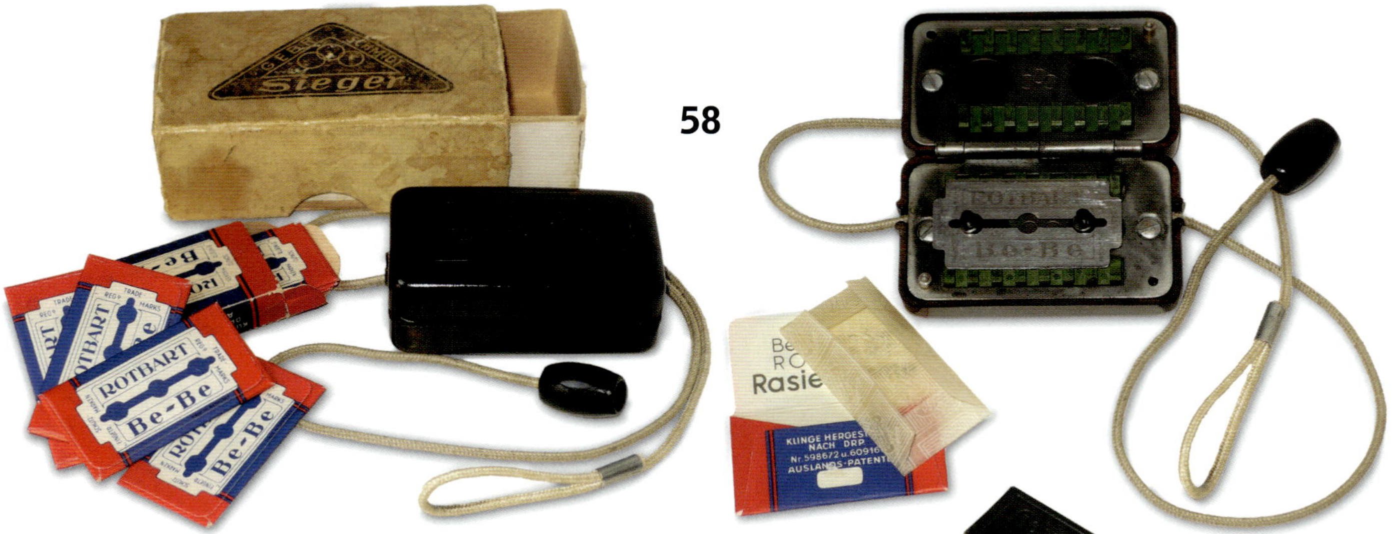


58

**58.** かみそり刃を研ぐために「ジーガー」が製造したこの装置は、物が長持ちするように作られた1930-1940年代の厳しい時代には欠かせない備品だった。兵士にとって新しいかみそり刃を買える店や商店はかならずしもすぐに見つかるとはかぎらなかった。この道具はベークライト製で、ポケットや背嚢に楽々しまうことができた。紐を引くことで、内部の非対称の機構が作動する仕組みだ。

**59.** 安全かみそりのブームのなかでも、伝統的な折り畳み式の西洋かみそりは依然として兵士に人気があった。写真はゾーリンゲン製の一例で、専用ケースと、従軍中に刃を研ぐための道具2種、砥石と革砥も写っている。

59

60

**60.** 軍にアルミニウム製の洗面用品を納入していた主要メーカーのひとつが、ルードヴィッヒスブルクの「フェーマ DRGM」だった。写真には石けんを泡立てるカップと泡立て用ブラシが写っている。

**61.** ブレーメンの「ビオラボーア」が製造した、約1ライヒスマルクのシェービングクリームの缶。当時としてはじつに革新的な発明で、野戦ではとても便利だった。

**62.** バーデンのカロデルマが製造した髭剃り用石けんの高さ5センチほどの小さな缶。

**63.** ベークライト製のケースに入った泡立て用ブラシ。髭剃り用石けんを入れるのにも使われた。

**64.** 軍支給の泡立て用ブラシ。

61

62

63

64

**65.** 1911年、有名な「雪のように白いクリーム」（ニベアはラテン語のニクス・ニビスからきている）が水と油とクエン酸と「ユーセリット」と呼ばれる新しい成分から誕生した。この新成分は化学者のイーザク・リフシュッツ博士が生み出した乳化剤で、水と油を混ぜて、長持ちするポマードを作り上げた。最初のアフターシェーブ・ローションで、1930年代末には広く使われていた。さらに肌を守る効果もあり、極度の寒さや暑い天候にさらされる前線の兵士にはじつに役に立った。
　あきらかにアールデコ運動に感化されたこのアルミニウムの容器は戦争末期、アルミの不足からボール紙製のものに変更され、1946年にやっと復活した。

65

66

**66.** 同じ会社のべつの製品が入ったニベアの缶。当時、第三帝国領だったリガの子会社が製造した歯磨き粉。

**67.** おなじみのクリーム、ニベアのまたべつの容器。戦時下の節約のため亜鉛メッキの鉄板で製造されている。

67

**68.** 戦前のアルミ製のニベアの缶と戦時中の鉄板で製造された缶。アルミは戦争勃発で戦略物資と見なされ、供給が制限された。ライヒスマルクで値段が上がっているのはそのせいかもしれない。

68

**69.** 保湿クリームのベークライト製ケース。この種のクリームは、厳しい天候に顔や手が常時さらされているせいで広く使われた。放っておけば、ただれを引き起こすこともあったのである。

69

70

**70.** 兵士に支給される石けんは一般に棒状で渡され、それから各自のさまざまな石けんケースにおさまるようにカットされた。

**71.** 軍の所有品であることを表わす刻印が押された石けんケースのアップ。

71

**72.** たくさんあった石けんケースのうちの 5 例。ほとんどはベークライトやセルロイド、あるいはアルミニウムでできていた。兵士の典型的な洗面セットにはたぶんそのいずれかが入っていたことだろう。

**73.** 身体衛生用の石けん各種。1920 年代、1930 年代に典型的な質素なデザインに注意。

**74.** 「ライヒスシュテレ・フュア・インドゥストリー・フェットフェアゾーグング」（帝国工業用油脂供給局）を表わす RIF の文字が押された棒状石けん。数字はたぶん製品の種類にかんするものだろう。

**75.** ベルギーのマルメディーで製造された爪ブラシ。この都市はアメリカ軍にとって悲しい記憶を留めている。パイパーの第 1SS 装甲師団が武器を持たないアメリカ軍の捕虜をここで大量虐殺したからである。

**76.** ケースの裏の日付はごく一般的だった。ナチ国家では、価格は基本的な生活必需品の価格政策にしたがって定められていた。

**77.** さまざまなブランドや種類の洗濯用石けん。軍はこの種のアイテムを支給しなかったので、全部市販されていたものである。ただし、もちろん軍は、できるときはいつでも暗くなってから石けんの溶液で下着を洗濯することを奨励していた。

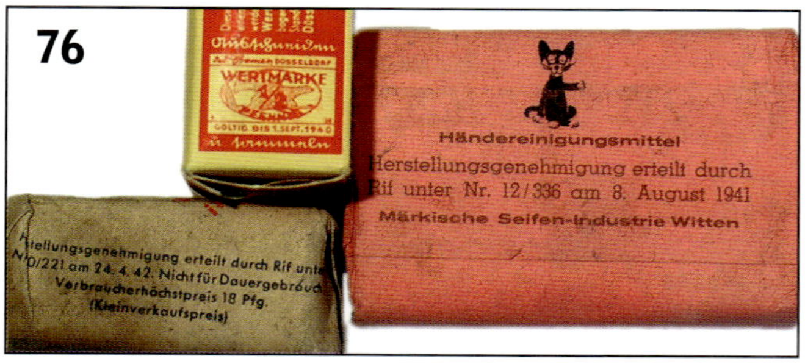

78

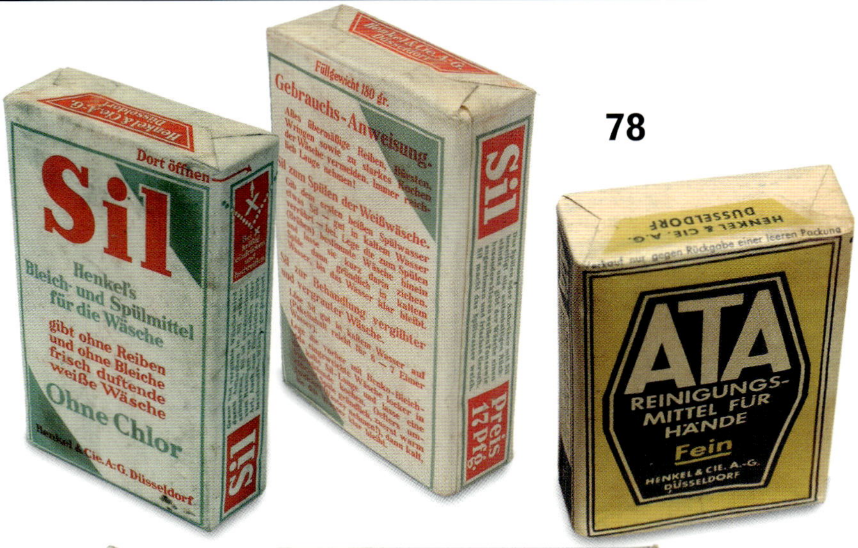


**78.** デュッセルドルフのヘンケル社はATAやジルといった各種の洗濯用粉石けんを販売していた。箱には新しいのを買うときは空箱を返す必要があると書いてある。容器リサイクルの規則は戦前も戦中もひじょうに厳格だった。

**79.** 洗濯の注意と内容表示、そしてライヒスプフェニヒの価格表示。

**80.** 制服やウール、絹などの洗濯のためにとくに作られたプライベートブランド。

79

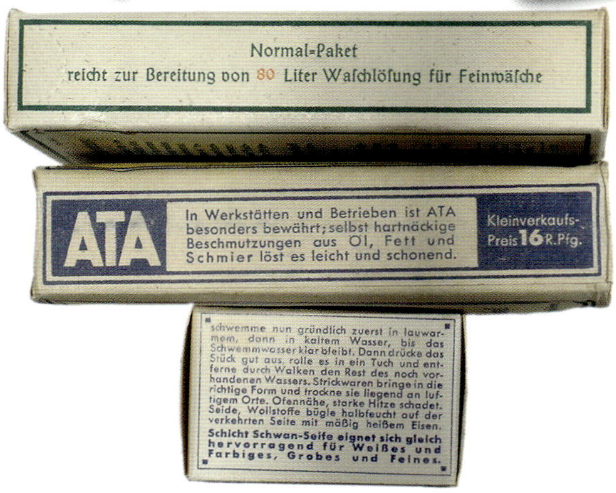


80

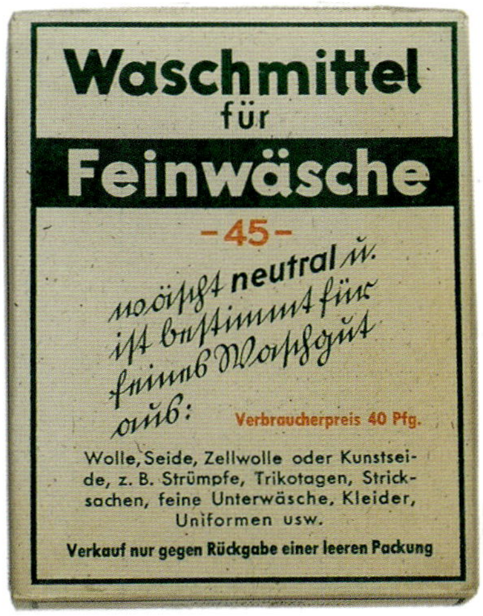


81

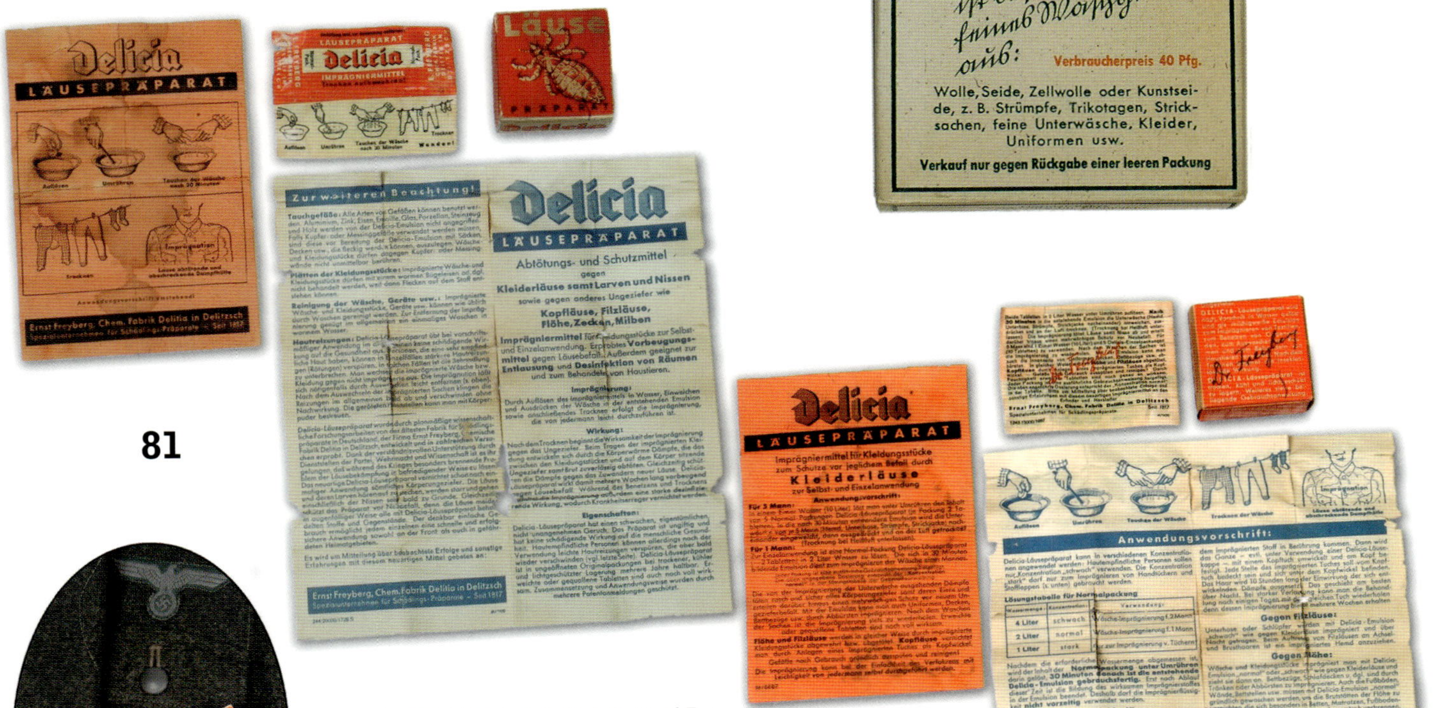

**81.** シラミは兵士の生活のなかで疑いなく一、二を争う深刻な悩みの種だった。この害虫と戦うために、洗濯水と混ぜるパウダーが各種あった。
そうした製品のひとつはデリチアという興味深い名前を持ち、正しい使用法の詳細な説明書がついていた（基本的には衣類を溶液に漬け、あまりしぼらずに乾かす）。写真では、「ロイゼ」（シラミ）の箱の横と下に3種類の説明書が写っている。

**82.** 寄生虫を駆除するパウダーのべつのブランドは、ルシアというまたしてもやや奇妙な名前を持っている。前のものよりもっと節約して使うようになっていたが、原理は基本的に同じだった。陸軍用にていねいに包装されている（「ヘーレスパックング」）。

この当時の化学製品の興味深い側面のひとつは、博士または教授の名前、この場合にはモレル教授、が印されていることである。

この種の害虫は永遠の悩みの種であり、そのため戦争末期には、虫除けをしみ込ませた制服が用意されるようになっていた。この技術は最近、アメリカ陸軍によって新しくされている。

**83.** セルロイド製のシラミ取り用の櫛は、兵士の装備に欠かせないアイテムのひとつだった。

**84.** アルミニウムの整理ケースは兵士たちのあいだでかなり一般的だった。兵士の洗面用具を安全に持ち運べる箱である。通常は「トルニスター」つまり背嚢におさめられた。

82

83

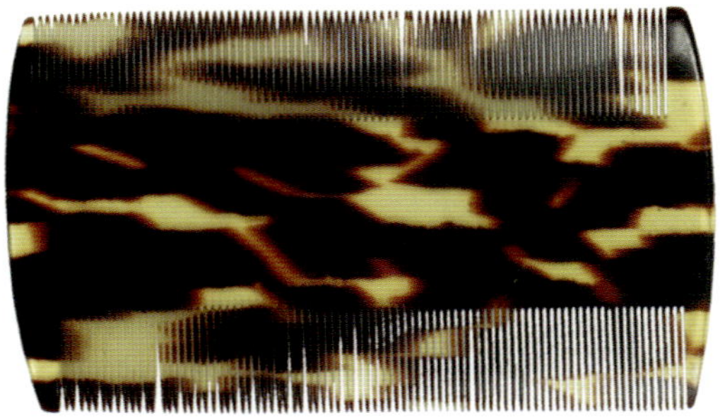

84

86

85

87

**85.** 整理ケースには各種のアイテムを簡単に取り出せるように両面に蓋がついていた。

**86.** ドイツ帝国特許（DPR）と海外特許の刻印のアップ。この製品の右側には小さな弾の破片がめりこんでいるのに注意。

**87.** 野戦で使う通常のアイテムをおさめた洗面用具整理ケース。

**88.** このタイプのケースは兵士によってしばしば一種の洗面用具バッグとして使われた。これは予備の糧食の容器としても使うことができた。

**89.** コットンの不足から、支給品のタオルはリネンで製造され、真っ白か、赤いストライプが十字に走っていた。形は長方形で、端にぶら下げるためのループがふたつついていた。

**90.** 典型的な歩兵に支給された洗面用具を再現したところ。

**91.** 洗面用具のべつの例。

88

89

90

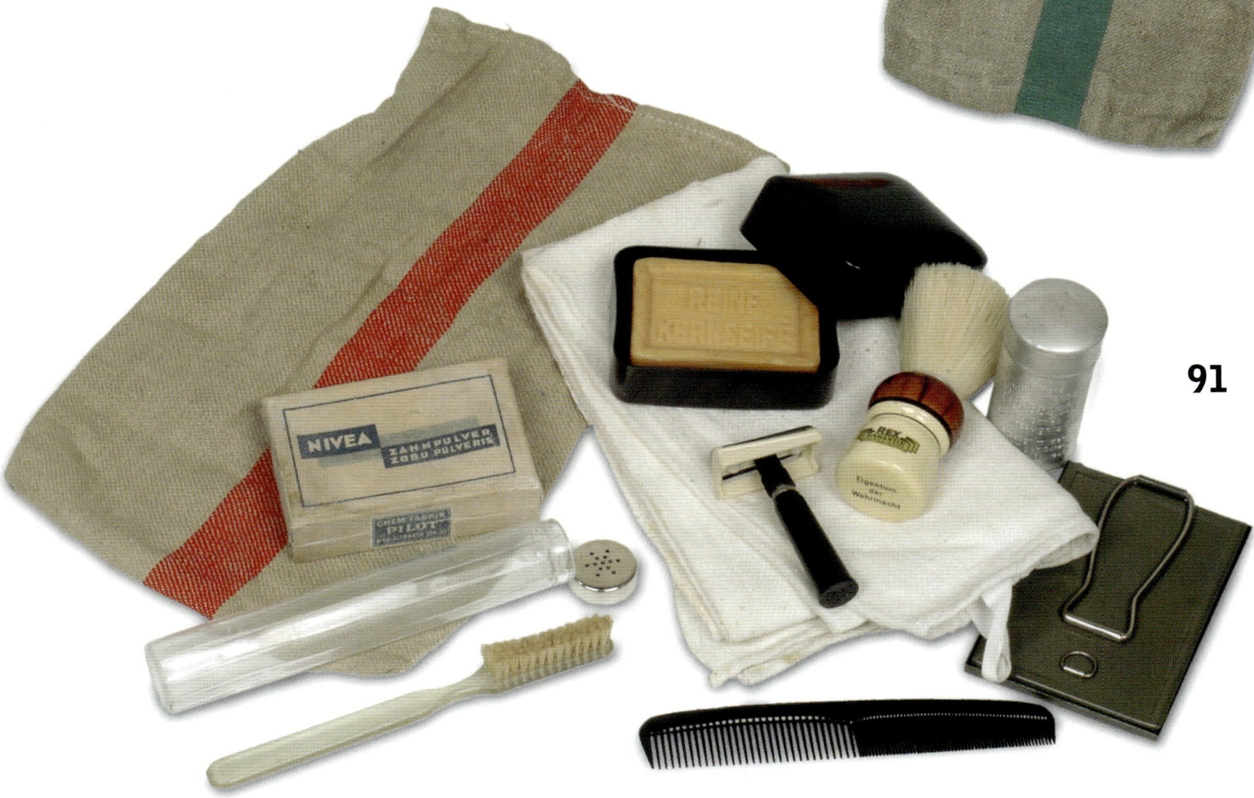


91

# 糧食

食料の不足、あるいはもっとつらい空腹は、兵士の生活では悪夢のシナリオのひとつである。電撃戦は、戦闘の面ではさまざまな利点があったが、補給部隊にとっては前進中の深刻な問題を意味した。補給品は未舗装の道路や小道をあらゆる気象条件のもと、しばしば敵の砲火を浴びながら運ばねばならなかった。もちろん、戦いの展開と前線が流動的なものになるよう維持するために不可欠の弾薬には、優先権が与えられた。その結果、しばしば兵士たちは、陣地が安定して補給品が定期的にとどくようになるまで、危機的な糧食の不足に悩まされたのである。そのときまでは、兵士たちは戦闘糧食、もっと一般的には「非常用携帯口糧」と呼ばれるもので生き延びるしかなかった。この戦闘糧食は地元民の持っている新鮮な食料と可能なかぎり交換された。極端な状況では徴発や掠奪さえ認められたが、広く信じられているのとちがい、この行為は最高司令部によって罰せられた。最高司令部は通常、補給品の輸送を楽にすることよりも、占領地内で良好な商業関係を確立するほうに多くの関心をいだいていたのである。

兵士がもっとも愛した「大砲」は「グーラシュカノーネ」（肉シチュー・カノン砲）だった。つねに戦闘から遠く離れた後方に集められた野戦炊事車のあだ名である。日々の食事はこの炊事車で用意され、大きな保温容器で配給される。これは二重構造のアルミニウム製の背嚢のようなもので、前線まで運ばれ、そこで食事は個人の飯盒で中隊や小隊、分隊の前方陣地へと分配される。新兵が通常この任務をまかされたが、前線の部隊に食料を運ぶのはとくに危険だった。狙撃手のお気に入りの標的となるからである。

規則や最高司令部と補給部隊の誠意とは無関係に、戦闘糧食のメニューと質はほとんどちがわなかった。そのため兵士たちは現地で手に入る食料にたよらざるを得なかった。

朝食のメニューはパン。一般的には前日焼かれたか、事前に乾燥させたものにマーマレード、固形の代用蜂蜜、そして缶詰食料がいくつか、麦芽あるいはチコリの代用コーヒー、それにマーガリンだった。獣脂、あるいはときに徴発したバターで、朝の食事は完成した。

昼食は一日の温かい食事だった。鍋と保温容器は「グーラシュカノーネ」のシチューで満たされた。中身は通常、ジャガイモと獣脂、ある種の豆類、全体に彩りと味を加えてくれる動物由来のあらゆるものだった。極度の欠乏や、激しい戦闘状況によってたんに補給が困難になった場合には、豆入りの製品がいちばん一般的だった缶詰のスープが消費された。通常の配給の白パンは、ライ麦や大麦などの穀物がねりこまれ（おがくずさえ使われたことがある）、重さは250グラムから700グラムのあいだ。本式のドイツ・スタイルで、表面に塗るための獣脂といっしょに配給された。コーヒーや紅茶などの温かい飲み物と、小さなチーズやフルーツ、ビタミンを添加したキャンディーなどのデザートで、兵士のその日のメインとなる食事は終わる。

夕食は冷たい食事で、その内容は通常、肉か魚の缶詰とマーガリン、眠れない長い夜のあいだ兵士を警戒させておくのにじゅうぶんと思われたなにかの温かい飲み物だった。

糧食のメニューの単調さは、兵士が配属された場所によってちがったかもしれないが、故郷からの小包の到着や、移動酒保からそこそこの値段で買うことができた余分の食料によって、幸いにもおぎなわれた。移動酒保は種類も豊富な食料の缶詰や調味料、キャンディーなどを提供していた。

最後に重要なことだが、極限の状況では、アルコールが一般に配給された。さまざまな種類の酒類が寒さと過酷な現実の両方と戦ううえで中心的な役割を演じたのである。

前線の兵士が携行していたブレッドバッグの中身。
そのなかにはクネッケパンやバター、即席スープが作れる調味料が入った袋が見える。

01

**01.**　フォークとスプーンが組み合わさった官給品の食器の例。アルミニウムかステンレスで製造された。通常はシチュー料理という食事のメニューにしたがうと、原理的にはナイフの必要はなかった。ナイフはそう簡単には手に入らず、なにかを切る必要がでてきた場合には、ポケットナイフが一般的な解決策だった。

　支給品ではないスプーンとフォークとナイフと缶切りのセットもあり、将校のあいだでは一般的だった。

**02.**　もう少し品よく食事をしたい者たちが私費で購入したスプーンとフォークとナイフと缶切りのセット。

02

03

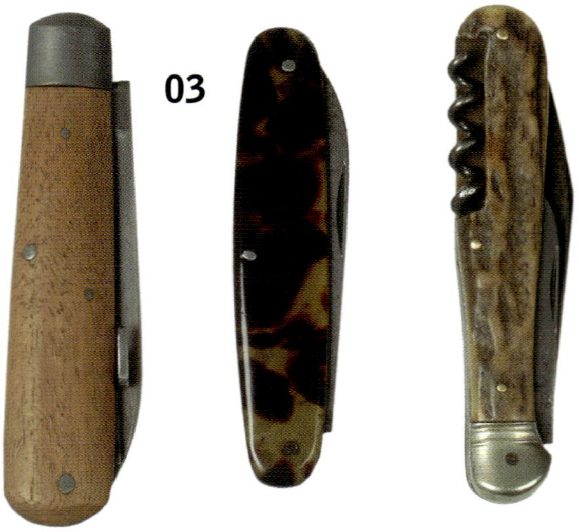

**03.**　ポケットナイフは下級兵士にとって不可欠で、実際もっとも役に立つ道具だったにもかかわらず、驚いたことに、官給ポケットナイフの記録は知られていない。もっとも一般的な製品は木製やセルロイド製、鹿角製の柄がついていた。

**04.**　通常ポケットナイフは兵士の家族や友人からの贈り物であり、数えられないほどの種類のモデルとメーカーがある。もっとも人気があった製品は、１枚あるいは２枚の刃と、缶切り、コルク抜きがついていた。

04

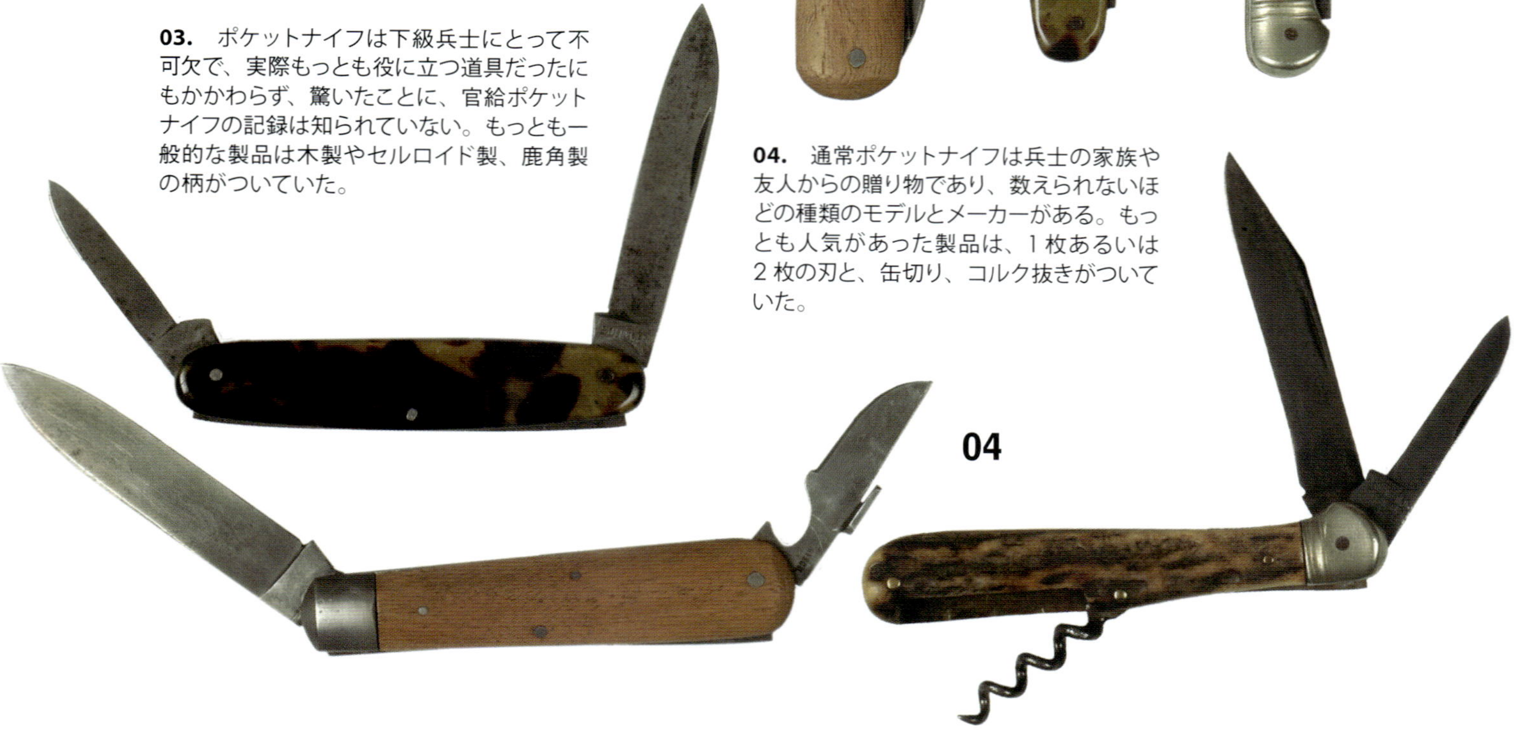

05. おびただしい数のポケットナイフのメーカーのなかには、J・ウィンゲン・Jr やルプリックス、チスティアンス、オメガ、グラーデ、ローミ、ナウプトナー、カウフマン、ローベルト・クラース、アウグスト・ムラー・ゼーネ、メルカトルなどの名前がふくまれる。いちばん左の製品はユランコ・モデルで、ソーリンゲンにあった多くのブランドのひとつである。なかでもこの製品は兵士の要求にとくに応えるために作り出されたモデルのひとつである。

05

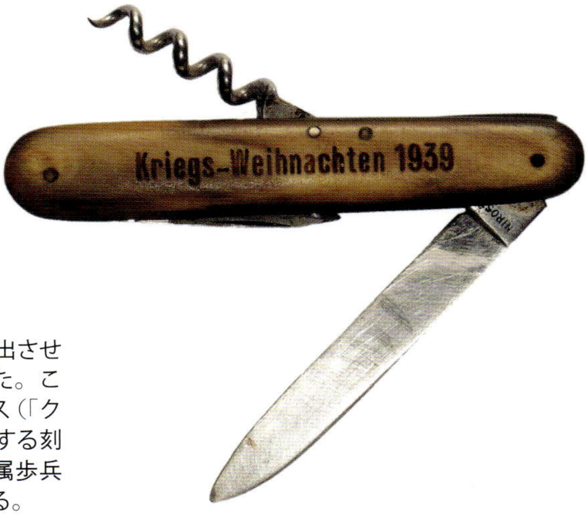


06

06. ポケットナイフは特別な機会を思い出させる、若い兵士への絶好のプレゼントだった。このナイフには 1939 年の戦時中のクリスマス（「クリークス・ヴァイナハテン 1939」）を記念する刻印がある。反対側には贈られた兵士の所属歩兵連隊、2/I.R.61 が刻まれているのがわかる。

このナイフは 30 年代、ゾーリンゲンで一、二を争う高名なメーカーだった「ゴットリープ・ハメスファー」が製造したもので、鹿の角の柄がついている。

07. ソーリンゲンの「ヨーヴィカ」と、「エーアライヒ」が製造した兵士用ナイフ。

07

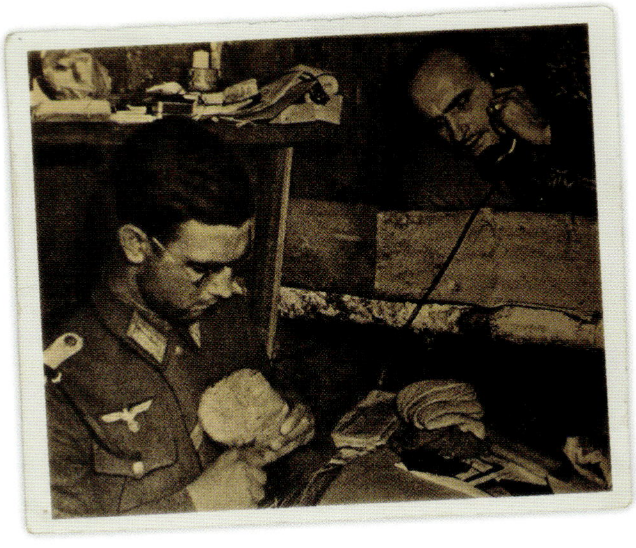

**08.** 「エスビット」は小型のすばらしい器具だ。煙草の箱ほどの大きさで、数分で糧食のスープを温めることができる。考案者のエーリッヒ・シュムの傑作であり、小型の携行式調理具であるだけでなく、この固形燃料は煙が出ないため、戦闘状況で敵に所在を気づかれることなく使うことができる。

08

09

**09.** 「エスビット・コッヒャー」を納入していたおもな工場はヴュルテンベルク州のシュトゥットガルトとムルハルトにあった。写真には戦時中に製造され、兵士たちにもっとも愛用されたモデル 9 がいくつか写っている。

固形燃料は 6 個ずつ箱詰めされ、1 個を 4 つに割ることができるが、奇妙なことに、箱の「20 タブレッテン」（20 個入り）という文句とは一致していない。

10

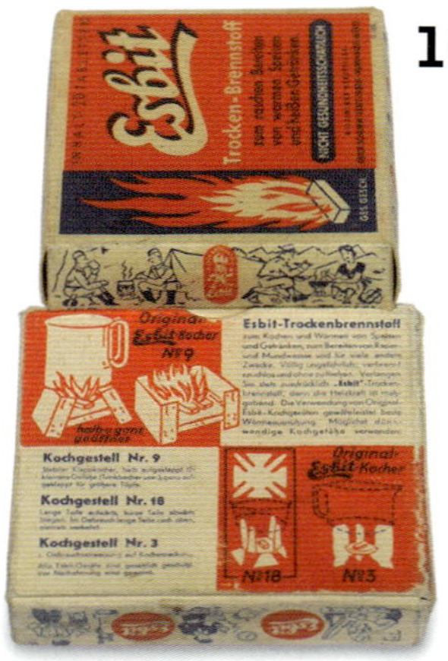


**10.** 固形燃料の箱の表と裏。もっとシンプルなモデル 3 や 18 といった製品のことも書かれている。

**11.** 野戦シチューを「エスビット」で「支度」する例。

**12.** 野戦ストーブは「エスビット」より大きくて高性能だったが、個人用ではなかった。ひとりの兵士の背嚢で携行することができたが、4 名から 6 名の兵士の食事を温めることができた。主として山岳部隊のような精鋭部隊に支給され、調理ストーブとして使用するだけでなく、ヒーターとしても使われた。人気があったモデルはアラーラ 37 とジュヴェール 33 で、いずれも同じメーカーの製品だった。戦前にキャンパーのあいだで大人気だったスイスの民間向けストーブ、スベア 123 をもとにしている。

11

12

13

**13.** 「ヌーア・フォイヤー・ベンツィーン」つまりホワイトガソリン専用のストーブ兼ヒーターの各部品。

14

14.　ひとり用携帯口糧の包みに入っている肉の缶詰を温める、ストーブ・モードのアラーラ 37。

15.　モデル・アラーラ 37 の火力調節キーとタンク、バーナーのアップ。

15

16.　兵士に欠かせない道具には缶切りもある。写真は官給品を 2 方向から見たところ。

17.　酒保で販売され、野戦でとても人気があったクランク式の缶切り。第三帝国の多くの製品と同様、説明書や特許表示はこのように数ヵ国語で書いてある。

18.　バターやマーガリン、各種の獣脂は、パン以外に兵士の基本的な栄養のひとつだった。写真ではこうした滋養物のベークライト製容器 3 種と、マーガリンの箱、そして支給品のバターナイフが見える。

16

18

17

**19.** 支給品の磨き粉はおもに兵営で使われたが、野戦ではめったに出番がなかった。再生ボール紙をプレスして製造した風変わりな磨き粉の容器に注意。

**20.** 兵士が広く使用した小型の野戦保温容器。

**21.** 部品がすべてわかる分解した保温容器。

**22.** メーカーの社章が入った保温容器のキャップのアップ。

19

20

21

22

23

**23.** ひとり用のアルミニウムの野戦カップ。水筒のカップと混同しないように。これは戦争初期にはきわめて一般的なアイテムだった。把手の横にメーカーの頭文字と製造年がはっきりと見えるのが興味深い。反対側には容量のマーク（¼L）と、やや雑に刻まれた兵士のイニシャルがついている。

**24.** ドイツ軍の携帯口糧はアメリカ軍の K 携帯口糧と似ていたが、内容は劣っていた。写真では「ハルプ・アイゼルネ・ポルツィオーン」つまり ½ 携帯口糧が写っている。不利な戦術状況で 24 時間以上も温かい食事が配給されないときに、将校が命じた場合にのみ食べることができた。これは前線ではごく一般的なことだった。基本的な食料の中身は、クネッケブロート（固いライ麦パン）が 125 グラムと、肉の缶詰だった。さらにビタミンを強化したキャンディーか、缶入りの「ショ・カ・コーラ」（チョコレート）がくわえられることもあった。突撃用装具かブレッドバッグで携行された。

24

25

**25.** 製造年（1942）と製造ロット番号（2206 6）の刻印がある肉の缶詰。1917 年以降、興味深いことだが、ドイツはあらゆる産業体系を規格化しはじめた。品質管理の手順はその一例である。とくにこの肉の缶詰には標準規定の DIN（「ドイッチェス・インスティテュート・フューア・ノルムング」）つまりドイツ規格化機関のマーキングが入っている。「ALU DIN 50」の刻印がはっきりと見える。

26

**26.** 缶の表面と裏面と、官給の缶切りで缶を開ける方法。中身は高カロリーの濃縮肉ペーストの一種である。

27

**27.** 肉の缶詰のべつの例。野戦携帯口糧の中身に欠かせないアイテムである。

**28.** ひとり用に支給された魚の缶詰の口糧。アメリカの K 携帯口糧に似たドイツ国防軍の携帯口糧ではより一般的なアイテムのひとつである。写真はサーディンが入ったもので、通常はノルウェー産だった。裏側には B の文字が押されている。

28

29

**29.** 「カッツナー」ブランドのニシンのマリネの缶詰。広く配給され、兵士にとても人気があった缶詰である。通常は夕食の一部として食べられた。

30

**30.** チーズの箱 2 種。ひとつはカマンベールだ。傷みやすい珍味のうえ、兵士たちにはあまり一般的に配給されなかったので、めずらしいものである。通常は地元の製品で、固定陣地に配給された。

**31.** チョコレート、とくにチューリンゲンのモークション社――いまも操業している――の「ショ・カ・コーラ」の缶は、たんなる贈り物でも炭酸飲料でもなく、不十分な食料供給をおぎなうために用いられた高カロリーの合成物で、戦闘や軍務の直前に配給された。眠気予防と疲労防止のためにカフェインが 0.2 パーセント入っていた。一部の容器には日付が入り、戦争末期には包装に使われた金属が蠟引きのボール紙に変わっている。

31

32

**32.** スイスのマギー社は、1890 年にベルリンで設立され、1912 年には現在われわれが「調理済み」食品と呼んでいる商品を販売しはじめた。乾燥させた小さなキューブで、熱湯に 20 分漬けると、おいしいスープになる。

ここでしめしたのは、その箱ふたつで、それぞれ 2 人前が入っている。上のはトマト入りライスで、戦前に製造されたもの。酒保で兵士が選ぶ典型的な食料の種類だった。

**33.** 「前線で戦う歩兵部隊用の補充口糧」という文字がはっきりと見えるセロハンの袋（ポリ袋は当時、市販されていなかった）。こうした袋は、中身もさまざまで、戦闘が長引いて定期的な補給がむりな場合、兵士たちに配給された。

**34.** かさばる食料（ジャガイモやパンなど）を運ぶのに使われた大きな袋。

33

34

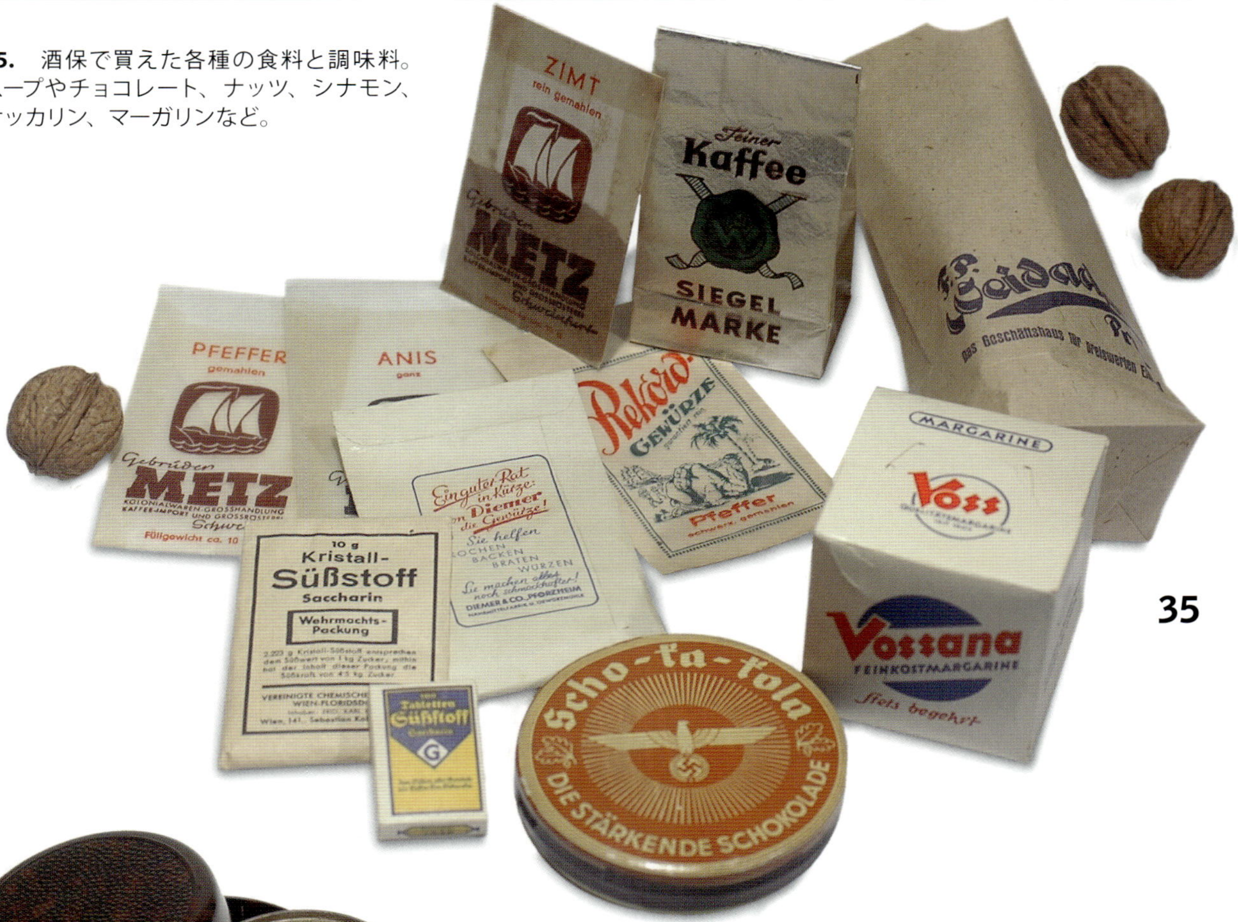


35

**35.** 酒保で買えた各種の食料と調味料。スープやチョコレート、ナッツ、シナモン、サッカリン、マーガリンなど。

36

**36.** パンは基本的に乾燥したものと新鮮なものの２種類の形態で配給された。前者は現在の「クラッカー」によく似たビスケットだった。新鮮なパンは缶詰になっていて、まちがいなくはるかにおいしそうだが、あまり便利ではなかった。写真ではそれぞれのパンと、それに関連する用品がわかる。

37

**37.** パンの 125 グラム包装。スタンプのアップで、製造年とミュンヘンのバートシャイダー社がドイツ国防軍のために製造したことがわかる。

**38.** ハイニス・クネッケブロートはバーベルスベルク地方で製造されたため、兵士にとても人気があった乾燥パンのブランドだった。この地域は兵士お気に入りの映画スターがみんな働いていた有名なウーファ映画の撮影スタジオがあったことでも知られていた。

**39.** 兵士たちは通常、約700グラムの新鮮なパンが入るこうした容器を購入していた。こうした容器は、写真のようにベークライトか、アルミニウムで製造されていた。

**40.** 食事にさらに風味をつけくわえるための各種調味料とスパイス。表面と裏面。

38

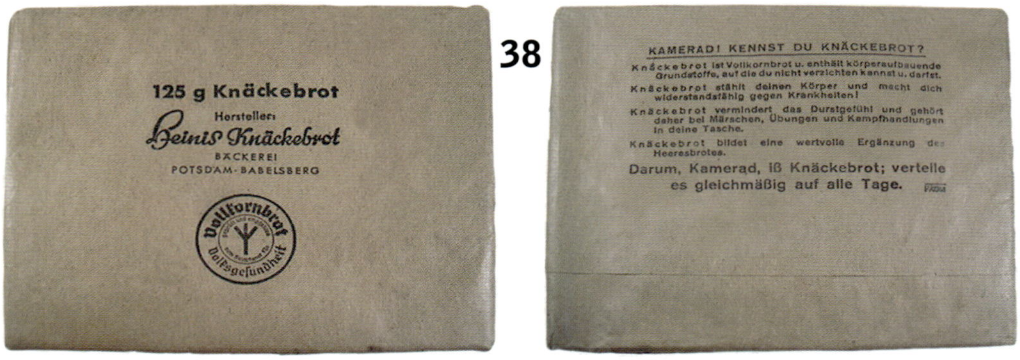


39

40

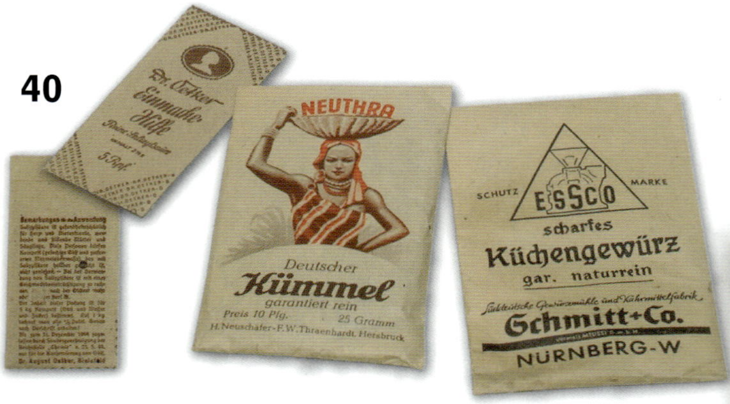

41

42

43

44

**41.** シチュー用調味料が入った袋。こうした調味料は兵士から引っ張りだこだった。際限なくつづく食事の単調さをやぶったり、あるいは行軍中に見つけた食べられそうなものや、鍋に放りこめそうなものに、いくらかでも風味をくわえるために使われたからである。

**42.** 1944年7月が賞味期限のドライイーストの袋。裏にはレシピや有用なヒントがいくつか書いてある。

**43.** 飲料水の容器。炊事場で使用したり、調理用に支給された。

**44.** 酒石酸の小さな容器。野戦炊事場では欠かせないアイテムだった。これは保存料で、食料を食べられる状態により長く保つことができたからである。下側にはメーカーであるベルリンのバッハ＆リーデル社の名前が見える。

45

48

**45.** 兵士に配られた滑稽本で、食事やお決まりの野戦シチュー（「グーラシュカノーネ」）、正体不明のその中身などにかんする笑い話が載っている。

**46.** 中央ヨーロッパでは上等なコーヒーを飲む習慣が確立されていた。しかし、戦争はこの楽しい娯楽を奪った。貴重な豆がどんどん手に入らなくなっていったからである。その結果、チコリや麦芽、さらにはドングリなどあらゆる種類の木の実のような代用品がぞくぞくと登場した。

**47.** クヴィータ社が製造したチコリ入りの代用コーヒー。

**48.** コーヒーはとくに市民のあいだでは、少数の人間しか楽しめないぜいたくだった。余剰品はすべて軍に納入され、闇市がじきに隆盛をきわめたのも驚きではない。

**49.** 携帯式のベークライト製コーヒー・ミル。野戦でうまいコーヒーを飲むのには欠かせない道具である。

**50.** 心をいやす１杯のコーヒーを野戦でいれるのに必要なアイテムと甘味料など。

**51.** 当時の新聞雑誌に載っていた壜入り牛乳の典型的な広告。

46

47

49

50

51

**52.**　ドイツ占領中のプラハで製造されたミント入りドロップの袋。裏の文字はチェコ語とドイツ語で書かれ、価格はマルク（プライスRM0.25）で、製造年は1943年である。

**53.**　紅茶の袋。おそらく当時は金より貴重だったろう。

**54.**　ウィーンで軍用に製造された甘味料の10グラム入りの袋。

52

Grosshandlung
Prag XII., Römischestr. 36,
Tel. 282-84, 341-36
ALS VORZÜGLICHES ERFRISCHUNGSGETRÄNK,
JAKO VÝTEČNÝ OSVĚŽUJÍCÍ NÁPOJ,
BRATŘÍ ŘÍHOVÉ,
Praha XII., Římská 36,
tel. 282-84, 341-36
BRÜDER ŘÍHA PRAG XII.
PFEFFERMINZE
MÁTA PEPRNÁ
BRATŘÍ ŘÍHOVÉ PRAHA XII.

53

FT H
Seit 1824
Deutscher Tee
1 Eßlöffel pro Liter kalt ansetzen.
Kurz aufkochen und 15 Minuten
ziehen lassen.
Friedr. Tscherning, Heilbronn
Lebensmittel-Großhandel
Kaffee - Tee - Einfuhr

54

10 g
Kristall-
Süßstoff
Saccharin
Wehrmachts-
Packung
2.223 g Kristall-Süßstoff entsprechen
dem Süßwert von 1 kg Zucker; mithin
hat der Inhalt dieser Packung die
Süßkraft von 4·5 kg Zucker.
VEREINIGTE CHEMISCHE FABRIKEN
WIEN-FLORIDSDORF
Inhaber: FRID. KARL GLASS
Wien, 141., Sebastian Kohlgasse 3-9

55

Süß
wunder
Süßstoff Saccharin
20 Tabletten =
Süßkraft von
5 kg Zucker

56

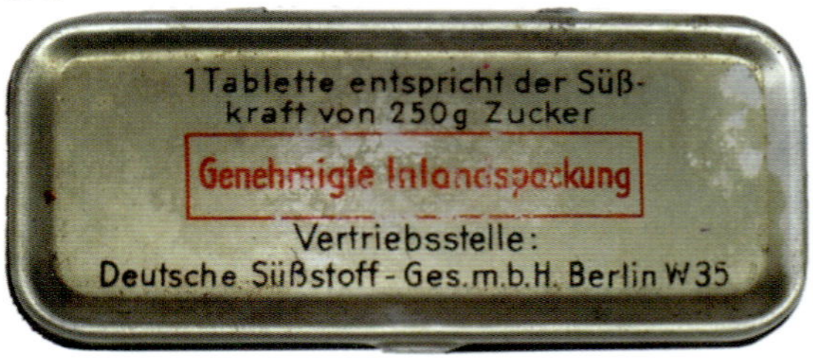
1 Tablette entspricht der Süß-
kraft von 250g Zucker
Genehmigte Inlandspackung
Vertriebsstelle:
Deutsche Süßstoff-Ges.m.b.H. Berlin W 35

57

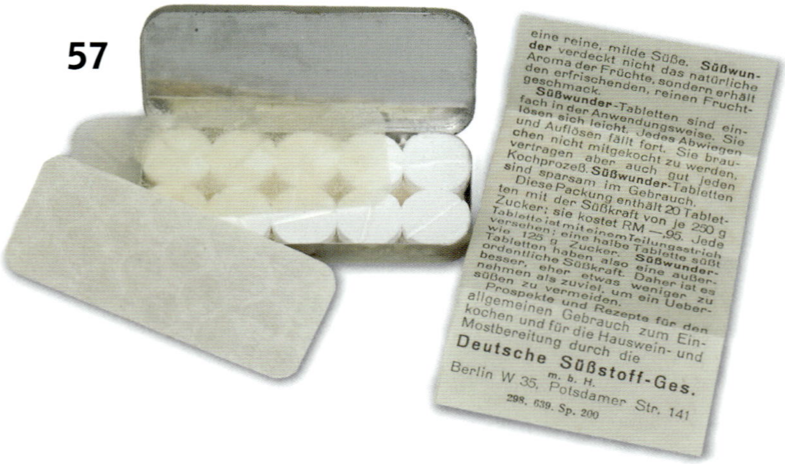
eine reine, milde Süße. Süßwunder verdeckt nicht das natürliche Aroma der Früchte, sondern erhält den erfrischenden, reinen Fruchtgeschmack.
Süßwunder-Tabletten sind einfach in der Anwendungsweise. Sie lösen sich leicht. Jedes Abwiegen und Auflösen fällt fort. Sie brauchen nicht mitgekocht zu werden, vertragen aber auch gut jeden Kochprozeß. Süßwunder-Tabletten sind sparsam im Gebrauch.
Diese Packung enthält 20 Tabletten mit der Süßkraft von je 250 g Zucker; sie kostet RM —,95. Jede Tablette ist mit einem Teilungsstrich versehen; eine halbe Tablette süßt wie 125 g Zucker. Süßwunder-Tabletten haben also eine außerordentliche Süßkraft. Daher ist es besser, eher etwas weniger zu nehmen als zuviel, um ein Uebersüßen zu vermeiden.
Prospekte und Rezepte für den allgemeinen Gebrauch zum Einkochen und für die Hauswein- und Mostbereitung durch die
Deutsche Süßstoff-Ges.
m. b. H.
Berlin W 35, Potsdamer Str. 141
298. 639. Sp. 200

**55.**　この甘味料はベルリンのドイッチェ・ジューストッフが製造した。このアイテムを製造した主要なメーカーのひとつである。容器に入った20錠は5キロの砂糖に相当する。

**56.**　甘味料の国内消費を許可するスタンプ。

**57.**　包装の注意書きは、本物の砂糖を買うより「ライヒスマルク」の節約になることを消費者に教えている。

58

100
Tabletten
Süßstoff
Saccharin
G
ZUCKER

**58.**　砂糖（「ツッカー」）は1940年からドイツでは配給制になった。民間と軍の需要に応えるため、合成甘味料開発の先駆者である化学産業界はベンゼンから製造されるサッカリンを大量に供給した。写真では第三帝国の領土向けに製造されたサッカリンの100錠入りの箱が見える。

およそマッチ箱大の容器は、蓋に書いてあるのとはちがい、砂糖ではなく甘味料の錠剤をしまうためのものだった。

**59.** ビールはドイツ人、とくに兵士たちのあいだではとても人気があった。写真は当時の新聞によく掲載されていた主要ブランドの広告の一部を紹介している。

**60.** もっとも一般的だった２種類の栓を持つ、軍納入の壜。王冠とクリップ式（陶器の栓がついている）。

**61.** トルンの町にあった工場のブランドのビール。

**62.** 容量とメーカー、製造年（1940）のアップ。

59

60

61

62

**63.** おなじみのソフトドリンク、コカ・コーラとファンタの壜。ファンタの名前は「ファンタジー」（空想）という言葉から取られ、ナチの政治家たちに接近していた機転のきくビジネスマン、マックス・カイトによって 1940 年に一種の緊急解決策として誕生した。世界を席巻していたアメリカのソフトドリンク、コカ・コーラは、ファンタの存在と切っても切り離せないもので、ヒトラーが政権を取ったのとほぼ同じころの 1934 年にドイツ市場に登場した。有名なボクサーで、のちにパラシュート部隊員になったマックス・シュメリング（戦後は同社の重役となった）によって宣伝され、1936 年のベルリン・オリンピックではスポンサーになった。総統も航空大臣もコカ・コーラの大ファンだったが、両国のあいだで宣戦が布告されると、飲みたいと思っても飲めないようになった。アトランタのコカコーラ本社の重役たちはアメリカを代表する象徴的な飲料を敵兵に飲ませるわけにはいかなかったため、有名な原液を第三帝国で飲料を瓶詰めするために供給するのを中止したのである。

こうした事態にマックス・カイトはいち早く反応し、一時的に恩人を見限って会社とその労働力の存続をたしかなものにする新しい製法を生み出した。それははじめてサッカリンを甘味料に使った一種の果物ジュースだった（もちろん手に入る果物だけの）。これは即座に成功をおさめ、300 万ケース以上が全戦線で販売された。戦争末期にはスープなどの食料がこの壜に詰められている。

写真では登場からファンタの発売までの会社の変遷がわかる。

左端の壜は 1930 年代のアメリカ製コカ・コーラと同じものだ。

中央のふたつは第三帝国のコカ・コーラに相当する（左が初期の 1937 年の例で、右はもっとあとの 1940 年の例）。こうした壜には共通して「シュッツマルケ」（トレードマーク）の言葉と、最後のふたつは「ブラウゼリモナーデ・ミット・ナト・フルヒト・ウント・クロイターアローマ――コフェイーンハルトゥング」（天然フルーツと薬草香料入りレモネード――カフェイン含有）と印されている。右端はファンタの壜。

63

64

**64.** 壜の底には製造者名と製造年、リットル量が印されている。左から右へ、ファンタ（MG　1940　0.25L）、コカ・コーラ（F　1940　0.20L）、コカ・コーラ（ルーアグラース　1937　0.20L）。戦時中、こうした会社は有名なグラースミーネ（ガラス製地雷）も製造した。

**65.** 1940 年代のファンタの広告。

65

# プロパガンダ媒体

プロパガンダは国民を教化するうえで基本的な要素だった。そしてその目的を達成するもっとも簡単で直接的な媒体がラジオだった。宣伝大臣のヨーゼフ・ゲッベルス博士はドイツの全家庭にラジオ受信機を置かせることを目標にしていた。

党のメッセージを確実に国民にとどけられるようにすることはきわめて重要だった。そのため、ヒトラーがドイツ首相として首相官房に到着した1933年1月30日の翌日、第三帝国のはじめてのラジオ局が開設され、その年のうちにさらに50局が開局して、巨大なメディア力を築き上げた。新時代のプロパガンダが誕生したのである。その年、放送された番組のひとつ、「シュトゥンデ・デア・ナツィオーン」(国民の時間)は毎日午後7時から8時まで放送され、10年以上にわたって大衆の耳に触れることになる。

1933年はまた、伝説的なフォルクスワーゲン(「国民車」)の誕生の年であり、ベルリンで開催された第10回ラジオ放送博覧会では「フォルクスエンプフェンガー301」(国民受信機301型)も披露された。この披露はヒトラー政権誕生の日を記念しておこなわれたもので、初日だけで10万台近くが価格76ライヒスマルクで販売された。この最初のモデルにすぐつづいて、もっとコンパクトな「ドイッチャー・クラインエンプフェンガー」が半分以下の価格(35RM)で販売された。1939年までにゲッベルスが目指した目標はほぼ達成され、1200万台近くが販売されていた。この小さな奇跡は、ベークライトが入手できたことと、1928年にその材料製のケースにおさまった最初のラジオをデザインしたヴァルター・マリア・カーシュティングによるところが大きい。彼は政府の後援でさまざまな形式の国民ラジオを作り出した。

ラジオの所有は許可によって厳格に管理されていて、受信機は政府が管理する局が発信する番組しか受信できなかった。なにかもが政府に管理されていたのである!

プロパガンダにかんするかぎり、開戦後からラジオはとくに都市の中心部できわめて重要な役割を演じつづけた。しかしまた、国民の継続的な教化は第三帝国の国境を越えてもつづけられ、兵士がいる場所ならどこへでも手をのばさねばならないことは理の当然だった。そのため、視覚媒体はその頂点をきわめ、カレンダーやユーモア雑誌をふくむあらゆる種類の印刷物が登場して、兵士たちに大いに人気を博した。

DAS REICH
DEUTSCHE WOCHENZEITUNG
DIE RECHNUNG GEHT NICHT AUF
Der Papierkrieg
Fritz Sauckel
REDE
ADOLF HITLERS
IM BERLINER SPORTPALAST
AM 30. JANUAR 1940
Wenn Herr Chamberlain heute mit der Bibel einhergeht und seine frommen Kriegsziele predigt, dann kommt mir das so vor, als wenn sich der Teufel mit dem Gebetbuch einer armen Seele nähert.
Wenn 80 Millionen auftreten, dann ist das schon etwas anderes

プロパガンダは軍だけでなく一般民にも配布された無数の出版物や冊子に存在した。

写真ではドイツ大衆が党の命令を聞くのに使ったラジオのひとつと、ヒトラーが1940年にベルリンのスポーツ宮殿でおこなった演説を載せた冊子、そして1942年4月12日付けの新聞《ダス・ライヒ》が見える。

01

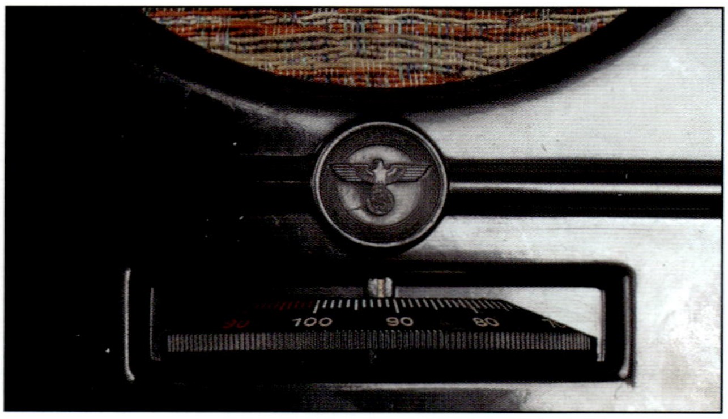

**01.** 「ドイッチャー・クラインエンプフェンガー」（ドイツ小型受信機）はシンプルだが機能的なデザインで、各部品は政府の検査印によって統制されていた。

**02.** 世帯主に家でラジオを所有することを認める許可証。

02

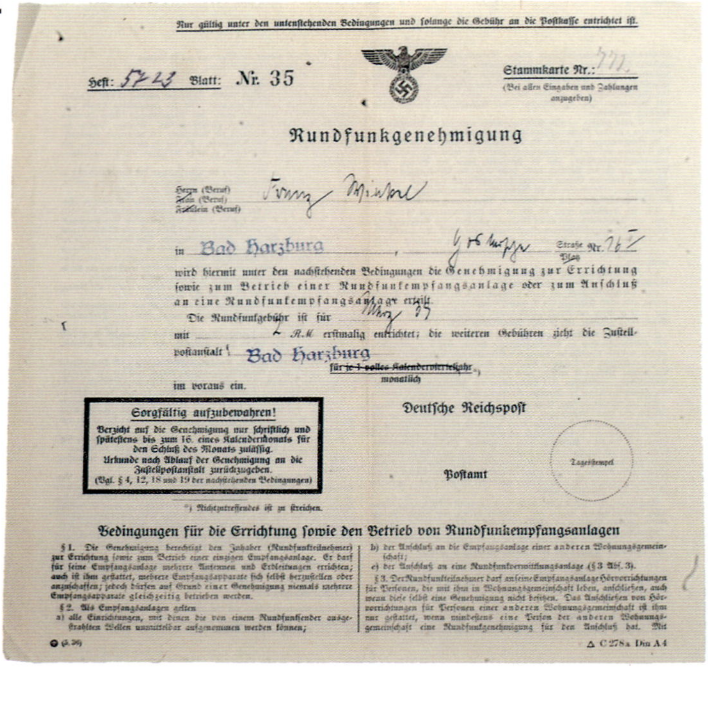

Nur gültig unter den untenstehenden Bedingungen und solange die Gebühr an die Postkasse entrichtet ist.

Heft: Blatt: Nr. 35

Stammkarte Nr.:
(Bei allen Eingaben und Zahlungen anzugeben)

Rundfunkgenehmigung

Herrn (Beruf)
Frau (Beruf)
Fräulein (Beruf)

in Bad Harzburg, Straße / Platz Nr.

wird hiermit unter den nachstehenden Bedingungen die Genehmigung zur Errichtung sowie zum Betrieb einer Rundfunkempfangsanlage oder zum Anschluß an eine Rundfunkempfangsanlage erteilt.

Die Rundfunkgebühr ist für mit 2 RM erstmalig entrichtet; die weiteren Gebühren zieht die Zustellpostanstalt Bad Harzburg ~~für je 1 volles Kalendervierteljahr~~ monatlich *) im voraus ein.

Sorgfältig aufzubewahren!
Verzicht auf die Genehmigung nur schriftlich und spätestens bis zum 16. eines Kalendermonats für den Schluß des Monats zulässig.
Urkunde nach Ablauf der Genehmigung an die Zustellpostanstalt zurückzugeben.
(Vgl. § 4, 12, 18 und 19 der nachstehenden Bedingungen)

Deutsche Reichspost

Postamt

Tagesstempel

*) Nichtzutreffendes ist zu streichen.

Bedingungen für die Errichtung sowie den Betrieb von Rundfunkempfangsanlagen

§ 1. Die Genehmigung berechtigt den Inhaber (Rundfunkteilnehmer) zur Errichtung sowie zum Betrieb einer einzigen Empfangsanlage. Er darf für seine Empfangsanlage mehrere Antennen und Erdleitungen errichten; auch ist ihm gestattet, mehrere Empfangsapparate sich selbst herzustellen oder anzuschaffen; jedoch dürfen auf Grund einer Genehmigung niemals mehrere Empfangsapparate gleichzeitig betrieben werden.

§ 2. Als Empfangsanlagen gelten
a) alle Einrichtungen, mit denen die von einem Rundfunksender ausgestrahlten Wellen unmittelbar aufgenommen werden können;
b) der Anschluß an die Empfangsanlage einer anderen Wohnungsgemeinschaft;
c) der Anschluß an eine Rundfunkvermittlungsanlage (§ 3 Abs. 3).

§ 3. Der Rundfunkteilnehmer darf an seine Empfangsanlage Hörvorrichtungen für Personen, die mit ihm in Wohnungsgemeinschaft leben, anschließen, auch wenn diese selbst eine Genehmigung nicht besitzen. Das Anschließen von Hörvorrichtungen für Personen einer anderen Wohnungsgemeinschaft ist ihm nur gestattet, wenn mindestens eine Person der anderen Wohnungsgemeinschaft eine Rundfunkgenehmigung für den Anschluß hat. Mit

(5. 36)

C 278a Din A4

**03.** 『連合軍の真実と勝利』。ドイツのヨーロッパ侵略を正当化する皮肉なプロパガンダ冊子。各ページには、外国の新聞雑誌の記事が流用され、その情報が否定され、自分たちの都合のいいように解釈されて、ナチの政治文化にたいして攻撃的であるように見せかけている。政治風刺漫画も掲載されている。

**04.** 最初のページにはチャーチルの言葉が見える。

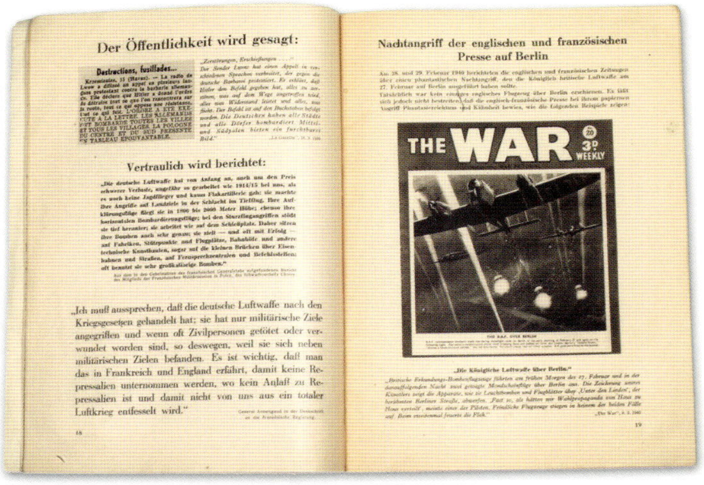

03

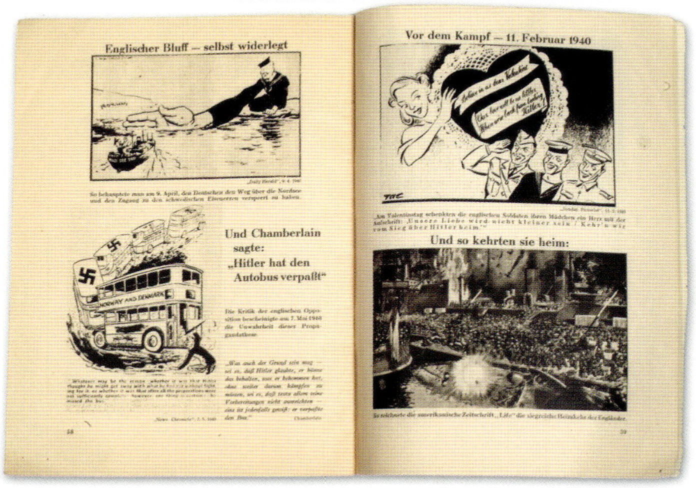


04

"THE BEST PROPAGANDA IS RESULTS"

(„Erfolge sind die beste Propaganda")

Churchill im „Daily Telegraph" vom 12. 4. 1940

**05.** 兵士向けの教範の多くはナチの政治家や軍人の写真ではじまり、過去の衰退の歴史がそれにつづいていた。その根底には、ドイツが併合した領土への拡大の権利を正当化する意図が表われていた。教化は根深く執拗で、教範類に織り込まれていた。兵士は軍隊のさまざまな特技や階級、そしてそれらを達成する手段に親しむためにこうした教範を自由時間に熟読したが、戦争の「なぜなにゆえ」を申し立てるスペースはつねに取ってあった。

05

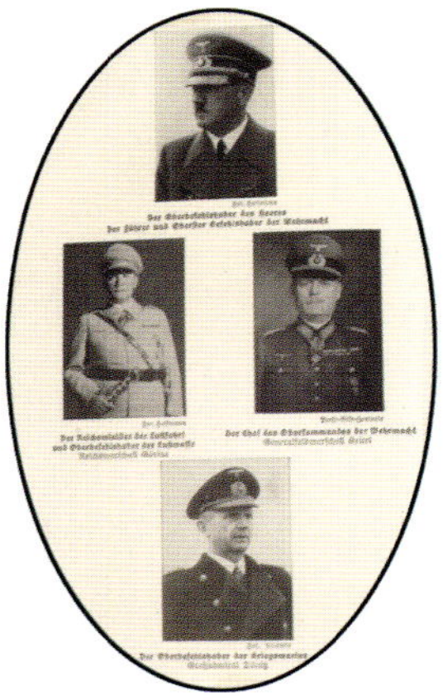

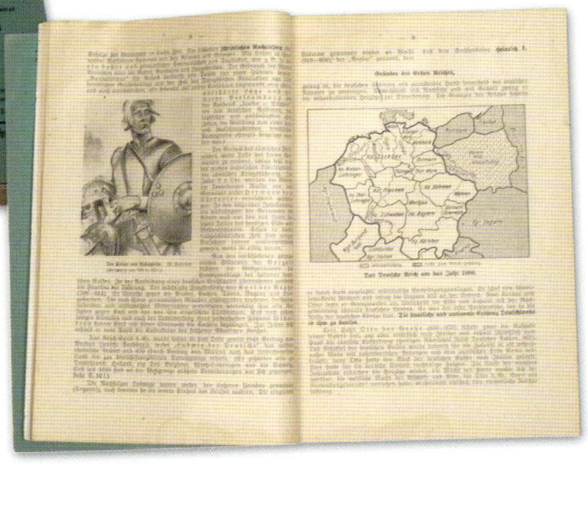

06

**06.** ドイツは世俗国家だったが、軍に従軍聖職者を配属し、礼拝をおこなって、兵士とそのさまざまな信仰に気を配っていた。ドイツ軍は兵士の感情的道徳的はけ口としての宗教の必要性に気づいていたのである。

写真では２種類の野戦賛美歌集が見える。左がプロテスタント用で、右がカトリック用。

07

08

**07.** カトリック用の賛美歌集には「国防軍カトリック野戦司教団の了解を得て」という但し書きがある。

**08.** 当時の各種の新聞雑誌。軍の功績を讃え、兵士に娯楽を提供するため前線へ送られた。

**09.** アメリカ沿岸におけるＵボートの功績を報じた新聞《ダス・ライヒ》の記事。記事は有名な本『Ｕボート』の著者であるロータル＝ギュンター・ブーフハイムが書いたものである。同書はのちにヴォルフガング・ペーターゼン監督によって同名の映画になった。

09

U-BOOTE GEGEN USA

VON KRIEGSBERICHTER LOTHAR-GÜNTHER BUCHHEIM

**10.**　1941 年と 1943 年の小型カレンダー。兵士の大半はこうしたカレンダーをポケットにしのばせたり、装備にしまったりしていた。日付の裏には偉大な政治家や音楽家、詩人、思想家、哲学者などの引用句が載っている。見てのとおり、ナチの指導者たちの傲慢は無限に近かった。

**11.**　ドイツ兵が受け取った別種のプロパガンダは、連合軍が投下した伝単で、武器を置くよう兵士を誘い、その見返りに、そうすることで祖国の完全な破壊を避け、愛する人たちの未来を確実にできるというりっぱな理由をかかげている。こうした伝単の一部には敵軍の最高司令部が署名した安全通行証がついていた。通常、これらは飛行機や、場合によっては砲兵の弾幕射撃で何千と投下された。

　写真では、そうした伝単 2 種を見ることができる。「ダス・イスト・ダス・エンデ」（もうおしまいだ）と書かれた 1 枚目は、ドイツ兵に勝利の可能性がないことを指摘している。2 枚目には前述の安全通行証が印刷されている。

**12.**　この伝単には皺がつけられていて、空からの配布を容易にし、伝単が束になって投下されるのを防いでいる。

**13.**　連合国海外派遣軍が印刷した安全通行証。あらゆるドイツ兵に降伏条件を文書で保証するもので、アイゼンハワーが総司令官（連合国海外派遣軍最高司令官）として署名している。

1943
1941
27
FREITAG
3
SONNTAG
Viel Glück und Erfolg im neuen Jahr!
GEDENKET EURER KRIEGER-GRÄBER IN FREMDER ERDE

10

Das ist das Ende!
PASSIERSCHEIN
WER HAT DAS SCHLACHTEN GEWOLLT?
WER WEITERKÄMPFT, KÄMPFT GEGEN DEUTSCHLANDS ZUKUNFT
LEBENSVERSICHERUNG
DEUTSCHER SOLDAT!
DU WIRST WIE EIN SOLDAT BEHANDELT UND LEBEND UND GESUND ZU DEN DEINEN ZURÜCKKEHREN.
Um bei Gefangennahme schnellste Benachrichtigung der Angehörigen durch das Informationsburo des Internationalen Roten Kreuzes in Genf zu gewährleisten, ist nachstehender Fragebogen genaustens auszufüllen und unterschrieben bei Gefangennahme abzugeben.
DEUTLICH SCHREIBEN

11

12

WEITERMACHEN
bedeutet:
FÜR DEUTSCHLAND-
FÜR DEINE FAMILIE-
FÜR DICH-
SCHLUSSMACHEN
bedeutet:
FÜR DEUTSCHLAND-
FÜR DICH-

13

Passierschein
SAFE CONDUCT
Grundsätze des Kriegsgefangenenrechts
REGELN FÜR DIE GEFANGENNAHME:
Um Missverständnisse bei der Gefangennahme auszuschliessen, ist folgendes angezeigt: Waffen weglegen, Helm und Koppel herunter; Hände hochheben und ein Taschentuch oder dieses Flugblatt schwenken.

# 音楽

歴史を通じて、兵士の主要な娯楽のひとつは音楽と、そしてもちろん歌である。ドイツ軍では、この慣習は広くいきわたり、兵士が、通常はハーモニカやアコーディオンのような簡単に習得できる人気の楽器の伴奏に合わせて歌うのは、ありふれた光景だった。軍歌は、「リリー・マルレーン」や「エリカ」のような流行歌とともに、みんながよく知っていた。音楽のおかげで感傷的な人間と勇ましい人間が塹壕で共存できたのである。

ハーモニカの起源は、3000年近い昔、中国古代の笙というパイプとリードをもとにした楽器に見いだすことができる。1821年にこんにちわれわれが知っている形ではじめて登場した。この新しい「現代的な」デザインの陰にはベルリンっ子のクリスティアン・フリードリッヒ・ブッシュマンがいたが、べつのドイツ人、マティアス・ホーナーが1857年に普及させた。彼はブッシュマンの発明品のひとつを買い取り、これを複製して、自分の名前をつけ、魅力的な形態で販売した。そのためハーモニカの発明者として世界的に有名になったのはマティアス・ホーナーで、彼の生誕地トロッシンゲンはこの楽器の世界的中心地となった。

1935年、彼の息子が州立音楽大学を開設した。この学校はいまも多くの有望な将来のハーモニカ奏者たちを集め、育成している。

メロデオンやアコーディオンをふくむべつの形態の気鳴楽器と呼ばれる楽器も、第三帝国の兵士たちによって、集会や従軍中の休憩時に演奏され、心を楽しませた。こうした楽器は大いに歓迎されたので、軍は各中隊にアコーディオンを2台ずつ支給していた。

20世紀のはじめにルードヴィッヒ社が製造し、第一次世界大戦だけでなく、第二次世界大戦でも塹壕で大いに演奏されたドイツのメロデオン（ボタン・アコーディオン）と、販売時のケースとならんだハーモニカ。教則本『ドゥー・ウント・ダイネ・ハルモーニカ』（きみときみのハーモニカ）。この本を勉強すれば兵士が楽器の演奏方法を学ぶのに役立っただけでなく、おなじみのハーモニカ曲の楽譜と歌詞も載っていた。

# アコーディオン

**01.** 有名なドイツの職人アーノルド一族が製造したアコーディオン。最初からこの楽器はほぼドイツ人が独占し、その製造法、とくにリードの製造に使われる合金に関連するものは門外不出だった。エルンスト・ルイス・アーノルド（1828 - 1910）は有名な「バンドネオン」の製作者で、この楽器はアルゼンチンでタンゴの伴奏楽器として大いにもてはやされた。彼の死後、会社の経営は息子たちにゆだねられ、末っ子のアルフレッド（1878 - 1933）がアルフレッド・アーノルド・バンドネオンを創設した。彼の死はナチが権力を握ろうとしていた時期と一致していたので、戦争末期まで国防軍の注文に応えるのをまかされたのはその息子たちである。ナチ・ドイツの崩壊は、1 世紀つづいたブランドの終焉を意味した。いまやソ連が管理する東ドイツ領内にあった会社は接収され、1949 年、「人民工場」と名前を変えた。現在、同社は自動車部品を作っている。アルフレッド・アーノルド・バンドネオンはナチズムのせいで滅んだ多くの会社のひとつだった。

01

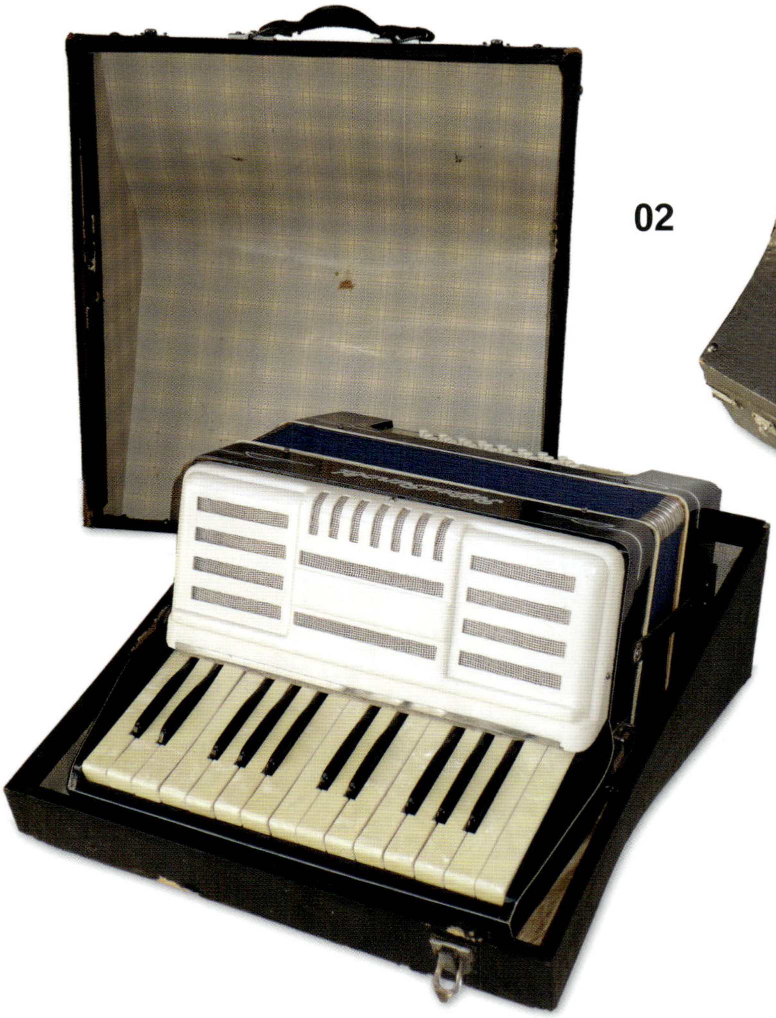

02

**02.** アコーディオンとそのケース。

**03.** 「ヴェーアマハト・アイゲントゥーム」（国防軍所有物）と書かれた刻印のアップ。

03

## ハーモニカ

04

**04.** ホーナー製のハーモニカ。「デア・グーテ・カメラート」（よき戦友）は兵士たちのあいだでもっとも一般的な製品のひとつだった。

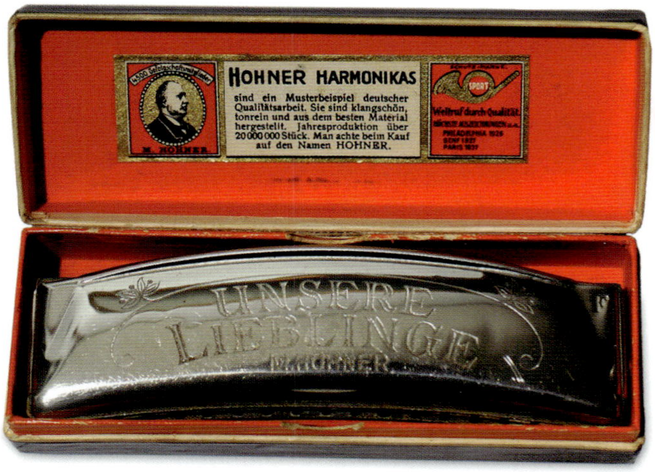
HOHNER HARMONIKAS
sind ein Musterbeispiel deutscher Qualitätsarbeit. Sie sind klangschön, tonrein und aus dem besten Material hergestellt. Jahresproduktion über 20000000 Stück. Man achte beim Kauf auf den Namen HOHNER.
M. HOHNER
SPORT
Weltruf durch Qualität
PHILADELPHIA 1926
GENF 1927
PARIS 1937
UNSERE LIEBLINGE
M. HOHNER

Unsere
Lieblinge
M. Hohner
MADE IN GERMANY FABRIQUE EN ALLEMAGNE

05

**05.** 前のものより高級で高価なホーナーのべつのモデルが、「ウンゼレ・リープリンゲ」(われらの愛する人たち)ハーモニカだった。ケースに母親と妻あるいはガールフレンドを思わせる肖像がふたつ描かれていることからこの名前がある。一般にこのモデルは、そのいずれかから兵士への贈り物だった。

Wenn wir marschieren
M·HOHNER
DIPLOME
GEGRÜNDET 1871
PARIS
BURG TOR

HARMONIKA

06

**06.** ホーナーはこの安価なモデルも製造していた。ケースに軍隊の図柄が描かれ、軍の酒保で販売されていた。

**07.** 品質は落ちるが、懐が寂しい兵士にも手ごろな値段の製品の一例。

**08.** ハーモニカの各種教則本。

**09.** 教則本の1冊には最後のページに各種のハーモニカの広告が掲載されている。

07

Militär-
Musik

08

M.HOHNER
Du und Deine
Harmonika
Soldatenlieder
mit einer Spielanleitung
für die Mundharmonika
Matth. Hohner A.-G. Trossingen
30 Pf.
Soldaten
singen
MARSCH-UND SOLDATEN-LIEDERBUCH

09

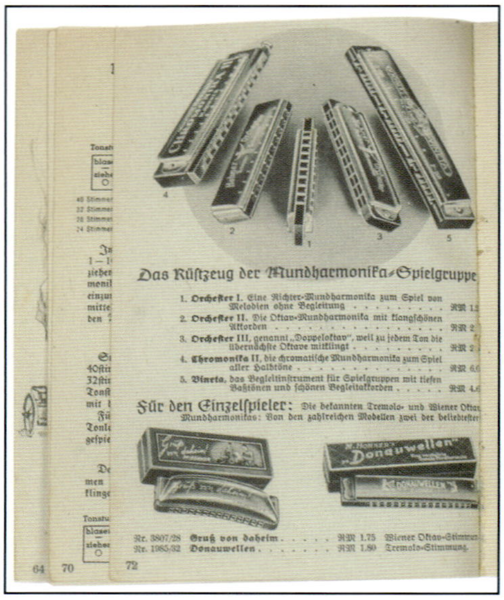
Das Rüstzeug der Mundharmonika-Spielgruppe
1. Orchester I. Eine Richter-Mundharmonika zum Spiel von Melodien ohne Begleitung
2. Orchester II. Die Oktav-Mundharmonika mit klangschönen Akkorden
3. Orchester III, genannt „Doppeloktav", weil zu jedem Ton die übernächste Oktave mitklingt
4. Chromonika II, die chromatische Mundharmonika zum Spiel aller Halbtöne
5. Vineta, das Begleitinstrument für Spielgruppen mit tiefen Baßtönen und schönen Begleitakkorden
Für den Einzelspieler: Die bekannten Tremolo- und Wiener Oktav-Mundharmonikas: Von den zahlreichen Modellen zwei der beliebtesten
Donauwellen
Nr. 3807/28 Gruß von daheim RM 1.75
Nr. 1985/32 Donauwellen RM 1.80 Tremolo-Stimmung.
72

## 歌曲集

**10.** 軍隊生活と戦友や家族との結びつきを描いた歌詞と楽譜。

**11.** 教則本『ドゥー・ウント・ダイネ・ハルモーニカ』のなかのページ。

**12.** 兵士の歌を集めた歌集の第１集、第２集、第３集。

**13.** 歌集の楽譜と歌詞。裏表紙には目次と価格が奇妙にもプフェニヒ（30 Pfg.）で印刷されているが、表紙では価格がライヒスマルク（RM.0.30）で表示されている。

10

11

12

13

# 煙草

煙草を喫煙する習慣は16世紀、スペインのコンキスタドールたちによってアメリカ・インディアンからヨーロッパにもたらされた。インディアンはそれを宗教的儀式にもちいていたのである。喫煙は最初禁じられ、きびしく取り締まられたが、じきにヨーロッパ中で持続的な習慣として確立され、20世紀末にアメリカで「有害な草」に反対する激しい運動がはじまって、じきに世界に広まるまでつづいた。しかし、1930年代には、喫煙は完全に流行の慣習であり、かつてないほどのさまざまな種類や風味、おびただしい数のメーカーが生み出された。こうした爆発的時代を通して、煙草の箱の図柄は四色印刷とアールデコ運動の典型的な角張った線の恩恵を受け、しばしば製品の起源と関連するイラストをあしらった、目を引くデザインを取り入れていた。

第二次世界大戦は実質上、ドイツをふくむヨーロッパ社会のあらゆる側面に影響をおよぼした。喫煙は1509年ごろトレドのフランシスコ・エルナンデス・ボンカロが最初の種を持ち込み、ジャン・ニコが新しい製品に「治療に役立つ効能」を探し求めて、フランス宮廷と、のちにヨーロッパ全土で大人気にして以来、旧世界に深く根付いた習慣だった。

戦争の到来と、アメリカからの煙草葉の供給不足のせいで、ドイツの産業界はもっと強い東洋やアジアの煙草に目を向けざるを得なくなった。さらにインクや原料の使用制限によって、包装はよりシンプルかつ機能的になった。ナチ・ドイツは終戦後までずっと天然資源の不足に影響を受けることになった。終戦後、アメリカの煙草がふたたび登場して、市場を支配するようになり、その状態がいまもつづいている。

前線の塹壕にこもる兵士は自分の生活の現実から心をそらしてくれるあらゆる種類のものを求めた。喫煙の習慣は特別なことではまったくなかった。

軍の規定による日々の煙草の配給は、たいてい家族や友人からの小包によっておぎなわれた。あらゆる嗜好を満足させる多種多様なブランドや煙草にくわえ、ドイツ産業界は兵士という題材と、当時ごく一般的だった喫煙の習慣に合わせて、流行のアクセサリーや喫煙用具を大量に製造した。

1940年8月付けの《デア・ドゥルヒブルフ》紙の上に置かれたいくつかのブランドのパイプ煙草。新聞雑誌を読みながら「のんびりと一服する」のは、兵士が厳しい生活の現実を——少なくとも一時的には——忘れようとするのにいい方法だった。

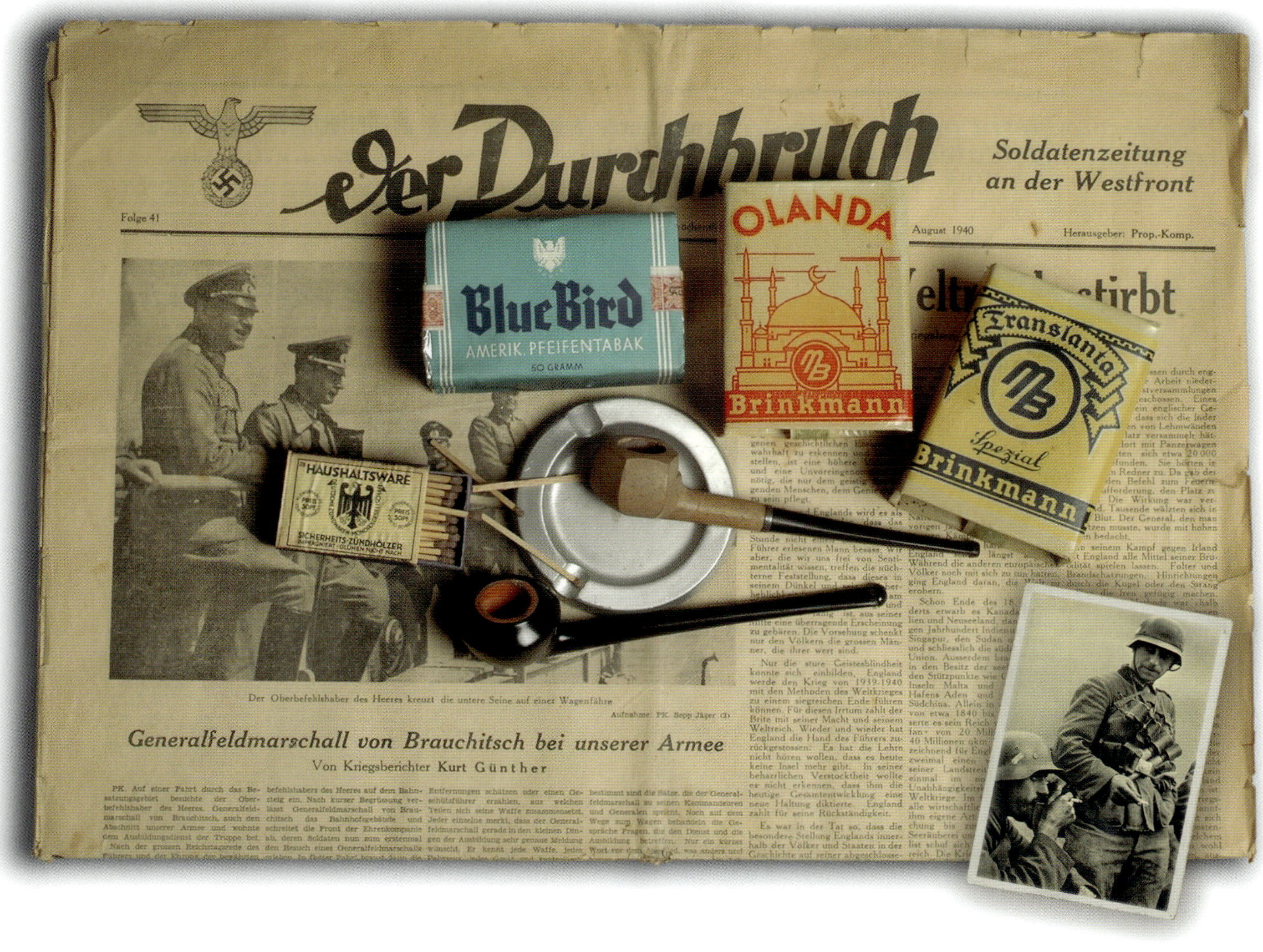

**01.** 煙草のブランドは戦時中、豊富にあった。ここではそのいくつかの箱と、「伝統的なくつろぎの方法」を提供する人気メーカーのパイプ煙草と紙巻き煙草の新聞広告２種をしめした。

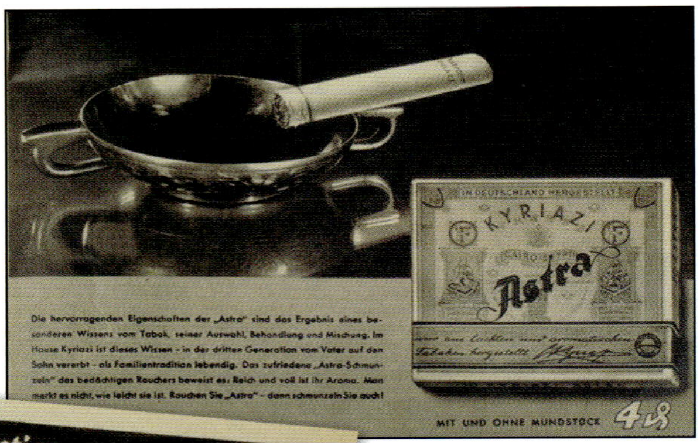


01

02

**02.** ほとんどの箱のデザインには異国情緒がはっきりと出ている。

**03.** 戦時中の 20 本入りの箱の中の包み。包装にアルミホイルは使ってはならなかった。またフィルター付きの煙草も戦時中はなかなか見つからなかった。

03

04

**04.** 兵士たちに人気があったブランドの箱のいくつかを表と裏から見たところ。

兵士が毎日、軍から支給される煙草の本数は７本だった。

05

05. 湿った気候や暑い気候では、中身を新鮮にたもつため、この種の金属製煙草入れがごく一般的だった。

06

06. 特別な熱帯用の包装（「トローペン・パックング」）であることをしめす、ある缶の裏面。

07

07. クリューヴェル・タバクというパイプ煙草ブランドの企業広告。奇妙なことに、描かれたアメリカ・インディアンは友好の印のパイプをふかしていて、戦前に作られたデザインであることを示唆している。

08

08. すべてのメーカーは、とくに東洋のものにかんしては、最上級の混合煙草を使っているとうたっていた。当然ながら戦争が進むにつれて、この精選された煙草葉は称賛されたすばらしさをだんだん失っていた。

09. クリューヴェル・タバク社製のパイプおよび紙巻き用カット煙草メッカの箱内側。

10. パイプ煙草の箱各種。紙巻き煙草の箱よりかなり大きい。気をつけてみて見ると、オーストリアのメーカー、レギーのアメリカ煙草「ブルー・バード」が興味深い。これはドイツのオーストリア併合直前に製造された戦前の箱（1938年）である。じきに戦時下の制限で禁じられる金属ホイルの包みもまた興味深い。

11. これもまたビーレフェルトの有名煙草会社の当時の宣伝ディスプレーである。ビーレフェルトはバックルや金属プレス製品の製造工場でも有名な町だった。

09

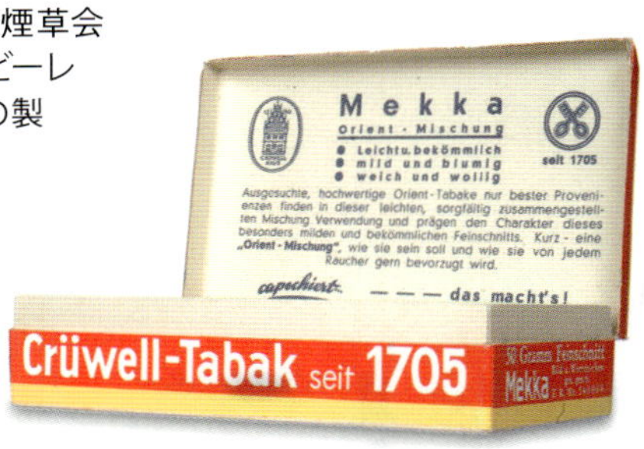


10

11

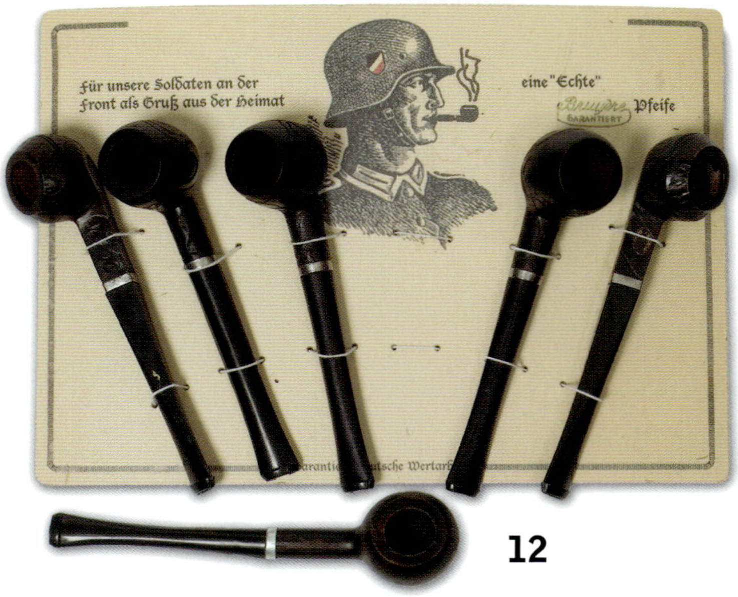


12

12. 愛煙家の兵士用のパイプのディスプレー。ボール紙で作られ、軍の酒保ではごく一般的だった。

13. 兵士がよく使った３種類のパイプ。木かベークライトで製造され、木製は六角面取りしたかなり小さなもので、ベークライト製は焦げないように内側にクレイの芯が入っていた。詰められる煙草は紙巻きのものとまったく同じである。このいちばん上の製品は有名な「ブリュイエール」（ブライヤー）材製で、スターリングラードの生存者の持ち物だった。

13

14. エフカ製の煙草の紙巻き器。軍の施設で割引価格で販売されていることをしめす「ヴェーアマハトフェアプフレーグング」の印が使用説明書と煙草の巻紙の両方に見える。

14

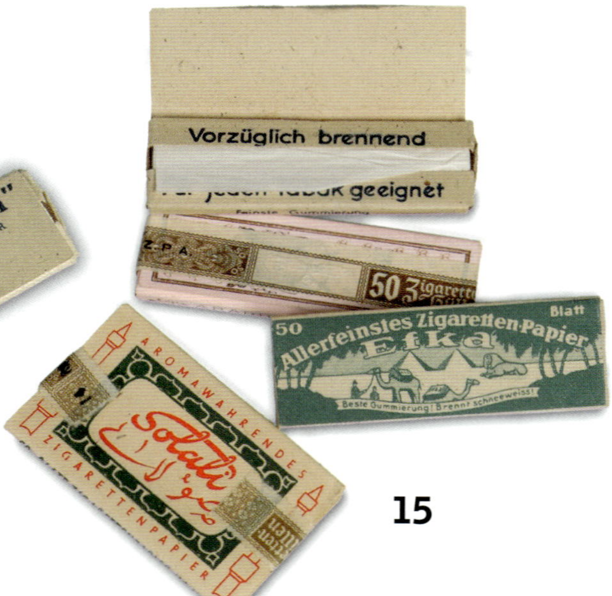


15

16

15. 有名な巻紙のブランドの各種の包装。煙草を手で巻く作業には時間と腕前が要求されたので、小さな六角のパイプがより一般的に利用された。

16. これはまたべつの DRGM というブランドのベークライト製携帯紙巻き器。

HAUSHALTSWARE
DEUTSCHE ZÜNDWAREN-MONOPOLGESELLSCHAFT
PREIS 30PF.
SICHERHEITS-ZÜNDHÖLZER
IMPRÄGNIERT · GLÜHEN NICHT NACH

17

**17.**　この小さな葉巻は特別な機会に兵士に配給されるか、あるいは食料の包みに入っていたものである。

**18.**　フィルター付きの煙草は当時あまり一般的ではなく、タールを濾過するのにはシガレットホルダーが使われた。この箱にはコットンが詰まったガラス製フィルター10 本と、フィルターが入る交換式のベークライト製ホルダーが入っている。たぶん悪習を実践するもっとお洒落な方法だったのだろう。

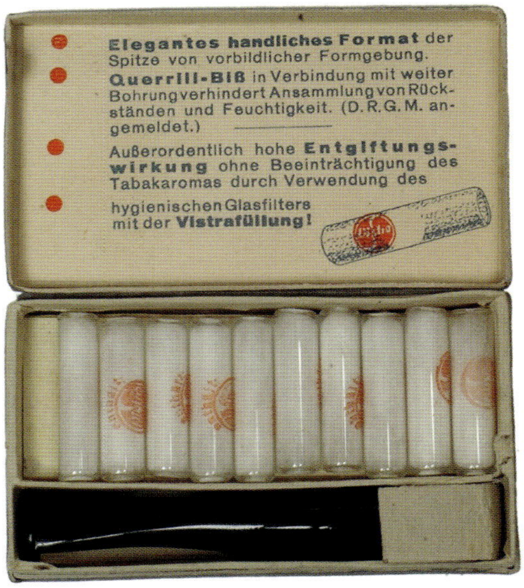
Elegantes handliches Format der Spitze von vorbildlicher Formgebung.
Querrill-Biß in Verbindung mit weiter Bohrung verhindert Ansammlung von Rückständen und Feuchtigkeit. (D.R.G.M. angemeldet.)
Außerordentlich hohe Entgiftungswirkung ohne Beeinträchtigung des Tabakaromas durch Verwendung des hygienischen Glasfilters mit der Vistrafüllung!

18

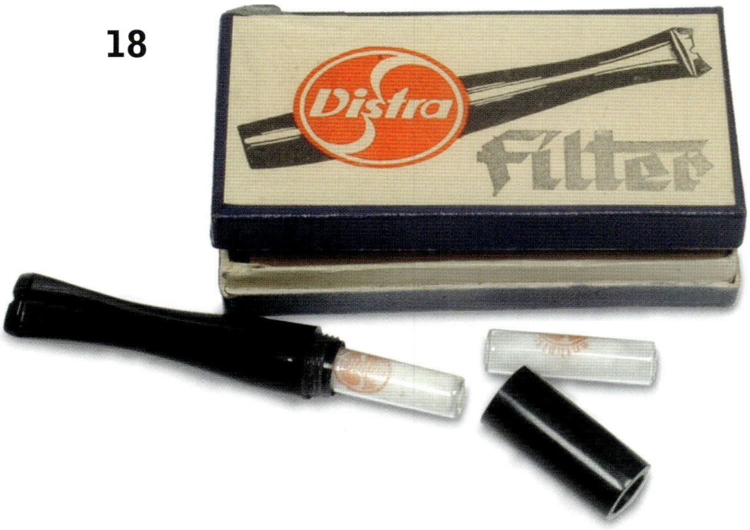
Distra
Filter

**19.**　煙草入れは当時、繊細な煙草を守るために一般的に使われたアイテムだった。軍事的な意匠や日付、名前などが刻まれた、さまざまなタイプを見ることができる。

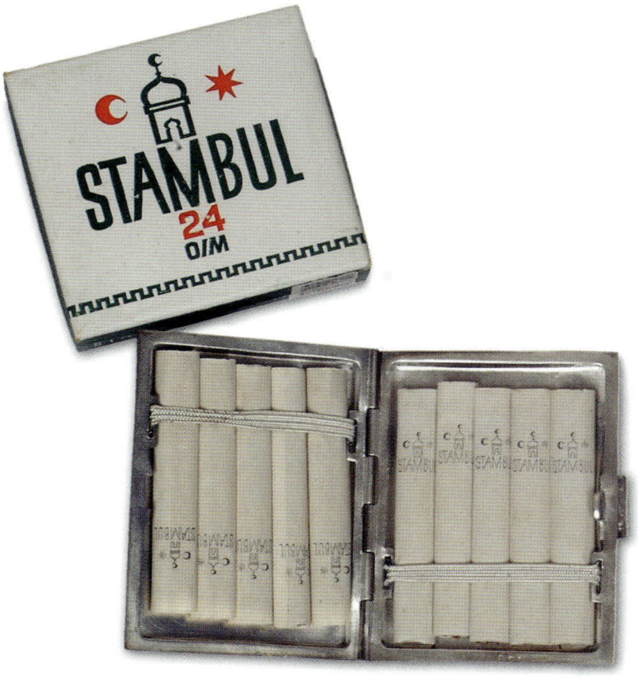
STAMBUL
24
O/M

19

20. アルミニウムとベークライト製の当時のライター。

21. 塹壕ライターを分解したところ。キャップ、回転ヤスリ、発火石、そして詰め物が入った燃料タンク。

21

20

22

22. 兵士に支給されたときライターが入っていた箱。

23

24

23. ベークライトと真鍮製のオイルライター。

24. またべつのクロムメッキの真鍮製の例。

25. さらにべつの種類のもっと精巧なライター。これはふたつのフィラメントの摩擦で火を起こす。発火石がいらないのでもっと長持ちするが、よりこわれやすくもある。これはヤーヌスがニッケルメッキした真鍮で製造したもの。

25

26. マッチはライター同様、従軍には欠かせないアイテムだった。写真は有名な当時のメーカーが木とボール紙で作った典型的な箱マッチと、風雨のなかでも使える特殊なマッチをおさめるベークライト製の容器。

26

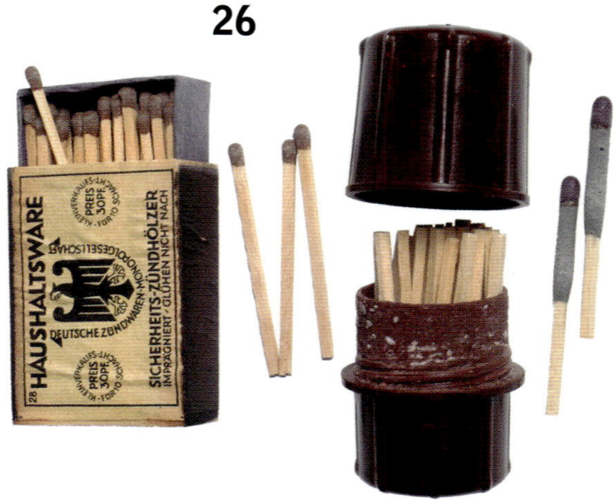

27

**27.** 第三帝国の全領土で共通の納税印紙のアップ。煙草はぜいたく品と見なされていたため、この印紙は煙草製品に関連するあらゆるアイテムに貼られていた。

28

**28.** 税金は煙草の本数あるいは1箱の値段に応じた課税対象額で決定される。

**29.** いくつかの箱の裏面と帝国納税印紙のアップ。

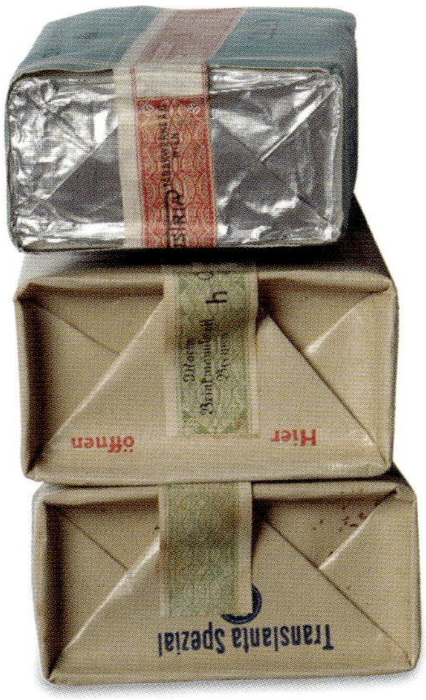


29

# 休暇と余暇

第二次世界大戦中、兵士の士気はさまざまなレベルで維持され、高められていた。手紙や絵はがき、あらゆる分野での国家の業績を称揚する、愛国的軍国主義的傾向の本や新聞雑誌にくわえ、前線の暇な時間にもっと平凡な活動で「ランツァー」（下級兵士）を楽しませる必要があった。彼が生きているあきらかな現実から逃避する機会をあたえて、感情的な安定をたもつためである。何週間も、おそらくは何ヵ月も、愛する人たち、とくにガールフレンドや妻から離れて暮らす寂しさは、書類にはさんで持ち歩いている写真では、大してまぎらせなかった。エロティックな内容の絵はがきはひとり暮らし特有の感情をいくらかやわらげてはくれたろうが、じゅうぶんではけっしてなかった。軍奉仕部は短い後方での休暇のあいだ、映画の上映会を開き、侵略軍を「よろこばせたいと思う」、あるいは侵略軍を生きてやりすごしたいと願う女性を地元の住民から募集した。こうした女性たちは入念な健康診断のあと、けっして 30 分を超えない時間だけ、兵士たちのお相手をするのである。多くの若い兵士たちにとっては、それが初体験だったかもしれないし、多くの場合、女性との最後の性交渉となった。それは若い兵士が思春期を捨て去るもうひとつの砲火の洗礼だった。

兵士たちは部署での長い待機の時間を、チェスやトランプなどあらゆる種類のゲームをやったり、音楽、とくに中欧諸国ではおなじみの楽器ハーモニカやアコーディオンで演奏できるようになった曲で暇をつぶしたりした。こうした活動すべてが士気の源であり、長時間の行軍やトラックでの移動には理想的なお供だった。

戦争の思わしくない進展によって、休暇はだんだん少なくなり、前線で負傷して療養許可証をもらうほうが楽に休暇が取れるようになった。にもかかわらず、ときおり休暇が現実のものとなると、兵士はしまっておいたよいことと、出征以来起きた悪いことをすべてかかえて、以前知っていた「文明」へ帰還していき、士気を喪失する危険を冒した。兵士たちは多くの場合、アントンがある休暇でそうだったように、我が家が破壊されているのを発見した。工場に隣接する地域は全体が瓦礫と化していた。こうした状況では、「休暇」の時間は愛する人たちの必死の捜索のときへと変わり、少しずつ、自分の唯一の家は、自分に残されたものは、塹壕のなかの戦友たちのもとだという感情が心を満たしていく。こうした帰省から生まれた恐怖は兵士たちにしだいに深い影響をおよぼしていった。兵士は愛する祖国の上空からのたえまない脅威に直面していたからである。もっとも連合軍のたえまない爆撃戦略は多くの場合、戦闘員の士気をくじくという目的を達成していなかった。実際のところ、逆に敵を怒らせ、最後の一弾を使いつくすまで抵抗をつづけさせたのである。

最善のケースで、たとえ破壊が兵士の我が家におよんでいなかったとしても、故郷の暮らしは、ほぼあらゆるものが配給になっていたり、空襲警報がたえず鳴り響いていたりして、楽なものではなかった。

あらゆるレベルで仕掛けられた国家的プロパガンダは、戦争の被害の大きさを隠そうとして、分厚い幕を作り出していたが、それもだんだんむずかしくなっていった。1933 年以来、教育宣伝相の地位にあったヨーゼフ・ゲッベルスはラジオを、彼の言葉によれば「ナチズムの精神的な意義を大衆にしみ込ませる」のに最適の道具であることに気づいていた。彼の身ぶりと演説を使った名人芸は全国民を激励し、その言葉に乗せられた人々は第二次世界大戦の終結と、多くの場合は自分自身の死まで、目を閉ざして導かれていったのである。

この種の贈り物あるいは記念品は、
将兵の昇進や除隊といった重要な機会につきものだった。
通常は戦友たちから上官への贈り物だった。

**01.** あらゆる種類のカード・ゲームはお決まりの娯楽で、多くの兵士がその勝負に俸給を賭けた。小ぶりなサイズのカード・セットはほぼどんな場合でも気軽に使えた。写真のカードはホイストという、ビッドのないブリッジのようなゲームをするのに使われた。

**02.** フランス製のカード。ほかの文化圏とちがって、13という数字は幸運の印であり、そのためメーカーはこのカードを常時持っていることをプレイヤーに薦めている。

**03.** 「アルテンブルガー・ウント・シュトラールズンダー・シュピールカルテン」。チューリンゲンのアルテンブルクにあったメーカーで、カード製造ではトップクラスのメーカーだった。

01

02

03

**04.** 優雅な旅行用ケースにおさまったまたべつの体裁のカード。ある機械製造会社の好意によるもので、兵士たちがきわめて頻繁に使用した。第三帝国ではカード・ゲームはすべてぜいたく品と見なされ、課税の対象となった。ぜいたく税の支払いはカードの価格にふくまれ、カードの一枚に「ドイツ国」の印が押されている。

04

05

**05.** 「家族合わせ」のカード・ゲーム。その目的はふたつあり、一方では仲間の武器を集める遊びで兵士を楽しませ、もう一方では武器のデータをおぼえ、それになじむのを助けることだった。

**06.**　兵営や前線の酒保で販売されたチェスとチェッカーのセット。軽量で小型なおかげで、背嚢で簡単に持ち運びができた。

06

**07.**　一般的に自由時間や新兵を楽しませるために師団図書館におさめられていた書籍。内容はユーモラスなものをのぞけば、通常は愛国的で戦争関連のテーマの本だった。

07

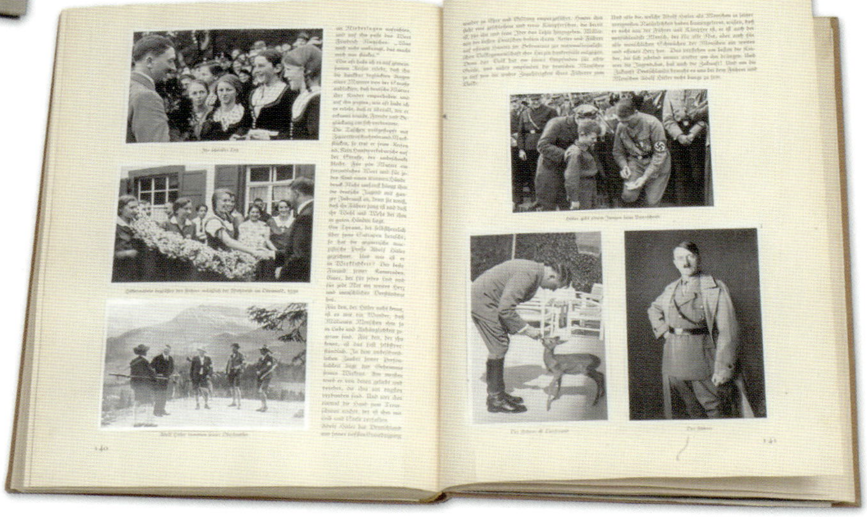

**08.** 兵士にまつわるおもしろい話が載ったこの種の小型本は、酒保で買うか、親族から送ってもらうことができた。この版型は前線あて郵便の標準の箱で送るのに向いていた。

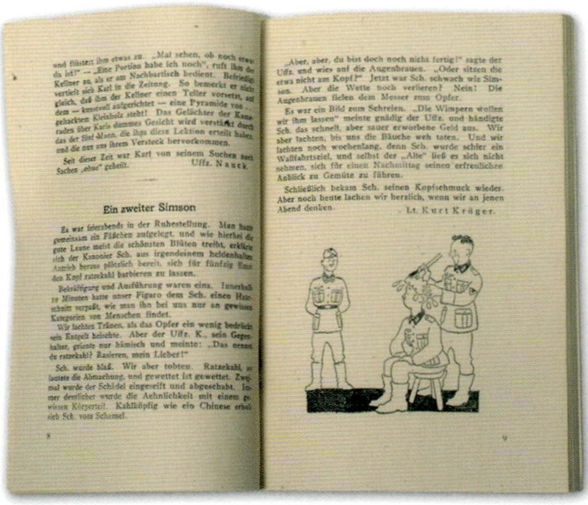


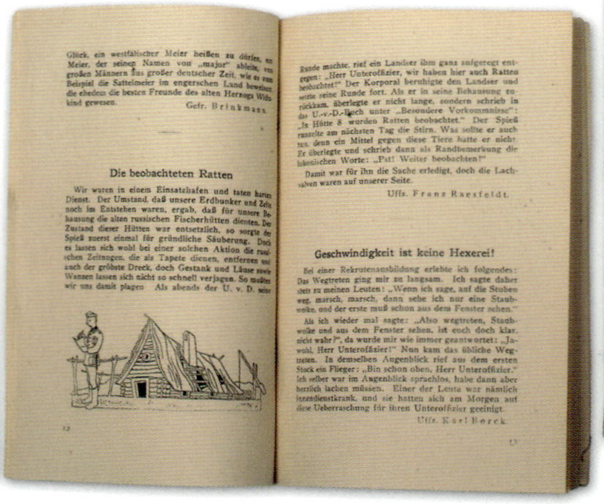

08

**09.** 雑誌《ディ・ヴォッヘ》（一週間）に載った各種のジョーク。

09

**10.** ドイツの若者向け戦争小説の例。その目的は愛国心と闘争心を涵養することだった。兵士もこの種の文学を読んでいた。平均的な兵士の文化水準はこれ以上むずかしい本にはあまり向いていなかった。

10

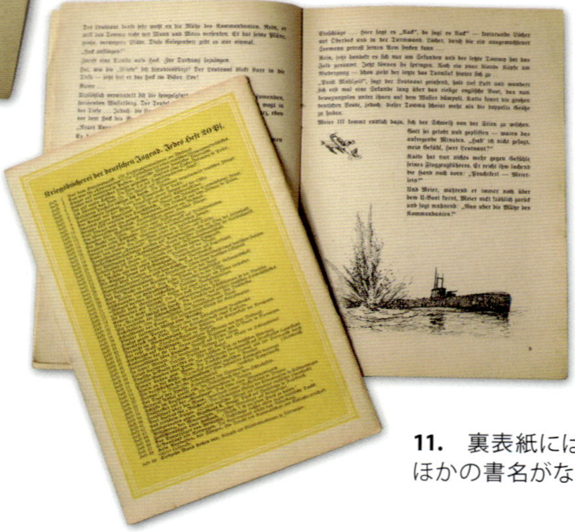

11

**11.** 裏表紙にはシリーズのほかの書名がならんでいる。

12.　第二次世界大戦中のドイツ国家の拡張政策はあらゆる種類の辞書の急増をうながした。なかには写真の『絵で見るヨーロッパ23ヶ国語の1000語』のような、じつに野心的なものもあった。

12

13.　辞書の奥付（1943年）。

13

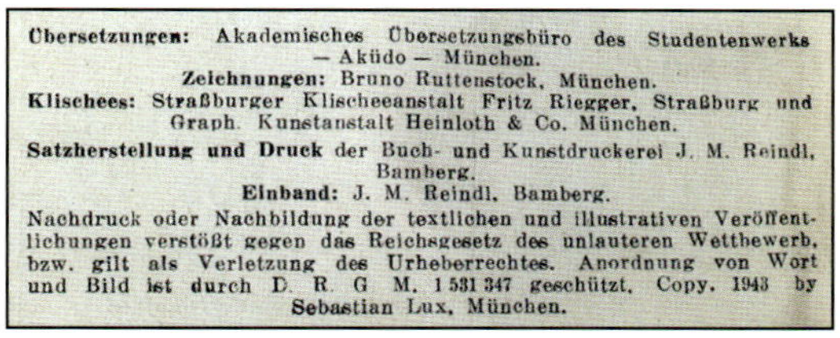

Übersetzungen: Akademisches Übersetzungsbüro des Studentenwerks — Aküdo — München.
Zeichnungen: Bruno Ruttenstock, München.
Klischees: Straßburger Klischeeanstalt Fritz Riegger, Straßburg und Graph. Kunstanstalt Heinloth & Co. München.
Satzherstellung und Druck der Buch- und Kunstdruckerei J. M. Reindl, Bamberg.
Einband: J. M. Reindl, Bamberg.
Nachdruck oder Nachbildung der textlichen und illustrativen Veröffentlichungen verstößt gegen das Reichsgesetz des unlauteren Wettbewerbs, bzw. gilt als Verletzung des Urheberrechtes. Anordnung von Wort und Bild ist durch D. R. G. M. 1 531 347 geschützt. Copy. 1943 by Sebastian Lux, München.

14

14.　ドイツ軍には多くの外国人義勇兵師団もあった。写真のような簡単に理解できて言葉が学べる本が販売され、外国人兵のあいだに配布された。絵と単語と発音を結びつけるのがその手法のひとつだった。見開きページにはベルリンの通りの詳細図が見える。

15

15.　兵士専用に出版されたフランス語、ロシア語、スペイン語の辞書は、占領地でも、国防軍に従軍している外国人兵士にとっても、欠かせないものだった。

16. 模型製作は若い新兵のあいだではごくありふれた娯楽で、模型を作る者に祖国の潜在的戦争能力を誇りに思わせるために印刷されたこのような図面がドイツ中の書店で手に入った。写真では水雷艇と潜水艦の模型用図面が見える。いずれも「クリークスマリーネ」（ドイツ海軍）の許可と承認を得たもの。

16

17

17. 野戦ラジオ、モデル RT-4（ラチオナ）。普通は車輛のバッテリーに接続された。通常、各中隊は音楽や戦況を聞くために1台ずつ持っていた。ただし好ましい内容に限られたが。

18

18. 世界中の兵士と同様、ドイツ兵にとって、制服姿で写真を撮るのはごく普通のことだった。写真は親族やガールフレンドが修正させたり額におさめたりしたのち、我が家に兵士の「存在」を感じさせるために使われ、友人たちの前に飾られて、一家が戦いに貢献し、祖国のために犠牲をはらっていることをはっきりとしめした。

**19.**　ダルムシュタット（ヘッセン州）の写真スタジオの広告。

**20.**　ガールフレンドや妻との再会は写真を撮るのに絶好の大事な瞬間だった。写真はのちに財布で持ち運ばれ、兵士がもっとも困難なときを乗り越えるのに力を貸した。また映画や劇場へ出掛けたり、おいしいコーヒーや冷たいビールを楽しんだりする時間もあった。

19

20

**21.**　カフェ・ウィーンの広告。

**22.**　こうしたヌード写真はナチ文化の視点でアーリア人女性がどのような容姿であるべきかを庶民にしめしていた。

**23.**　エロティックな絵はがきは兵営のロッカーや兵士のポケットに頻繁に見られ、自分たちが戦っている理由をつねに彼らに思い出させた。

21

22

23

STUKAS

Ein neuer Film von Prof. Karl Ritter

Aufnahmen Ufa-Krahnert (6), Schaller (1)

Ein Feldflugplatz irgendwo in Frankreich, zwei einsatzbereite Stukas, Flieger in voller Ausrüstung mit wetterharten Gesichtern, Rufe, Kommandos ... In Wirklichkeit stehen wir auf dem Ufagelände in Babelsberg, wo ein neuer großer Film im Entstehen ist. Es wird ein Heldenlied unserer Luftwaffe und ein Denkmal unverbrüchlicher Kameradschaft. Wahr und unverfälscht soll er Kampf und Sieg der deutschen Flieger in Frankreich lebendig machen.

Es gibt heute einen Regisseur in Deutschland, der außer der künstlerischen Kraft auch die volle innere Berechtigung besitzt, diesen Film zu drehen: der Fliegeroffizier des Weltkriegs Professor Karl Ritter. Er ist wie wenige mit den Anfängen der deutschen Fliegerei verwachsen, er hat ihre Zerschlagung nach dem Weltkrieg und ihren Aufbau unter Reichsmarschall Hermann Göring miterlebt, und er steht auch jetzt wieder in vorderer Linie. Fliegen können und fliegen dürfen, das ist der geheime Angelpunkt seines an Spannungen und Ereignissen ungemein reichen Lebens.

„Ich bin eigentlich ein ganz alter Adler", beginnt er in reinem Würzburger Dialekt den Rückblick in seine Vergangenheit. „Schon als Junge war ich dazu ausersehen, Soldat zu werden. So kam ich auf den Kasernenhof, wurde Fahnenjunker und Pionierleutnant. 1909 heiratete ich und ging unter die Flieger. Das war allerdings nicht so einfach wie heute. Wer fliegen wollte, mußte sich seine Maschine selbst beschaffen. So begann ich, mir ein Flugzeug zusammenzubasteln. Und um schnell voranzukommen, wandte ich mich an meinen Vorgesetzten mit der Bitte, mir einen Schlosser, einen Schreiner und eine Remise zur Verfügung zu stellen. Die Antwort des Regimentskommandeurs war lapidar: ‚Der Mann ist verrückt geworden.' Aber ich bekam meinen Willen, und die Drahtkiste flog! Ich weiß nicht, ob Jüngere begreifen können, was das damals für mich bedeutete. Allerdings bin ich selten vorschriftsmäßig gelandet, immer ging etwas zu Bruch, aber ich habe tüchtig geflickt und bin von neuem losgeschaukelt, bis ich schließlich in aller Form zur Fliegerausbildung kommandiert wurde. Da hieß es, wie immer in meinem Leben: Lernen, lernen! 1911 legte ich die Pilotenprüfung auf einem selbstgebauten Eindecker ab und erhielt den Ausweis der Fédération Aéronautique Internationale mit der Mitgliedsnummer 121."

Von diesem Tag an gab Leutnant Ritter vom kgl. bayerischen 2. Pionier-Bataillon erst recht keine Ruhe. Mit aller Kraft setzte er sich in der bayrischen Armee für die Heeresfliegerei ein und hatte, als der Weltkrieg ausbrach, den festen Wunsch, zur Luftwaffe zu kommen. Zwar rückte er als Pionieroffizier ins Feld, wurde aber bald zur Luftwaffe kommandiert, flog Einsatz auf Einsatz gegen den Feind und holte sich sein Eisernes Kreuz I. Klasse. — Selbst nach dem Krieg ließ ihn die Fliegerei nicht los. Er entwickelte die Organisationspläne für den Aufbau des sportlichen Flugwesens

Fortsetzung auf Seite 109

Oberleutnant Hans Wilde, Staffelkapitän der 7. Staffel. Sein „Steckbrief" im Drehbuch lautet: Großer Flieger. Freude am Kampf. Rauher Spinner. Haßt Sentimentalität. Liebt „schräge" Musik. Raucht kurze Pfeife. Inhaber des Spanienkreuzes. Sein Name im Zivilleben: Hannes Stelzer

Unten: Stabsfeldwebel Niederegger, die wahre „Staffelmutter". Er ist streng und energisch, aber stets gerecht und hilfsbereit. Er kennt die Gewohnheiten eines jeden und ist immer besorgt, daß es „seinen" Offizieren und Leuten gut geht. — Darsteller: Lutz Götz

Der Spielleiter des Stuka-Films, Prof. Karl Ritter, zeigt seinem jüngsten Darsteller Johannes Schütz, wie er eine Szene spielen soll

Der Kommandeur der Stuka-Gruppe, Hauptmann Bork, am Bombenzielgerät. Er verkörpert den Typ des deutschen Fliegeroffiziers, einfach, unpathetisch, ein vorbildlicher Führer seiner Mannschaft. Stets ist er der erste am Feind

Deutsche Infanterie wird von feindlichen Panzern bedrängt. Stukas greifen ein und vernichten den Gegner. Staunend blicken die Infanteristen zum Himmel: „Das hat gesessen, sind doch dolle Dinger, unsere Stukas!"

Zum Bilde unten: Am Schluß kehren Kameraden, die vermißt waren, zur Staffel zurück. Und alle sind wieder beisammen zum Kampf gegen England

90

91

**24**

**24.**　プロパガンダ的内容の映画は第三帝国や占領地中のあらゆる都市のホールだけでなく、後方の駐屯地でも上映されていた。

　写真は新聞雑誌に掲載された映画〈ジーク・イム・ヴェステン〉（西方の勝利）のポスターと、雑誌《アドラー》（「鷲」）に掲載された映画〈急降下爆撃隊〉の評。バーベルスベルクのウーファ・スタジオの野心作だった。

**25.**　有名なベルリンの「ヴィンター・ガルテン」の 1939 年のチケット。裏にはほかのショー・カフェの広告が載っている。

**25**

**26.** 休暇中の兵士には、商店やカフェやレストランで食料の配給を受け取れるこうした引換券が必要だった。写真でしめしたものには承認印が押され、7日間有効だった。配給は兵士と市民の生活のあらゆる面を取り巻き、衣装ダンスやベッドといった家財道具も配給制だった。

**27.** 戦いをつづける励みであり心の拠りどころである休暇は、占領地だけでなく第三帝国内でも国防軍が手配する行動だった。たとえば観光のような、兵士が暇な時間をすごすあらゆる可能性が考慮されていた。写真はドレスデンの市街図と、「ライヒスバーン」（国鉄）の国防軍用乗車券。

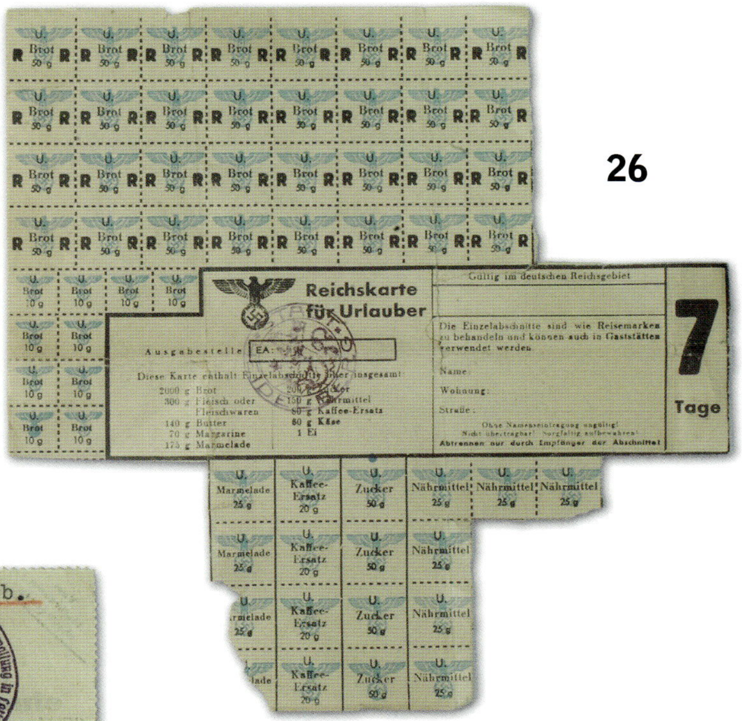


26

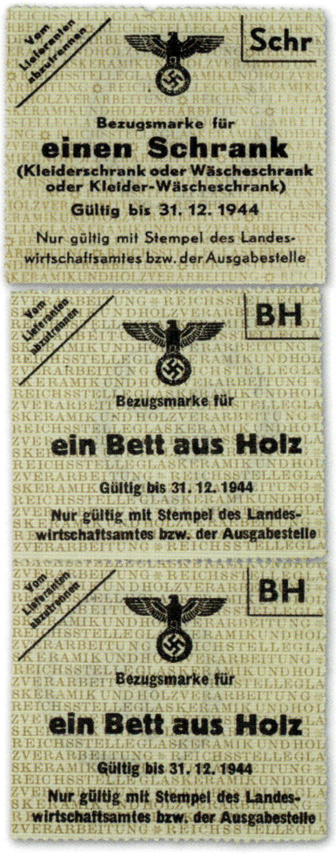

27

# エピローグ

1943年12月のことである。終わりのはじまりが訪れ、国防軍最高司令部（OKW）のもっとも悲観的な予測が現実となっていた。ドイツはソ連軍によって撃破されようとしている。

かつては不可侵に思えた第三帝国の領土は、アメリカの第8航空軍とイギリス空軍によるたえまない爆撃で昼夜を問わず組織的に破壊されている。疲弊したドイツ軍はふたつの戦線で終わりのない圧力を受け、懸命に士気を維持しようとしている。ソ連軍は東部戦線で主導権を握っていた。スターリングラードの包囲は1943年2月2日に終わり、パウルスの第6軍（28万5000名）の事実上の全滅を招いて、東部戦線におけるナチの冒険はもはや抜き差しならない段階に達した。元帥に任命された直後、フォン・パウルスは降伏し、彼の名誉と16万人近い損害とともに、無敵の幻想に幕を引いた。さらに9万人が凍ったシベリアの大平原での捕虜生活への道を歩むことになった……そのうち生還できるのはわずか6パーセントである。

中央軍集団による最後の攻勢もまた失敗に終わった。独ソの1550輌の装甲車輌が参加し、最大の機甲戦として歴史に名を刻むツィタデレ作戦は大失敗に終わった。ポルシェ技師が大いにご自慢の高性能のフェルディナント駆逐戦車は、ソ連の大群のなすがままにウクライナの平原で孤立させられた。

8月、弱体化してのびきったドイツ軍の戦線の南側で容赦ない断固たる攻撃が開始される。スターリノからドニエプル川まで、ドネツ盆地全域が解放され、ドイツ軍はクリミア半島へ退却、ふたたび孤立して包囲される。

中央戦区はふたたび攻撃を受け、今回、敵はキエフ—ゴメリ—ヴィテブスクの線に達する。中央軍集団は疲弊した部隊の無秩序な退却を開始。その年のはじめに戦闘に投入された当初の214個師団のうち、残っていたのは190個師団だけだ。赤い潮を押し止めようとする虚しい努力によって無数の命が失われたこの混乱の坩堝のただなかで、われわれはふたたび主人公にばったり出くわす。彼の顔には、何百キロという前進と後退の行軍、失意の帰省、何日何週間という空腹、いくらかでも眠り

アントンの故郷ヘスバッハではじめての戦争被害。

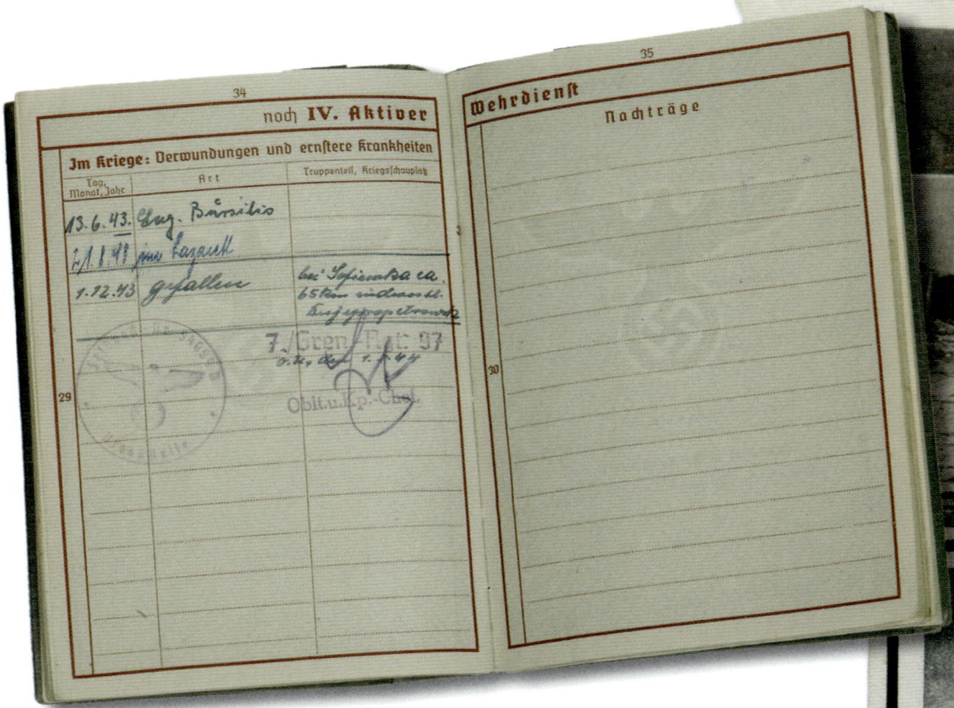


上：アントンが戦死した日を記したヴァーアパス。

右：破壊されたヘスバッハのべつの光景と、
アントンの戦死告知カードの裏面。

をむさぼろうとする輾転反側、略奪と荒廃の跡が刻まれている。多くの親しい顔が苛酷な大陸の極寒のなかで意識を失い、容赦ない戦争で命を落とし、いまは思い出にすぎない。木製の十字架が鉄十字に取って代わり、栄光は忘却へと変わっている。もはや元戦友と友情の居場所はない。終わりのない生存への激しい戦いは彼らの哀れな体からいっさいの特徴を奪った。恐怖に駆られてソ連軍の執拗な進撃から逃れようとする彼らは、昼も夜も休みなく歩きつづけ、一歩ごとに人間性を少しずつはぎ取られていく。いまや動いているのはアントンではなく、いずことも知れぬ場所へとぼとぼと歩いていく魂を失った体にすぎない。彼と中隊の仲間たちはウクライナ東部、キエフの北にあるゴメリの町に到着した。通りは残骸の川だ。たえまない砲撃が基幹施設を跡形もなく消し去り、古い町の美しさを汚している。122 ミリ砲が引き起こす息の詰まるようなほこりと一面の大火災のせいで、一息一息がつらい努力だった。アントンは我を忘

ソ連のスターリングラード防衛記章（上）と赤星勲章。
赤星勲章は 1930 年にひときわ優れた功績への褒章として
軍人と民間人を対象に制定された名誉ある勲章である。
裏には勲章の通し番号を見ることができる。

れている。心をかき乱す出来事に彼は荒廃した世界が虚構なのではないかといぶかった。カチューシャ・ロケットはけっして砲撃をやめず、あらゆる生命の痕跡を消していく。なにもかもが吹き飛ばされている。なにもかもが炎の大釜のなかに消えていく。ゴメリの町自体がこれ以上ほとんど耐えられない。死が町を席巻し、最後の砦を全滅させる。捕虜はいないだろう。

　中央軍集団は壊滅した。その残余はいまや広大なロシアの大平原に散らばっている。ベルリンへの道はいまや開け、西部の連合軍のもっとゆっくりとした進撃だけがソ連の攻撃を食い止めることになる。破壊されたベルリンの中心では、世界を震撼させた仰々しいユートピアが閉所恐怖症を引き起こすようなコンクリートの地下壕のなかで粉々に砕けている……。アントンはその結末を見なくても、自分が言葉のもっとも深い意味において完全に敗北したことを理解するだろう……。

Du ſtarbſt ſo jung, ſo früh,
Du wirſt ſo ſehr vermißt;
Du warſt ſo lieb und gut,
Daß man dich nie vergißt.

Zur frommen Erinnerung im Gebete an meinen lieben herzensguten Gatten, unſeren guten Sohn, Schwiegerſohn Bruder, Schwager und Onkel

**Anton Imgrund**

Obergefreiter in einem Inf.-Regiment

geboren am 23. Mai 1906 in Hösbach
gefallen am 1. Dezember 1943 im Oſten

Möge ihm der lb. Gott alles vergelten, was er mir und allen ſeinen Lieben getan und war und ſeinem Vaterlande geopfert hat. Bei allen, die ihn kannten, wird er unvergeßlich ſein.

Vater unſer. Ave Maria
O Herr gib ihm die ewige Ruhe!
Und das ewige Licht leuchte ihm!
O Herr laß ihn ruhen in Frieden!

Druck: Geſele, Aſchaffenburg

アントンの戦死を告知するカード。
じきにすべてのドイツ人にこうしたカードが押し寄せるようになる。

**Algunos no hemos muerto**
Carlos Maria Ydigoras
Noguer y Caralt Editores S. A.
Barcelona (Spain) 2001

**Arde la nieve**
Enrique de la Vega
Ediciones Barbarroja
Sevilla (Spain) 1998

**Un ano en la Division Azul**
Serafin Pardo Martinez
A.F. Editores
Valladolid (Spain) 2005

**The Armed Forces of World War Two: Uniforms Insignia and Organisation**
Malcolm McGregor & Pierre Turner
Orbis Publishing
London (UK) 1981

**Army Uniforms of World War II**
Andrew Mollo & Malcolm McGregor
Blandford Press Ltd.
London (UK) 1973

**Batallon Román**
Fernando J. Carrera Buil y Augusto Ferrer-Dalman Nieto
Zaragoza (Spain) 2003

**Book of Camouflage**
Tim Newark, Quentin Newark and Dr. J. F. Borsarello
Brassey's Ltd.
London (UK) 1996

**Cabeza de Puente. Diario de un soldado de Hitler**
Jose Maria Sanchez Diana
Garcia Hispan Editor S. L.
Alicante (Spain) 1990

**A collector's guide to World War II Wehrpasses and Soldbuchs.**
Emilie Stewart.
Privately Published
Ohio (USA) 1985

**Combat Medal of the Third Reich**
Christopher Ailsby
Patrick Stephens Ltd.
Northamtonshire (UK) 1987

**Chain Dogs: The German Army Police in World War II**
Robert E. Winter
Pictorical Histories Publishing Co.
Montana (USA) 1994

**Chronology of World War II**
Christopher Argyle
Cavendish Books Ltd.
London (UK) 1980

**D-Day. From the Normandy Beaches to the Liberation of France**
Tiger Books International PLC
London (UK) 1993

**The Decline and Fall of Nazi Germany and Imperial Japan**
Hans Dollinger
Crown Publishers Inc.
New York (USA) 1967

**Der dienst unterricht im heere**
Oberstleutnant Dr. Jur. W. Reibert
E. S, Mittler & Sohn
Berlin (Germany) 1943

**La Division Azul en Línea**
Diaz de Villegas
Editorial Acervo S. L.
Barcelona (Spain) 1967

**Feldbluse. The German Soldier's Field Tunic 1933 - 45**
Laurent Huart & Jean Philippe Borg
Histoire & Collections
Paris (France) 2007

**Fountain Pens**
Jonathan Steinberg
Eagle Editions Ltd.
Royston (UK) 2002

**German Army Uniforms and Insignia 1933 - 1945**
Brian L. Davis
Arms & Armour Press Ltd.
London (UK) 1971

**German Army Uniforms of World War II**
Wade Krawczyk.
Windrow and Greene Ltd.
Great Britain 1995

**German Combat Equipments 1939 - 1945**
Gordon L. Rottman
Osprey Publishing Ltd. Men-at-Arms 234
London (UK) 1991

**German Infantry Weapons (Vol. 1)**
Donald B. McLean
Normount Armament Company
Forest Grove
Oregon (USA) 1966

**German Military Letter Codes (1939 - 1945)**
John Walter
Small-Arms Research Publications
Hove (UK) 1996

**German Military Timepieces of World War II (Vol. 1 & 2)**
Ulric Publishing
Surrey (UK) 1996 - 1999

**German Military Uniforms and Insignia, 1933 - 1945**
WE, Inc.
Old Greenwich, Connecticut (USA) 1967

**German Uniforms of the Third Reich. 1933 - 1945**
Brian Leigh Davis & Pierre Turner
Blandford Press Poole
Dorset (UK) 1980

**German Uniforms of World War II**
Andrew Mollo
Macdonald & James Ltd.
London (UK) 1976

**Handbook of German Military Forces.**
U.S. War Department
War Department Technical Manual, TM-E 30-451
Washington (USA) 1945

**History of Photography : From 1839 to the present.**
Beaumont Newhall.
Bulfinch Press.
Boston.(USA) 1982.

**The History of the Steel Helmet from 1916 to 1945**
Ludwing Baer
R. James Bender Publishing Co.
San Jose, California (USA) 1985

**Industrial Design A-Z**
Charlotte & Peter Fiell
Taschen GmbH
Koln (Germany) 2000

**Leica. The First 60 Years**
G. Rogliatti
Hove Collectors Books
Hove (UK) 1985

**Leica Manual**
Willard D. Morgan
Henry M. Lester Publishers
New York (USA) 1943

**The Look of the Century**
Michael Tambini
Dorling Kindersley Limited.
London (UK) 1996

**Militaria Magazine**
Histoire & Collections
Paris (France)

**Military Collectables.An International Directory of the Twentieth-Century Militaria**
Joe Lyndhurst
Crescent Books
New York (USA) 1983

**Military Illustrated. Past & Present**
Military Illustrated Ltd
London (UK)

**Nazi Regalia**
E. W. W. Fowler
Bison Books Ltd
London (UK) 1992

**Pens & Writing Equipment.**
A collector's Guide.
Jim Marshall
Miller's Ltd
London (UK) 1999

**Personal Effects of the German Soldier in World War II**
Chris Mason
Schiffer Books
Atglen, Pennsylvania (USA) 2006

**El Servicio de Intendencia de la Division Azul: La vida cotidiana de los expedicionarios (1941 - 1943)**
Ricardo Cardona
Fundacion Don Rodrigo
Madrid (Spain) 1998

**Le soldat Oublie**
Guy Sajer
Editions Robert Laffont.
Paris (France) 1967

**Soldat: The World War II German Army Collector's Handbook (Vols. 1 & 2)**
Cyrus A. Lee
Pictorical Histories Publishing Co.
Montana (USA) 1988 and 1991

**Soldat: The World War II German Army Collector's Handbook (Vol. 5) Uniforms and Insignia of the Panzerkorps Grossdeutschland, 1939 - 1945**
Cyrus A. Lee
Pictorical Histories Publishing Co.
Montana (USA) 1993

**A Source Book of World War 2. Weapons and Uniforms**
Frederick Wilkinson
Ward Lock Limited
London (UK) 1980

**SS & Wehrmacht Camouflage. U.S.**
Richardson Report 20 July 1945
Dr. Borsarello
Iso Publications
London (UK)

**Les Tenues Camouflees Pendant la Deuxieme Guerre Mondiale**
J. F. Borsarello
Gazette des Uniformes. Hors-serie No 1.
Societe Regi' Arm 13
Paris (France) 1992

**The Third Reich (Vol 21)**
John R. Elting, Charles V P. Von Luttichau and W. Murray
Time-Life Books Inc.
London (UK) 1996

**Uniformes des Heeres 1933 - 45**
Military Collectors Service.
F. Van Gelder
Kedichem (Holland)

**Uniformen deutscher Elite-Panzerverbande. 1939 - 1945**
Robert J. Edwards & Michael H. Pruett
Motorbuch Verlag
Postfach, Stuttgart (Germany) 2003

**Uniforms and Traditions of the German Army, 1933 - 1945 (Vols. 1, 2 & 3)**
John R. Angolia & Adolph Schlicht
R. James Bender Publishing Co.
San Jose, California (USA) 1984

**Wehrmacht Camouflage Uniforms & Post-War Derivatives.**
Daniel Peterson
EM17. Windrow & Greene Ltd.
London (UK) 1995

**La Wehrmacht. Insignes et attributs de l'armee de Terre allemande (Heer)**
J. Bouchery, J. de Legarde, E. Lefevre, J. P. Martinetti et L. le Guen.
Argout Editions
Paris (France) 1978

**La Wehrmacht. Tome II**
Eric Lefevre
Argout Editions
Paris (France) 1979

**World History of Photography.**
Naomi Rosenblum.
Abbeville Press,Inc.
New York (USA) 1997.

**World War Collectibles**
Harry Rinker and Robert Heistand
Eagle Editions
London (UK) 2002

[あ]



[か]

［さ］

【著者】アグスティン・サイス（Agustín Sáiz）
収集家、著述家。1961年スペイン、マドリード生まれ。マドリード大学で情報科学を専攻後、広告業界に。第二次大戦の兵士に関わるアイテムをコレクションし続けている。

【訳者】村上和久（むらかみ・かずひさ）
英米翻訳家。主な訳書にカー『ヴードゥーの悪魔』、ジャック・ダブラル『パンドラの呪い』、ロバート・クレイス『破壊天使』『ホステージ』、ロジャー・スカーレット『猫の手』ほか。また『第２次大戦ドイツ軍装ガイド』『ドイツ武装親衛隊軍装ガイド』（共訳）など、軍事・政治からサスペンス・ミステリまで幅広く活躍。

# ドイツ軍装《ぐんそう》備《び》大《だい》図《ず》鑑《かん》

●

2011年11月21日　第1刷

著者…………アグスティン・サイス

訳者…………村上和久《むらかみかずひさ》

装幀…………岡孝治

発行者…………成瀬雅人

発行所…………株式会社原書房

〒160-0022 東京都新宿区新宿 1-25-13
電話・代表 03(3354)0685
http://www.harashobo.co.jp
振替・00150-6-151594

印刷…………シナノ印刷株式会社
製本…………小高製本工業株式会社



**ISBN978-4-562-04746-8, Printed in Japan**